研究生公共基础课教材

数值分析

（修订版）

主　编　陈晓江
副主编　王伟沧　陈建业

U0213767

武汉理工大学出版社
·武　汉·

内 容 提 要

本书是作者在20多年讲授研究生"数值分析"课程的基础上编写而成的。全书共分11章，内容包括：绪论、插值法、拟合与逼近、数值积分与数值微分、线性方程组的直接解法、线性方程组的迭代解法、非线性方程求根的数值解法、常微分方程的数值解法、矩阵特征值问题的数值解法、智能计算初步、数值计算问题的MATLAB实现。本书从实用角度出发，介绍科学与工程计算中常用的数值计算方法和理论，介绍各种方法的MATLAB实现，配有常用的、可运行的程序，配有大量的例题、习题，每章有小结，书后有习题答案。

本书可作为理工科大学非数学专业的研究生或数学专业高年级本科生的教材，也可作为科技工作者的参考书。

图书在版编目(CIP)数据

数值分析/陈晓江主编．—武汉：武汉理工大学出版社，2022.11
ISBN 978-7-5629-6726-2

Ⅰ．①数…　Ⅱ．①陈…　Ⅲ．①数值分析-研究生-教材　Ⅳ．①O241

中国版本图书馆CIP数据核字(2022)第205571号

项目负责人：陈军东　彭佳佳　　**责任编辑**：彭佳佳
责 任 校 对：陈　硕　　**版式设计**：芳华时代
出 版 发 行：武汉理工大学出版社
社　　址：武汉市洪山区珞狮路122号
邮　　编：430070
网　　址：http://www.wutp.com.cn
经　　销：各地新华书店
印　　刷：武汉市籍缘印刷厂
开　　本：710×1000　1/16
印　　张：18.25
字　　数：370千字
版　　次：2022年11月第1版
印　　次：2022年11月第1次印刷
定　　价：45.00元

凡购本书，如有缺页、倒页、脱页等印装质量问题，请向出版社发行部调换。
本社购书热线电话：(027)87384729　87391631　87165708(传真)

前　　言

在科学与工程计算中，怎样选择与使用适当的数值计算方法，怎样估计计算结果的误差，怎样解释计算过程中的异常现象，已成为广大科技工作者迫切需要解决的问题。由于这一原因，现在各高等院校为非数学专业的研究生和数学专业的高年级学生普遍开设"数值分析"课程。

本书从实用的角度出发，通过实际问题引出基本概念，着重讲清原理，突出算法的构造和分析，并通过大量的例题帮助读者解决做题难的问题，每章最后都有小结，并附有适量的习题，书后给出了习题的参考答案。本书前 9 章是基本的授课内容，第 10 章是拓展内容，介绍智能计算的三种主要方法。第 11 章是数值计算问题的 MATLAB 实现，介绍用 MATLAB 解决各类问题的应用实例，配有常用的、可运行的程序，帮助读者自己动手，用 MATLAB 解决具体问题。

读者可根据不同的需要，选择适当的章节进行学习。根据我们的教学实践，本书基本内容可在 64 学时内完成。根据不同专业的需要，略去部分内容，可适用于 40～64 学时的教学需要。

本书由陈晓江主编，并编写第 1、2、3、4、8、11 章；王伟沧编写第 5、6、9 章；陈建业编写第 7、10 章；陈晓江负责全书的统稿。在本书的编写过程中，王卫华教授认真审阅了书稿，提出了修改意见，在此表示衷心感谢。本书的编写得到了武汉理工大学出版社的大力支持，在此一并表示感谢。

由于作者水平有限，本书的缺点错误在所难免，敬请读者批评指正。

编　者

2022.9.10

目　　录

第 1 章 绪 论

随着科学技术的发展,科学与工程计算已被推向科学活动的前沿. 科学与工程计算的范围扩大到了所有科学领域,并与科学实验、科学理论三足鼎立,相辅相成,成为人类科学活动的三大方法之一. 因此,熟练地运用计算机进行科学计算,已成为科技工作者的一项基本技能. 这就要求人们去研究和掌握适用于计算机上使用的数值计算方法,而数值分析就是研究用计算机解决数学问题的方法及其有关理论.

1.1 问题的提出

在高等数学中,计算定积分是一个很平常的事.

由函数 $f(x)=e^{-x^2}$ 在闭区间$[0,1]$上连续,可知定积分$\int_0^1 e^{-x^2}dx$是存在的,但是它不能用牛顿-莱布尼茨(Newton-Leibniz) 公式求解,因为不定积分$\int e^{-x^2}dx$ 积不出来,被积函数 $f(x)=e^{-x^2}$ 的原函数不能用初等函数表示,所以定积分$\int_0^1 e^{-x^2}dx$存在但是求不出精确解,而只能求其满足一定精度的近似解. 像这样的计算问题,数学中还有很多. 如何解决这些计算问题,如何实现数学的实用价值,这就是数值分析这门课的任务(上述计算定积分近似解的问题称为数值积分问题,将在第 4 章中解决).

对于理工科大学生、研究生和广大科学技术人员来说,学习数学的目的是在实际工作中能综合应用数学方法去认识问题、解决问题. 一般地,用数学方法解决实际问题,包括建立数学模型和求模型的数值解这两个基本过程.

具体来说,数学模型就是为了某种目的,用字母、数字及其他数学符号建立起来的等式或不等式以及图表、图像、框图等描述客观事物的特征及其内在联系的数学结构表达式. 例如,图 1.1 所示的直角三角形,两条直角边分别为 a 和 b,斜边为 c,由勾股定理知 a、b、c 满足关系式

$$a^2+b^2=c^2 \tag{1.1}$$

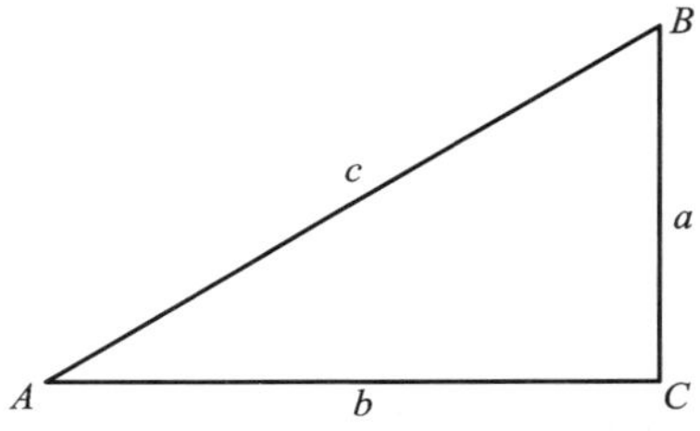

图 1.1 直角三角形

式(1.1) 就是描述直角三角形边长关系的数学模型.利用这个模型,只要知道其中任意两条边的长,就可以求出第三条边的长.

还是利用图1.1所示的直角三角形,由三角函数的定义,可得

$$\tan\angle A = \frac{a}{b} \tag{1.2}$$

式(1.2) 与式(1.1) 相比,数学模型稍微复杂一点,可以用来解决更多的问题,比如可以用来求角的度数.

无论是式(1.1) 还是式(1.2),如果不用来进行数值计算,仅仅停留在理论上,这些模型对于解决实际问题就起不到应有的作用.然而就是这些简单的模型,求它们的数值解也还是需要一定方法的.下面利用这两个模型来看看相应的数值解问题.

在图1.1所示的直角三角形中,取两条直角边 $a = b = 1$,则由式(1.1) 得斜边 $c = \sqrt{2}$.保留四位小数,计算$\sqrt{2}$ 的近似值.

仅用基本的加、减、乘、除运算,计算$\sqrt{2}$ 的近似值就有许多不同的算法,我们可用一种特殊的递推公式

$$x_{n+1} = \frac{1}{2}\left(x_n + \frac{2}{x_n}\right) \tag{1.3}$$

来计算,取 $x_1 = 1$,由式(1.3),可得 $x_2 = 1.5$、$x_3 = 1.4167$、$x_4 = x_5 = \cdots = 1.4142$,所以$\sqrt{2}$ 的近似值为1.4142.

这种算法是一种迭代算法,将在第7章中介绍.

同样在图1.1所示的直角三角形中,取两条直角边 $a = b = 1$,则由式(1.2) 得 $\tan\angle A = 1$,$\angle A = \frac{\pi}{4}$,可用来计算 π 的近似值.

由 $\tan\frac{\pi}{4} = 1$,利用级数展开式,可得

$$\pi = 4\arctan 1 = 4\sum_{n=0}^{\infty}\frac{(-1)^n}{2n+1} \tag{1.4}$$

但是式(1.4) 中级数的部分和数列收敛比较慢.要快速算出 π 的近似值,可以用下面公式来计算

$$\begin{aligned}\pi &= 16\arctan\frac{1}{5} - 4\arctan\frac{1}{239} \\ &= 16\sum_{n=0}^{\infty}\frac{(-1)^n}{2n+1}\left(\frac{1}{5}\right)^{2n+1} - 4\sum_{n=0}^{\infty}\frac{(-1)^n}{2n+1}\left(\frac{1}{239}\right)^{2n+1}\end{aligned} \tag{1.5}$$

计算 π 的近似值,也可以用积分式子

$$\pi = 4\int_0^1 \frac{1}{1+x^2}\mathrm{d}x \tag{1.6}$$

利用数值积分的方法来解决.

对于复杂的求近似解问题,我们将在后面各章中详细介绍.

1.2　数值分析的内容与特点

数值分析是计算数学的一个主要部分.计算数学是数学科学的一个分支,它研究用计算机求解各种数学问题的数值计算方法及其理论与软件实现.一般地说,用计算机解决科学计算问题,首先需要针对实际问题提炼出相应的数学模型,然后为解决数学模型设计出数值计算方法,经过程序设计之后上机计算,求出数值结果,再由实验来检验.概括如图1.2所示.

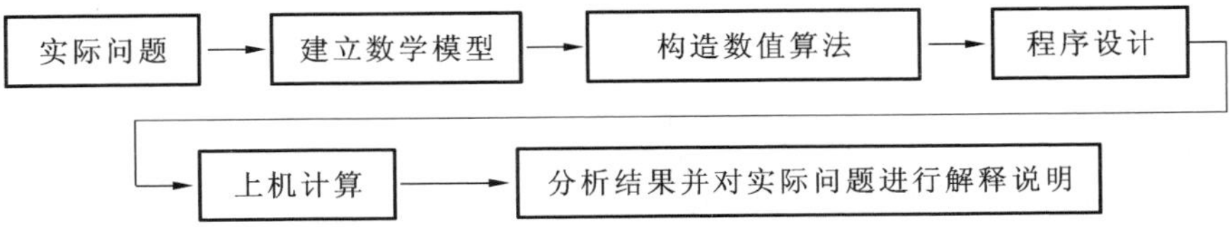

图1.2　实际问题的求解过程

其中根据数学模型提出求解的数值算法直到编出程序,上机计算求出结果,这一过程是计算数学的任务,也是数值分析研究的对象.因此,数值分析是寻求数学问题近似解的方法、过程及其理论的一个数学分支.它以纯数学为基础,但却不完全像纯数学那样只研究数学本身的理论,而是着重研究数学问题求解的数值计算方法以及与此有关的理论,包括方法的收敛性、稳定性及误差分析;还要根据计算机的特点研究计算时间最省(或计算量最少)的计算方法.有的方法在理论上虽然还不够完善与严密,但通过对比分析、实际计算和实践检验等手段,被证明是行之有效的方法,也可采用.因此数值分析既有纯数学的高度抽象性与严密科学性的特点,又有应用数学的广泛性与实际试验的高度技术性的特点,是一门与计算机紧密结合的实用性很强的数学课程.

目前,计算机已成为数值计算的主要工具,数值分析的主要任务是研究适合计算机使用、满足精度要求、节省计算时间的有效算法及其相关的理论.在实现这些算法时往往还要根据计算机的容量、字长、速度等指标,研究具体的求解步骤和程序设计技巧.数值分析的特点概括起来有四点:

第一,面向计算机,要根据计算机特点提供切实可行的有效算法.即算法只能包括加、减、乘、除运算和逻辑运算,这些运算是计算机能直接处理的运算.

第二,有可靠的理论分析,能任意逼近并达到精度要求,对近似算法要保证收敛性和数值稳定性,还要对误差进行分析.这些都建立在相应数学理论的基础上.

第三,要有好的计算复杂性,包括好的时间复杂性(计算时间少)和好的空间复杂性(占用存储单元少).对很多数值问题使用不同算法,其计算复杂性将会大不一样,这也是数值算法要研究的问题,它关系到算法能否在计算机上实现.

第四，要有数值试验，即任何一个算法除了从理论上要满足上述三点外，还要通过数值试验证明是行之有效的.

例如，求解线性方程组 $\boldsymbol{Ax}=\boldsymbol{b}$，若 $\det(\boldsymbol{A})\neq 0$，则可用克莱姆(Cramer)法则来求解. 设 $\boldsymbol{A}$ 为20阶矩阵，计算一个20阶行列式需要的乘法运算量为 $19\times 20!$，需要计算21个20阶的行列式，总的乘法运算量为

$$21\times 19\times 20!\approx 9.71\times 10^{20}$$

若用最新的天河二号超级计算机(峰值 5.49×10^{16} 次/秒、持续 3.39×10^{16} 次/秒)来运算，则1 h可完成的乘法运算量为

$$3.39\times 10^{16}\times 3600\approx 1.22\times 10^{20}$$

求解20阶的线性方程组所需乘法运算的时间为

$$9.71\times 10^{20}\div(1.22\times 10^{20})\approx 7.96(\mathrm{h})$$

即7.96 h，显然这个运算时间对超级计算机来说太长了. 而在实际问题中，例如大型水利工程、天气预报等，需要求解的大型线性方程组的阶数一般都远远大于20，若用上述方法显然无法解决. 这个例子说明求解线性方程组的克莱姆法则在理论上虽然可行，但在实际应用中却是不可行的. 有人可能说，随着计算机的发展，运算速度提高、内存增大以及新结构计算机的出现，以前认为过于复杂而不能求解的问题将会得到解决. 但是，不论计算机如何发展，使用计算机的代价，即计算复杂性，都是需要考虑的.

1.3　计算机机器数系与浮点运算

微积分学的基础是实数系，而数值计算方法的理论则是建立在计算机机器数系的基础上. 为了设计高效、可靠的算法，这里简要介绍计算机机器数系的基本知识.

1.3.1　二进制数与计算机机器数系

在大多数计算机中，实数是以二进制形式表示的，并且在二进制实数系统中进行运算. 这似乎与我们从计算机屏幕上看到的不一样. 事实上，计算机首先将我们输入的十进制数转换为二进制数，然后在二进制实数系统中做运算，最后，再将结果转换为十进制数.

【例 1.1】　将 $x=237$ 表示为二进制数.

解　将 x 展开成2的乘幂之和

$$x=237=1\times 2^7+1\times 2^6+1\times 2^5+0\times 2^4+1\times 2^3+1\times 2^2+0\times 2^1+1\times 2^0$$

即 x 的二进制表示为：$x=(11101101)_2$.

【例 1.2】 将 $x=0.65625$ 与 $y=0.7$ 分别表示为二进制数.

解 将 x 展开成 2 的负乘幂之和

$$x=1\times 2^{-1}+0\times 2^{-2}+1\times 2^{-3}+0\times 2^{-4}+1\times 2^{-5}$$

即 x 的二进制表示为:$x=(0.10101)_2$. 用类似的方法可求得 $y=(0.1\,\overline{0110})_2$,这里,$\overline{0110}$ 表示 0110 的循环.

对于一般实数 x,将 x 展开成

$$x=\pm(b_{J-1}\times 2^{J-1}+\cdots+b_1\times 2^1+b_0\times 2^0+b_{-1}\times 2^{-1}+ b_{-2}\times 2^{-2}+\cdots+b_{-n}\times 2^{-n}+\cdots)$$

这样 x 的二进制表示为:$x=\pm(b_{J-1}\cdots b_1b_0.b_{-1}b_{-2}\cdots b_{-n}\cdots)_2$,$b_j(j=J-1,\cdots,1,0,-1,-2,\cdots,-n,\cdots)$ 是 1 或 0.

例如,$18.25=1\times 2^4+0\times 2^3+0\times 2^2+1\times 2^1+0\times 2^0+0\times 2^{-1}+1\times 2^{-2}=(10010.01)_2$.

上述 x 的二进制表示可以写成与十进制类似的浮点形式

$$x=\pm 0.b_{J-1}\cdots b_1b_0b_{-1}b_{-2}\cdots b_{-n}\cdots\times 2^J$$

小数部分 $\pm 0.b_{J-1}\cdots b_1b_0b_{-1}b_{-2}\cdots b_{-n}\cdots$ 称为尾数,2 的指数 J 称为阶码,是整数. 一般地,一个数可以有不同的浮点表示,例如

$$18.25=0.1001001\times 2^5=0.01001001\times 2^6$$

为了保证唯一性,通常规定非零数的尾数的第一位数字非零,即 $b_{J-1}=1$,在这种规定下的浮点表示,称为规格化的二进制浮点数.

在计算机中,一个非零数通常被表示为如下二进制浮点形式

$$\pm 0.b_1b_2\cdots b_t\times 2^m$$

其中 $b_j(j=2,3,\cdots,t)$ 是 1 或 0,$b_1=1$;t 称为计算机的字长;阶码 m 有固定的上、下限,即 $L\leqslant m\leqslant U$,L、U 和 t 随计算机而异. 上述形式的数称为机器数. 由于机器数的字长与阶码有限,因此计算机中的数是有限的. 事实上,计算机中共有

$$2^t(U-L+1)+1$$

个机器数. 把计算机中的全体机器数组成的集合记为 F 或 $F(2,t,L,U)$,称为计算机机器数系. 机器数系 F 不是连续统,它是一个有限的、离散的、分布不均匀的集合. 不难验证,F 中任意非零数 y 满足

$$2^{L-1}\leqslant|y|\leqslant 2^U(1-2^{-t})$$

机器数有单精度与双精度之分,字长 t 的值规定了机器数的精度. 一般地,单精度数 $t=23$,约为十进制的 7 位有效数字. 双精度数 $t=52$,约为十进制的 15 位有效数字. 字长越大,机器数的精度越高. 阶码 m 的值规定了机器数的绝对值范围,单精度数阶码 m 的范围为 $-127\leqslant m\leqslant 128$,其绝对值范围为 $2^{-128}\sim 2^{128}$,即 $10^{-38}\sim 10^{38}$. 双精度数阶码 m 的范围为 $-1023\leqslant m\leqslant 1024$,其绝对值范围为 $2^{-1024}\sim 2^{1024}$,即 $10^{-308}\sim 10^{308}$.

在计算中,当数据的绝对值不在上述范围之内时,称为产生溢出:小于机器数

下限时称为产生下溢出，此时，对应机器数被取为零；大于机器数上限时称为产生上溢出，此时，对应机器数被取作无穷大，程序停止执行.

1.3.2 数据的表示与浮点运算

无论怎样的计算机，其机器数系 $F(2,t,L,U)$ 都是一个有限的集合，它所表示的实数只是实数系的一小部分.绝大多数实数输入计算机时，要转换为有限字长的二进制机器数，总要经“舍”或“入”，而由一个与之相近的机器数代替.实数 x 对应的机器数记为 $fl(x)$.

一般地，设 $x=\pm 0.b_1b_2\cdots b_t\cdots \times 2^m$，且 $2^{L-1}\leqslant |x|\leqslant 2^U(1-2^{-t})$，则

$$fl(x)=\mathrm{sgn}(x)\,\bar{a}\times 2^m \tag{1.7}$$

其中

$$\bar{a}=\begin{cases}0.b_1b_2\cdots b_t, & 若\ b_{t+1}=0\\ 0.b_1b_2\cdots b_t+2^{-t}, & 若\ b_{t+1}=1\end{cases} \tag{1.8}$$

这种获取机器数的方法称为舍入法；另一种获取机器数的方法称为截断法.此时，对应上述 x 的机器数为

$$fl(x)=\mathrm{sgn}(x)0.b_1b_2\cdots b_t\times 2^m$$

【例 1.3】 将实数 $x=2.65625$ 与 $y=0.1$ 分别表示为 $F(2,8,-19,19)$ 中的机器数.

解 因为 $x=2.65625=0.1010101\times 2^2\in F$，所以，

$$fl(x)=x=0.1010101\times 2^2$$

而 $y=0.1=(0.0\overline{0011})_2=0.\overline{1100}\times 2^{-3}\notin F$，但 $2^{-20}\leqslant |y|<2^{20}$，按舍入法

$$fl(y)=0.11001101\times 2^{-3}=0.100097656$$

按截断法

$$fl(y)=0.11001100\times 2^{-3}=0.099609375$$

以上介绍了二进制机器数系，机器数系不仅可以是二进制，还可以是 β 进制，例如八进制、十六进制、十进制等.β 进制机器数系可表示为 $F(\beta,t,L,U)$，F 中任意非零数 y 可表示为

$$y=\pm 0.b_1b_2\cdots b_t\times\beta^m$$

其中 $0\leqslant b_j\leqslant\beta-1,(j=1,2,\cdots,t),b_1\neq 0$；$t$ 称为机器数的字长；阶码 m 满足 $L\leqslant m\leqslant U$.特别地，十进制机器数系为 $F(10,t,L,U)$.在下面的讨论中，为适应人们的习惯，采用十进制机器数系.类似于二进制机器数系，十进制机器数系 $F(10,t,L,U)$ 也按两种方式获取机器数：舍入式或截断式.前者是按四舍五入原则截取 x 尾数的前 t 位数，后者是直接截取 x 尾数的前 t 位作为机器数的尾数.

【例 1.4】 将实数 π 表示为 $F(10,5,-19,19)$ 中的机器数.

解
$$fl(\pi)=0.31416\times 10 \quad（舍入式）$$
$$fl(\pi)=0.31415\times 10 \quad（截断式）$$

下面讨论计算机中浮点数的运算.如前所述,计算机只能做加、减、乘、除四则运算,而且机器数系对四则运算并不封闭,也就是说 F 中任意两数的和、差、积、商不一定都在 F 中.此时,计算机自动将计算结果用 F 中的机器数表示出来.

设 x 和 y 都是机器数,即 $x,y\in F(10,t,L,U)$,它们的算术运算符合下述规则:

(1) 加减法:先对阶(靠高阶),后运算,再舍入;

(2) 乘除法:先运算,再舍入.

在运算中,不妨假定计算机具有双精度累加寄存器,即在运算时先保留 $2t$ 位,最后再把第 $t+1$ 位的数进行四舍五入.下面举例说明.

【例 1.5】 设 $x=0.50556128\times 10^{-3}$,$y=0.23162743\times 10^{2}$,$z=-0.23162132\times 10^{2}$,在 $F(10,8,-29,29)$ 中,按舍入式,分别计算和 $x+y+z$ 与乘积 xy.

解 按两种方法求和:

(1)
$$\begin{aligned}fl(x+y+z)&=fl(fl(x+y)+z)\\&=fl(fl(0.0000050556128\times 10^{2}+0.23162743\times 10^{2})-0.23162132\times 10^{2})\end{aligned}$$
（对阶,靠高阶）
$$=fl(0.23163249\times 10^{2}-0.23162132\times 10^{2})=0.11170000\times 10^{-2}$$

(2)
$$\begin{aligned}fl(x+y+z)&=fl(x+fl(y+z))\\&=fl(0.50556128\times 10^{-3}+fl(0.23162743\times 10^{2}-0.23162132\times 10^{2}))\\&=fl(0.50556128\times 10^{-3}+0.61100000\times 10^{-3})=0.11165613\times 10^{-2}\end{aligned}$$

精确结果为 $x+y+z=0.111656128\times 10^{-2}$,显然,方法(2)的结果较准确.

$$fl(xy)=fl(0.50556128\times 10^{-3}\times 0.23162743\times 10^{2})=0.11710186\times 10^{-1}$$

由上例可以看出,在计算机机器数系中,人们所熟悉的加减法的交换律与结合律是不成立的,特别在某些加法运算中,运算顺序对计算结果有很大影响.关于这个问题,本书在后面的误差分析中还会谈到.

1.4　数值计算的误差

用数值计算方法来解决实际问题,不可避免地会产生误差.数值分析的任务之一是将误差控制在一定的容许范围内或者至少对误差有所估计.

1.4.1　误差的来源与分类

1. 模型误差

数学模型与实际问题之间的误差称为模型误差.

一般来说，生产和科研中遇到的实际问题是比较复杂的，要用数学模型来描述，需要进行必要的简化，忽略一些次要的因素，这样建立起来的数学模型与实际问题之间一定有误差. 它们之间的误差就是模型误差.

2. 观测误差

实验或观测得到的数据与实际数据之间的误差称为观测误差或数据误差.

数学模型中通常包含一些由观测(实验)得到的数据，例如求书桌桌面的面积，需要测量书桌的长和宽，若用钢卷尺去测量(最小刻度为 mm)，测量出的数值与实际数值是有出入的(小于 0.5mm). 它们之间的误差就是观测误差.

3. 截断误差

数学模型的精确解与数值方法得到的数值解之间的误差称为方法误差或截断误差.

例如，由泰勒(Taylor) 公式得

$$e^x = 1 + x + \frac{x^2}{2!} + \cdots + \frac{x^n}{n!} + R_n(x)$$

用 $p_n(x) = 1 + x + \frac{x^2}{2!} + \cdots + \frac{x^n}{n!}$ 近似代替 e^x，这时的误差就是截断误差，为

$$R_n(x) = \frac{e^\xi}{(n+1)!}x^{n+1}, \quad \xi \text{ 介于 } 0 \text{ 与 } x \text{ 之间}$$

4. 舍入误差

计算中遇到的数据可能位数很多或是无穷小数，如 $\sqrt{2} = 1.41421356\cdots$，受机器字长的限制，无穷小数和位数很多的数必须舍入成一定的位数(符合机器字长). 舍入方法如下：

(1) 舍入法，如将 1.41421356… 四舍五入为 1.4142136；

(2) 截断法，如 $\sqrt{2}$ 在 8 位字长的截断机里取成 1.4142135.

这样产生的误差称为舍入误差. 少量的舍入误差是微不足道的，但是在计算机作了成千上万次运算后，舍入误差的累积有时可能是十分惊人的. 它取决于算法的稳定性：如果算法能够累积大量的误差，这种算法是不稳定的，反之则是稳定算法.

研究计算结果的误差是否满足精度要求就是误差估计问题，本书主要讨论算法的截断误差与舍入误差. 其中，截断误差将结合具体算法讨论. 为分析数值运算的舍入误差，先要对误差的基本概念作简单介绍.

1.4.2 绝对误差与相对误差

定义 1.1 设 x 为准确值，x^* 为 x 的一个近似值，称 $e^* = x^* - x$ 为近似值的绝对误差，简称误差.

注意，这样定义的误差 e^* 可正可负，当绝对误差为正时近似值偏大，称为强近似值；当绝对误差为负时近似值偏小，称为弱近似值.

通常我们不能算出准确值 x，当然也不能算出误差 e^* 的准确值，只能根据测量工具或计算情况估计出误差的绝对值不超过某个正数 ε^*，也就是误差绝对值的一个上界. ε^* 称为近似值的误差限，它总是正数.

一般情形 $|x^* - x| \leqslant \varepsilon^*$，即 $x^* - \varepsilon^* \leqslant x \leqslant x^* + \varepsilon^*$. 这个不等式有时也表示为 $x = x^* \pm \varepsilon^*$.

例如用卡尺测得一个圆杆的直径为 $x^* = 350\text{mm}$，它是圆杆直径 x 的近似值，由卡尺的精度知道这个近似值的误差不会超过半个毫米，则有

$$|x^* - x| = |350 - x| \leqslant 0.5(\text{mm})$$

于是该圆杆的直径为

$$x = 350 \pm 0.5(\text{mm})$$

用 $x = x^* \pm \varepsilon^*$ 表示准确值可以反映它的准确程度，但不能说明近似值的好坏. 例如，测量一根 10cm 长的圆钢时发生了 0.5cm 的误差，和测量一根 10m 长的圆钢时发生了 0.5cm 的误差，其绝对误差都是 0.5cm，但是，后者的测量结果显然比前者要准确得多. 这说明决定一个量的近似值的好坏，除了要考虑绝对误差的大小，还要考虑准确值本身的大小，这就需要引入相对误差的概念.

定义 1.2 设 x 为准确值，x^* 为 x 的一个近似值，近似值 x^* 的误差 e^* 与准确值 x 的比值 $\dfrac{e^*}{x} = \dfrac{x^* - x}{x}$ 称为近似值 x^* 的相对误差，记为 e_r^*.

在实际计算中，由于真值 x 总是不知道的，通常取 $e_r^* = \dfrac{e^*}{x^*} = \dfrac{x^* - x}{x^*}$ 作为 x^* 的相对误差，条件是 $e_r^* = \dfrac{e^*}{x^*}$ 较小，此时

$$\frac{e^*}{x} - \frac{e^*}{x^*} = \frac{e^*(x^* - x)}{x^* x} = \frac{(e^*)^2}{x^*(x^* - e^*)} = \frac{(e^*/x^*)^2}{1 - e^*/x^*}$$

是 e_r^* 的平方项级，故可忽略不计.

相对误差也可正可负，它的绝对值上界称为相对误差限，记为 ε_r^*，即 $\varepsilon_r^* = \dfrac{\varepsilon^*}{|x^*|}$.

在上面的例子中，前者的相对误差是 $\dfrac{0.5}{10} = 0.05$，而后者的相对误差是 $\dfrac{0.5}{1000} = 0.0005$. 一般来说，相对误差越小，表明近似程度越好.

1.4.3 有效数字

有效数字是近似值的一种表示法，它既能表示近似值的大小，又能表示其精确

程度.

定义 1.3 若近似值 x^* 的误差限是某一位的半个单位,该位到 x^* 的第一位非零数字共有 n 位,则称近似值 x^* 有 n 位有效数字.

在科学记数法中,将近似值 x^* 写成规范化形式为

$$x = \pm 0.a_1a_2\cdots a_n\cdots \times 10^m \tag{1.9}$$

其中 m 为整数,$a_1 \neq 0$,$a_i(i=1,2,\cdots)$ 为 $0\sim 9$ 之间的整数.按照定义 1.3,近似值 x^* 有 n 位有效数字当且仅当

$$|x^* - x| \leqslant \frac{1}{2} \times 10^{m-n} \tag{1.10}$$

因此在 m 相同的情形下,n 越大则误差越小,亦即一个近似值的有效位数越多其误差限越小.

【例 1.6】 已知 $\pi = 3.1415926\cdots$,若取近似值为 $x_1^* = 3.14$ 和 $x_2^* = 3.1416$,则 x_1^* 与 x_2^* 有几位有效数字?

解 对 $x=\pi$ 取前 3 位,$x_1^* = 3.14$,$\varepsilon_1^* \leqslant 0.002$;取前 5 位,$x_2^* = 3.1416$,$\varepsilon_2^* \leqslant 0.00001$,它们的误差限都不超过近似值 x_1^* 与 x_2^* 末位数的半个单位,即

$$|\pi - 3.14| \leqslant \frac{1}{2} \times 10^{-2} = \frac{1}{2} \times 10^{1-3}$$

$$|\pi - 3.1416| \leqslant \frac{1}{2} \times 10^{-4} = \frac{1}{2} \times 10^{1-5}$$

所以,用 $x_1^* = 3.14$ 近似 π 有 3 位有效数字,用 $x_2^* = 3.1416$ 近似 π 有 5 位有效数字.一般地,在 x 有多位数字时,若取前面有限位数的数字作近似值,都是采用四舍五入的原则.

【例 1.7】 按四舍五入原则写出下列各数具有 5 位有效数字的近似值:

187.9325,0.03785551,8.000033,2.7182818

解 按定义,上述各数具有 5 位有效数字的近似值分别是

187.93,0.037856,8.0000,2.7183

注意,$x^* = 8.000033$ 的 5 位有效数字的近似值是 8.0000 而不是 8,因为 8 只有 1 位有效数字.

【例 1.8】 重力加速度 g,如果以 m/s^2 为单位,$g \approx 0.980 \times 10^1 m/s^2$;若以 km/s^2 为单位,$g \approx 0.980 \times 10^{-2} km/s^2$,它们都具有 3 位有效数字.

解 按第一种写法

$$|g - 9.80| \leqslant \frac{1}{2} \times 10^{-2} = \frac{1}{2} \times 10^{1-3}$$

按第二种写法

$$|g - 0.00980| \leqslant \frac{1}{2} \times 10^{-5} = \frac{1}{2} \times 10^{-2-3}$$

它们虽然写法不同，但都具有 3 位有效数字. 至于绝对误差限，由于单位不同结果也不同，$\varepsilon_1^* = \frac{1}{2} \times 10^{-2}\,\mathrm{m/s^2}$，$\varepsilon_2^* = \frac{1}{2} \times 10^{-5}\,\mathrm{km/s^2}$，而相对误差限都是

$$\varepsilon_r^* = 0.005/9.80 = 0.000005/0.00980$$

这说明有效位数与小数点后有多少位数无关.

【例 1.9】 已知 $\mathrm{e} = 2.71828\cdots$，问下列 x 的近似值 x^* 有几位有效数字，相对误差是多少？

(1)$x = \mathrm{e}, x^* = 2.7$ (2)$x = \mathrm{e}, x^* = 2.718$

(3)$x = \mathrm{e}/100, x^* = 0.027$ (4)$x = \mathrm{e}, x^* = 10.10111$(二进制).

解 (1) 按四舍五入的原则，$x^* = 2.7$ 作为 x 的近似值具有 2 位有效数字，且 $e_r^* = \frac{x^* - x}{x} = \frac{2.7 - \mathrm{e}}{\mathrm{e}} = -0.0067\cdots \approx -0.67\%$

(2) 按四舍五入的原则，$x^* = 2.718$ 作为 x 的近似值具有 4 位有效数字，且

$$e_r^* = \frac{x^* - x}{x} = \frac{2.718 - \mathrm{e}}{\mathrm{e}} = -0.00010\cdots \approx -0.010\%$$

(3)$x^* = 0.027 = 0.27 \times 10^{-1}$ 作为 $x = \mathrm{e}/100$ 的近似值，有

$$e_r^* = \frac{x^* - x}{x} = -0.0067\cdots \approx -0.67\%$$

又

$$0.5 \times 10^{-4} < |x^* - x| = |0.027 - \mathrm{e}/100| = 0.00018\cdots \leqslant 0.5 \times 10^{-1-2}$$

根据绝对误差与有效数字的关系，$x^* = 0.027$ 具有 2 位有效数字.

(4) 因为 $x^* = 10.10111$(二进制) $= 2.71875$(十进制) $= 0.271875 \times 10^1$，故有

$$e_r^* = \frac{x^* - x}{x} = 0.00017\cdots \approx 0.017\%$$

又

$$0.5 \times 10^{-4} < |x^* - x| = |0.271875 \times 10^1 - \mathrm{e}| = 0.000468\cdots \leqslant 0.5 \times 10^{1-4}$$

从而可知，$x^* = 10.10111$(二进制) 作为 $x = \mathrm{e}$ 的近似值时具有 4 位有效数字.

关于近似值的有效位数与其相对误差的关系，有下面的定理.

定理 1.1 设 x^* 是 x 的近似值，且

$$x^* = \pm 0.a_1 a_2 \cdots a_n \cdots \times 10^m$$

其中 m 为整数，$a_1 \neq 0$，$a_i (i = 1,2,\cdots)$ 为 0 ～ 9 之间的整数.

(1) 若 x^* 具有 n 位有效数字，则其相对误差满足

$$|e_r^*| \leqslant \frac{1}{2a_1} \times 10^{-n+1} \tag{1.11}$$

(2) 若 x^* 的相对误差满足

$$|e_r^*| \leqslant \frac{1}{2(a_1+1)} \times 10^{-n+1} \tag{1.12}$$

则 x^* 至少具有 n 位有效数字.

证明 由定理条件可得到

$$a_1 \times 10^{m-1} \leqslant |x^*| < (a_1+1) \times 10^{m-1}$$

(1) 当 x^* 有 n 位有效数字时

$$|e_r^*| = \frac{|x^*-x|}{|x^*|} \leqslant \frac{0.5 \times 10^{m-n}}{a_1 \times 10^{m-1}} = \frac{1}{2a_1} \times 10^{-n+1}$$

(2) 由

$$|x^*-x| = |x^*||e_r^*| < (a_1+1) \times 10^{m-1} \times \frac{1}{2(a_1+1)} \times 10^{-n+1} = \frac{1}{2} \times 10^{m-n}$$

说明 x^* 至少具有 n 位有效数字.

定理说明,有效位数越多,相对误差越小.

【例 1.10】 设$\sqrt{5}$的近似值 x^* 的相对误差不超过 0.1%,问 x^* 至少具有几位有效数字?

解 设 x^* 至少具有 l 位有效数字,因为$\sqrt{5}$的第一个非零数字是 2,即 x^* 的第一位有效数字 $a_1 = 2$,根据题意及定理知,

$$\frac{|\sqrt{5}-x^*|}{|x^*|} \leqslant \frac{1}{2a_1} \times 10^{-l+1} = \frac{1}{2 \times 2} \times 10^{-l+1} \leqslant 10^{-3}$$

得 $l \geqslant 3.398$,故取 $l = 4$,即 x^* 至少具有 4 位有效数字,即 $x^* = 2.236$,其相对误差不超过 0.1%.

1.4.4 数值运算的误差估计

两个近似值 x_1^* 与 x_2^*,其误差限分别为 $\varepsilon(x_1^*)$ 与 $\varepsilon(x_2^*)$,它们进行四则运算得到的误差限分别为

$$\varepsilon(x_1^* \pm x_2^*) = \varepsilon(x_1^*) + \varepsilon(x_2^*) \tag{1.13}$$

$$\varepsilon(x_1^* x_2^*) \approx |x_1^*| \varepsilon(x_2^*) + |x_2^*| \varepsilon(x_1^*) \tag{1.14}$$

$$\varepsilon(x_1^*/x_2^*) \approx \frac{|x_1^*| \varepsilon(x_2^*) + |x_2^*| \varepsilon(x_1^*)}{|x_2^*|^2} \quad (x_2^* \neq 0) \tag{1.15}$$

当自变量有误差时,计算函数值时也会产生误差. 设一元函数 $f(x)$ 具有二阶导数,自变量 x 的一个近似值为 x^*,$f(x)$ 的近似值为 $f(x^*)$,用 $f(x)$ 在 x^* 点的泰勒展开式估计误差,可得

$$|f(x)-f(x^*)|\leqslant|f'(x^*)(x-x^*)|+\frac{1}{2}|f''(\xi)(x-x^*)^2|$$

其中 ξ 在 x 与 x^* 之间，如果 $f'(x^*)\neq 0$，$|x^*-x|\leqslant\varepsilon(x^*)$ 很小，则可得

$$\varepsilon(f(x^*))\approx|f'(x^*)|\varepsilon(x^*),\quad \varepsilon_r(f(x^*))\approx\left|\frac{f'(x^*)}{f(x^*)}\right|\varepsilon(x^*) \tag{1.16}$$

分别为 $f(x^*)$ 的绝对误差限与相对误差限.

如果 f 为多元函数，自变量为 $x_1,x_2,\cdots,x_n$，其近似值为 $x_1^*,x_2^*,\cdots,x_n^*$，则类似于一元函数可用多元函数 $f(x_1,x_2,\cdots,x_n)$ 的泰勒展开式，取一阶近似得误差限

$$\varepsilon(f(x_1^*,x_2^*,\cdots,x_n^*))\approx\sum_{k=1}^{n}\left|\frac{\partial f(x_1^*,x_2^*,\cdots,x_n^*)}{\partial x_k}\right|\varepsilon(x_k^*) \tag{1.17}$$

及相对误差限

$$\begin{aligned}\varepsilon_r^* &= \varepsilon_r(f(x_1^*,x_2^*,\cdots,x_n^*))\\ &\approx\sum_{k=1}^{n}\left|\frac{\partial f(x_1^*,x_2^*,\cdots,x_n^*)}{\partial x_k}\right|\frac{\varepsilon(x_k^*)}{|f(x_1^*,x_2^*,\cdots,x_n^*)|}\end{aligned} \tag{1.18}$$

【例 1.11】 经过四舍五入得出 $x_1^*=6.1025$，$x_2^*=80.115$.(1) 它们各具有几位有效数字？(2) 求 $x_1^*+x_2^*$，$x_1^*-x_2^*$，$x_1^*x_2^*$ 和 $\dfrac{x_1^*}{x_2^*}$ 的绝对误差限.

解 记 x_1^* 和 x_2^* 对应的精确值分别是 x_1 和 x_2，则有

$$|x_1^*-x_1|\leqslant\frac{1}{2}\times10^{-4}=\frac{1}{2}\times10^{1-5}\ 和\ |x_2^*-x_2|\leqslant\frac{1}{2}\times10^{2-5}$$

故知 x_1^* 和 x_2^* 各具有 5 位有效数字.

再根据误差限运算公式，得

$$\varepsilon(x_1^*\pm x_2^*)=\varepsilon(x_1^*)+\varepsilon(x_2^*)=\frac{1}{2}\times10^{-4}+\frac{1}{2}\times10^{-3}=0.00055$$

$$\begin{aligned}\varepsilon(x_1^*x_2^*)&\approx|x_1^*|\varepsilon(x_2^*)+|x_2^*|\varepsilon(x_1^*)\\ &=6.1025\times\frac{1}{2}\times10^{-3}+80.115\times\frac{1}{2}\times10^{-4}\\ &=0.007057\end{aligned}$$

$$\begin{aligned}\varepsilon(x_1^*/x_2^*)&\approx\frac{|x_1^*|\varepsilon(x_2^*)+|x_2^*|\varepsilon(x_1^*)}{|x_2^*|^2}\\ &=\frac{0.007057}{80.115^2}=0.10995\times10^{-5}\end{aligned}$$

【例 1.12】 设 $x>0$，x 的近似值为 x^*，x^* 的相对误差限为 δ，求 $\ln x^*$ 的相对误差限.

解 设 $\varepsilon(x^*)$ 是与 x^* 的相对误差限 δ 对应的绝对误差限，即有 $\dfrac{\varepsilon(x^*)}{|x^*|}=\delta$，根据一元函数 $f(x)$ 的相对误差限公式

$$\varepsilon_r(f(x^*)) \approx \left|\frac{f'(x^*)}{f(x^*)}\right|\varepsilon(x^*) = \left|\frac{x^* f'(x^*)}{f(x^*)}\right|\delta$$

取 $f(x)=\ln x$，由上式可得到函数 $\ln x^*$ 的相对误差限为

$$\varepsilon_r(\ln x^*) \approx \left|\frac{x^*}{x^*\ln x^*}\right|\delta = \frac{\delta}{|\ln x^*|}$$

由此可见，$\dfrac{\delta}{|\ln x^*|}$ 是函数 $\ln x^*$ 的一个相对误差限.

【例 1.13】 已测得某场地长 l 的值为 $l^*=110\text{m}$，宽 d 的值为 $d^*=80\text{m}$，已知 $|l-l^*|\leqslant 0.2\text{m}$，$|d-d^*|\leqslant 0.1\text{m}$，试求面积 $s=ld$ 的绝对误差限与相对误差限.

解　因 $s=ld$，$\dfrac{\partial s}{\partial l}=d$，$\dfrac{\partial s}{\partial d}=l$，由公式，有

$$\varepsilon(s^*) \approx \left|\left(\frac{\partial s}{\partial l}\right)^*\right|\varepsilon(l^*) + \left|\left(\frac{\partial s}{\partial d}\right)^*\right|\varepsilon(d^*)$$

其中 $(\dfrac{\partial s}{\partial l})^*=d^*=80\text{m}$，$(\dfrac{\partial s}{\partial d})^*=l^*=110\text{m}$，而

$$\varepsilon(l^*)=0.2\text{m},\quad \varepsilon(d^*)=0.1\text{m}$$

于是绝对误差限

$$\varepsilon(s^*) \approx 80\times 0.2 + 110\times 0.1 = 27(\text{m}^2)$$

相对误差限

$$\varepsilon_r(s^*) = \frac{\varepsilon(s^*)}{|s^*|} = \frac{\varepsilon(s^*)}{l^* d^*} \approx \frac{27}{8800} = 0.31\%$$

1.4.5　误差分析方法

误差分析是指数值计算中舍入误差的分析，它是一个重要而复杂的问题. 前面讨论的近似值运算的误差限只能适用于运算次数少的简单情形. 对于科学与工程计算，由于运算次数往往以千万计，且原始数据有误差，每步运算都会产生新的舍入误差并传播前面各数据的误差，每步误差有正有负，如果都按其上界估计是不合理的. 所以按步分析是不合适的，也是不科学的. 如何解决这个问题，目前尚无有效理论. 常用的误差分析方法有以下几种：

1. 概率分析法

由舍入误差引起的误差限，以及近似值四则运算和函数运算得到的误差限，通常远远大于实际的误差. 如果都按最坏情况估计误差限，得到的结果比实际误差大得多，这种保守的误差估计不能反映实际的误差. 考虑到误差分布的随机性，不会经常达到上界. 因此，利用概率和统计方法，将数据和运算中的误差视为适合某种分布的随机变量，然后确定计算结果的误差分布，并用它代替绝对误差限，常常可

使误差估计更接近实际,这种误差分布称为误差的概率界,这种分析方法称为概率分析法.

2. 向后误差分析法

将新算出的量由某个公式表达,它仅含基本的算术运算,如假定 $a_1,a_2\cdots,a_n$ 是前面已算出的量或原始数据,对于新算出量

$$x = g(a_1,a_2,\cdots,a_n)$$

若 a_i 的扰动为 $\varepsilon_i(i=1,2,\cdots,n)$ 使得由浮点运算得出的结果为

$$fl(x) = g(a_1+\varepsilon_1,a_2+\varepsilon_2,\cdots,a_n+\varepsilon_n)$$

则可根据 ε_i 的界由扰动理论估计最后舍入误差 $|x-fl(x)|$ 的界,威克逊(Wilkinson)将这种方法应用于数值代数(矩阵运算)的误差分析,取得了较好的效果.

3. 区间分析法

区间分析法也是一种研究误差的方法,它主要利用区间分析这一数学新分支中的区间运算理论,把参加运算的数 $x,y,z,\cdots$ 都看成区间量 $X,Y,Z,\cdots$,根据区间运算规则求得最后结果的近似值及误差限. 例如,x,y 的近似值为 α,β,由于 $|x-\alpha|\leqslant\varepsilon(\alpha)$,$|y-\beta|\leqslant\varepsilon(\beta)$,则

$$x\in[\alpha-\varepsilon(\alpha),\alpha+\varepsilon(\alpha)]=X,\quad y\in[\beta-\varepsilon(\beta),\beta+\varepsilon(\beta)]=Y$$

若计算 $z=x*y$($*$ 为运算符号),由 $Z=X*Y=[\underline{z},\bar{z}]=[z-\varepsilon(z),z+\varepsilon(z)]$,则 z 为所求近似值,而 $\varepsilon(z)$ 则为误差限.

这样,利用 x,y 的所在区间,按照区间分析中的区间运算,能够得出 x,y 之间各种运算的精确结果的所在区间,并由这个区间给出实际运算结果的误差估计,实际运算自然是在 α,β 之间进行的. 这就是区间分析法的基本思想.

上面简略介绍了误差分析的几种方法,但都不是十分有效的,目前尚无有效的方法对误差作出定量估计. 为了确保数值计算结果的正确性,应对数值计算问题进行定性分析,即研究数值问题本身是否病态和数值算法的数值稳定性,以及数值运算中避免误差危害的原则,而不去具体估计舍入误差的误差限.

1.5 数值计算的注意事项

1.5.1 病态问题与条件数

对一个数值问题本身,如果输入数据有微小扰动(即误差),引起输出数据(即问题的解)相对误差很大,这就是病态问题. 例如计算函数值 $f(x)$ 时,若 x 有扰动

$\Delta x = x - x^*$，则函数值相对误差的绝对值与自变量相对误差的绝对值之比

$$\left|\frac{f(x)-f(x^*)}{f(x)}\right| \Big/ \left|\frac{\Delta x}{x}\right| \approx \left|\frac{xf'(x)}{f(x)}\right| = C_{\mathrm{p}} \tag{1.19}$$

称为计算函数值问题的条件数. 自变量相对误差一般不会太大，如果条件数 C_{p} 很大，将引起函数值相对误差很大，出现这种情况的问题就是病态问题.

例如，$f(x) = x^n$，则有 $C_{\mathrm{p}} = n$，它表示相对误差可能放大 n 倍. 如 $n = 10$，有 $f(1) = 1, f(1.02) \approx 1.22$，若取 $x = 1, x^* = 1.02$，自变量相对误差为 2%，函数值相对误差为 22%，这时问题可以认为是病态的. 一般情况下条件数 $C_{\mathrm{p}} \geqslant 10$ 就认为是病态的，C_{p} 越大病态越严重.

其他计算问题也要分析是否病态. 例如解线性方程组，如果输入数据有微小误差却引起解的巨大误差，就认为是病态方程组，我们将在后面用矩阵的条件数来分析这种现象.

1.5.2 算法的数值稳定性

对于计算步骤较多的算法，一般没有好的定量估计方法，而是采用定性分析方法，即讨论算法的数值稳定性.

定义 1.4 一个算法如果输入数据有误差，而在计算过程中舍入误差得到控制，则称此算法是数值稳定的，否则称此算法是不稳定的.

在一种算法中，如果某一步有了绝对值为 ε 的误差，而以后各步计算都准确地进行，仅由 ε 所引起的误差的绝对值，始终不超过 ε，就说算法是稳定的. 对于数值稳定性的算法，不用做具体的误差估计，就认为其结果是可靠的. 而数值不稳定的算法尽量不要使用.

【例 1.14】 计算 $I_n = \mathrm{e}^{-1}\int_0^1 x^n \mathrm{e}^x \mathrm{d}x \ (n = 0, 1, \cdots)$，并估计误差.

解 由分部积分可得计算 I_n 的递推公式

$$\begin{cases} I_n = 1 - nI_{n-1} \quad (n = 1, 2, \cdots) \\ I_0 = \mathrm{e}^{-1}\int_0^1 \mathrm{e}^x \mathrm{d}x = 1 - \mathrm{e}^{-1} \end{cases} \tag{1.20}$$

若计算出 I_0，代入递推公式，可逐次求出 $I_1, I_2, \cdots$ 的值. 要算出 I_0 就要先计算 e^{-1}，若用泰勒展开式的部分和来近似

$$\mathrm{e}^{-1} \approx 1 + (-1) + \frac{(-1)^2}{2!} + \cdots + \frac{(-1)^k}{k!}$$

并取 $k = 7$，用 4 位小数计算，可得 $\mathrm{e}^{-1} \approx 0.3679$，截断误差

$$R_7 = |\mathrm{e}^{-1} - 0.3679| \leqslant \frac{1}{8!} < \frac{1}{4} \times 10^{-4}$$

计算过程中小数点后第5位的数字按四舍五入原则舍入，由此产生的舍入误差这里先不讨论．当初始值取为 $I_0 \approx 0.6321 = \tilde{I}_0$ 时，所用递推公式为

$$\begin{cases} \tilde{I}_0 = 0.6321 \\ \tilde{I}_n = 1 - n\tilde{I}_{n-1} \end{cases} \quad (n = 1,2,\cdots) \tag{1.21}$$

计算结果见表1.1的 $\tilde{I}_n$ 列．用 $\tilde{I}_0$ 近似 I_0 产生的误差 $E_0 = \tilde{I}_0 - I_0$ 就是初始误差，它对后面计算结果是有影响的．

表1.1　计算结果

n	$\tilde{I}_n$	I_n^*	n	$\tilde{I}_n$	I_n^*
0	0.6321	0.6321	5	0.1480	0.1455
1	0.3679 ↓	0.3679	6	0.1120 ↓	0.1268
2	0.2642	0.2643	7	0.2160	0.1121 ↑
3	0.2074	0.2073 ↑	8	−0.7280	0.1035
4	0.1704	0.1708	9	7.552	0.0684

从表1.1中可以看到 $\tilde{I}_8$ 出现了负值，这与一切 $\tilde{I}_n > 0$ 相矛盾．实际上，有积分估值不等式

$$\frac{e^{-1}}{n+1} = e^{-1}(\min_{0\leqslant x\leqslant 1} e^x)\int_0^1 x^n dx < I_n < e^{-1}(\max_{0\leqslant x\leqslant 1} e^x)\int_0^1 x^n dx = \frac{1}{n+1}$$

因此，当 n 较大时，用 $\tilde{I}_n$ 近似 I_n 显然是不正确的．这里的计算公式与每步计算都是正确的，那么是什么原因使计算结果错误呢？主要就是初值 $\tilde{I}_0$ 有误差 $E_0 = \tilde{I}_0 - I_0$，由此引起以后各步计算的误差 $E_n = \tilde{I}_n - I_n$ 满足关系式

$$E_n = -nE_{n-1} \quad (n = 1,2,\cdots)$$

容易推得

$$E_n = (-1)^n n! E_0$$

由此看出：误差 E_0 导致第 n 步的误差扩大 $n!$ 倍，当 n 较大时，误差将淹没真值，因此用 $\tilde{I}_n$ 近似 I_n 显然是不正确的，这种递推公式不宜采用．例如，$n = 8$，若 $|E_0| = \frac{1}{2}\times 10^{-4}$，则 $|E_8| = 8! \times |E_0| > 2$．这就说明 $\tilde{I}_8$ 完全不能近似 I_8 了．它表明公式(1.21)是数值不稳定的．

我们现在换一种计算方法．由上述积分估值式，取 $n = 9$，有

$$\frac{e^{-1}}{10} < I_9 < \frac{1}{10}$$

我们粗略取 $I_9 \approx \frac{1}{2}\times\left(\frac{1}{10} + \frac{e^{-1}}{10}\right) \approx 0.0684 = I_9^*$，然后将递推公式倒过来算，即由 I_9^* 算出 $I_8^*, I_7^*, \cdots, I_0^*$，公式为

$$\begin{cases} I_9^* = 0.0684 \\ I_{n-1}^* = \frac{1}{n}(1 - I_n^*) \end{cases} \quad (n = 9,8,\cdots,1) \tag{1.22}$$

计算结果见表1.1的I_n^*列.我们发现I_0^*与I_0的误差不超过10^{-4}.记$E_n^*=I_n-I_n^*$,则$|E_0^*|=\frac{1}{n!}|E_n^*|$,$E_0^*$比$E_n^*$缩小了$n!$倍,因此,尽管$E_9^*$较大,但由于误差逐步缩小,故可用$I_n^*$近似$I_n$.反之,当用算法(1.21)计算时,尽管初值$\tilde{I}_0$相当准确,由于误差传播是逐步扩大的,因而计算结果不可靠.此例说明,数值不稳定的算法是不能使用的.

在例1.14中,算法(1.22)是数值稳定的,而算法(1.21)是数值不稳定的.数值不稳定现象属于误差危害现象,如何防止误差危害下面将进一步讨论.

1.5.3 避免误差危害的若干原则

数值计算中除了要分清问题是否病态和算法的数值稳定性外,还应尽量避免误差带来的危害.在计算机中,通常采用二进制实数系统.由于计算机机器数的精度的限制,十进制数输入计算机时,转换成二进制一般都有舍入误差.

实际问题的数值运算次数巨大,由于舍入误差的积累与传播,可能使计算的结果严重失真,下面我们指出数值计算中应当注意的若干原则.

1.避免两个相近的数相减

在数值计算中两个相近的数相减会造成有效数字的严重损失,从而导致误差增大,影响计算结果的精度.

【例1.15】 当$x=10003$时,计算$\sqrt{x+1}-\sqrt{x}$的近似值.

解 若使用6位十进制浮点运算,运算时取6位有效数字,结果

$$\sqrt{x+1}-\sqrt{x}\approx 100.020-100.015=0.005$$

只有一位有效数字,损失了5位有效数字,使得绝对误差和相对误差都变得很大,影响计算结果的精度.若改用

$$\sqrt{x+1}-\sqrt{x}=\frac{1}{\sqrt{x+1}+\sqrt{x}}\approx\frac{1}{100.020+100.015}\approx 0.00499913$$

则其结果有6位有效数字,与精确值0.0049991252311 7984…非常接近.

【例1.16】 $x_1=1.99999$,$x_2=1.99998$,求$\lg x_1-\lg x_2$的近似值.

解 若使用6位十进制浮点运算,运算时取6位有效数字,则

$$\lg x_1-\lg x_2\approx 0.301028-0.301026=0.000002$$

只有一位有效数字,损失了5位有效数字.若改用

$$\lg x_1-\lg x_2=\lg\frac{x_1}{x_2}\approx 2.17149\times 10^{-6}$$

则其结果有6位有效数字,与精确值$2.171488695634\cdots\times 10^{-6}$非常接近.

2.避免重要的小数被大数"吃掉"

在数值计算中,参加运算的数的数量级有时相差很大,而计算机的字长又是有

限的，因此，如果不注意运算次序，那么就可能出现小数被大数“吃掉”的现象.这种现象在有些情况下是允许的，但在有些情况下，有些小数很重要，若它们被“吃掉”，就会造成计算结果的失真，影响计算结果的可靠性.

【例 1.17】 求二次方程 $x^2-(10^9+1)x+10^9=0$ 的根.

解 用因式分解易得方程的两个根为 $x_1=10^9$，$x_2=1$.但用求根公式

$$x_{1,2}=\frac{-b\pm\sqrt{b^2-4ac}}{2a}$$

编制程序，如果在只能将数表示到小数后 8 位的计算机上运算，那么首先要对阶：

$$-b=10^9+1=0.10000000\times10^{10}+0.0000000001\times10^{10}$$

而计算机上只能达到 8 位，故计算机上 $0.0000000001\times10^{10}$ 不起作用，即视为 0，于是

$$-b=0.10000000\times10^{10}=10^9$$

类似地有 $\sqrt{b^2-4ac}=|b|=10^9$，故所得两个根为 $x_1=10^9$，$x_2=0$. x_2 严重失真的原因是大数“吃掉”了小数.

如果把 x_2 的计算公式写成 $x_2=\dfrac{-b-\sqrt{b^2-4ac}}{2a}=\dfrac{2c}{-b+\sqrt{b^2-4ac}}$，则

$$x_2=\frac{2\times10^9}{10^9+10^9}=1$$

3. 避免除数绝对值远远小于被除数绝对值的除法

在用计算机实现算法的过程中，如果用绝对值很小的数作除数，往往会使舍入误差增大.即在计算 $\dfrac{y}{x}$ 时，若 $0<|x|\ll|y|$，则可能产生较大的舍入误差，对计算结果带来严重影响，应尽量避免.

【例 1.18】 在 4 位浮点十进制数下，用消去法解线性方程组

$$\begin{cases}0.00003x_1-3x_2=0.6\\ x_1+2x_2=1\end{cases}\tag{1.23}$$

解 仿计算机实际计算，将上述方程组写成

$$\begin{cases}0.3000\times10^{-4}x_1-0.3000\times10^1x_2=0.6000\times10^0 & (1.24)\\ 0.1000\times10^1x_1+0.2000\times10^1x_2=0.1000\times10^1 & (1.25)\end{cases}$$

式(1.25)－式(1.24)÷(0.3000×10^{-4})（注意：在第一步运算中出现了用很小的数作除数的情形，相应地在第二步运算中出现了大数“吃掉”小数的情形），得

$$\begin{cases}0.3000\times10^{-4}x_1-0.3000\times10^1x_2=0.6000\times10^0\\ \qquad\qquad-0.1000\times10^6x_2=0.2000\times10^5\end{cases}$$

解得

$$x_1=0,\quad x_2=-0.2$$

而原方程组的准确解为 $x_1 = 1.399972\cdots$，$x_2 = -0.199986\cdots$. 显然上述结果严重失真.

如果反过来用第二个方程消去第一个方程中含 x_1 的项，那么就可以避免很小的数作除数的情形. 即式(1.24) − 式(1.25) × (0.3000×10^{-4})，得

$$\begin{cases} -0.3000 \times 10^{1} x_2 = 0.6000 \times 10^{0} \\ 0.1000 \times 10^{1} x_1 + 0.2000 \times 10^{1} x_2 = 0.1000 \times 10^{1} \end{cases}$$

解得

$$x_1 = 1.4,\quad x_2 = -0.2$$

这是一组相当好的近似解.

4. 避免烦琐运算，简化计算公式

求一个问题的数值解有多种算法，不同的算法有不同的运算量. 如果能减少运算次数，不但可节省计算机的计算时间，还能减少舍入误差的累积. 因此在构造算法时，合理地简化计算公式是一个非常重要的原则.

【例 1.19】 已知 x，计算多项式 $p_n(x) = a_n x^n + a_{n-1} x^{n-1} + a_{n-2} x^{n-2} + \cdots + a_1 x + a_0$ 的值.

解 若直接计算，即先计算 $a_k x^k (k = 1,2,\cdots,n)$，然后逐项相加，则一共需要做

$$1 + 2 + \cdots + (n-1) + n = \frac{n(n+1)}{2}$$

次乘法和 n 次加法.

若对 $p_n(x)$ 适当变形

$$p_n(x) = x(\cdots x(x(a_n x + a_{n-1}) + a_{n-2}) + \cdots + a_1) + a_0$$

采用秦九韶算法

$$\begin{cases} s_n = a_n \\ s_k = x s_{k+1} + a_k (k = n-1, n-2, \cdots, 0) \\ p_n(x) = s_0 \end{cases} \tag{1.26}$$

则只要 n 次乘法和 n 次加法，就可得到 $p_n(x)$ 的值. 而且秦九韶算法计算过程简单、规律性强、适于编程，所占内存也比前一种方法要小. 此外，由于减少了计算步骤，相应地也减少了舍入误差的积累及其传播. 此例说明，合理简化计算公式在数值计算中是非常重要的.

【例 1.20】 计算 ln2 的近似值.

解 若选用级数

$$\ln 2 = 1 - \frac{1}{2} + \frac{1}{3} - \frac{1}{4} + \cdots + \frac{(-1)^{n-1}}{n} + \cdots$$

的前 n 项部分和来计算 ln2 的近似值，截断误差为 $\frac{1}{n+1}$. 如果要求误差不超过

10^{-5}，则 $n>10^5$，即要前 100000 项求和.这样做不仅运算量大，而且舍入误差的累积将使有效数字损失严重.如果利用级数

$$\ln\frac{1+x}{1-x}=2x(1+\frac{1}{3}x^2+\frac{1}{5}x^4+\cdots+\frac{x^{2n}}{2n+1}+\cdots)$$

来计算，当 $x=\frac{1}{3}$ 时有

$$\ln 2=\frac{2}{3}\times[1+\frac{1}{3\times 9}+\frac{1}{5\times 9^2}+\cdots+\frac{1}{(2n+1)\times 9^n}+\cdots]$$

取前 5 项之和作为近似值，产生的截断误差为

$$e^*=\frac{2}{3}\times(\frac{1}{11\times 9^5}+\frac{1}{13\times 9^6}+\frac{1}{15\times 9^7}+\cdots)<\frac{2}{3}\times\frac{1}{11\times 9^5}\times(1+\frac{1}{9}+\frac{1}{9^2}+\cdots)$$

$$<\frac{2}{3\times 11\times 9^5}\times\frac{1}{1-\frac{1}{9}}=\frac{1}{12\times 11\times 9^4}<0.0000012<0.5\times 10^{-5}$$

这时，ln2 的近似值为

$$\ln 2\approx\frac{2}{3}\times(1+\frac{1}{3\times 9}+\frac{1}{5\times 9^2}+\frac{1}{7\times 9^3}+\frac{1}{9\times 9^4})\approx 0.69315$$

显然，第二种算法比第一种算法有效.

小　结　1

本章简述了数值分析的内容、特点以及它在解决实际问题中所处的位置，使读者一开始就了解本课程的重要性.其次，详细介绍了数值分析的一些基本概念，包括计算机机器数系与浮点运算、数值计算的误差与误差估计、数值计算的注意事项等，由于目前尚无真正有效的方法对误差作出定量估计，所以在本书中更着重对误差作定性分析，即对每个具体算法只要是数值稳定的，就不必再做舍入误差估计，至于方法的截断误差将结合不同问题的具体算法进行讨论.

习　题　1

1. 在 $|a|$ 和 $|b|$ 都很大或很小时，计算机计算 $y=\frac{a}{\sqrt{a^2+b^2}}$ 时发生“溢出”.这是什么原因?怎样避免溢出?
2. 在 4 位十进制计算机上计算：
   (1) $s_1=(1025-912.4)-96.73$；
   (2) $s_2=1025-(912.4+96.73)$；

(3) $s_3 = (1025 \times 912.4) \times 96.73$;

(4) $s_4 = 1025 \times (912.4 \times 96.73)$;

(5) $s_5 = (1025 \times 96.73) \times 912.4$;

(6) $s_6 = 1000 + \frac{1}{11} + \frac{1}{12} + \cdots + \frac{1}{20}$;

(7) $s_7 = \frac{1}{20} + \frac{1}{19} + \cdots + \frac{1}{11} + 1000$.

3. 已知 $\ln 2 = 0.69314718\cdots$,精确到 10^{-3} 的近似值是多少?

4. 已知$\sqrt{2} = 1.414213562373\cdots$,写出它的 3 ~ 6 位近似有效数;它的近似分数

$17/12 = 1.41666\cdots$,　　$41/29 = 1.4137931\cdots$

$239/169 = 1.4142011\cdots$,　　$577/408 = 1.41421568\cdots$

各有几位数字准确?利用四舍五入原则,写出这些分数相应位数的近似有效数,它们是否为$\sqrt{2}$ 的近似有效数?

5. 求下列近似有效数的绝对误差限、相对误差限及有效数字位数:(1)3450,(2)0.00567,(3)0.2340×10^5,(4)4567×10^{-3},(5)123.45×10^1.

6. 3.142,3.141,$\frac{22}{7}$ 分别作为 π 的近似值时各有几位有效数字?

7. 已知 $\sqrt{1972} \approx 44.41$ 与 $\sqrt{1971} \approx 44.40$ 均有4位有效数字,试估计计算 $\sqrt{1972} - \sqrt{1971}$ 时的绝对误差限和相对误差限.

8. 测得某地纬度 $\varphi = 45°56'23''$,误差不超过 $0.5''$. 问计算 $\sin\varphi$ 的误差限是多少?算出 $\sin\varphi = 0.718608590$,有几位数字准确?

9. 正方形的边长大约为100cm,应怎样测量才能使其面积误差不超过1cm^2?

10. 设有一个长方形水池,由测量知长为(50 ± 0.01)m,宽为(25 ± 0.01)m,深为(20 ± 0.01)m. 试按所给数据求出该水池的容积,并分析所得近似值的绝对误差和相对误差,给出绝对误差限和相对误差限.

11. 试用两种方法计算 $y = \frac{1}{994} - \frac{1}{995}$,并比较结果(取5位浮点数).

12. 求方程 $x^2 - 56x + 1 = 0$ 的两个根,使它们至少具有4位有效数字,其中取 $\sqrt{783} \approx 27.982$.

13. 当 N 充分大时,怎样求$\int_N^{N+1} \frac{\mathrm{d}t}{1+t^2}$?

14. 已知 $|x| \ll 1$,下列计算 y 的公式哪个算得准?

(1) A. $y = \frac{1}{1+2x} - \frac{1-x}{1+x}$,　　B. $y = \frac{2x^2}{(1+2x)(1+x)}$;

(2) A. $y = \frac{2|x|}{\sqrt{\frac{1}{|x|} + |x|} + \sqrt{\frac{1}{|x|} - |x|}}$,

B. $y=\sqrt{\frac{1}{|x|}+|x|}-\sqrt{\frac{1}{|x|}-|x|}$,

C. $y=\frac{2x^2}{\sqrt{1+x^2}+\sqrt{1-x^2}}$,

D. $y=\frac{\sqrt{1+x^2}-\sqrt{1-x^2}}{|x|}$;

(3) A. $y=\frac{2\sin^2 x}{x}$,　　B. $y=\frac{1-\cos 2x}{x}$;

(4) A. $y=\ln\frac{1-\sqrt{1-x^2}}{|x|}$,

B. $y=\ln|x|-\ln(1+\sqrt{1-x^2})$,

C. $y=\ln\frac{|x|}{1+\sqrt{1-x^2}}$.

15. 已知数列 x_n 收敛于方程 $f(x)=0$ 的根 a,问计算数列 y_n 和 z_n 宜采用哪个算式?为什么?

(1) A. $y_n=x_{n+1}-\frac{(x_{n+1}-x_n)^2}{x_{n+1}-2x_n+x_{n-1}}$,　　B. $y_n=\frac{x_{n+1}x_{n-1}-x_n^2}{x_{n+1}-2x_n+x_{n-1}}$;

(2) A. $z_n=x_n-\frac{(x_n-x_{n-1})f(x_n)}{f(x_n)-f(x_{n-1})}$,　　B. $z_n=x_n-\frac{x_n-x_{n-1}}{1-f(x_{n-1})/f(x_n)}$.

16. 化简或改写下列算式,减少运算次数:

(1) $(x-5)^4+9(x-5)^3+7(x-5)^2+6(x-5)-4$;

(2) $1+x+\frac{x^2}{2!}+\frac{x^3}{3!}+\cdots+\frac{x^n}{n!}$;

(3) $\frac{1}{1\times 3}+\frac{1}{2\times 4}+\frac{1}{3\times 5}+\cdots\frac{1}{99\times 101}$;

(4) $(\boldsymbol{AB})\boldsymbol{\alpha}$,$\boldsymbol{A}$ 和 $\boldsymbol{B}$ 为 $n\times n$ 矩阵,$\boldsymbol{\alpha}$ 为 n 维列向量.

第 2 章　插　值　法

在科学研究与工程技术中，常常遇到这样的问题：由实验或测量得到一批离散样点，要求作出一条通过这些点的光滑曲线，以便满足设计要求或进行加工. 反映在数学上，即已知函数在一些点上的值，寻求它的解析表达式. 此外，一些函数虽有表达式，但因其较复杂，不易计算其值和进行理论分析，也需要构造一个简单函数来近似它.

解决这种问题的方法是：给出函数 $f(x)$ 的一些样点，选定一个便于计算的函数 $p(x)$ 形式，如多项式、分段线性函数及三角多项式等，要求它通过已知样点，由此确定函数 $p(x)$ 作为 $f(x)$ 的近似，这就是插值法.

2.1　问题的提出

在数码摄影已经普及的今天，数码影像的修饰越来越多. 数码影像的最大特点就是可以在后期进行图片的修改、调整、涂鸦等. 随着数码相机的普及，影像处理软件也越来越被人们所接受和使用，通过后期处理，不仅可以使原本不太理想的图片质量得到大幅改善，还可以使像素小的图片通过“插值”的方式变大.

目前，数码相机通常是千万级像素，但后期裁剪时像素损失很大，为了打印出 A4 幅面的照片，或要打印高质量、大尺寸（如 A3 幅面尺寸以上）的照片时，就需要增加像素，这时“插值”就是经常用到的方法，如图 2.1 所示.

图 2.1　低像素照片

插值是以相邻的像素为依据，计算出新的像素，而根据计算方法的不同，就形成了不同的插值方法. 这些插值方法的基础，将在下面介绍.

设已知函数 $f(x)$ 在区间 $[a,b]$ 上的 $n+1$ 个相异点 x_i 处的函数值 $y_i = f(x_i)$ $(i = 0,1,\cdots,n)$，要求用一个简单的、便于计算的函数 $p(x)$ 在区间 $[a,b]$ 上近似 $f(x)$，使

$$p(x_i) = y_i \quad (i = 0,1,\cdots,n) \tag{2.1}$$

则称 $p(x)$ 为 $f(x)$ 的插值函数，$f(x)$ 称为被插值函数，点 $x_0,x_1,\cdots,x_n$ 称为插值节点，包含插值节点的区间 $[a,b]$ 称为插值区间，式(2.1) 称为插值条件，这类问题称为插值问题.

通常 $p(x) \in \Phi_n = \mathrm{Span}\{\varphi_0,\varphi_1,\cdots,\varphi_n\}$，其中 $\varphi_i(x)(i = 0,1,\cdots,n)$ 是一组在 $[a,b]$ 上线性无关的函数族，Φ_n 表示由 $\varphi_0,\varphi_1,\cdots,\varphi_n$ 生成的函数空间，$p(x) \in \Phi_n$ 表示为

$$p(x) = a_0\varphi_0(x) + a_1\varphi_1(x) + \cdots + a_n\varphi_n(x) \tag{2.2}$$

这里 $a_i(i = 0,1,\cdots,n)$ 是 $n+1$ 个待定常数，它可根据插值条件(2.1) 确定. 当 $\varphi_k(x) = x^k(k = 0,1,\cdots,n)$ 时，$p(x) \in H_n$，$H_n = \mathrm{Span}\{1,x,\cdots,x^n\}$，表示次数不超过 n 次的多项式集合，此时

$$p(x) = a_0 + a_1x + \cdots + a_nx^n \tag{2.3}$$

称为插值多项式，如果 $\varphi_i(x)(i = 0,1,\cdots,n)$ 为三角函数，则 $p(x)$ 为三角插值. 同理还有分段多项式插值、有理插值等. 由于计算机上只能使用 $+$、$-$、$\times$、$\div$ 运算，故常用的 $p(x)$ 就是多项式、分段多项式或有理分式. 本章只讨论多项式插值及分段多项式插值.

从几何上看，插值问题就是求过 $n+1$ 个点 $(x_i,y_i)(i = 0,1,\cdots,n)$ 的曲线 $y = p(x)$，使它近似于已给函数曲线 $y = f(x)$，如图 2.2 所示.

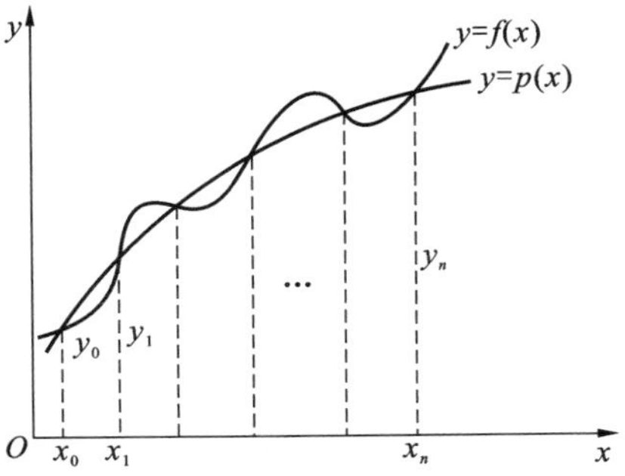

图 2.2 插值函数的几何意义

对多项式插值，就是根据给定的 $n+1$ 个点 $(x_i,y_i)(i = 0,1,\cdots,n)$，求一个 n 次多项式：

$$p(x) = a_0 + a_1x + \cdots + a_nx^n$$

使

$$p(x_i) = y_i \quad (i = 0,1,\cdots,n)$$

即

$$\begin{cases} a_0 + a_1x_0 + a_2x_0^2 + \cdots + a_nx_0^n = y_0 \\ a_0 + a_1x_1 + a_2x_1^2 + \cdots + a_nx_1^n = y_1 \\ \qquad\vdots \\ a_0 + a_1x_n + a_2x_n^2 + \cdots + a_nx_n^n = y_n \end{cases}$$

这里 $a_0,a_1,\cdots,a_n$ 是 $n+1$ 个待定系数，根据 $n+1$ 个条件得到的方程组是关于参数 $a_0,a_1,\cdots,a_n$ 的线性方程组. 由于节点互异，系数行列式

$$\begin{vmatrix} 1 & x_0 & \cdots & x_0^n \\ 1 & x_1 & \cdots & x_1^n \\ \vdots & \vdots & & \vdots \\ 1 & x_n & \cdots & x_n^n \end{vmatrix} \neq 0$$

所以解是存在且唯一的. 这就是下面的定理 2.1.

定理 2.1 在次数不超过 n 的多项式集合 H_n 中,满足插值条件(2.1) 的插值多项式 $p(x) \in H_n$ 是存在且唯一的.

定理 2.1 从理论上解决了存在唯一性问题,但直接求解较复杂,也得不到统一的表达式,故通常求插值多项式不使用这种方法,而使用下面给出的插值基函数等方法.

2.2 拉格朗日插值

2.2.1 线性插值与抛物插值

1. 线性插值

最简单的插值问题是已知两点$(x_0, f(x_0))$ 及$(x_1, f(x_1))$,求通过此两点的插值多项式,这时的插值多项式是一次的,在几何上是一条直线,可用两点式表示

$$L_1(x) = \frac{x - x_1}{x_0 - x_1} f(x_0) + \frac{x - x_0}{x_1 - x_0} f(x_1) \tag{2.4}$$

显然 $L_1(x_0) = f(x_0)$,$L_1(x_1) = f(x_1)$,满足插值条件(2.1),所以 $L_1(x)$ 就是线性插值函数. 若记 $l_0(x) = \dfrac{x - x_1}{x_0 - x_1}$,$l_1(x) = \dfrac{x - x_0}{x_1 - x_0}$,则 $l_0(x)$、$l_1(x)$ 称为关于节点 x_0、x_1 的线性插值基函数. 于是 $L_1(x) = l_0(x) f(x_0) + l_1(x) f(x_1)$.

2. 抛物插值

已给三点$(x_0, f(x_0))$,$(x_1, f(x_1))$,$(x_2, f(x_2))$,则

$$l_0(x) = \frac{(x - x_1)(x - x_2)}{(x_0 - x_1)(x_0 - x_2)}, \quad l_1(x) = \frac{(x - x_0)(x - x_2)}{(x_1 - x_0)(x_1 - x_2)},$$

$$l_2(x) = \frac{(x - x_0)(x - x_1)}{(x_2 - x_0)(x_2 - x_1)}$$

称为关于节点 x_0, x_1, x_2 的二次插值基函数,满足:

$$l_i(x_j) = \begin{cases} 1, & j = i \\ 0, & j \neq i \end{cases} \quad (i, j = 0, 1, 2)$$

满足插值条件 $L_2(x_i) = f(x_i)(i = 0,1,2)$ 的二次插值多项式 $L_2(x)$ 可表示为

$$L_2(x) = l_0(x)f(x_0) + l_1(x)f(x_1) + l_2(x)f(x_2) \tag{2.5}$$

$y = L_2(x)$ 的图形是通过三点 $(x_i, f(x_i))(i = 0,1,2)$ 的抛物线. $L_2(2)$ 又称为抛物插值函数.

【例 2.1】 已知 $f(-1) = 2, f(1) = 1, f(2) = 1$，求 $f(x)$ 的抛物插值多项式.

解 由题意取 $x_0 = -1, x_1 = 1, x_2 = 2, y_0 = 2, y_1 = 1, y_2 = 1$，由式(2.5)知抛物插值函数为

$$\begin{aligned} L_2(x) &= y_0 \frac{(x-x_1)(x-x_2)}{(x_0-x_1)(x_0-x_2)} + y_1 \frac{(x-x_0)(x-x_2)}{(x_1-x_0)(x_1-x_2)} + y_2 \frac{(x-x_0)(x-x_1)}{(x_2-x_0)(x_2-x_1)} \\ &= \frac{1}{6}(x^2 - 3x + 8) \end{aligned}$$

2.2.2 拉格朗日插值多项式

将 $n = 1$ 及 $n = 2$ 的插值推广到一般情形，考虑通过 $n + 1$ 个点 $(x_i, f(x_i))$ $(i = 0,1,\cdots,n)$ 的插值多项式 $L_n(x)$，使

$$L_n(x_i) = f(x_i) \quad (i = 0,1,\cdots,n)$$

用插值基函数的方法可得

$$L_n(x) = \sum_{i=0}^{n} l_i(x) f(x_i) \tag{2.6}$$

其中

$$l_i(x) = \frac{(x-x_0)\cdots(x-x_{i-1})(x-x_{i+1})\cdots(x-x_n)}{(x_i-x_0)\cdots(x_i-x_{i-1})(x_i-x_{i+1})\cdots(x_i-x_n)} \quad (i = 0,1,\cdots,n)$$

称为关于节点 $x_0, x_1, \cdots, x_n$ 的 n 次插值基函数，它满足条件

$$l_i(x_j) = \begin{cases} 1, & j = i \\ 0, & j \neq i \end{cases} \quad (i,j = 0,1,\cdots,n)$$

显然插值多项式 $L_n(x)$ 满足插值条件，称 $L_n(x)$ 为拉格朗日(Lagrange)插值多项式. 引入记号

$$\omega_{n+1}(x) = (x-x_0)(x-x_1)\cdots(x-x_n)$$

则

$$\omega'_{n+1}(x_i) = (x_i-x_0)\cdots(x_i-x_{i-1})(x_i-x_{i+1})\cdots(x_i-x_n)$$

于是插值基函数 $l_i(x)$ 可改写为

$$l_i(x) = \frac{\omega_{n+1}(x)}{(x-x_i)\omega'_{n+1}(x_i)}$$

从而插值多项式 $L_n(x)$ 可改写为

$$L_n(x) = \sum_{i=0}^{n} \frac{\omega_{n+1}(x)}{(x-x_i)\omega'_{n+1}(x_i)} f(x_i)$$

注意，n 次拉格朗日插值多项式 $L_n(x)$ 通常是 n 次的，特殊情况可能小于 n 次. 例如，通过三点 (x_0,y_0)、(x_1,y_1)、(x_2,y_2) 的二次插值多项式 $L_2(x)$，如果三点共线，则 $y=L_2(x)$ 就是一条直线，而不是抛物线，这时 $L_2(x)$ 就是一次多项式.

2.2.3 插值余项与误差估计

若在区间 $[a,b]$ 上用插值多项式 $L_n(x)$ 近似 $f(x)$，则其截断误差为

$$R_n(x)=f(x)-L_n(x)$$

也称为插值多项式的余项.

定理 2.2 设 $f(x)\in C^{n+1}[a,b]$（表示 $f(x)$ 在 $[a,b]$ 上的 $n+1$ 阶导数连续），且节点 $a\leqslant x_0<x_1<\cdots<x_n\leqslant b$，则满足插值条件的插值多项式 $L_n(x)$ 对任何 $x\in[a,b]$ 有

$$R_n(x)=f(x)-L_n(x)=\frac{f^{(n+1)}(\xi)}{(n+1)!}\omega_{n+1}(x),a<\xi<b \tag{2.7}$$

证明 由插值条件(2.1)可知 $R_n(x_i)=0\quad(i=0,1,\cdots,n)$，故对任何 $x\in[a,b]$ 有

$$R_n(x)=K(x)(x-x_0)(x-x_1)\cdots(x-x_n)=K(x)\omega_{n+1}(x)$$

其中 $K(x)$ 是依赖于 x 的待定函数. 将 $x\in[a,b]$ 看做区间 $[a,b]$ 上任一固定点，作函数

$$\varphi(t)=f(t)-L_n(t)-K(x)(t-x_0)(t-x_1)\cdots(t-x_n)$$

显然 $\varphi(x_i)=0(i=0,1,\cdots,n)$，且 $\varphi(x)=0$，它表明 $\varphi(t)$ 在 $[a,b]$ 上有 $n+2$ 个零点 $x_0,x_1,\cdots,x_n$ 及 x，由罗尔(Rolle)定理可知 $\varphi'(t)$ 在 (a,b) 内至少有 $n+1$ 个零点. 反复应用罗尔定理，可得 $\varphi^{(n+1)}(t)$ 在 (a,b) 内至少有一个零点 ξ，使

$$\varphi^{(n+1)}(\xi)=f^{(n+1)}(\xi)-(n+1)!K(x)=0$$

即

$$K(x)=\frac{f^{(n+1)}(\xi)}{(n+1)!}$$

所以

$$R_n(x)=\frac{f^{(n+1)}(\xi)}{(n+1)!}\omega_{n+1}(x),\quad a<\xi<b$$

注意，定理中 $\xi\in(a,b)$，依赖于 x 及点 $x_0,x_1,\cdots,x_n$，因此定理只在理论上说明 ξ 存在，实际上 $f^{(n+1)}(\xi)$ 仍依赖于 x，即使 x 固定，ξ 也无法求出. 因此，余项表达式的准确值是算不出的，只能用来做截断误差估计，由

$$|f^{(n+1)}(\xi)|\leqslant\max_{a\leqslant x\leqslant b}|f^{(n+1)}(x)|=M_{n+1}$$

可得误差估计

$$|R_n(x)|\leqslant\frac{M_{n+1}}{(n+1)!}|\omega_{n+1}(x)| \tag{2.8}$$

当 $n=1$ 时可得线性插值的误差估计

$$|R_1(x)| \leqslant \frac{M_2}{2!}|(x-x_0)(x-x_1)| \tag{2.9}$$

当 $n=2$ 时有抛物插值的误差估计

$$|R_2(x)| \leqslant \frac{M_3}{3!}|(x-x_0)(x-x_1)(x-x_2)| \tag{2.10}$$

利用余项表达式，当 $f(x)=x^k(k \leqslant n)$ 时，由于 $f^{(n+1)}(x)=0$，于是有

$$R_n(x)=f(x)-L_n(x)=x^k-\sum_{i=0}^{n} x_i^k l_i(x)=0$$

即

$$\sum_{i=0}^{n} x_i^k l_i(x)=x^k \quad (k=0,1,\cdots,n)$$

它表明当 $f(x) \in H_n$ 时，插值多项式 $L_n(x)$ 就是它自身，并且给出了插值基函数 $l_i(x)(i=0,1,\cdots,n)$ 的性质：当 $k=0$ 时有

$$\sum_{i=0}^{n} l_i(x)=1$$

【例 2.2】 已知 $\sin 0.32=0.314567$，$\sin 0.34=0.333487$，$\sin 0.36=0.352274$，试用线性插值及抛物插值计算 $\sin 0.3367$ 的近似值并估计误差.

解 由题意知被插值函数为 $y=f(x)=\sin x$，给定插值点为 $x_0=0.32$，$y_0=0.314567$，$x_1=0.34$，$y_1=0.333487$，$x_2=0.36$，$y_2=0.352274$. 由式(2.4)知线性插值函数为

$$\begin{aligned} L_1(x) &= \frac{x-x_1}{x_0-x_1}y_0+\frac{x-x_0}{x_1-x_0}y_1 \\ &= \frac{x-0.34}{-0.02}\times 0.314567+\frac{x-0.32}{0.02}\times 0.333487 \end{aligned}$$

当 $x=0.3367$ 时

$$\begin{aligned} \sin 0.3367 \approx L_1(0.3367) &= \frac{0.3367-0.34}{0.02}\times(-0.314567) \\ &\quad +\frac{0.3367-0.32}{0.02}\times 0.333487 \\ &\approx 0.0519036+0.2784616 \approx 0.330365 \end{aligned}$$

其截断误差由式(2.9)得

$$|R_1(x)| \leqslant \frac{M_2}{2!}|(x-x_0)(x-x_1)|$$

其中 $M_2=\max\limits_{x_0 \leqslant x \leqslant x_1}|f''(x)|$. 因 $f(x)=\sin x$，$f''(x)=-\sin x$，故

$$|f''(x)|=|-\sin x| \leqslant |-\sin x_1| \leqslant 0.3335$$

于是

$$|R_1(0.3367)| = |\sin 0.3367 - L_1(0.3367)|$$
$$\leqslant \frac{1}{2} \times 0.3335 \times 0.0167 \times 0.0033 \leqslant 0.92 \times 10^{-5}$$

若用抛物插值，由式(2.5)知抛物插值函数为

$$L_2(x) = y_0 \frac{(x-x_1)(x-x_2)}{(x_0-x_1)(x_0-x_2)} + y_1 \frac{(x-x_0)(x-x_2)}{(x_1-x_0)(x_1-x_2)} + y_2 \frac{(x-x_0)(x-x_1)}{(x_2-x_0)(x_2-x_1)}$$

$$\sin 0.3367 \approx L_2(0.3367) = \frac{0.7689 \times 10^{-4}}{0.0008} \times 0.314567 + \frac{3.8911 \times 10^{-4}}{0.0004} \times 0.333487 + \frac{-0.5511 \times 10^{-4}}{0.0008} \times 0.352274 \approx 0.330374$$

这个结果与6位有效数字的正弦函数表完全一样. 其截断误差由式(2.10)得

$$|R_2(x)| \leqslant \frac{M_3}{3!} |(x-x_0)(x-x_1)(x-x_2)|$$

其中

$$M_3 = \max_{x_0 \leqslant x \leqslant x_2} |f'''(x)| = \max_{x_0 \leqslant x \leqslant x_2} |-\cos x| = \cos 0.32 < 0.95$$

于是

$$|R_2(0.3367)| = |\sin 0.3367 - L_2(0.3367)|$$
$$\leqslant \frac{1}{6} |0.950 \times 0.0167 \times 0.0033 \times 0.0233| < 0.204 \times 10^{-6}$$
$$< 0.5 \times 10^{-6}$$

所以，近似值精确到小数点后第6位.

【例 2.3】 证明：$\sum_{i=0}^{5}(x_i - x)^2 l_i(x) = 0$，其中 $l_i(x)$ 是关于节点 $x_0, x_1, \cdots, x_5$ 的插值基函数.

证明

$$\sum_{i=0}^{5}(x_i - x)^2 l_i(x) = \sum_{i=0}^{5}(x_i^2 - 2x_i x + x^2) l_i(x)$$
$$= \sum_{i=0}^{5} x_i^2 l_i(x) - 2x \sum_{i=0}^{5} x_i l_i(x) + x^2 \sum_{i=0}^{5} l_i(x)$$
$$= x^2 - 2x^2 + x^2 = 0$$

2.3 牛顿插值

利用插值基函数求出拉格朗日插值多项式(2.6)，在理论上是很重要的，但用

$L_n(x)$ 计算 $f(x)$ 近似值却不太方便，特别当精度不够，需增加插值节点时，计算要全部重新进行. 为此我们可以给出另一种便于计算的插值多项式 $N_n(x)$，它的表达式为

$$N_n(x) = a_0 + a_1(x - x_0) + a_2(x - x_0)(x - x_1) + \cdots + a_n(x - x_0)\cdots(x - x_{n-1}) \tag{2.11}$$

其中 $a_i(i = 0,1,\cdots,n)$ 为待定常数. 显然，它可根据插值条件(2.1)

$$N_n(x_i) = f(x_i) \quad (i = 0,1,\cdots,n)$$

直接得到，例如当 $x = x_0$ 时，得 $a_0 = f(x_0)$；当 $x = x_1$ 时，由式(2.11)得

$$N_n(x_1) = f(x_0) + a_1(x_1 - x_0) = f(x_1)$$

得

$$a_1 = \frac{f(x_1) - f(x_0)}{x_1 - x_0}$$

实际上 $y = N_1(x)$ 就是直线方程的点斜式，$N_1(x) = L_1(x)$. 一般地 $N_n(x) \in H_n$. 为了给出 $N_n(x)$ 的系数 $a_0, a_1, \cdots, a_n$ 的表达式，先引进均差的定义.

2.3.1　均差及其性质

定义 2.1　称 $f[x_0,x_k] = \dfrac{f(x_k) - f(x_0)}{x_k - x_0}$ $(k \neq 0)$ 为 $f(x)$ 关于点 x_0, x_k 的一阶均差. 称 $f[x_0,x_1,x_k] = \dfrac{f[x_0,x_k] - f[x_0,x_1]}{x_k - x_1}$ 为 $f(x)$ 关于点 x_0, x_1, x_k 的二阶均差. 一般地，有了 $k-1$ 阶均差之后，称

$$f[x_0,x_1,\cdots,x_k] = \frac{f[x_0,x_1,\cdots,x_{k-2},x_k] - f[x_0,x_1,\cdots,x_{k-1}]}{x_k - x_{k-1}} \tag{2.12}$$

为 $f(x)$ 关于点 $x_0, x_1, \cdots, x_k$ 的 k 阶均差(差商).

均差有如下的基本性质：

性质 1　各阶均差具有线性性，即若 $f(x) = a\varphi(x) + b\psi(x)$，则对任意正整数 k，都有

$$f[x_0,x_1,\cdots,x_k] = a\varphi[x_0,x_1,\cdots,x_k] + b\psi[x_0,x_1,\cdots,x_k]$$

性质 2　k 阶均差可表示成 $f(x_0), f(x_1), \cdots, f(x_k)$ 的线性组合，即

$$f[x_0,x_1,\cdots,x_k] = \sum_{i=0}^{k} \frac{f(x_i)}{\omega'_{k+1}(x_i)} \tag{2.13}$$

这个性质可用归纳法证明. 它也表明均差与节点的排列次序无关，称为均差的对称性.

性质 3　$f[x_0,x_1,\cdots,x_{k-1},x_k] = \dfrac{f[x_1,x_2,\cdots,x_k] - f[x_0,x_1,\cdots,x_{k-1}]}{x_k - x_0}$　(2.14)

这个性质可由定义及性质2得到.

性质4 若 $f(x)$ 是 m 次多项式,则一阶均差 $f[x,x_i]$ 是 $m-1$ 次多项式.

证明 如果 $f(x)$ 是 m 次多项式,则 $P(x)=f(x)-f(x_i)$ 也是 m 次多项式,且 $P(x_i)=0$. 于是 $P(x)$ 可分解为 $P(x)=(x-x_i)Q(x)$,其中 $Q(x)$ 是 $m-1$ 次多项式. 所以

$$f[x,x_i]=\frac{f(x)-f(x_i)}{x-x_i}=\frac{(x-x_i)Q(x)}{x-x_i}=Q(x)$$

它是 $m-1$ 次多项式.

推论 设 $f(x)$ 是 m 次多项式,则它的 $m+1$ 阶均差 $f[x,x_0,x_1,\cdots,x_m]$ 恒等于零.

性质5 若 $f(x)\in C^n[a,b]$,并且 $x_i\in[a,b](i=0,1,\cdots,n)$ 互异,则有

$$f[x_0,x_1,\cdots,x_n]=\frac{f^{(n)}(\xi)}{n!},\text{其中 }\xi\in(a,b) \tag{2.15}$$

该公式可直接由罗尔定理证明.

对重节点的均差,有

$$f[x_0,x_0]=\lim_{x_1\to x_0}f[x_0,x_1]=\lim_{x_1\to x_0}\frac{f(x_1)-f(x_0)}{x_1-x_0}=f'(x_0) \tag{2.16}$$

一般地,有

$$f[x,x,x_0,\cdots,x_k]=\frac{\mathrm{d}}{\mathrm{d}x}f[x,x_0,\cdots,x_k] \tag{2.17}$$

【例2.4】 设 $f(x)=x^7+5x^3+1$,求均差 $f[2^0,2^1]$,$f[2^0,2^1,2^2]$,$f[2^0,2^1,\cdots,2^7]$ 和 $f[2^0,2^1,\cdots,2^7,2^8]$.

解 $f(2^0)=1+5+1=7$,$f(2^1)=2^7+5\times2^3+1=169$,$f(2^2)=2^{14}+5\times2^6+1=16705$,故

$$f[2^0,2^1]=\frac{f(2^1)-f(2^0)}{2^1-2^0}=162,f[2^1,2^2]=\frac{f(2^2)-f(2^1)}{2^2-2^1}=8268$$

$$f[2^0,2^1,2^2]=\frac{f[2^1,2^2]-f(2^0,2^1)}{2^2-2^0}=\frac{8268-162}{3}=2702$$

又根据均差的性质,得

$$f[2^0,2^1,\cdots,2^7]=\frac{f^{(7)}(\xi)}{7!}=\frac{7!}{7!}=1$$

$$f[2^0,2^1,\cdots,2^8]=\frac{f^{(8)}(\xi)}{8!}=\frac{0}{8!}=0$$

2.3.2 牛顿插值多项式

由各阶均差的定义,依次可得

$$f(x)=f(x_0)+(x-x_0)f[x,x_0]$$
$$f[x,x_0]=f[x_0,x_1]+(x-x_1)f[x,x_0,x_1]$$
$$f[x,x_0,x_1]=f[x_0,x_1,x_2]+(x-x_2)f[x,x_0,x_1,x_2]$$
$$\cdots$$
$$f[x,x_0,\cdots,x_{n-1}]=f[x_0,x_1,\cdots,x_n]+(x-x_n)f[x,x_0,\cdots,x_n]$$

将以上各式分别乘以 $1,(x-x_0),(x-x_0)(x-x_1),\cdots,(x-x_0)(x-x_1)\cdots(x-x_{n-1})$，然后相加并消去两边相等的部分，即得

$$\begin{aligned}f(x)&=f(x_0)+f[x_0,x_1](x-x_0)+f[x_0,x_1,x_2](x-x_0)(x-x_1)\\&\quad+\cdots+f[x_0,x_1,\cdots,x_n](x-x_0)(x-x_1)\cdots(x-x_{n-1})\\&\quad+f[x,x_0,x_1,\cdots,x_n](x-x_0)(x-x_1)\cdots(x-x_n)\\&=N_n(x)+R_n(x)\end{aligned}$$

其中

$$\begin{aligned}N_n(x)&=f(x_0)+f[x_0,x_1](x-x_0)+f[x_0,x_1,x_2](x-x_0)(x-x_1)\\&\quad+\cdots+f[x_0,x_1,\cdots,x_n](x-x_0)(x-x_1)\cdots(x-x_{n-1})\end{aligned}\tag{2.18}$$

$$R_n(x)=f[x,x_0,x_1,\cdots,x_n]\omega_{n+1}(x)\tag{2.19}$$

显然，$N_n(x)$ 是至多 n 次的多项式. 而由

$$R_n(x_i)=f[x_i,x_0,x_1,\cdots,x_n]\omega_{n+1}(x_i)=0\quad(i=0,1,\cdots,n)$$

即得 $R_n(x_i)=f(x_i)-N_n(x_i)=0$ $(i=0,1,\cdots,n)$. 这表明 $N_n(x)$ 满足插值条件(2.1)，因而它是 $f(x)$ 的 n 次插值多项式. 这种形式的插值多项式称为牛顿(Newton) 插值多项式.

由插值多项式的唯一性知，n 次牛顿插值多项式与拉格朗日插值多项式是相等的，即 $N_n(x)=L_n(x)$，它们只是形式的不同. 因此牛顿与拉格朗日余项也是相等的，即

$$R_n(x)=f[x,x_0,x_1,\cdots,x_n]\omega_{n+1}(x)=\frac{f^{(n+1)}(\xi)}{(n+1)!}\omega_{n+1}(x),\xi\in(a,b)$$

由此可得均差与导数的关系(均差性质 5)

$$f[x_0,x_1,\cdots,x_n]=\frac{1}{n!}f^{(n)}(\xi),\text{其中 }\xi\in(a,b)$$

由式(2.7) 表示的余项称为微分型余项，式(2.19) 表示的余项称为均差型余项. 对列表函数或高阶导数不存在的函数，其余项可由均差型余项给出.

牛顿插值的优点是：每增加一个节点，插值多项式只增加一项，即

$$N_{n+1}(x)=N_n(x)+f[x_0,x_1,\cdots,x_{n+1}](x-x_0)(x-x_1)\cdots(x-x_n)$$

因此便于递推运算. 而且牛顿插值的运算量小于拉格朗日插值.

注：以上推导过程只强调 $x_0,x_1,\cdots,x_n$ 是 $n+1$ 个不同的节点，并不意味着 $x_0,x_1,\cdots,x_n$ 是按由小到大或由大到小的顺序排列. 事实上，$x_0,x_1,\cdots,x_n$ 按任意大小排列，以上推导仍然成立.

作出牛顿插值多项式的步骤：

① 列表计算各阶均差，如表2.1所列.

表2.1 均差表

x_i	y_i	一阶均差	二阶均差	…	n阶均差
x_0	$\underline{y_0}$				
x_1	y_1	$\underline{f[x_0,x_1]}$			
x_2	y_2	$f[x_1,x_2]$	$\underline{f[x_0,x_1,x_2]}$		
⋮	⋮	⋮	⋮	⋱	
x_n	y_n	$f[x_{n-1},x_n]$	$f[x_{n-2},x_{n-1},x_n]$	…	$\underline{f[x_0,x_1,\cdots,x_n]}$

② 将表2.1中带下划线的对角线项代入式(2.18)，即得牛顿插值多项式.

【例2.5】 设$f(x)=\sqrt{x}$，并已知$f(2.0)=1.414214$，$f(2.1)=1.449138$，$f(2.2)=1.483240$. 试用二次牛顿插值多项式$N_2(x)$计算$f(2.15)$的近似值，并讨论其误差.

解 首先构造均差表，具体数据见表2.2所列.

表2.2 例2.5均差表

x_k	$f(x_k)$	一阶均差	二阶均差
2.0	$\underline{1.414214}$		
2.1	1.449138	$\underline{0.34924}$	
2.2	1.483240	0.34102	$\underline{-0.04110}$

利用牛顿插值公式(2.18)有

$$N_2(x)=1.414214+0.34924(x-2.0)-0.04110(x-2.0)(x-2.1)$$

取$x=2.15$，得

$$f(2.15)\approx N_2(2.15)=1.466292$$

由于$f(x)$在区间[2.0,2.2]上充分光滑，因此可以利用误差估计公式(2.10). 注意到

$$f^{(3)}(x)=\frac{3}{8x^2\sqrt{x}},\quad \max_{2.0\leqslant x\leqslant 2.2}|f^{(3)}(x)|=0.06629$$

从而得到

$$|R_2(x)|\leqslant\frac{0.001}{3\times 2}\times 0.06629=0.110483\times 10^{-4}$$

$f(2.15)$的真值为1.466288，因此得出$R_2(2.15)=-0.4\times 10^{-5}$. 由此看出，在较小区间上用式(2.10)，可得到一个较好估计.

【例 2.6】 给出 $f(x)$ 的函数表(见表 2.3 的第 1、2 列),求 4 次牛顿插值多项式,并由此计算 $f(0.596)$ 的近似值.

解　首先根据给定函数表造出均差表(见表 2.3 的第 3 ~ 7 列).

表 2.3　函数表与均差表

x_k	$f(x_k)$	一阶均差	二阶均差	三阶均差	四阶均差	五阶均差
0.40	0.41075					
0.55	0.57815	1.11600				
0.65	0.69675	1.18600	0.28000			
0.80	0.88811	1.27573	0.35893	0.19733		
0.90	1.02652	1.38410	0.43348	0.21300	0.03134	
1.05	1.25382	1.51533	0.52483	0.22863	0.03126	−0.00012

利用牛顿插值公式(2.18)有:

$$\begin{aligned} N_4(x) = {} & 0.41075 + 1.116(x-0.4) + 0.28(x-0.4)(x-0.55) \\ & + 0.19733(x-0.4)(x-0.55)(x-0.65) \\ & + 0.03134(x-0.4)(x-0.55)(x-0.65)(x-0.8) \end{aligned}$$

于是

$$f(0.596) \approx N_4(0.596) = 0.63192$$

截断误差

$$|R_4(x)| \approx |f[x_0, x_1, \cdots, x_5]\omega_5(0.596)| \leqslant 3.63 \times 10^{-9}$$

这说明截断误差很小,可以忽略不计.

例 2.6 的截断误差估计中,5 阶均差 $f[x, x_0, \cdots, x_4]$ 用 $f[x_0, x_1, \cdots, x_5] = -0.00012$ 近似. 另一种方法是取 $x = 0.596$,由 $f(0.596) \approx 0.63192$,可求得 $f[x, x_0, \cdots, x_4]$ 的近似值,从而可得 $|R_4(x)|$ 的近似.

2.4　埃尔米特插值

如果对插值函数,不仅要求它在节点处与被插值函数取值相同,而且要求它与函数有相同的一阶、二阶甚至更高阶的导数值,这就是埃尔米特(Hermite)插值问题. 本节主要讨论在节点处插值函数与被插值函数的函数值及一阶导数值均相等的埃尔米特插值.

2.4.1 两个节点的三次埃尔米特插值

设已知函数 $y=f(x)$ 在2个不同的插值节点 x_0,x_1 上的函数值和导数值

$$y_0=f(x_0),y_1=f(x_1),m_0=f'(x_0),m_1=f'(x_1)$$

因为有4个独立条件,所以可以构造一个次数不超过3次的多项式.设 $H_3(x)\in H_3$,满足

$$\begin{cases}H_3(x_0)=y_0,H_3(x_1)=y_1\\ H_3'(x_0)=m_0,H_3'(x_1)=m_1\end{cases}\tag{2.20}$$

用基函数方法表示

$$H_3(x)=y_0\alpha_0(x)+y_1\alpha_1(x)+m_0\beta_0(x)+m_1\beta_1(x)$$

相应插值基函数为 $\alpha_0(x),\alpha_1(x),\beta_0(x),\beta_1(x)$,它们满足条件

$$\alpha_0(x_0)=1,\alpha_0(x_1)=0,\alpha_0'(x_0)=0,\alpha_0'(x_1)=0$$
$$\alpha_1(x_0)=0,\alpha_1(x_1)=1,\alpha_1'(x_0)=0,\alpha_1'(x_1)=0$$
$$\beta_0(x_0)=0,\beta_0(x_1)=0,\beta_0'(x_0)=1,\beta_0'(x_1)=0$$
$$\beta_1(x_0)=0,\beta_1(x_1)=0,\beta_1'(x_0)=0,\beta_1'(x_1)=1$$

根据给出条件可令

$$\alpha_0(x)=(ax+b)\left(\frac{x-x_1}{x_0-x_1}\right)^2$$

显然

$$\alpha_0(x_1)=\alpha_0'(x_1)=0$$

再由

$$\alpha_0(x_0)=ax_0+b=1$$

及

$$\alpha_0'(x_0)=a+\frac{2}{x_0-x_1}(ax_0+b)=0$$

解得

$$a=\frac{-2}{x_0-x_1},b=1+\frac{2x_0}{x_0-x_1}$$

于是可得

$$\alpha_0(x)=\left(1+2\,\frac{x-x_0}{x_1-x_0}\right)\left(\frac{x-x_1}{x_0-x_1}\right)^2\tag{2.21}$$

同理,可求得

$$\begin{cases}\alpha_1(x)=\left(1+2\,\dfrac{x-x_1}{x_0-x_1}\right)\left(\dfrac{x-x_0}{x_1-x_0}\right)^2\\ \beta_0(x)=(x-x_0)\left(\dfrac{x-x_1}{x_0-x_1}\right)^2\\ \beta_1(x)=(x-x_1)\left(\dfrac{x-x_0}{x_1-x_0}\right)^2\end{cases}\tag{2.22}$$

于是满足条件(2.20)的埃尔米特插值多项式为

$$H_3(x) = y_0\alpha_0(x) + y_1\alpha_1(x) + m_0\beta_0(x) + m_1\beta_1(x) \tag{2.23}$$

其插值余项为

$$R_3(x) = f(x) - H_3(x) = \frac{1}{4!}f^{(4)}(\xi)(x-x_0)^2(x-x_1)^2, \xi \text{ 在 } x_0 \text{ 与 } x_1 \text{ 之间.} \tag{2.24}$$

【例 2.7】 求满足表 2.4 所列条件的埃尔米特插值多项式.

表 2.4 已知条件

x_i	1	2
y_i	2	3
y_i'	1	-1

解 满足已知条件的埃尔米特三次插值多项式可写为

$$H_3(x) = y_0\alpha_0(x) + y_1\alpha_1(x) + m_0\beta_0(x) + m_1\beta_1(x)$$

其中,$\alpha_0(x)$、$\alpha_1(x)$、$\beta_0(x)$、$\beta_1(x)$ 为埃尔米特插值基函数,且有

$$\begin{aligned}\alpha_0(x) &= \left(1+2\frac{x-x_0}{x_1-x_0}\right)\left(\frac{x-x_1}{x_0-x_1}\right)^2 = \left(1+2\frac{x-1}{2-1}\right)\left(\frac{x-2}{1-2}\right)^2 \\ &= (2x-1)(x-2)^2 \\ \alpha_1(x) &= \left(1+2\frac{x-x_1}{x_0-x_1}\right)\left(\frac{x-x_0}{x_1-x_0}\right)^2 = \left(1+2\frac{x-2}{1-2}\right)\left(\frac{x-1}{2-1}\right)^2 \\ &= (-2x+5)(x-1)^2 \\ \beta_0(x) &= (x-x_0)\left(\frac{x-x_1}{x_0-x_1}\right)^2 = (x-1)\left(\frac{x-2}{1-2}\right)^2 \\ &= (x-1)(x-2)^2 \\ \beta_1(x) &= (x-x_1)\left(\frac{x-x_0}{x_1-x_0}\right)^2 = (x-2)\left(\frac{x-1}{2-1}\right)^2 \\ &= (x-2)(x-1)^2\end{aligned}$$

将上述基函数代入 $H_3(x)$ 中,即得到满足插值条件的三次埃尔米特插值多项式为

$$\begin{aligned}H_3(x) = {}& 2(2x-1)(x-2)^2 + 3(-2x+5)(x-1)^2 \\ & + (x-1)(x-2)^2 - (x-2)(x-1)^2\end{aligned}$$

2.4.2 $n+1$ 个节点的 $2n+1$ 次埃尔米特插值

设已知函数 $y=f(x)$ 在 $n+1$ 个不同的插值节点 $x_0, x_1, \cdots, x_n$ 上的函数值 $y_i = f(x_i)(i=0,1,\cdots,n)$ 和导数值 $m_i = f'(x_i)(i=0,1,\cdots,n)$,因为有 $2n+2$ 个独立条件,所以可构造一个次数不超过 $2n+1$ 次的多项式. 设 $H_{2n+1}(x) \in H_{2n+1}$,满足条件

$$\begin{cases} H_{2n+1}(x_i) = y_i \\ H'_{2n+1}(x_i) = m_i \end{cases} \quad (i = 0,1,\cdots,n) \tag{2.25}$$

用基函数方法表示

$$H_{2n+1}(x) = \sum_{i=0}^{n} [y_i\alpha_i(x) + m_i\beta_i(x)] \tag{2.26}$$

其中 $\alpha_i(x)$ 及 $\beta_i(x)(i = 0,1,\cdots,n)$ 是关于点 $x_0, x_1, \cdots, x_n$ 的 $2n+1$ 次埃尔米特插值基函数，它们为 $2n+1$ 次多项式且满足条件

$$\begin{cases} \alpha_i(x_j) = \delta_{ij}, & \alpha'_i(x_j) = 0 \\ \beta_i(x_j) = 0, & \beta'_i(x_j) = \delta_{ij} \end{cases} \quad (i,j = 0,1,\cdots,n) \tag{2.27}$$

则显然多项式 $H_{2n+1}(x) \in H_{2n+1}$ 满足插值条件(2.25).

余下的问题就是如何构造出插值基函数 $\alpha_i(x), \beta_i(x)$ $(i = 0,1,\cdots,n)$. 由于 $\alpha_i(x)$ 在 $x_j(j \neq i)$ 处函数值与导数值均为0，故它们应含因子 $(x-x_j)^2(j \neq i)$，因此可以设为

$$\alpha_i(x) = [a(x-x_i)+b]l_i^2(x) \ (i = 0,1,\cdots,n)$$

其中 $l_i(x)(i = 0,1,\cdots,n)$ 为拉格朗日插值基函数，即 $l_i(x) = \prod\limits_{\substack{j=0 \\ j\neq i}}^{n} \dfrac{x-x_j}{x_i-x_j}$. 由条件(2.27)得

$$\begin{cases} b = 1 \\ a + 2l'_i(x_i) = 0 \end{cases}$$

由此有

$$\begin{aligned} \alpha_i(x) &= [1-2(x-x_i)l'_i(x_i)]l_i^2(x) \\ &= \left(1-2(x-x_i)\sum_{\substack{j=0 \\ j\neq i}}^{n} \frac{1}{x_i-x_j}\right)l_i^2(x) \ (i = 0,1,\cdots,n) \end{aligned} \tag{2.28}$$

同理可得

$$\beta_i(x) = (x-x_i)l_i^2(x) \ (i = 0,1,\cdots,n) \tag{2.29}$$

定理2.3 存在唯一的 $H_{2n+1}(x) \in H_{2n+1}$ 满足插值条件(2.25).

证明 存在性问题，上面已给出，下面讨论唯一性问题. 设还有一个次数 $\leqslant 2n+1$ 的多项式 $G_{2n+1}(x)$ 满足插值条件(2.25). 令 $R(x) = H_{2n+1}(x) - G_{2n+1}(x)$，则由式(2.25)得

$$R(x_i) = R'(x_i) = 0 \ (i = 0,1,\cdots,n)$$

$R(x)$ 是一个次数 $\leqslant 2n+1$ 的多项式，且有 $n+1$ 个二重根 $x_0, x_1, \cdots, x_n$，所以 $R(x) \equiv 0$，即 $H_{2n+1}(x) \equiv G_{2n+1}(x)$.

定理 2.4 设 $x_0,x_1,\cdots,x_n$ 为区间$[a,b]$上的互异节点，$H_{2n+1}(x)$ 为 $f(x)$ 的过这组节点的 $2n+1$ 次埃尔米特插值多项式. 如果 $f(x)$ 在(a,b) 内 $2n+2$ 阶导数存在，则对任意 $x\in[a,b]$，插值余项为

$$R(x)=f(x)-H_{2n+1}(x)=\frac{f^{(2n+2)}(\xi)}{(2n+2)!}\omega_{n+1}^2(x) \tag{2.30}$$

其中 $\xi\in(a,b)$ 且与 x 有关.

2.4.3 三个节点的三次埃尔米特插值

【例 2.8】 求满足 $P(x_i)=f(x_i)$ $(i=0,1,2)$ 及 $P'(x_1)=f'(x_1)$ 的插值多项式及其余项表达式.

解 按插值条件，所求 $P(x)$ 是一个次数不超过 3 次的多项式，它的曲线过点 $(x_0,f(x_0))$，$(x_1,f(x_1))$，$(x_2,f(x_2))$，故可设

$$P(x)=N_2(x)+C(x-x_0)(x-x_1)(x-x_2)$$

其中 $N_2(x)=f(x_0)+f[x_0,x_1](x-x_0)+f[x_0,x_1,x_2](x-x_0)(x-x_1)$，$C$ 为待定常数.

由条件 $P'(x_1)=f'(x_1)$ 可确定常数 C，通过计算可得

$$C=\frac{f'(x_1)-f[x_0,x_1]-(x_1-x_0)f[x_0,x_1,x_2]}{(x_1-x_0)(x_1-x_2)}$$

$P(x)$ 与 $f(x)$ 的误差函数为

$$R(x)=f(x)-P(x)$$

由于 $R(x_i)=f(x_i)-P(x_i)=0$ $(i=0,1,2)$ 以及 $R'(x_1)=f'(x_1)-P'(x_1)=0$，故可设

$$R(x)=k(x)(x-x_0)(x-x_1)^2(x-x_2)$$

其中 $k(x)$ 为待定函数. 为求 $k(x)$ 引进辅助函数

$$\varphi(t)=f(t)-P(t)-k(x)(t-x_0)(t-x_1)^2(t-x_2)$$

显然 $\varphi(x_i)=0(i=0,1,2)$. 且 $\varphi'(x_1)=0$，$\varphi(x)=0$，故 $\varphi(t)$ 在(a,b) 内有五个零点(二重根算两个). 反复应用罗尔定理，得 $\varphi^{(4)}(t)$ 在(a,b) 内至少有一个零点 ξ，故

$$\varphi^{(4)}(\xi)=f^{(4)}(\xi)-4!k(x)=0$$

由此可得余项表达式为

$$R(x)=\frac{f^{(4)}(\xi)}{4!}(x-x_0)(x-x_1)^2(x-x_2)$$

式中 ξ 位于 x_0,x_1,x_2 和 x 所界定的范围内.

2.5 分段低次插值

2.5.1 高次插值的病态性质

在多项式插值中，为了提高插值多项式对函数的逼近程度，自然希望增加节点个数，即提高插值多项式的次数. 特别当 $n \to \infty$ 时，期望插值多项式 $L_n(x)$ 收敛于被插值函数 $f(x)$. 但是，令人遗憾的是事实并非如此.

事实上，假设 $f(x)$ 存在任意阶导数，当插值节点增加时，固然使得插值多项式 $L_n(x)$ 在更多点上与 $f(x)$ 相等，但是在两个插值节点之间 $L_n(x)$ 不一定能很好地逼近 $f(x)$，差异可能很大. 在非插值节点上往往出现误差函数 $R(x)$ 先递减，而后随着 n 增加而增加，并且变得无界. 当 $n \to \infty$ 时，插值多项式变得发散的一个原因是，$f(x)$ 的 n 阶导数增长变得无界. 例如 $f(x) = 10^x$，有 $f^{(n+1)}(x) = 10^x(\ln 10)^{n+1} \approx 10^x(2.3)^{n+1}$，对固定的 x，当 n 增加时 $f^{(n+1)}(x)$ 呈指数增长. 下面看一个例子.

【例 2.9】 设 $f(x) = \dfrac{1}{1+x^2}$，在$[-5,5]$上取 $n+1$ 个等距节点 $x_i = x_0 + ih$，$h = \dfrac{10}{n}(i = 0,1,\cdots,n)$，构造 n 次拉格朗日插值多项式 $L_n(x)$，并观察 n 增大时 $L_n(x)$ 的变化趋势.

解 构造 n 次拉格朗日插值多项式

$$L_n(x) = \sum_{i=0}^{n} \frac{1}{1+x_i^2} \frac{\omega_{n+1}(x)}{(x-x_i)\omega'_{n+1}(x_i)}$$

记 $x_{n-1/2} = \dfrac{1}{2}(x_{n-1} + x_n) = 5 - \dfrac{5}{n}$，表 2.5 列出了 $n = 2,4,\cdots,20$ 时的 $L_n(x_{n-1/2})$ 的计算结果及在 $x_{n-1/2}$ 处的误差 $R(x_{n-1/2}) = f(x_{n-1/2}) - L_n(x_{n-1/2})$.

表 2.5 在中间点的值及误差

n	$f(x_{n-1/2})$	$L_n(x_{n-1/2})$	$R(x_{n-1/2})$
2	0.137931	0.759615	−0.621684
4	0.066390	−0.356826	0.423216
6	0.054463	0.607879	−0.553416
8	0.049651	−0.831017	0.880668
10	0.047059	1.578721	−1.531662
12	0.045440	−2.755000	2.800440
14	0.044334	5.332743	−5.288409
16	0.043530	−10.173867	10.217397
18	0.042920	20.123671	−20.080751
20	0.042440	−39.952449	39.994889

可以看出随 n 的增加 $|R(x_{n-1/2})|$ 几乎成倍增加，这说明 $\{L_n(x)\}$ 在 $[-5,5]$ 上并不收敛. 当 $n=10$ 时，图 2.3 给出了 $y=L_{10}(x)$ 和 $f(x)=\dfrac{1}{1+x^2}$ 的图形.

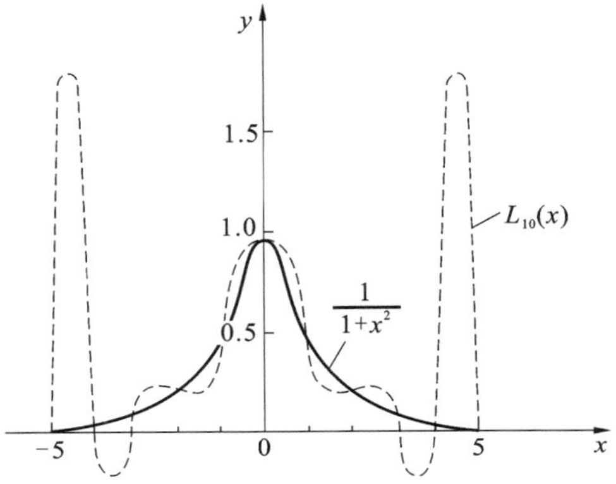

图 2.3　龙格现象

从图 2.3 可看到，$L_{10}(x)$ 仅在区间中部能较好地逼近函数 $f(x)$，在其他部位差异较大，而且越接近端点，逼近程度越差. 它表明通过增加节点来提高逼近程度是不适宜的，一般插值多项式的次数应控制在 $n\leqslant 7$ 的范围内.

这个例子是龙格(Runge) 于 1901 年首先给出的，故把插值多项式不收敛的现象称为龙格现象. 龙格证明了，当 $n\to\infty$ 时，在 $|x|\leqslant 3.63$ 内 $L_n(x)$ 收敛到 $f(x)=\dfrac{1}{1+x^2}$，在这个区间之外则发散.

直观上容易想象，如果不用多项式曲线，而是将曲线 $y=f(x)$ 的两个相邻的点用线段连接，这样得到的折线必定能较好地近似曲线. 而且只要 $f(x)$ 连续，节点越密，近似程度越好. 由此得到启发，为提高精度，在加密节点时，可以把节点间分成若干段，分段用低次多项式近似函数，这就是分段插值的思想. 用折线近似曲线，相当于分段用线性插值，称为分段线性插值.

2.5.2　分段线性插值

设已知函数 $f(x)$ 在 $[a,b]$ 上的 $n+1$ 个节点 $a=x_0<x_1<\cdots<x_{n-1}<x_n=b$ 上的函数值 $y_i=f(x_i)$ $(i=0,1,\cdots,n)$，作一个插值函数 $\varphi(x)$，使其满足

① $\varphi(x_i)=y_i(i=0,1,\cdots,n)$；

② 在每个小区间 $[x_i,x_{i+1}]$ $(i=0,1,\cdots,n-1)$ 上，$\varphi(x)$ 是线性函数.

则称函数 $\varphi(x)$ 为 $[a,b]$ 上关于数据 $(x_i,y_i)(i=0,1,\cdots,n)$ 的分段线性插值函数.

由线性插值公式容易写出 $\varphi(x)$ 的分段表达式

$$\varphi(x) = y_i \frac{x - x_{i+1}}{x_i - x_{i+1}} + y_{i+1} \frac{x - x_i}{x_{i+1} - x_i}, x_i \leqslant x \leqslant x_{i+1} \quad (i = 0,1,\cdots,n-1)$$

(2.31)

为了建立 $\varphi(x)$ 的统一表达式,我们需要构造一组基函数 $l_i(x)$:$l_i(x_j) = \delta_{ij}(i,j = 0,1,\cdots,n)$,而且在每个小区间$[x_i, x_{i+1}]$$(i = 0,1,\cdots,n-1)$ 上是线性函数.

式(2.31) 所表示的分段线性函数,在区间$[x_i, x_{i+1}]$的部分由图 2.4 中的两段实线叠加而成.

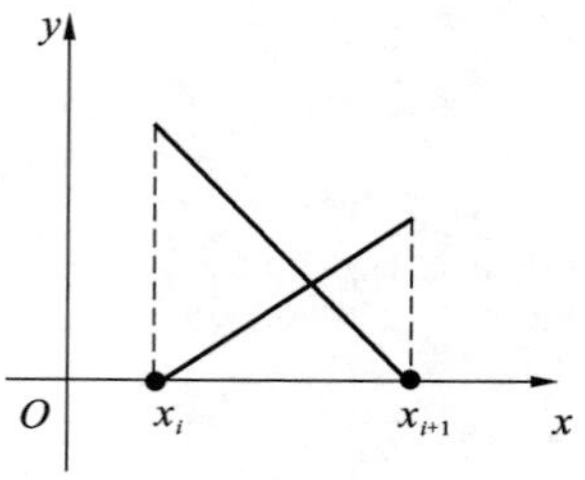

图 2.4 线性叠加

整个区间$[a,b]$上的分段线性插值函数由所有这样的折线叠加而成,略去各点函数值的影响,就可得到基函数的图像,如图 2.5 所示.

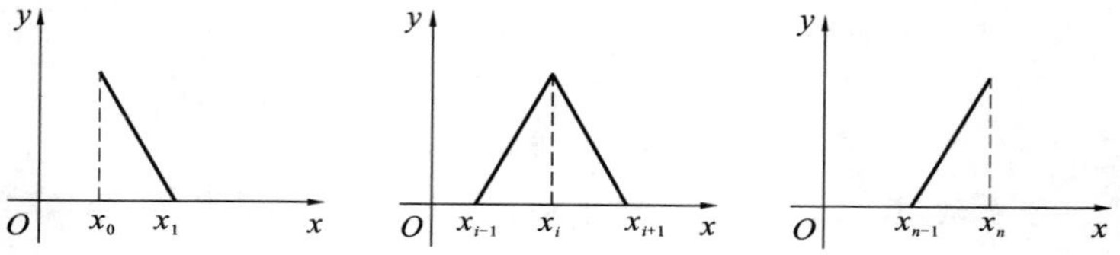

图 2.5 基函数

由图 2.5,可写出基函数的表达式

$$l_0(x) = \begin{cases} \dfrac{x - x_1}{x_0 - x_1}, & x \in [x_0, x_1] \\ 0, & x \in (x_1, x_n] \end{cases}; l_n(x) = \begin{cases} \dfrac{x - x_{n-1}}{x_n - x_{n-1}}, & x \in [x_{n-1}, x_n] \\ 0, & x \in [x_0, x_{n-1}) \end{cases}$$

$$l_i(x) = \begin{cases} \dfrac{x - x_{i-1}}{x_i - x_{i-1}}, & x \in [x_{i-1}, x_i] \\ \dfrac{x - x_{i+1}}{x_i - x_{i+1}}, & x \in (x_i, x_{i+1}] \\ 0, & x \in [x_0, x_{i-1}) \cup (x_{i+1}, x_n] \end{cases} \quad (i = 1,2,\cdots,n-1) \quad (2.32)$$

因此 $\varphi(x)$ 可表示为

$$\varphi(x) = \sum_{i=0}^{n} y_i l_i(x) \qquad (2.33)$$

式(2.32) 中的基函数 $l_i(x)$ 只在 x_i 附近不为零,在其他地方均为零,这种性质称为局部非零性质.且对任意 $x \in [a,b]$,必属于某个区间$[x_i, x_{i+1}]$ $(i = 0,1,\cdots,n-1)$,于是

$$1 = \sum_{i=0}^{n} l_i(x) \equiv l_i(x) + l_{i+1}(x), x_i \leqslant x \leqslant x_{i+1} \qquad (2.34)$$

定理 2.5 设 $f(x) \in C[a,b]$，$x_i\ (i=0,1,\cdots,n)$ 为插值节点，且

$$a = x_0 < x_1 < \cdots < x_{n-1} < x_n = b$$

$\varphi(x)$ 是 $f(x)$ 的分段线性插值函数，$h = \max\limits_{0\leqslant i\leqslant n-1}(x_{i+1}-x_i)$，则当 $h \to 0$ 时，$\varphi(x)$ 一致收敛于 $f(x)$.

定理 2.6 如果 $f(x)$ 在$[a,b]$上二阶连续可微，则分段线性插值函数 $\varphi(x)$ 的余项有以下估计式

$$|R(x)| = |f(x)-\varphi(x)| \leqslant \frac{h^2}{8}M$$

其中 $h = \max\limits_{0\leqslant i\leqslant n-1}(x_{i+1}-x_i)$，$M = \max\limits_{x\in[a,b]}|f''(x)|$.

定理 2.5、定理 2.6 表明，当节点加密时，分段线性插值的误差变小，收敛性有保证. 另一方面，在分段线性插值中，每个小区间上的插值函数只依赖于本段的节点值，因而每个节点只影响到节点邻近的区间，计算过程中数据误差基本上不扩大，从而保证了节点数增加时插值过程的稳定性. 但分段线性插值函数仅在区间$[a,b]$上连续，一般地，在节点处插值函数不可微，这就不能满足有些工程技术问题的光滑性要求.

2.5.3 分段三次埃尔米特插值

分段线性插值函数 $\varphi(x)$ 在节点处左、右导数不相等，因而 $\varphi(x)$ 不够光滑. 如果要求分段插值多项式在节点处导数存在，可在节点上给出函数值及其导数值.

假定已知函数 $f(x)$ 在节点 $x_i\ (i=0,1,\cdots,n)$ 处的函数值和导数值分别为$\{y_i\}$和$\{m_i\}$，那么所要求的具有连续导数的分段插值函数 $H(x)$ 应满足

① $H(x_i) = y_i$，$H'(x_i) = m_i \quad (i=0,1,\cdots,n)$

② 在每个小区间$[x_i, x_{i+1}]\ (i=0,1,\cdots,n-1)$ 上，$H(x)$ 是三次多项式.

可直接写出分段三次埃尔米特插值多项式

$$\begin{aligned} H(x) = &\left(1+2\,\frac{x-x_i}{x_{i+1}-x_i}\right)\left(\frac{x-x_{i+1}}{x_i-x_{i+1}}\right)^2 y_i + \left(1+2\,\frac{x-x_{i+1}}{x_i-x_{i+1}}\right)\left(\frac{x-x_i}{x_{i+1}-x_i}\right)^2 y_{i+1} \\ &+ (x-x_i)\left(\frac{x-x_{i+1}}{x_i-x_{i+1}}\right)^2 m_i + (x-x_{i+1})\left(\frac{x-x_i}{x_{i+1}-x_i}\right)^2 m_{i+1} \\ &x \in [x_i, x_{i+1}] \quad (i=0,1,\cdots,n-1) \end{aligned} \tag{2.35}$$

类似分段线性插值基函数的建立方法，考虑到分段曲线对各节点的贡献，可写出如下分段三次埃尔米特插值多项式的基函数为

$$\alpha_0(x) = \begin{cases} \left(1+2\,\dfrac{x-x_0}{x_1-x_0}\right)\left(\dfrac{x-x_1}{x_0-x_1}\right)^2 & x \in [x_0, x_1] \\ 0 & x \in (x_1, x_n] \end{cases}$$

$$\alpha_i(x)=\begin{cases}\left(1+2\dfrac{x-x_i}{x_{i-1}-x_i}\right)\left(\dfrac{x-x_{i-1}}{x_i-x_{i-1}}\right)^2 & x\in[x_{i-1},x_i]\\ \left(1+2\dfrac{x-x_i}{x_{i+1}-x_i}\right)\left(\dfrac{x-x_{i+1}}{x_i-x_{i+1}}\right)^2 & x\in(x_i,x_{i+1}]\\ 0 & x\in[x_0,x_{i-1})\bigcup(x_{i+1},x_n]\end{cases}\quad (i=1,2,\cdots,n-1)$$

(2.36)

$$\alpha_n(x)=\begin{cases}0 & x\in[x_0,x_{n-1})\\ \left(1+2\dfrac{x-x_n}{x_{n-1}-x_n}\right)\left(\dfrac{x-x_{n-1}}{x_n-x_{n-1}}\right)^2 & x\in[x_{n-1},x_n]\end{cases}$$

$$\beta_0(x)=\begin{cases}(x-x_0)\left(\dfrac{x-x_1}{x_0-x_1}\right)^2 & x\in[x_0,x_1]\\ 0 & x\in(x_1,x_n]\end{cases}$$

$$\beta_i(x)=\begin{cases}(x-x_i)\left(\dfrac{x-x_{i-1}}{x_i-x_{i-1}}\right)^2 & x\in[x_{i-1},x_i]\\ (x-x_i)\left(\dfrac{x-x_{i+1}}{x_i-x_{i+1}}\right)^2 & x\in(x_i,x_{i+1}]\\ 0 & x\in[x_0,x_{i-1})\cup(x_{i+1},x_n]\end{cases}\quad (i=1,2,\cdots,n-1)$$

(2.37)

$$\beta_n(x)=\begin{cases}0 & x\in[x_0,x_{n-1})\\ (x-x_n)\left(\dfrac{x-x_{n-1}}{x_n-x_{n-1}}\right)^2 & x\in[x_{n-1},x_n]\end{cases}$$

于是分段三次埃尔米特插值多项式为

$$H(x)=\sum_{i=0}^{n}[y_i\alpha_i(x)+m_i\beta_i(x)] \tag{2.38}$$

定理 2.7 设 $f(x)\in C[a,b]$，$x_i\ (i=0,1,\cdots,n)$ 为插值节点，且 $a=x_0<x_1<\cdots<x_{n-1}<x_n=b$. $H(x)$ 是 $f(x)$ 的分段三次埃尔米特插值多项式，$h=\max\limits_{0\leqslant i\leqslant n-1}(x_{i+1}-x_i)$，则当 $h\to 0$ 时，$H(x)$ 一致收敛于 $f(x)$.

如果 $f(x)\in C^4[a,b]$，由式(2.24)，我们可导出分段三次埃尔米特插值多项式的误差估计式

$$|R(x)|=|f(x)-H(x)|\leqslant\frac{h^4}{384}\max_{a\leqslant x\leqslant b}|f^{(4)}(x)| \tag{2.39}$$

其中 $h=\max\limits_{0\leqslant i\leqslant n-1}(x_{i+1}-x_i)$.

分段三次埃尔米特插值多项式是插值区间上的光滑函数，它与函数 $f(x)$ 在节点处密合程度较好.

2.6 三次样条插值

实际工程技术中许多问题不允许在插值节点处一阶和二阶导数的间断，例如飞机的机翼外形，内燃机进排气门的凸轮曲线，高速船体放样等等. 以飞机的机翼外形来说，一般尽可能采用流线型，使空气气流沿机翼表面形成平滑的流线，以减少空气阻力. 若曲线不充分光滑，阻力就会增加，飞行速度愈快阻力就愈大. 解决这类问题用前面讨论的插值方法显然是无法做到的. 光滑性比较好的分段三次埃尔米特插值，在实践中由于事先无法给出(测量)节点处的导数值，也有本质上的困难. 这就需要寻找新的方法，它无需事先给定节点上的导数值，而且插值函数二阶导数连续.

早期工程上，绘图员为了将一些指定点(称为样点)连接成一条光滑曲线，往往用细长的易弯曲的弹性材料，如易弯曲的木条、柳条及细金属条(绘图员称之为样条(Spline))在样点以压铁固定，样条在自然弹性弯曲下形成的光滑曲线称为样条曲线. 此曲线不仅具有连续一阶导数，而且还具有连续的曲率(即具有二阶连续导数).

2.6.1 三次样条插值函数的概念

定义 2.2 已知函数 $f(x)$ 在区间$[a,b]$上的 $n+1$ 个节点 $a=x_0<x_1<\cdots<x_n=b$ 上的函数值 $y_i=f(x_i)(i=0,1,\cdots,n)$，若有插值函数 $S(x)$，使得

①$S(x_i)=y_i \quad (i=0,1,\cdots,n)$；

② 在每个小区间$[x_i,x_{i+1}]$ $(i=0,1,\cdots,n-1)$ 上 $S(x)$ 是三次多项式 $S_i(x)$；

③$S(x)$ 在$[a,b]$上二阶连续可微.

则称函数 $S(x)$ 为 $f(x)$ 的三次样条插值函数.

【例 2.10】 设

$$S(x)=\begin{cases}x^3+x^2, 0\leqslant x\leqslant 1\\ 2x^3+ax^2+bx+c, 1\leqslant x\leqslant 2\end{cases}$$

是以 0,1,2 为节点的三次样条函数，则 a,b,c 应取何值?

解 因 $S(x)\in C^2[0,2]$，故在 $x_1=1$ 处由 $S(x)$、$S'(x)$、$S''(x)$ 连续，可得

$$\begin{cases}a+b+c+2=2\\ 2a+b+6=5\\ 2a+12=8\end{cases}$$

解得 $a=-2, b=3, c=-1$. 此时 $S(x)$ 是$[0,2]$上的三次样条函数.

从定义知要求出 $S(x)$,在每个区间$[x_i, x_{i+1}]$上要确定4个待定系数,共有 n 个小区间,故应确定 $4n$ 个参数. 根据函数一阶及二阶导数在插值节点连续,应满足条件

$$\begin{cases} S(x_i-0)=S(x_i+0) \\ S'(x_i-0)=S'(x_i+0) \quad (i=1,2,\cdots,n-1) \\ S''(x_i-0)=S''(x_i+0) \end{cases} \tag{2.40}$$

及插值条件 $S(x_i)=y_i(i=0,1,\cdots,n)$. 共有 $4n-2$ 个条件,因此还需要2个边界条件作补充才能确定 $S(x)$. 常见的边界条件是:

① 已知两端的一阶导数值,即

$$S'(x_0)=y'_0, S'(x_n)=y'_n \tag{2.41}$$

② 已知两端的二阶导数值,即

$$S''(x_0)=y''_0, S''(x_n)=y''_n \tag{2.42}$$

特别地,$S''(x_0)=0, S''(x_n)=0$ 称为自然边界条件.

③ 当 $f(x)$ 是以 x_n-x_0 为周期的周期函数时,则要求 $S(x)$ 也是周期函数,这时边界条件应满足

$$S(x_0+0)=S(x_n-0), S'(x_0+0)=S'(x_n-0), S''(x_0+0)=S''(x_n-0) \tag{2.43}$$

这样确定的样条函数 $S(x)$ 称为周期样条函数.

2.6.2 样条插值函数的建立

设 $S(x)$ 在节点 x_i 处的一阶、二阶导数值分别为 m_i、M_i,即

$$S'(x_i)=m_i, S''(x_i)=M_i \quad (i=0,1,\cdots,n)$$

$S(x)$ 的表达式通常分两种形式:

① 用$\{M_i\}(i=0,1,\cdots,n)$做参数的表达式. 这就需要先求$\{M_i\}$,然后才能得到 $S(x)$ 的确定的表达式. M_i 在力学上表示细梁在 x_i 处的弯矩.

② 用$\{m_i\}(i=0,1,\cdots,n)$做参数的表达式. 这就需要先求$\{m_i\}$,然后才能得到 $S(x)$ 的确定的表达式. m_i 在力学上表示细梁在 x_i 处的转角.

现考虑第一种情形,求以节点处的二阶导数为参数的三次样条插值.

设 $S''(x_i)=M_i(i=0,1,\cdots,n)$. 因为 $S(x)$ 在每个区间$[x_i, x_{i+1}](i=0,1,\cdots,n-1)$上是分段三次多项式,故 $S''(x)$ 在$[x_i, x_{i+1}]$上是线性函数,可表示为

$$S''(x)=M_i\frac{x_{i+1}-x}{h_i}+M_{i+1}\frac{x-x_i}{h_i}$$

其中 $h_i=x_{i+1}-x_i$. 对 $S''(x)$ 积分两次并利用 $S(x_i)=y_i$ 及 $S(x_{i+1})=y_{i+1}$,可定

出积分常数，于是得三次样条表达式

$$S(x)=-M_i\frac{(x-x_{i+1})^3}{6h_i}+M_{i+1}\frac{(x-x_i)^3}{6h_i}+(y_i-\frac{M_ih_i^2}{6})\frac{x_{i+1}-x}{h_i}$$

$$+(y_{i+1}-\frac{M_{i+1}h_i^2}{6})\frac{x-x_i}{h_i},x\in[x_i,x_{i+1}]\quad(i=0,1,\cdots,n-1)\qquad(2.44)$$

这里 $M_i(i=0,1,\cdots,n)$ 是未知参数. 为了确定它们，对 $S(x)$ 求导得

$$S'(x)=-\frac{M_i}{2h_i}(x-x_{i+1})^2+\frac{M_{i+1}}{2h_i}(x-x_i)^2+\frac{y_{i+1}-y_i}{h_i}-\frac{M_{i+1}-M_i}{6}h_i$$

因此

$$S'(x_i+0)=-\frac{h_i}{3}M_i-\frac{h_i}{6}M_{i+1}+\frac{y_{i+1}-y_i}{h_i}\quad(i=0,1,\cdots,n-1)\qquad(2.45)$$

用下标 $i-1$ 取代 i 得到 $S(x)$ 在区间 $[x_{i-1},x_i](i=1,2,\cdots,n)$ 上的表达式，从而得

$$S'(x_i-0)=\frac{h_{i-1}}{6}M_{i-1}+\frac{h_{i-1}}{3}M_i+\frac{y_i-y_{i-1}}{h_{i-1}}\quad(i=1,2,\cdots,n)\qquad(2.46)$$

利用 $S'(x_i+0)=S'(x_i-0)$ 可得

$$\mu_iM_{i-1}+2M_i+\lambda_iM_{i+1}=d_i\quad(i=1,2,\cdots,n-1)\qquad(2.47)$$

其中

$$\mu_i=\frac{h_{i-1}}{h_{i-1}+h_i},\lambda_i=\frac{h_i}{h_{i-1}+h_i}\qquad(2.48)$$

$$d_i=\frac{6}{h_{i-1}+h_i}(\frac{y_{i+1}-y_i}{h_i}-\frac{y_i-y_{i-1}}{h_{i-1}})=6f[x_{i-1},x_i,x_{i+1}]\qquad(2.49)$$

方程组含有 $n+1$ 个未知量 $M_0,M_1,\cdots,M_n$，但却只有 $n-1$ 个方程，因此需要边界条件补充另外的两个方程.

对第一类边界条件(2.41)，式(2.45) 和式(2.46) 中的 i 分别取 1 和 n，可导出两个方程

$$\begin{aligned}2M_0+M_1&=\frac{6}{h_0}(f[x_0,x_1]-y_0')\\M_{n-1}+2M_n&=\frac{6}{h_{n-1}}(y_n'-f[x_{n-1},x_n])\end{aligned}\qquad(2.50)$$

如果令 $\lambda_0=1,d_0=\frac{6}{h_0}(f[x_0,x_1]-y_0'),\mu_n=1,d_n=\frac{6}{h_{n-1}}(y_n'-f[x_{n-1},x_n])$，那么将式(2.47) 与式(2.50) 联立可得关于参数 $M_0,M_1,\cdots,M_n$ 的 $n+1$ 阶线性方程组，其矩阵形式为

$$\begin{pmatrix}2&\lambda_0&&&\\\mu_1&2&\lambda_1&&\\&\ddots&\ddots&\ddots&\\&&\mu_{n-1}&2&\lambda_{n-1}\\&&&\mu_n&2\end{pmatrix}\begin{pmatrix}M_0\\M_1\\\vdots\\M_{n-1}\\M_n\end{pmatrix}=\begin{pmatrix}d_0\\d_1\\\vdots\\d_{n-1}\\d_n\end{pmatrix}\qquad(2.51)$$

称为三弯矩方程.

对第二类边界条件(2.42),直接得端点方程

$$M_0 = y''_0,\quad M_n = y''_n \tag{2.52}$$

如果令 $\lambda_0 = \mu_n = 0, d_0 = 2y''_0, d_n = 2y''_n$,则式(2.47) 和式(2.52) 也可以写成式(2.51) 的形式.

对第三类边界条件(2.43),式(2.45) 和式(2.46) 中的 i 分别取 0 和 n,可得

$$S'(x_0 + 0) = -\frac{h_0}{3}M_0 - \frac{h_0}{6}M_1 + \frac{y_1 - y_0}{h_0}$$

$$S'(x_n - 0) = \frac{h_{n-1}}{6}M_{n-1} + \frac{h_{n-1}}{3}M_n + \frac{y_n - y_{n-1}}{h_{n-1}}$$

从而

$$M_0 = M_n,\quad \lambda_n M_1 + \mu_n M_{n-1} + 2M_n = d_n \tag{2.53}$$

其中 $\lambda_n = \dfrac{h_0}{h_0 + h_{n-1}}, \mu_n = 1 - \lambda_n = \dfrac{h_{n-1}}{h_0 + h_{n-1}}, d_n = \dfrac{6}{h_0 + h_{n-1}}(f[x_0, x_1] - f[x_{n-1}, x_n])$.

将方程(2.47) 与(2.53) 联立,得到 n 阶方程组

$$\begin{pmatrix} 2 & \lambda_1 & & & \mu_1 \\ \mu_2 & 2 & \lambda_2 & & \\ & \ddots & \ddots & \ddots & \\ & & \mu_{n-1} & 2 & \lambda_{n-1} \\ \lambda_n & & & \mu_n & 2 \end{pmatrix} \begin{pmatrix} M_1 \\ M_2 \\ \vdots \\ M_{n-1} \\ M_n \end{pmatrix} = \begin{pmatrix} d_1 \\ d_2 \\ \vdots \\ d_{n-1} \\ d_n \end{pmatrix} \tag{2.54}$$

【例 2.11】 设 $f(x)$ 为定义在[0,3]上的函数,插值节点为 $x_i = i(i = 0,1,2,3)$,且 $f(x_0) = 0, f(x_1) = 0.5, f(x_2) = 2.0, f(x_3) = 1.5$. 当 $f'(x_0) = 0.2$, $f'(x_3) = -1$ 时,试求三次样条插值函数 $S(x)$,使其满足第一类边界条件.

解 根据三弯矩方程(2.51),首先要求系数矩阵及右端项 $d_i(i = 0,1,2,3)$,由式(2.48) 及式(2.49) 可得

$$h_0 = h_1 = h_2 = 1, \mu_1 = \mu_2 = \lambda_1 = \lambda_2 = \frac{1}{2}$$

$$d_1 = 6f[x_0, x_1, x_2] = 3, d_2 = 6f[x_1, x_2, x_3] = -6$$

$$d_0 = \frac{6}{h_0}(f[x_0, x_1] - y'_0) = 1.8, d_3 = \frac{6}{h_2}(y'_3 - f[x_2, x_3]) = -3$$

于是由式(2.51) 得三弯矩方程为

$$\begin{pmatrix} 2 & 1 & & \\ 0.5 & 2 & 0.5 & \\ & 0.5 & 2 & 0.5 \\ & & 1 & 2 \end{pmatrix} \begin{pmatrix} M_0 \\ M_1 \\ M_2 \\ M_3 \end{pmatrix} = \begin{pmatrix} 1.8 \\ 3 \\ -6 \\ -3 \end{pmatrix} \tag{2.55}$$

解此方程时可先消去 M_0, M_3 得

$$\begin{pmatrix} 3.5 & 1 \\ 1 & 3.5 \end{pmatrix} \begin{pmatrix} M_1 \\ M_2 \end{pmatrix} = \begin{pmatrix} 5.1 \\ -10.5 \end{pmatrix}$$

解得 $M_1 = 2.52, M_2 = -3.72$，代入式(2.55)得 $M_0 = -0.36, M_3 = 0.36$. 将 M_0, M_1, M_2, M_3 的值代入式(2.44)可得三次样条函数

$$S(x) = \begin{cases} 0.48x^3 - 0.18x^2 + 0.2x, & x \in [0,1] \\ -1.04(x-1)^3 + 1.25(x-1)^2 + 1.28(x-1) + 0.5, & x \in [1,2] \\ 0.68(x-2)^3 - 1.86(x-2)^2 + 0.68(x-2) + 2.0, & x \in [2,3] \end{cases}$$

$y = S(x)$ 的图形见图 2.6 所示.

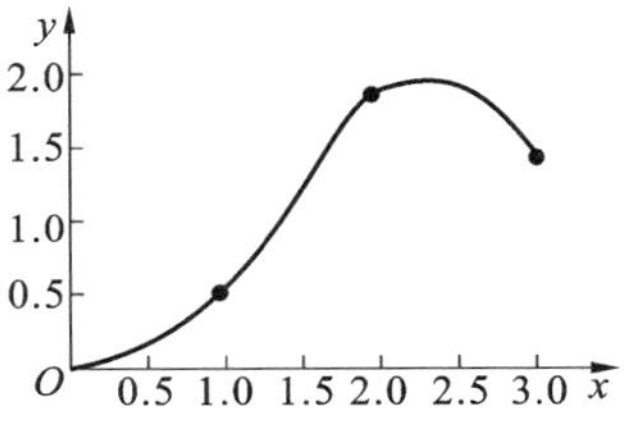

图 2.6 三次样条函数的图形

【例 2.12】 求满足下面函数表(表 2.6)所给出的插值条件的自然边界样条函数，并算出 $f(3), f(4.5)$ 的近似值：

表 2.6 函数表

i	0	1	2	3
x_i	1	2	4	5
$y_i = f(x_i)$	1	3	4	2

解 由三弯矩方程(2.51)，加上自然边界条件，所对应的方程为

$$\begin{pmatrix} 2 & 0 & & \\ \mu_1 & 2 & \lambda_1 & \\ & \mu_2 & 2 & \lambda_2 \\ & & 0 & 2 \end{pmatrix} \begin{pmatrix} 0 \\ M_1 \\ M_2 \\ 0 \end{pmatrix} = \begin{pmatrix} d_0 \\ d_1 \\ d_2 \\ d_3 \end{pmatrix}$$

其中 $d_0 = 2y''_0 = 0, d_3 = 2y''_3 = 0$. 构造均差表 2.7 如下：

表 2.7 均差表

i	x_i	$f(x_i)$	$f[x_{i-1}, x_i]$	$f[x_{i-1}, x_i, x_{i+1}]$
0	1	1		
1	2	3	2	
2	4	4	$\frac{1}{2}$	$-\frac{1}{2}$
3	5	2	-2	$-\frac{5}{6}$

$$h_0 = x_1 - x_0 = 1, h_1 = x_2 - x_1 = 2, h_2 = x_3 - x_2 = 1$$

$$\mu_1 = \frac{h_0}{h_0 + h_1} = \frac{1}{3}, \mu_2 = \frac{h_1}{h_1 + h_2} = \frac{2}{3}$$

$$d_1 = 6f[x_0, x_1, x_2] = -3, d_2 = 6f[x_1, x_2, x_3] = -5$$

代入方程组,解得 $M_1 = -\frac{3}{4}, M_2 = -\frac{9}{4}$. 所以

$$S(x) = \begin{cases} 1 + \frac{17}{8}(x-1) - \frac{1}{8}(x-1)^3, & x \in [1,2] \\ 3 + \frac{7}{4}(x-2) - \frac{3}{8}(x-2)^2 - \frac{1}{8}(x-2)^3, & x \in [2,4] \\ 4 - \frac{5}{4}(x-4) - \frac{9}{8}(x-4)^2 + \frac{3}{8}(x-4)^3, & x \in [4,5] \end{cases}$$

经计算得

$$f(3) \approx S(3) = 4.25, f(4.5) \approx S(4.5) = 3.1406$$

2.6.3 误差限与收敛性

三次样条函数的收敛性与误差估计比较复杂,这里不加证明地给出一个主要结果.

定理2.8 设 $f(x) \in C^4[a,b]$,$S(x)$ 为满足第一类边界条件(2.41)或第二类边界条件(2.42)的三次样条函数,令 $h = \max\limits_{0 \leqslant i \leqslant n-1} h_i, h_i = x_{i+1} - x_i (i = 0, 1, \cdots, n-1)$,则有估计式

$$\max_{a \leqslant x \leqslant b} |f^{(k)}(x) - S^{(k)}(x)| \leqslant C_k \max_{a \leqslant x \leqslant b} |f^{(4)}(x)| h^{4-k} \quad (k = 0, 1, 2) \tag{2.56}$$

其中 $C_0 = \frac{5}{384}, C_1 = \frac{1}{24}, C_2 = \frac{3}{8}$.

这个定理不但给出了三次样条插值函数 $S(x)$ 的误差估计,且当 $h \to 0$ 时,$S(x)$ 及其一阶导数 $S'(x)$ 和二阶导数 $S''(x)$ 均分别一致收敛于 $f(x), f'(x)$ 及 $f''(x)$.

小 结 2

插值法是一个古老而实用的方法,插值函数是被插值函数的一种近似,可用于近似计算函数值、导数值、积分值、方程的根、微分方程或积分方程的解,是数值计算方法的基础. 本章讨论了拉格朗日插值及牛顿插值,拉格朗日插值运算量大,公式简单明确,便于理论推导;牛顿插值运算量较小,计算过程中能估计误差,便于逐

步增加节点，实际计算函数近似值时常被采用. 如果要求插值函数和被插值函数在节点上导数值相等，可采用埃尔米特插值. 由于高次插值存在病态性质，一般实际计算很少使用高次插值，更多使用分段低次插值，特别是三次样条插值，由于它具有良好的收敛性和稳定性，又有二阶光滑度，因此在理论上和应用中均有重要意义，本章只对最常用的三弯矩方程做了简单介绍.

习　题　2

1. 作出通过插值点(−1.00,3.00),(2.00,5.00),(3.00,7.00)的抛物插值多项式，并计算 $L_2(2.1)$.

2. 给出 $f(x)=\ln x$ 的数值表(表 2.8)：

表 2.8　$\ln x$ 数值表

x	0.4	0.5	0.6	0.7	0.8	0.9
$\ln x$	−0.916291	−0.693147	−0.510826	−0.356675	−0.223144	−0.105361

(1) 以{0.5,0.6}为节点，用线性插值计算 ln0.52 的近似值；

(2) 以{0.4,0.5,0.6}为节点，用抛物插值计算 ln0.52 的近似值.

3. 已知二次式 $f(x)$ 在 $x=0,1,2$ 的值分别为 −0.81,0.19,3.19，求 $f(x)$ 的零点、极值点、$x=1$ 处的导数和积分 $\int_0^2 f(x)\mathrm{d}x$.

4. 求插值基函数 $l(x)$，使其满足指定条件：

(1) $l(1)=1, l'(1)=l(0)=l'(0)=l(2)=l'(2)=0$

(2) $l'(0)=1, l(0)=l(1)=l'(1)=l''(1)=0$

(3) $l''(0)=1, l(0)=l'(0)=l(1)=0$

5. 设 $f(x)=x^5-2x^2+x-1$，计算均差：

(1) $f[2^0,2^1], f[2^0,2^1,\cdots,2^5], f[2^0,2^1,\cdots,2^6]$

(2) $f[0,1], f[1,2,\cdots,6], f[0,1,\cdots,6]$

6. 若 $y=f(x)$ 的数值分别取表 2.9、表 2.10 两组数据：

表 2.9　第一组数据

x_i	0	1	2	5
y_i	2	3	12	147

表 2.10　第二组数据

x_i	−2	−1	0	1
y_i	15	4	5	24

分别求牛顿插值多项式 $N_3(x)$. 又若 $x=3$ 时 $y=30$，分别求 $N_4(x)$.

7. 给出函数表 2.11：

表 2.11 函数表 1

x_i	0	1	2	3	4	5
$f(x_i)$	-7	-4	5	26	65	128

(1) 做出均差表；

(2) 写出牛顿插值多项式；

(3) 若 $f(x)=20$，求 x.

8. 给出函数表 2.12：

表 2.12 函数表 2

x_i	0.2	0.3	0.4
$f(x_i)$	0.0399893	0.0898785	0.159318
$f'(x_i)$	0.39968	0.597572	0.789782

(1) 以 $\{0.2,0.3\}$ 为节点，用埃尔米特插值计算 $H_3(0.27)$；

(2) 以 $\{0.3,0.4\}$ 为节点，用埃尔米特插值计算 $H_3(0.36)$.

9. 求出满足插值条件 $f(2.0)=0.6, f(3.0)=1.3, f'(3.0)=0.9$ 的二次埃尔米特插值多项式 $H_2(x)$，并计算 $f(2.2)$ 的近似值.

10. 求出满足插值条件 $f(-1)=0, f(0)=1.0, f(1)=0, f'(1)=0$ 的三次埃尔米特插值多项式 $H_3(x)$，并计算 $f(0.5)$ 的近似值.

11. 求一个次数不高于 4 次的插值多项式 $P_4(x)$，使它满足

$$P_4(0)=P_4'(0)=0, P_4(1)=-0.5, P_4(2)=-2.0, P_4'(2)=2$$

12. 给出函数表 2.13：

表 2.13 函数表 3

x_i	1.05	1.10	1.15	1.20
y_i	2.12	2.20	2.17	2.32

构造分段性线插值函数，计算 $f(1.075)$ 和 $f(1.175)$ 的近似值.

13. 已知 $y=f(x)$ 的数值如表 2.14 所示：

表 2.14 函数数值

x_i	93.0	96.2	100.0	104.2	108.7
y_i	11.38	12.80	14.70	17.07	19.91

构造分段性线插值函数，计算 $f(102)$ 的近似值，并估计误差.

14. 利用 $f(x)=e^x$ 的如下已知值，计算 $e^{0.8}$ 并估计误差：$f(-1)=0.367879$，$f(0)=1, f(1)=2.718282$.

(1) 利用分段线性插值法；

(2) 利用分段三次插值法；

(3) 利用三次样条函数插值法,已知 $S'(-1)=f(-1)$,$S'(1)=f(1)$.

15. 给定如表 2.15 所列的插值条件和端点条件 $M_0=0$,$M_3=0$,试构造三次样条插值函数.

表 2.15　插值条件

x_i	1.1	1.2	1.4	1.5
y_i	0.2	0	0.4	0.5

16. 已知 $y=f(x)$ 的函数值如表 2.16 所列:

表 2.16　函数值表 1

x_i	0.25	0.30	0.39	0.45	0.53
y_i	0.5000	0.5477	0.6245	0.6708	0.7280

求三次样条插值函数 $S(x)$,使其满足边界条件:

(1) $S'(0.25)=1.0000$,$S'(0.53)=0.6868$;

(2) $S''(0.25)=-2$,$S''(0.53)=-0.6479$.

17. 已知函数 $y=f(x)$ 的数值如表 2.17 所列:

表 2.17　函数值表 2

x_i	0	1	2	3	4
y_i	-8	-7	0	19	56

求三次样条插值函数 $S(x)$,使其满足边界条件:

(1) $S'(0)=0$,$S'(4)=48$;

(2) $S''(0)=0$,$S''(4)=24$.

第 3 章　拟合与逼近

在科学实验和生产实践中，许多函数关系仅能由实验或观测得到的一组数据$(x_i,y_i)(i=1,2,\cdots,m)$来表示.例如，某种物质的化学反应，能够测得生成物的浓度与时间关系的一组数据表，而它们的解析表达式$y=f(t)$是未知的.但是，为了知道化学反应的速度，必须要利用已知数据给出它的近似表达式.有了近似表达式，通过求导数便可知道化学反应速度.由此可见，已知一组数据求它的近似表达式是非常有意义的.如何求它的近似表达式呢?前面介绍的插值方法是一种有效的方法.但是由于数据$(x_i,y_i)(i=1,2,\cdots,m)$是由测量或观测得到的，它本身就有误差，要求一定要通过数据点(x_i,y_i)，似乎没有必要；而且当m很大时，采用插值(特别是多项式插值)效果很不理想(可能会出现龙格现象)，非多项式插值计算又很复杂.这里，介绍一种有着广泛应用的方法，是在选定近似函数的形式后，不要求近似函数过已知数据点，只要求在某种意义下与这些数据点的总体偏差最小.这类方法称为曲线(数据)拟合法.

对连续点也有类似问题.设$f(x)$是定义在区间$[a,b]$上的连续函数，但太复杂，应用不便，希望用简单函数$p(x)$去近似$f(x)$，$p(x)$通常取为多项式、有理分式，要求在某种意义下$p(x)$与$f(x)$在整个区间$[a,b]$上的总体偏差最小.这类方法称为函数逼近法.

3.1　问题的提出

物理实验中，测得铜导线在温度T_i时电阻R_i的一组数据，见表3.1，求电阻R与温度T的关系.

表 3.1　铜导线在温度 T_i 时的电阻 R_i

i	1	2	3	4	5	6	7
T_i	19.1	25.0	30.1	36.0	40.0	45.1	50.0
R_i	76.30	77.80	79.25	80.80	82.35	83.90	85.10

根据测试数据描绘出温度T_i与电阻R_i的数据散点图如图3.1所示.从图形上看数据点近似分布在一条直线附近，可以选择直线作为近似曲线，即令

$$s=a_0+a_1T \tag{3.1}$$

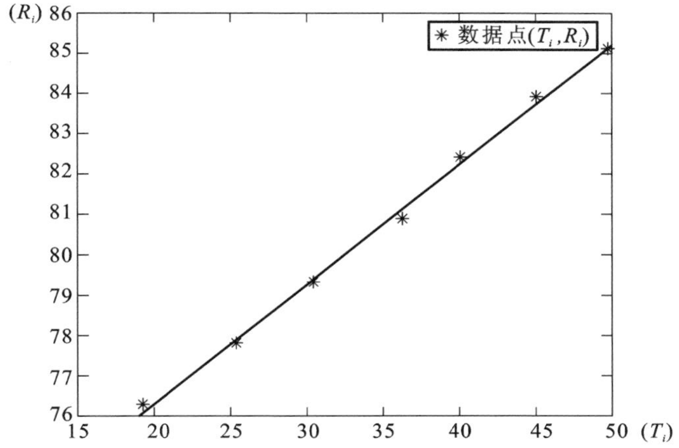

图 3.1 温度 T_i 与电阻 R_i 的数据散点图

其中 a_0、a_1 为待定常数. 由于 s 不一定是 T 的严格线性函数,而测量又有误差,所以无论怎样选取 a_0 和 a_1,由公式(3.1)计算的每一个测试点的 s 值都不可能恰好等于实测值 R_i. 因此,在实际问题中,通常选取的 a_0 和 a_1 应使得计算值 s 与实测值 R_i 之间的整体绝对误差达到最小,即使得

$$E_1 = \sum_{i=1}^{7} |(a_0 + a_1 T_i) - R_i|, E_2 = \max_{1 \leqslant i \leqslant 7} |(a_0 + a_1 T_i) - R_i|$$

或者

$$E_3 = \sum_{i=1}^{7} [(a_0 + a_1 T_i) - R_i]^2$$

达到最小. 由于使 E_1、E_2 最小的 a_0、a_1 不容易计算,通常都要求 E_3 达到最小. 由此求得的表达式(3.1)就称为 T_i 与 R_i 之间关系的线性最小二乘拟合,简称线性拟合.

3.2 曲线拟合的最小二乘法

3.2.1 最小二乘法

对于一组给定的实验数据 $(x_i, y_i)(i = 1, 2, \cdots, m)$,要求出自变量 x 与因变量 y 的函数关系 $y = s(x)$. 由于观测数据总有误差,所以不要求 $y = s(x)$ 通过已知点 $(x_i, y_i)(i = 1, 2, \cdots, m)$,而只要求在给定点 x_i 上的误差 $\delta_i = s(x_i) - y_i (i = 1, 2, \cdots, m)$ 的平方和 $\sum_{i=1}^{m} \delta_i^2$ 最小.

当 $s(x) \in \mathrm{Span}\{\varphi_0,\varphi_1,\cdots,\varphi_n\}$ 时,即

$$s(x)=a_0\varphi_0(x)+a_1\varphi_1(x)+\cdots+a_n\varphi_n(x) \tag{3.2}$$

这里 $\varphi_0(x),\varphi_1(x),\cdots,\varphi_n(x)\in C[a,b]$ 是线性无关的函数族. 假定有一组数据 $(x_i,y_i)(i=1,2,\cdots,m)$, $a\leqslant x_i\leqslant b$, 以及对应的一组权 $\{\rho_i\}$, 这里 $\rho_i>0$ 为权系数, 要求 $y=s(x)$ 使 $I(a_0,a_1,\cdots,a_n)$ 最小, 其中

$$I(a_0,a_1,\cdots,a_n)=\sum_{i=1}^{m}\rho_i[s(x_i)-y_i]^2 \tag{3.3}$$

这就是最小二乘拟合,这种方法称为**曲线拟合的最小二乘法**.

式(3.3)中, $I(a_0,a_1,\cdots,a_n)$ 实际上是关于 $a_0,a_1,\cdots,a_n$ 的多元函数,求 $I=I(a_0,a_1,\cdots,a_n)$ 的最小值就是求多元函数 $I=I(a_0,a_1,\cdots,a_n)$ 的极值,由极值的必要条件,可得

$$\frac{\partial I}{\partial a_k}=2\sum_{i=1}^{m}\rho_i[a_0\varphi_0(x_i)+a_1\varphi_1(x_i)+\cdots+a_n\varphi_n(x_i)-y_i]\varphi_k(x_i)=0$$
$$(k=0,1,\cdots,n) \tag{3.4}$$

引入内积定义(带权内积)

$$\begin{cases}(\varphi_j,\varphi_k)=\displaystyle\sum_{i=1}^{m}\rho_i\varphi_j(x_i)\varphi_k(x_i)\\(y,\varphi_k)=\displaystyle\sum_{i=1}^{m}\rho_i y_i\varphi_k(x_i)\end{cases} \tag{3.5}$$

则式(3.4)可改写为

$$(\varphi_0,\varphi_k)a_0+(\varphi_1,\varphi_k)a_1+\cdots+(\varphi_n,\varphi_k)a_n=(y,\varphi_k)\ (k=0,1,\cdots,n)$$

这是关于参数 $a_0,a_1,\cdots,a_n$ 的线性方程组,用矩阵表示为

$$\begin{pmatrix}(\varphi_0,\varphi_0) & (\varphi_0,\varphi_1) & \cdots & (\varphi_0,\varphi_n)\\(\varphi_1,\varphi_0) & (\varphi_1,\varphi_1) & \cdots & (\varphi_1,\varphi_n)\\\vdots & \vdots & & \vdots\\(\varphi_n,\varphi_0) & (\varphi_n,\varphi_1) & \cdots & (\varphi_n,\varphi_n)\end{pmatrix}\begin{pmatrix}a_0\\a_1\\\vdots\\a_n\end{pmatrix}=\begin{pmatrix}(y,\varphi_0)\\(y,\varphi_1)\\\vdots\\(y,\varphi_n)\end{pmatrix} \tag{3.6}$$

式(3.6)称为法方程.

当 $\varphi_0(x),\varphi_1(x),\cdots,\varphi_n(x)$ 线性无关,且在点集 $X=\{x_1,x_2,\cdots,x_m\}(m>n)$ 上至多只有 n 个不同零点,则称 $\varphi_0(x),\varphi_1(x),\cdots,\varphi_n(x)$ 在 X 上满足哈尔(Haar)条件,此时方程(3.6)的解存在唯一. 记方程(3.6)的解为 $a_k=a_k^*\ (k=0,1,\cdots,n)$ 从而得到最小二乘拟合曲线

$$y=s^*(x)=a_0^*\varphi_0(x)+a_1^*\varphi_1(x)+\cdots+a_n^*\varphi_n(x) \tag{3.7}$$

可以证明对任意 $(a_0,a_1,\cdots,a_n)^{\mathrm T}\in R^{n+1}$, 有 $I(a_0^*,a_1^*,\cdots,a_n^*)\leqslant I(a_0,a_1,\cdots,a_n)$, 故由式(3.7)得到的 $s^*(x)$ 即为所求的最小二乘解. 它的平方误差为

$$\|\delta\|_2^2=\sum_{i=1}^{m}\rho_i[s^*(x_i)-y_i]^2 \tag{3.8}$$

均方误差为

$$\|\delta\|_2 = \sqrt{\sum_{i=1}^{m}\rho_i[s^*(x_i) - y_i]^2}$$

3.2.2 多项式拟合的最小二乘法

在最小二乘拟合中，若取 $\varphi_k(x) = x^k (k = 0,1,\cdots,n)$，则 $s(x) \in \mathrm{Span}\{1,x,\cdots,x^n\}$，表示为

$$s(x) = a_0 + a_1 x + \cdots + a_n x^n \tag{3.9}$$

此时关于系数 $a_0, a_1, \cdots, a_n$ 的法方程(3.6)是病态方程，通常当 $n \geqslant 3$ 时都不直接取 $\varphi_k(x) = x^k$ 作为基，其具体方法后面再讨论. 这里只考虑 $n = 1$、$\rho_i \equiv 1$ 时的情形，由法方程(3.6)可得：

$$\begin{cases} m a_0 + \left(\sum_{i=1}^{m} x_i\right) a_1 = \sum_{i=1}^{m} y_i \\ \left(\sum_{i=1}^{m} x_i\right) a_0 + \left(\sum_{i=1}^{m} x_i^2\right) a_1 = \sum_{i=1}^{m} x_i y_i \end{cases} \tag{3.10}$$

解出 a_0、a_1，就得到线性拟合公式 $y = a_0 + a_1 x$.

【例 3.1】 求解 3.1 节的引例. 已知铜导线在温度 T_i 时电阻 R_i 的一组数据，见表 3.1，试求电阻 R 与温度 T 的关系.

解 将所给数据描绘出散点图，如图 3.1 所示，从图形上看数据点近似分布在一条直线附近，可以选择线性函数作为拟合曲线，即选择形如 $s(T) = a_0 + a_1 T$ 的直线作为拟合曲线. 由公式(3.10)，有

$$\begin{cases} 7a_0 + 245.3a_1 = 566.5 \\ 245.3a_0 + 9325.83a_1 = 20029.445 \end{cases}$$

解得

$$a_0 = 70.572, a_1 = 0.291$$

于是所求的最小二乘拟合曲线为

$$s(T) = 70.572 + 0.291T$$

所以 R 与 T 的关系为

$$R \approx 70.572 + 0.291T$$

【例 3.2】 已知数据如表 3.2 所列.

表 3.2 数据表

i	1	2	3	4	5	6	7	8	9
x_i	−1	−0.75	−0.5	−0.25	0	0.25	0.5	0.75	1
y_i	−0.2209	0.3295	0.8826	1.4329	2.0003	2.5645	3.1334	3.7601	4.2836

求它的最小二乘二次拟合多项式.

解　设二次拟合多项式为 $P_2(x)=a_0+a_1x+a_2x^2$，将数据代入法方程，可得

$$\begin{cases}9a_0+0+3.75a_2=18.1724\\0+3.75a_1+0=8.4842\\3.75a_0+0+2.7656a_2=7.6173\end{cases}$$

其解为

$$a_0=2.0034,a_1=2.2625,a_2=0.0378$$

所以此数据组的最小二乘二次拟合多项式为

$$P_2(x)=2.0034+2.2625x+0.0378x^2$$

3.2.3　可化为多项式拟合的最小二乘法

使用最小二乘逼近时，模型的选择是很重要的，通常模型 $y=s(x)$ 是由物理规律或数据分布情况确定的，不一定都是形如式(3.1)的线性模型，但有的模型经过变换可化为线性模型，这些也应按线性模型处理，例如

$$y=ae^{bx}$$

它是指数函数，关于系数 a,b 并非线性，但对上式两端取对数得到

$$\ln y=\ln a+bx$$

令 $\bar{y}=\ln y,A=\ln a$，则上式转化为 $\bar{y}=A+bx$，它是线性模型，仍可按上面介绍的方法求 $y=s(x)$.

【例3.3】　给定数据$(x_i,y_i)(i=1,2,\cdots,5)$如表3.3所列.

表3.3　已知数据

i	1	2	3	4	5
x_i	1.00	1.25	1.50	1.75	2.00
y_i	5.10	5.79	6.53	7.45	8.46

用最小二乘法求形如 $y=ae^{bx}$ 的拟合曲线.

解　两端取对数得 $\ln y=\ln a+bx$. 令 $\bar{y}=\ln y,A=\ln a$，则有 $\bar{y}=A+bx$，它是线性最小二乘拟合问题. 可用公式(3.10)，为求得 A,b，先将(x_i,y_i)化为$(x_i,\bar{y}_i)$. 转化后的数据列入表3.4.

表3.4　转化后的数据表

i	1	2	3	4	5
x_i	1.00	1.25	1.50	1.75	2.00
$\bar{y}_i$	1.629	1.756	1.876	2.008	2.135

由公式(3.10)，有

$$\begin{cases}5A+7.50b=9.404\\7.50A+11.875b=14.422\end{cases}$$

解得 $A=1.122, b=0.5056, a=e^A=3.071$，于是得最小二乘拟合曲线

$$y=3.071e^{0.5056x}$$

【例 3.4】 在某化学反应里，根据实验所得生成物的浓度与时间关系如表 3.5 所列，要求浓度与时间的拟合曲线 $y=y(t)$.

表 3.5　生成物的浓度与时间关系

时间 t(min)	浓度 $y\times10^{-3}$	时间 t(min)	浓度 $y\times10^{-3}$
1	4.0	9	10.0
2	5.4	10	10.2
3	8.0	11	10.32
4	3.8	12	10.42
5	9.22	13	10.5
6	9.5	14	10.55
7	9.7	15	10.58
8	9.8	16	10.60

解　将数据描在坐标纸上，可以看到开始时浓度增长很快，后来增长逐渐减慢. 根据实际情况，当 $t\to\infty$ 时 y 应趋于某个常数，故有一水平渐近线. 另外，当 $t=0$ 时，反应还未开始，浓度应为零. 根据这些特点，可设想拟合曲线 $y=y(t)$ 是双曲型

$$y=\frac{t}{a_0t+a_1}$$

它与给定数据的规律大致符合. 上述模型是非线性参数问题，可以通过变量代换

$$z=\frac{1}{y},\quad x=\frac{1}{t}$$

化为线性参数的数学模型 $z=a_0+a_1x$，拟合数据为 (x_i,z_i) $(i=1,2,\cdots,16)$. 其中 x_i, z_i 分别由原始数据 t_i, y_i 根据变量代换公式计算出来. 由公式(3.10)，有

$$\begin{cases}16a_0+3.38073a_1=1.8372\times10^3\\3.38073a_0+1.58435a_1=0.52886\times10^3\end{cases}$$

解此方程组得 $a_0=80.6621, a_1=161.6822$. 从而得拟合曲线

$$y=\frac{t}{80.6621t+161.6822}$$

3.2.4 正交多项式拟合的最小二乘法

在最小二乘曲线拟合中，若 $H_n = \mathrm{Span}\{1,x,\cdots,x^n\}$，模型取为式(3.9)时，法方程是病态方程.怎样避免求解病态方程呢?我们先给出关于给定点的正交多项式的定义.

定义3.1 设给定拟合数据 (x_i,y_i) 及权 $\rho_i\ (i=1,2,\cdots,m)$，可构造多项式 $\{P_k(x)\}_0^n$，其中 $P_k(x)\in H_k$，且

$$(P_k,P_j)=\sum_{i=1}^{m}\rho_i P_k(x_i)P_j(x_i)=\begin{cases}0, & j\neq k\\ A_k>0, & j=k\end{cases}\quad (j,k=0,1,\cdots,n) \tag{3.11}$$

则称 $\{P_k(x)\}_0^n$ 是关于点集 $\{x_i\}_1^m$ 带权 $\{\rho_i\}_1^m$ 正交的多项式函数系，$P_k(x)$ 为 k 次正交多项式.

根据定义，若令

$$P_0(x)=1,P_1(x)=(x-\alpha_1)P_0(x)$$

$$P_{k+1}(x)=(x-\alpha_{k+1})P_k(x)-\beta_k P_{k-1}(x)\ (k=1,2,\cdots,n-1)$$

利用正交性

$$(P_k,P_j)=\sum_{i=1}^{m}\rho_i P_k(x_i)P_j(x_i)=\begin{cases}0, & j\neq k\\ A_k>0, & j=k\end{cases}\ (j,k=0,1,\cdots,n)$$

求得 α_{k+1} 及 β_k 为

$$\alpha_{k+1}=\frac{(xP_k,P_k)}{(P_k,P_k)}=\frac{\sum_{i=1}^{m}\rho_i x_i P_k^2(x_i)}{\sum_{i=1}^{m}\rho_i P_k^2(x_i)}\ (k=0,1,\cdots,n-1) \tag{3.12}$$

$$\beta_k=\frac{(P_k,P_k)}{(P_{k-1},P_{k-1})}=\frac{\sum_{i=1}^{m}\rho_i P_k^2(x_i)}{\sum_{i=1}^{m}\rho_i P_{k-1}^2(x_i)}\ (k=1,2,\cdots,n-1) \tag{3.13}$$

令 $\varphi_k=P_k(k=0,1,\cdots,n)$，由法方程(3.6)可求得解

$$a_k=a_k^*=\frac{(y,P_k)}{(P_k,P_k)}=\frac{\sum_{i=1}^{m}\rho_i y_i P_k(x_i)}{\sum_{i=1}^{m}\rho_i P_k^2(x_i)} \tag{3.14}$$

从而得到最小二乘拟合曲线

$$y=s_n^*(x)=a_0^*P_0(x)+a_1^*P_1(x)+\cdots+a_n^*P_n(x) \tag{3.15}$$

它仍然是多项式函数，即 $s_n^*(x) \in H_n$.

3.3 最佳平方逼近

从离散点的最小二乘曲线拟合，可以很自然地过渡到连续函数的最佳平方逼近. 类似于离散情形，我们先给出正交多项式的概念.

3.3.1 正交多项式

定义 3.2 设函数 $f(x), g(x) \in C[a,b]$，$\rho(x)$ 是 $[a,b]$ 上给定的权函数，定义 $f(x), g(x)$ 的内积为

$$(f,g) = \int_a^b \rho(x) f(x) g(x) \mathrm{d}x$$

若 $(f,g) = 0$，则称 $f(x)$、$g(x)$ 在 $[a,b]$ 上关于权函数 $\rho(x)$ 正交.

定义 3.3 如果函数系 $\{\varphi_k(x)\}$ 中每个函数 $\varphi_k(x)$ 在区间 $[a,b]$ 上连续，不恒等于零，且满足条件

$$\begin{cases} (\varphi_i, \varphi_j) = \int_a^b \rho(x) \varphi_i(x) \varphi_j(x) \mathrm{d}x = 0 \ (i \neq j) \\ (\varphi_i, \varphi_i) = \int_a^b \rho(x) [\varphi_i^2(x)] \mathrm{d}x > 0 \end{cases} \tag{3.16}$$

则称函数系 $\{\varphi_k(x)\}$ 在 $[a,b]$ 上关于权函数 $\rho(x)$ 为正交函数系.

例如，三角函数系 $1, \cos x, \sin x, \cos 2x, \sin 2x, \cdots$ 在 $[-\pi, \pi]$ 上关于权函数 $\rho(x) \equiv 1$ 是正交函数系.

定义 3.4 若函数系 $\{\varphi_k(x)\}$ 在 $[a,b]$ 上关于权函数 $\rho(x)$ 正交，$\varphi_k(x)$ 是首项系数非零的 k 次多项式，则称多项式函数系 $\{\varphi_k(x)\}$ 在 $[a,b]$ 上关于权函数 $\rho(x)$ 正交，$\varphi_k(x)$ 称为 k 次正交多项式.

下面介绍几个最常用的正交多项式.

1. 勒让德多项式

定义 3.5 称

$$P_n(x) = \frac{1}{2^n n!} \frac{\mathrm{d}^n}{\mathrm{d}x^n}(x^2 - 1)^n \quad (n = 0,1,2,\cdots) \tag{3.17}$$

为勒让德(Legendre) 多项式. 最高次项系数为 1 的勒让德多项式可表示为

$$\widetilde{P}_n(x) = \frac{n!}{(2n)!} \frac{\mathrm{d}^n}{\mathrm{d}x^n} (x^2 - 1)^n$$

勒让德多项式系$\{P_n(x)\}$在区间$[-1,1]$上关于权函数$\rho(x)\equiv 1$是正交的，即

$$(P_n,P_m)=\int_{-1}^{1}P_n(x)P_m(x)\mathrm{d}x=\begin{cases}0,m\neq n\\ \dfrac{2}{2n+1},m=n\end{cases}\tag{3.18}$$

勒让德多项式$P_n(x)$的递推公式为

$$nP_n(x)-(2n-1)xP_{n-1}(x)+(n-1)P_{n-2}(x)=0\ (n=2,3,\cdots)\tag{3.19}$$

为了方便实际应用，给出$P_n(x)(n=0,1,\cdots,5)$的显式表达式

$$\begin{cases}P_0(x)=1\\ P_1(x)=x\\ P_2(x)=\dfrac{1}{2}(3x^2-1)\\ P_3(x)=\dfrac{1}{2}(5x^3-3x)\\ P_4(x)=\dfrac{1}{8}(35x^4-30x^2+3)\\ P_5(x)=\dfrac{1}{8}(63x^5-70x^3+15)\end{cases}\tag{3.20}$$

事实上利用式(3.19)及$P_0(x)=1$、$P_1(x)=x$便可求得所需要的$P_k(x)(k\geqslant 2)$的显式表示式.

勒让德多项式的奇偶性

$$P_n(-x)=(-1)^nP_n(x)\tag{3.21}$$

2. 切比雪夫多项式

定义3.6　称

$$T_n(x)=\cos(n\arccos x),\ -1\leqslant x\leqslant 1\tag{3.22}$$

为n次切比雪夫(Chebyshev)多项式，最高次项系数为1的切比雪夫多项式可表示为

$$\widetilde{T}_n(x)=2^{1-n}T_n(x)\quad (n=1,2,\cdots)$$

切比雪夫多项式系$\{T_k(x)\}$在区间$[-1,1]$上关于权函数$\rho(x)=\dfrac{1}{\sqrt{1-x^2}}$是正交的，即

$$(T_n,T_m)=\int_{-1}^{1}\frac{T_n(x)T_m(x)}{\sqrt{1-x^2}}\mathrm{d}x=\begin{cases}0, & m\neq n\\ \dfrac{\pi}{2}, & m=n\neq 0\\ \pi, & m=n=0\end{cases}\tag{3.23}$$

切比雪夫多项式的递推公式为

$$T_{n+1}(x)=2xT_n(x)-T_{n-1}(x)\quad(n=1,2,\cdots)\tag{3.24}$$

为了方便实际应用,给出 $T_n(x)(n=0,1,\cdots,5)$ 的显式表达式

$$\begin{cases}T_0(x)=1\\T_1(x)=x\\T_2(x)=2x^2-1\\T_3(x)=4x^3-3x\\T_4(x)=8x^4-8x^2+1\\T_5(x)=16x^5-20x^3+5x\end{cases}\tag{3.25}$$

切比雪夫多项式的奇偶性

$$T_n(-x)=(-1)^nT_n(x)\tag{3.26}$$

3. **拉盖尔多项式**

定义 3.7 称

$$L_n(x)=\mathrm{e}^x\frac{\mathrm{d}^n}{\mathrm{d}x^n}(x^n\mathrm{e}^{-x})\ (n=0,1,\cdots)\tag{3.27}$$

为拉盖尔(Laguerre)多项式,最高次项系数为1的拉盖尔多项式为

$$\widetilde{L}_n(x)=(-1)^n\mathrm{e}^x\frac{\mathrm{d}^n}{\mathrm{d}x^n}(x^n\mathrm{e}^{-x})$$

拉盖尔多项式在$[0,+\infty)$上关于权函数 $\rho(x)=\mathrm{e}^{-x}$ 是正交的,即

$$(L_n,L_m)=\int_0^\infty L_n(x)L_m(x)\mathrm{e}^{-x}\mathrm{d}x=\begin{cases}0,m\neq n\\(n!)^2,m=n\end{cases}\tag{3.28}$$

拉盖尔多项式的递推公式为

$$L_{n+1}(x)=(1+2n-x)L_n(x)-n^2L_{n-1}(x)\ (n=1,2,\cdots)\tag{3.29}$$

其中 $L_0(x)=1,L_1(x)=1-x$.

4. **埃尔米特多项式**

定义 3.8 称

$$H_n(x)=(-1)^n\mathrm{e}^{x^2}\frac{\mathrm{d}^n}{\mathrm{d}x^n}(\mathrm{e}^{-x^2})\quad(n=0,1,\cdots)\tag{3.30}$$

为埃尔米特多项式.

埃尔米特多项式在$(-\infty,+\infty)$上关于权函数 $\rho(x)=\mathrm{e}^{-x^2}$ 是正交的,即

$$(H_n,H_m)=\int_{-\infty}^\infty H_n(x)H_m(x)\mathrm{e}^{-x^2}\mathrm{d}x=\begin{cases}0,\quad m\neq n\\2^nn!\sqrt{\pi},m=n\end{cases}\tag{3.31}$$

埃尔米特多项式的递推公式为

$$H_{n+1}(x)=2xH_n(x)-2nH_{n-1}(x)\ (n=1,2,\cdots)\tag{3.32}$$

其中 $H_0(x)=1,H_1(x)=2x$.

3.3.2 最佳平方逼近

设 $\varphi_0(x),\varphi_1(x),\cdots,\varphi_n(x)$ 是一族在$[a,b]$上线性无关的连续函数，以它们为基底构成的线性空间为 $\Phi=\mathrm{Span}\{\varphi_0,\varphi_1,\cdots,\varphi_n\}$. 所谓最佳平方逼近问题就是求广义多项式 $p(x)\in\Phi$，即确定

$$p(x)=a_0\varphi_0(x)+a_1\varphi_1(x)+\cdots+a_n\varphi_n(x) \tag{3.33}$$

的系数 $a_j\ (j=0,1,\cdots,n)$，使函数

$$I(a_0,a_1,\cdots,a_n)=\int_a^b\rho(x)[p(x)-f(x)]^2\mathrm{d}x \tag{3.34}$$

取最小值，这里 $\rho(x)$ 为权函数.

显然，使 $I(a_0,a_1,\cdots,a_n)$ 达到最小的 $a_0,a_1,\cdots,a_n$ 必须满足方程组

$$\frac{\partial I}{\partial a_k}=2\int_a^b\rho(x)[p(x)-f(x)]\varphi_k(x)\mathrm{d}x=0 \tag{3.35}$$

或写成

$$\int_a^b\rho(x)p(x)\varphi_k(x)\mathrm{d}x=\int_a^b\rho(x)f(x)\varphi_k(x)\mathrm{d}x\ (k=0,1,\cdots,n) \tag{3.36}$$

把式(3.33)代入上式得

$$\sum_{j=0}^n a_j\int_a^b\rho(x)\varphi_j(x)\varphi_k(x)\mathrm{d}x=\int_a^b\rho(x)f(x)\varphi_k(x)\mathrm{d}x\ (k=0,1,\cdots,n) \tag{3.37}$$

利用内积定义及范数定义

$$\| f\|^2=(f,f)^{\frac{1}{2}}$$

则式(3.36)及式(3.37)可以写成

$$(p-f,\varphi_k)=0\ (k=0,1,\cdots,n) \tag{3.38}$$

$$\sum_{j=0}^n a_j(\varphi_j,\varphi_k)=(f,\varphi_k)\ (k=0,1,\cdots,n) \tag{3.39}$$

所以若 $p(x)$ 使 $I(a_0,a_1,\cdots,a_n)$ 为极小，其系数 a_j 必须满足式(3.39). 式(3.39)的系数行列式为

$$G(\varphi_0,\varphi_1,\cdots,\varphi_n)=\begin{vmatrix}(\varphi_0,\varphi_0) & (\varphi_0,\varphi_1) & \cdots & (\varphi_0,\varphi_n)\\(\varphi_1,\varphi_0) & (\varphi_1,\varphi_1) & \cdots & (\varphi_1,\varphi_n)\\ \vdots & \vdots & & \vdots\\(\varphi_n,\varphi_0) & (\varphi_n,\varphi_1) & \cdots & (\varphi_n,\varphi_n)\end{vmatrix}$$

且必不等于0. 事实上，因为 $\varphi_0(x),\varphi_1(x),\cdots,\varphi_n(x)$ 线性无关，所以 $\sum_{j=0}^n a_j\varphi_j(x)\neq 0$. 二次型

$$\sum_{i=0}^n\sum_{j=0}^n(\varphi_i,\varphi_j)a_ia_j=(\sum_{i=0}^n a_i\varphi_i,\sum_{j=0}^n a_j\varphi_j)=(\sum_{j=0}^n a_j\varphi_j,\sum_{j=0}^n a_j\varphi_j)>0$$

说明此二次型正定,其系数矩阵即方程组(3.39)的系数矩阵的行列式大于0.从而方程组(3.39)有唯一解.此外容易证明$p(x)$就是使$I(a_0,a_1,\cdots,a_n)$取极小值的函数.特别当$\{\varphi_k(x)\}$为$[a,b]$上关于权函数$\rho(x)$的正交函数系,则可由式(3.39))立刻求出

$$a_i=\frac{(f,\varphi_i)}{(\varphi_i,\varphi_i)}\ (i=0,1,\cdots,n) \tag{3.40}$$

而最佳平方逼近函数为

$$p(x)=\sum_{i=0}^{n}\frac{(f,\varphi_i)}{(\varphi_i,\varphi_i)}\varphi_i(x) \tag{3.41}$$

今后,我们称方程组(3.39)为法方程.

如果取$\varphi_k(x)=x^k,a=0,b=1,\rho(x)\equiv 1$.对于法方程(3.39)有

$$h_{jk}=(\varphi_j(x),\varphi_k(x))=\int_0^1 x^{j+k}\mathrm{d}x=\frac{1}{j+k+1},d_k=(f(x),\varphi_k(x))=\int_0^1 f(x)x^k\mathrm{d}x$$

于是法方程(3.39)中的系数矩阵

$$\boldsymbol{H}_{n+1}=\begin{pmatrix} 1 & \frac{1}{2} & \cdots & \frac{1}{n} & \frac{1}{n+1} \\ \frac{1}{2} & \frac{1}{3} & \cdots & \frac{1}{n+1} & \frac{1}{n+2} \\ \vdots & \vdots & & \vdots & \vdots \\ \frac{1}{n} & \frac{1}{n+1} & \cdots & \frac{1}{2n-1} & \frac{1}{2n} \\ \frac{1}{n+1} & \frac{1}{n+2} & \cdots & \frac{1}{2n} & \frac{1}{2n+1} \end{pmatrix} \tag{3.42}$$

称为**希尔伯特**(Hilbert)**矩阵**.希尔伯特矩阵是高度病态的,因此直接求解法方程是相当困难的,通常采用正交多项式做基.

【例 3.5】 求函数$y=\arctan x$在$[0,1]$上的一次最佳平方逼近多项式.

解法 1(直接法) 设$\varphi_0(x)=1,\varphi_1(x)=x$,所求函数为$p(x)=a_0+a_1x$.首先算出

$$(\varphi_0,\varphi_0)=\int_0^1 1\mathrm{d}x=1,(\varphi_0,\varphi_1)=\int_0^1 x\mathrm{d}x=\frac{1}{2}$$

$$(\varphi_1,\varphi_1)=\int_0^1 x^2\mathrm{d}x=\frac{1}{3}$$

$$(\varphi_0,y)=\int_0^1 \arctan x\mathrm{d}x=\frac{\pi}{4}-\frac{1}{2}\ln 2$$

$$(\varphi_1,y)=\int_0^1 x\arctan x\mathrm{d}x=\frac{\pi}{4}-\frac{1}{2}$$

代入式(3.39)得法方程为

$$\begin{cases} a_0 + \frac{1}{2}a_1 = \frac{\pi}{4} - \frac{1}{2}\ln 2 \\ \frac{1}{2}a_0 + \frac{1}{3}a_1 = \frac{\pi}{4} - \frac{1}{2} \end{cases}$$

解此方程组得

$$a_0 = 3 - 2\ln 2 - \frac{\pi}{2} \approx 0.042909$$

$$a_1 = \frac{3}{2}\pi + 6 + 3\ln 2 \approx 0.791831$$

故

$$p(x) = a_0 + a_1 x \approx 0.042909 + 0.791831x$$

解法2(利用正交多项式求解)　因为勒让德多项式在$[-1,1]$上正交,所以作变量代换

$$x = \frac{1}{2}(t+1)$$

将$[0,1]$变换到$[-1,1]$,函数$y = \arctan x$变为$y = \arctan\frac{t+1}{2}, t \in [-1,1]$. $p_0(t) = 1, p_1(t) = t$,而

$$(y, p_0) = \int_{-1}^{1} \arctan\frac{t+1}{2}\mathrm{d}t = \frac{\pi}{2} - \ln 2$$

$$(y, p_1) = \int_{-1}^{1} t\arctan\frac{t+1}{2}\mathrm{d}t = \frac{\pi}{2} - 2 + \ln 2$$

$$(p_0, p_0) = \int_{-1}^{1} 1\mathrm{d}t = 2, (p_1, p_1) = \int_{-1}^{1} t^2\mathrm{d}t = \frac{2}{3}$$

由式(3.40)知

$$a_0 = \frac{1}{2}(y, p_0) = \frac{\pi}{4} - \frac{1}{2}\ln 2$$

$$a_1 = \frac{3}{2}(y, p_1) = \frac{3}{2}\left(\frac{\pi}{2} - 2 + \ln 2\right)$$

所求的一次最佳平方逼近多项式为

$$\bar{p}(t) = (\frac{\pi}{4} - \frac{1}{2}\ln 2) + \frac{3}{2}[\frac{\pi}{2} - 2 + \ln 2]t$$

即

$$p(x) = (\frac{\pi}{4} - \frac{1}{2}\ln 2) + \frac{3}{2}[\frac{\pi}{2} - 2 + \ln 2](2x-1)$$

$$\approx 0.042909 + 0.791831x$$

两种解法结果完全一样.

例3.5介绍的方法完全适用于求高次最佳平方逼近多项式. n次最佳平方逼近多项式$p(x)$的逼近误差为$\delta_n = f(x) - p(x)$,满足

$$\|\delta_n\|^2 = \|f\|^2 - \sum_{i=0}^{n} a_i(f,\varphi_i).$$

小 结 3

曲线拟合的最小二乘法在科学实验和生产实践中具有广泛的应用. 当满足哈尔条件时,可以证明解的存在唯一性,而采用离散点正交多项式可避免求解法方程时出现的病态问题,提供了求最小二乘拟合多项式的安全方法.

函数逼近是数学中的经典内容,它与数学中其他分支有着密切的联系,也是计算数学的基础. 本章主要讨论了正交多项式、最佳平方逼近. 最佳平方逼近是在平方误差意义下从某个简单函数类中求出与连续函数最接近的函数,这个简单函数类通常取为多项式、有理分式,通过求解法方程可得到最佳平方逼近函数的组合系数. 但是,法方程在阶数较高时往往是病态的,可利用正交函数系避开病态问题,直接求得组合系数.

习 题 3

1. 给出如表 3.6 所列的离散数据,试对数据作出线性拟合.

表 3.6 数据表 1

x_i	-1.00	-0.50	0	0.75
y_i	0.3	0.2	0.1	-0.05

2. 给出如表 3.7 所列的离散数据,试对数据作出二次拟合.

表 3.7 数据表 2

x_i	-0.50	-0.20	0.1	0.25
y_i	-0.075	0.096	0.249	0.31875

3. 用最小二乘法求一个形如 $y=a+bx^2$ 的经验公式,拟合表 3.8 中的数据,并计算平方误差.

表 3.8 数据表 3

x_i	19	25	31	38	44
y_i	19.0	32.3	49.0	73.3	97.8

4. 用最小二乘法求一个形如 $y=a+bx^3$ 的经验公式,拟合表 3.9 中的数据.

表 3.9 数据表 4

x_i	-1	1	2	3
y_i	1.9	0.9	-0.2	-4.1

5. 用最小二乘法求一个形如 $y=a+\dfrac{b}{x}$ 的经验公式，拟合表 3.10 中的数据.

表 3.10 数据表 5

x_i	1	2	3	4	5
y_i	0.33	0.40	0.44	0.45	0.54

6. 用最小二乘法求一个形如 $y=a+b\ln x$ 的经验公式，拟合表 3.11 中的数据.

表 3.11 数据表 6

x_i	3	5	10	20
y_i	3.5	3.8	4.2	4.5

7. 已知 $f(x)=\ln(x+2)$，$-1\leqslant x\leqslant 1$，求 $f(x)$ 的二次最佳平方逼近(权为 1)，并求平方误差.

第 4 章　数值积分与数值微分

计算定积分是科学技术和工程计算中经常遇到的问题，然而绝大多数求定积分的问题都不能通过被积函数的原函数来求解，而要用数值的方法来解决.

4.1　问题的提出

神舟十号载人飞船于2013年6月11日17时38分在酒泉卫星发射中心成功发射，6月13日13时18分与天宫一号成功对接，在轨飞行15天，其中12天与天宫一号组成组合体在太空中飞行，6月26日8时7分，神舟十号返回舱成功返回地面.

神舟十号载人飞船发射的初始轨道为近地点高约200km、远地点高约330km的椭圆轨道，对接轨道为距地约343km的近圆轨道，飞行速度约为7.9km/s. 试计算神舟十号载人飞船在椭圆轨道飞行一圈的公里数，进而可以计算在轨飞行的公里数.

这里主要是计算神舟十号的椭圆轨道的周长.

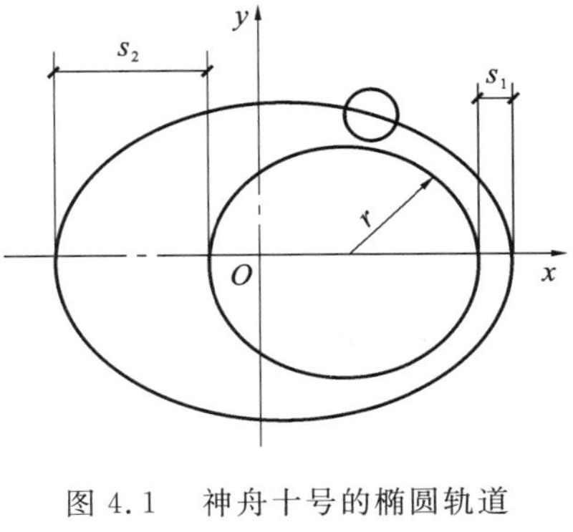

图 4.1　神舟十号的椭圆轨道

如图 4.1 所示，已知地球半径 $r = 6371\text{km}$，近地点高度为 $s_1 = 200\text{km}$，远地点高度为 $s_2 = 330\text{km}$，则椭圆长半轴 $a = (2r + s_1 + s_2)/2 = 6636\text{km}$，半焦距 $c = (s_2 - s_1)/2 = 65\text{km}$，由椭圆参数方程 $x = a\cos t, y = b\sin t$，其中 $b = \sqrt{a^2 - c^2}$，知椭圆周长为

$$L = 4\int_0^{\frac{\pi}{2}} \sqrt{a^2\sin^2 t + b^2\cos^2 t}\,dt$$

$$= 4\int_0^{\frac{\pi}{2}} \sqrt{a^2 - c^2\cos^2 t}\,dt$$

$$= 4a\int_0^{\frac{\pi}{2}} \sqrt{1 - \frac{c^2}{a^2}\cos^2 t}\,dt$$

这是一个定积分，只要求出它的值即可.

一般的，对于定积分

$$I = \int_a^b f(x)\,dx$$

如果被积函数 $f(x)$ 在区间 $[a,b]$ 上连续，且 $f(x)$ 的原函数为 $F(x)$，则由牛顿-莱布尼茨(Newton - Leibniz) 公式，有

$$\int_a^b f(x)\,dx = F(b) - F(a)$$

似乎问题已经解决，其实不然.

① 有很多被积函数找不到用初等函数表示的原函数 $F(x)$，例如 $\int_0^1 \frac{\sin x}{x}dx$，$\int_0^{\pi} e^{\cos\theta}d\theta$，$\int_0^1 e^{-x^2}dx$ 等，表面上看它们并不复杂，但却无法求得用初等函数表示的原函数 $F(x)$. 这里的椭圆积分 $\int_0^{\frac{\pi}{2}} \sqrt{1 - \frac{c^2}{a^2}\cos^2 t}\,dt$ 也是如此.

② 有的积分即使能找到用初等函数表示的原函数 $F(x)$，但原函数非常复杂，用牛顿-莱布尼茨公式计算也很困难，例如

$$\int \frac{1}{1+x^4}dx = \frac{1}{4\sqrt{2}}\ln\frac{x^2+\sqrt{2}x+1}{x^2-\sqrt{2}x+1} + \frac{1}{2\sqrt{2}}\left[\arctan(\sqrt{2}x+1) + \arctan(\sqrt{2}x-1)\right] + C$$

③ 有的被积函数 $f(x)$ 是由测量或数值计算给出的数据表，是列表函数，也无法用牛顿-莱布尼茨公式计算.

对于上述这些情况，都要求建立定积分的近似计算方法 —— 数值积分法.

4.2 机械求积法和代数精度

4.2.1 数值求积的基本思想

根据上面所述，数值求积公式应该避免用原函数表示，而由被积函数的值决定. 由积分中值定理：对 $f(x) \in C[a,b]$，存在 $\xi \in [a,b]$，使

$$\int_a^b f(x)\,dx = (b-a)f(\xi)$$

这表明，定积分所表示的曲边梯形的面积等于底为 $b-a$ 而高为 $f(\xi)$ 的矩形面积（图 4.2）.

问题在于点 ξ 的具体位置一般是不知道的，因而难以准确算出 $f(\xi)$. 我们将 $f(\xi)$ 称为区间 $[a,b]$ 上的平均高度. 这样，只要对平均高度 $f(\xi)$ 提供一种算法，相应地便获得一种数值积分方法.

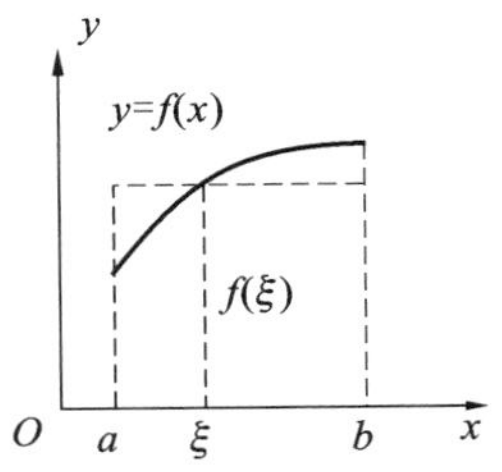

图 4.2 积分中值定理

如果用两端函数值的算术平均作为平均高度 $f(\xi)$ 的近似值，这样导出的求积公式

$$T=\frac{b-a}{2}[f(a)+f(b)] \tag{4.1}$$

便是我们所熟悉的梯形公式（图 4.3）.

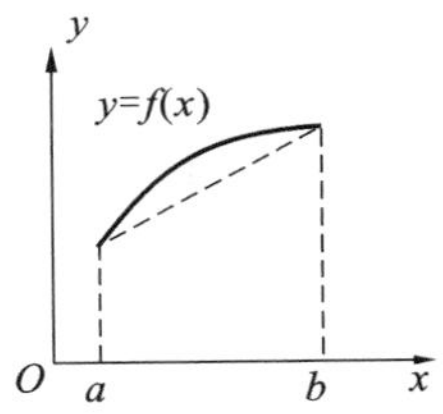

图 4.3 梯形公式

而如果改用区间中点 $c=\dfrac{a+b}{2}$ 的“高度”$f(c)$ 近似地取代平均高度 $f(\xi)$，则可导出所谓中矩形公式（简称矩形公式）

$$R=(b-a)f\left(\frac{a+b}{2}\right) \tag{4.2}$$

更一般地，我们可以在区间 $[a,b]$ 上适当选取某些节点 x_i，然后用 $f(x_i)$ 加权平均得到平均高度 $f(\xi)$ 的近似值，这样构造出的求积公式具有下列形式：

$$\int_a^b f(x)\mathrm{d}x \approx \sum_{i=0}^{n} A_i f(x_i) \tag{4.3}$$

式中，x_i 称为求积节点；A_i 称为求积系数，亦称求积节点 x_i 的权. 权 A_i 仅仅与节点 x_i 的选取有关，而不依赖于被积函数 $f(x)$ 的具体形式.

这类由积分区间上的某些点上的函数值的线性组合作为定积分的近似值的求积公式，通常称为机械求积公式，它避免了用牛顿-莱布尼茨公式寻求原函数的困难. 对于求积公式(4.3)，关键在于确定节点 $\{x_i\}$ 和相应的系数 $\{A_i\}$.

4.2.2 代数精度的概念

数值求积方法是近似方法，为了保证精度，我们自然希望求积公式对“尽可能多”的函数准确成立，这就提出了代数精度的概念.

定义 4.1 如果某个求积公式对于次数不超过 m 次的多项式均准确地成立，但对于 $m+1$ 次多项式就不准确成立，则称该求积公式具有 m 次代数精度.

根据定义，若公式(4.3) 具有 m 次代数精度，则当 $f(x)=1,x,\cdots,x^m$ 时公式(4.3) 精确成立，故有等式：

$$\begin{cases} \sum_{i=0}^{n} A_i = b - a \\ \sum_{i=0}^{n} A_i x_i = \frac{1}{2}(b^2 - a^2) \\ \quad \cdots \\ \sum_{i=0}^{n} A_i x_i^m = \frac{1}{m+1}(b^{m+1} - a^{m+1}) \end{cases} \tag{4.4}$$

而

$$\int_a^b x^{m+1} \mathrm{d}x \neq \sum_{i=0}^{n} A_i x_i^{m+1}$$

式(4.4)是关于系数 A_i 及节点 x_i 的方程组，当节点 $x_0, x_1, \cdots, x_n$ 给定时，就是关于系数 $A_0, A_1, \cdots, A_n$ 的线性方程组，求此方程组就可求得求积系数 $A_0, A_1, \cdots, A_n$.

【例 4.1】 判断梯形求积公式

$$\int_a^b f(x) \mathrm{d}x \approx \frac{b-a}{2}[f(a) + f(b)]$$

的代数精度.

解 分别将 $f(x) = 1, x, x^2$ 代入梯形求积公式，得

$$\int_a^b 1 \mathrm{d}x = b - a = \frac{b-a}{2}(1+1)$$

$$\int_a^b x \mathrm{d}x = \frac{1}{2}(b^2 - a^2) = \frac{b-a}{2}(a+b)$$

$$\int_a^b x^2 \mathrm{d}x = \frac{1}{3}(b^3 - a^3) \neq \frac{b-a}{2}(a^2 + b^2)$$

所以梯形求积公式具有 1 次代数精度.

【例 4.2】 给定求积公式

$$\int_{-2h}^{2h} f(x) \mathrm{d}x \approx Af(-h) + Bf(0) + Cf(h)$$

试确定 A、B、C，使它的代数精度尽可能高，并指明所构造出的求积公式所具有的代数精度.

解 令 $f(x) = 1, x, x^2$，代入所给求积公式，使公式精确成立，得

$$\begin{cases} 4h = A + B + C \\ 0 = -hA + 0 + hC \\ \frac{16}{3}h^3 = h^2 A + 0 + h^2 C \end{cases}$$

求解，得

$$A = \frac{8}{3}h, B = -\frac{4}{3}h, C = \frac{8}{3}h$$

将 A、B、C 代回求积公式，得

$$\int_{-2h}^{2h} f(x)\mathrm{d}x \approx \frac{4}{3}h[2f(-h) - f(0) + 2f(h)]$$

它至少具有 2 次代数精度.

令 $f(x)=x^3$，代入求积公式，得：左边 $=0$，右边 $=\frac{4}{3}h[-2h^3-0+2h^3]=0$；

令 $f(x)=x^4$，代入求积公式，得：左边 $=\frac{64}{5}h^5$，右边 $=\frac{4}{3}h[2h^4-0+2h^4]=\frac{16}{3}h^5$，左边 $\neq$ 右边.

所以求积公式具有 3 次代数精度.

【例 4.3】 给定求积公式 $\int_0^1 f(x)\mathrm{d}x \approx A_0 f(0) + A_1 f(1) + B_0 f'(0)$，已知其余项表达式为 $R(f)=kf'''(\xi)$. 试确定系数 A_0，A_1 及 B_0，使该求积公式具有尽可能高的代数精度，并给出代数精度的次数及求积公式余项.

解 本题虽用到 $f'(0)$ 的值，但仍可用代数精度定义确定参数 A_0，A_1 及 B_0. 令 $f(x)=1,x,x^2$，代入求积公式，使公式精确成立，得

$$\begin{cases} A_0 + A_1 = 1 \\ A_1 + B_0 = \dfrac{1}{2} \\ A_1 = \dfrac{1}{3} \end{cases}$$

解得 $A_0=\frac{2}{3}$，$A_1=\frac{1}{3}$，$B_0=\frac{1}{6}$，于是有

$$\int_0^1 f(x)\mathrm{d}x \approx \frac{2}{3}f(0) + \frac{1}{3}f(1) + \frac{1}{6}f'(0)$$

再令 $f(x)=x^3$，此时 $\int_0^1 x^3\mathrm{d}x=\frac{1}{4}$，而上式右端为 $\frac{1}{3}$，两端不等，则求积公式对 $f(x)=x^3$ 不能准确成立，故它的代数精度为 2 次.

为求余项可将 $f(x)=x^3$ 代入求积公式

$$\int_0^1 f(x)\mathrm{d}x = \frac{2}{3}f(0) + \frac{1}{3}f(1) + \frac{1}{6}f'(0) + kf'''(\xi), \xi \in (0,1)$$

当 $f(x)=x^3$ 时，$f'(x)=3x^2$，$f''(x)=6x$，$f'''(x)=6$，代入上式得

$$\frac{1}{4} = \int_0^1 x^3\mathrm{d}x = \frac{1}{3} + 6k$$

即

$$6k = \frac{1}{4} - \frac{1}{3} = -\frac{1}{12}, k = -\frac{1}{72}$$

所以余项 $R(f)=-\dfrac{1}{72}f'''(\xi),\xi\in(0,1)$.

4.2.3 插值型求积公式

最直接自然的一种想法是用 $f(x)$ 在 $[a,b]$ 上的插值多项式 $L_n(x)$ 代替 $f(x)$，由于多项式的原函数是容易求出的，我们以 $L_n(x)$ 在 $[a,b]$ 上的积分值

$$I_n=\int_a^b L_n(x)\mathrm{d}x$$

作为所求积分 $I=\int_a^b f(x)\mathrm{d}x$ 的近似值，即

$$\int_a^b f(x)\mathrm{d}x\approx\int_a^b L_n(x)\mathrm{d}x$$

这样得到的求积公式称为插值型求积公式.

设 $[a,b]$ 上有 $n+1$ 个互异节点 $x_0,x_1,\cdots,x_n$，$f(x)$ 的 n 次拉格朗日插值多项式为

$$L_n(x)=\sum_{i=0}^n l_i(x)f(x_i)$$

其中 $l_i(x)=\prod\limits_{\substack{j=0\\ j\neq i}}^n\dfrac{x-x_j}{x_i-x_j}$，插值型求积公式为

$$I_n=\sum_{i=0}^n A_i f(x_i) \tag{4.5}$$

其中 $A_i=\int_a^b l_i(x)\mathrm{d}x\ (i=0,1,\cdots,n)$. 可以看出，$\{A_i\}$ 仅由积分区间 $[a,b]$ 与插值节点 $\{x_i\}$ 确定，与被积函数 $f(x)$ 的形式无关. 求积公式(4.5)的截断误差为

$$R_n(f)=\int_a^b f(x)\mathrm{d}x-\int_a^b L_n(x)\mathrm{d}x=\int_a^b\frac{f^{(n+1)}(\xi)}{(n+1)!}\omega_{n+1}(x)\mathrm{d}x \tag{4.6}$$

其中

$$\omega_{n+1}(x)=(x-x_0)(x-x_1)\cdots(x-x_n)$$

定义 4.2 若求积公式

$$\int_a^b f(x)\mathrm{d}x\approx\sum_{i=0}^n A_i f(x_i)$$

的系数 $A_i=\int_a^b l_i(x)\mathrm{d}x$，则称此求积公式为插值型求积公式.

定理 4.1 形如(4.3)的求积公式至少有 n 次代数精度的充分必要条件是，它是插值型的.

证明 如果求积公式(4.3)是插值型的，由公式(4.6)可知，对于次数不超过 n 次的多项式 $f(x)$，其余项 $R[f]$ 等于零，因而这时求积公式至少具有 n 次代数精度.

反之，如果求积公式(4.3)至少具有 n 次代数精度，那么对于插值基函数 $l_i(x)$ 应准确成立，并注意到 $l_i(x_j)=\delta_{ij}$，即有

$$\int_a^b l_i(x)\mathrm{d}x=\sum_{j=0}^{n}A_j l_i(x_j)=A_i$$

所以求积公式(4.3)是插值型的.

4.2.4 求积公式的收敛性与稳定性

定义 4.3 在求积公式(4.3)中，若

$$\lim_{\substack{n\to\infty\\ h\to 0}}\sum_{i=0}^{n}A_i f(x_i)=\int_a^b f(x)\mathrm{d}x$$

其中 $h=\max\limits_{0\leqslant i\leqslant n-1}(x_{i+1}-x_i)$，则称求积公式(4.3)是收敛的.

实际使用任何求积公式时，除截断误差外，还有舍入误差，因此必须研究其数值稳定性. 在求积公式(4.3)中，由于计算 $f(x_i)$ 可能产生误差 δ_i，实际得到 $\tilde{f}_i$，即 $f(x_i)=\tilde{f}_i+\delta_i$，记

$$I_n(f)=\sum_{i=0}^{n}A_i f(x_i),\quad I_n(\tilde{f})=\sum_{i=0}^{n}A_i\tilde{f}_i$$

如果对任给正数 $\varepsilon>0$，只要误差 $|\delta_i|$ 充分小就有

$$|I_n(f)-I_n(\tilde{f})|=\left|\sum_{i=0}^{n}A_i[f(x_i)-\tilde{f}_i]\right|\leqslant\varepsilon \tag{4.7}$$

则表明求积公式(4.3)的计算是稳定的，由此给出：

定义 4.4 对任给 $\varepsilon>0$，若存在 $\delta>0$，只要 $|f(x_i)-\tilde{f}_i|\leqslant\delta\quad(i=0,1,\cdots,n)$ 就有式(4.7)成立，则称求积公式(4.3)是稳定的.

定理 4.2 若求积公式(4.3)中系数 $A_i>0\quad(i=0,1,\cdots,n)$，则此求积公式是稳定的；若 A_i 有正有负，则计算可能不稳定.

证明 对任给 $\varepsilon>0$，若取 $\delta=\dfrac{\varepsilon}{b-a}$，对 $i=0,1,\cdots,n$ 都有 $|f(x_i)-\tilde{f}_i|\leqslant\delta$，则有

$$|I_n(f)-I_n(\tilde{f})|=\left|\sum_{i=0}^{n}A_i[f(x_i)-\tilde{f}_i]\right|\leqslant\sum_{i=0}^{n}|A_i||f(x_i)-\tilde{f}_i|\leqslant\delta\sum_{i=0}^{n}|A_i|$$

注意到对任何代数精度大于等于 0 的求积公式均有

$$\sum_{i=0}^{n}A_i=I_n(1)=\int_a^b 1\mathrm{d}x=b-a$$

可见 $A_i > 0$ 时,有

$$|I_n(f) - I_n(\tilde{f})| \leqslant \delta\sum_{i=0}^{n}|A_i| = \delta\sum_{i=0}^{n}A_i = \delta(b-a) = \varepsilon$$

由定义4.4可知求积公式(4.3)是稳定的.

若 A_i 有正有负,假设 $A_i[f(x_i) - \tilde{f}_i] > 0$,且 $|f(x_i) - \tilde{f}_i| = \delta$,则有

$$\begin{aligned}|I_n(f) - I_n(\tilde{f})| &= \left|\sum_{i=0}^{n}A_i[f(x_i) - \tilde{f}_i]\right| = \sum_{i=0}^{n}|A_i||f(x_i) - \tilde{f}_i| \\ &= \delta\sum_{i=0}^{n}|A_i| > \delta\sum_{i=0}^{n}A_i = (b-a)\delta\end{aligned}$$

它表明初始数据的误差可能会引起计算结果误差的增大,即计算可能不稳定.

4.3 牛顿-柯特斯求积公式

4.3.1 柯特斯系数

被积函数在积分区间内变化平缓,可用等距节点插值公式近似.将积分区间 $[a,b]$ 分为 n 等份,步长 $h = \dfrac{b-a}{n}$,等距节点 $x_i = a + ih\,(i = 0,1,\cdots,n)$.此时求积公式(4.5)中的积分系数可得到简化

$$A_i = \int_a^b l_i(x)\mathrm{d}x = \int_a^b \prod_{\substack{j=0\\ j\neq i}}^{n} \frac{x - x_j}{x_i - x_j}\mathrm{d}x = \int_a^b \prod_{\substack{j=0\\ j\neq i}}^{n} \frac{x - a - jh}{(i-j)h}\mathrm{d}x$$

作变量代换 $x = a + th$,则有

$$\begin{aligned}A_i &= \int_0^n \prod_{\substack{j=0\\ j\neq i}}^{n} \frac{(t-j)h}{(i-j)h}h\,\mathrm{d}t = \frac{(-1)^{n-i}h}{i!(n-i)!}\int_0^n \prod_{\substack{j=0\\ j\neq i}}^{n}(t-j)\mathrm{d}t \\ &= \frac{(-1)^{n-i}(b-a)}{i!(n-i)!n}\int_0^n \prod_{\substack{j=0\\ j\neq i}}^{n}(t-j)\mathrm{d}t\end{aligned}$$

令

$$C_i^{(n)} = \frac{(-1)^{n-i}}{i!(n-i)!n}\int_0^n \prod_{\substack{j=0\\ j\neq i}}^{n}(t-j)\mathrm{d}t$$

则 $A_i = (b-a)C_i^{(n)}$,求积公式(4.5)可简化为

$$I_n = (b-a)\sum_{i=0}^{n}C_i^{(n)}f(x_i) \tag{4.8}$$

称为 n 阶牛顿-柯特斯(Newton-Cotes)公式,简记为N-C公式,$\{C_i^{(n)}\}$ 称为柯特斯

系数.

由 $C_i^{(n)}$ 的表达式可看出，它不但与被积函数无关，而且与积分区间也无关. 因此可将柯特斯系数事先算出，列成表格供查用(见表 4.1).

表 4.1 柯特斯系数表

n	$C_i^{(n)}$								
1	$\frac{1}{2}$	$\frac{1}{2}$							
2	$\frac{1}{6}$	$\frac{4}{6}$	$\frac{1}{6}$						
3	$\frac{1}{8}$	$\frac{3}{8}$	$\frac{3}{8}$	$\frac{1}{8}$					
4	$\frac{7}{90}$	$\frac{16}{45}$	$\frac{2}{15}$	$\frac{16}{45}$	$\frac{7}{90}$				
5	$\frac{19}{288}$	$\frac{25}{96}$	$\frac{25}{144}$	$\frac{25}{144}$	$\frac{25}{96}$	$\frac{19}{288}$			
6	$\frac{41}{840}$	$\frac{9}{35}$	$\frac{9}{280}$	$\frac{34}{105}$	$\frac{9}{280}$	$\frac{9}{35}$	$\frac{41}{840}$		
7	$\frac{751}{17280}$	$\frac{3577}{17280}$	$\frac{1323}{17280}$	$\frac{2989}{17280}$	$\frac{2989}{17280}$	$\frac{1323}{17280}$	$\frac{3577}{17280}$	$\frac{751}{17280}$	
8	$\frac{989}{28350}$	$\frac{5888}{28350}$	$\frac{-928}{28350}$	$\frac{10496}{28350}$	$\frac{-4540}{28350}$	$\frac{10496}{28350}$	$\frac{-928}{28350}$	$\frac{5888}{28350}$	$\frac{989}{28350}$

$n=1$ 时

$$I_1=(b-a)\left[\frac{1}{2}f(a)+\frac{1}{2}f(b)\right]=\frac{b-a}{2}[f(a)+f(b)] \tag{4.9}$$

为前面介绍过的梯形公式.

$n=2$ 时，所得公式称为辛普森公式

$$S=\frac{b-a}{6}\left[f(a)+4f(\frac{a+b}{2})+f(b)\right] \tag{4.10}$$

$n=4$ 时，所得公式称为柯特斯公式

$$C=\frac{b-a}{90}\left[7f(a)+32f(a+\frac{b-a}{4})+12f(\frac{b+a}{2})+32f(a+\frac{3(b-a)}{4})+7f(b)\right] \tag{4.11}$$

从表 4.1 可看出，当 $n=8$ 时出现了负系数. 由定理 4.2 可知，实际计算中将使舍入误差增大，并且往往难以估计. 从而牛顿-柯特斯公式的稳定性得不到保证，因此实际计算中不使用高阶牛顿-柯特斯公式.

牛顿-柯特斯公式的截断误差为

$$R_n(f)=\int_a^b \frac{f^{(n+1)}(\xi)}{(n+1)!}\prod_{j=0}^{n}(x-x_j)\mathrm{d}x=\frac{h^{n+2}}{(n+1)!}\int_0^n f^{(n+1)}(\xi)\prod_{j=0}^{n}(t-j)\mathrm{d}t \tag{4.12}$$

4.3.2　偶数阶求积公式的代数精度

作为插值型求积公式，n 阶牛顿-柯特斯公式至少具有 n 次代数精度. 求积公式的代数精度能否进一步提高呢?

定理 4.3　当阶为偶数时，牛顿-柯特斯公式(4.8)至少具有 $n+1$ 次代数精度.

证明　我们只要验证，当 n 为偶数时，牛顿-柯特斯公式对 $f(x)=x^{n+1}$ 的余项为零. 按余项公式(4.12)，且 $f^{(n+1)}(x)=(n+1)!$，从而

$$R_n(f)=\int_a^b \prod_{j=0}^{n}(x-x_j)\mathrm{d}x$$

引进变量代换 $x=a+th$，并注意到 $x_j=a+jh$，有

$$R_n(f)=h^{n+2}\int_0^n \prod_{j=0}^{n}(t-j)\mathrm{d}t$$

当 n 为偶数时，$\frac{n}{2}$ 为整数，再令 $t=u+\frac{n}{2}$，用到奇函数在对称区间上的积分，有

$$R_n(f)=h^{n+2}\int_{-\frac{n}{2}}^{\frac{n}{2}} \prod_{j=0}^{n}\left(u+\frac{n}{2}-j\right)\mathrm{d}u=h^{n+2}\int_{-\frac{n}{2}}^{\frac{n}{2}} \prod_{j=-\frac{n}{2}}^{\frac{n}{2}}(u-j)\mathrm{d}u=0$$

4.3.3　几种低阶求积公式的余项

1. 梯形求积公式的余项

由余项公式(4.12)，梯形公式的余项为

$$R_T=I-T=\int_a^b \frac{f''(\xi)}{2!}(x-a)(x-b)\mathrm{d}x$$

由于 $(x-a)(x-b)$ 在 $[a,b]$ 上不变号，利用积分中值定理有

$$R_T=\frac{f''(\eta)}{2}\int_a^b (x-a)(x-b)\mathrm{d}x=-\frac{f''(\eta)}{12}(b-a)^3,\eta\in(a,b) \tag{4.13}$$

2. 辛普森公式的余项

辛普森公式的余项为

$$R_S=I-S=\int_a^b f(x)\mathrm{d}x-\frac{b-a}{6}[f(a)+4f(c)+f(b)]$$

这里 $c=\frac{a+b}{2}$. 构造次数不超过 3 次的多项式 $H(x)$，使满足

$$H(a)=f(a),H(c)=f(c),H'(c)=f'(c),H(b)=f(b)$$

由于辛普森公式具有三次代数精度，它对于这样构造的三次多项式 $H(x)$ 是准确成立的，即

$$\int_a^b H(x)\mathrm{d}x = \frac{b-a}{6}[H(a)+4H(c)+H(b)]$$

所以

$$R_S = \int_a^b [f(x)-H(x)]\mathrm{d}x$$

由第2章的例2.8，可知

$$f(x)-H(x) = \frac{1}{4!}f^{(4)}(\xi)(x-a)(x-c)^2(x-b)$$

由于 $(x-a)(x-c)^2(x-b)$ 在 $[a,b]$ 上不变号，利用积分中值定理有

$$\begin{aligned} R_S &= \frac{1}{4!}f^{(4)}(\eta)\int_a^b (x-a)(x-c)^2(x-b)\mathrm{d}x \\ &= -\frac{b-a}{180}\left(\frac{b-a}{2}\right)^4 f^{(4)}(\eta),\ \eta\in(a,b) \end{aligned} \tag{4.14}$$

【例 4.4】 用梯形公式和辛普森公式计算积分 $\int_0^1 \mathrm{e}^{-x}\mathrm{d}x$，并估计误差.

解 记 $I(f)=\int_0^1 \mathrm{e}^{-x}\mathrm{d}x$，其中 $a=0,b=1,f(x)=\mathrm{e}^{-x}$. 则有

$$f'(x)=-\mathrm{e}^{-x},f''(x)=\mathrm{e}^{-x},f'''(x)=-\mathrm{e}^{-x},f^{(4)}(x)=\mathrm{e}^{-x}$$

由梯形公式及其余项，有

$$I(f)\approx T(f)=\frac{b-a}{2}[f(a)+f(b)]=\frac{1}{2}[\mathrm{e}^{-0}+\mathrm{e}^{-1}]\approx 0.6839$$

$$|I(f)-T(f)|=\left|-\frac{(b-a)^3}{12}f''(\eta)\right|\leqslant\frac{1}{12}\mathrm{e}^0\approx 0.08333$$

由辛普森公式及其余项，有

$$\begin{aligned} I(f)\approx S(f) &= \frac{b-a}{6}[f(a)+4f(\frac{a+b}{2})+f(b)] \\ &= \frac{1}{6}[\mathrm{e}^{-0}+4\mathrm{e}^{-0.5}+\mathrm{e}^{-1}]\approx 0.6323 \end{aligned}$$

$$|I(f)-S(f)|\leqslant\frac{1}{180}(\frac{1}{2})^4\mathrm{e}^0\approx 0.0003472$$

3. **柯特斯公式的余项**

柯特斯公式的余项，不再具体推导，列出结果如下：

$$R_C = I-C = -\frac{2(b-a)}{945}\left(\frac{b-a}{4}\right)^6 f^{(6)}(\eta),\ \eta\in(a,b) \tag{4.15}$$

4.4 复化求积公式

前面导出的误差估计式表明，用牛顿-柯特斯公式计算积分近似值时，步长越小，截断误差越小. 但缩小步长等于增加节点数，亦即提高插值多项式的次数，龙格现象表明，这样并不一定能提高精度. 理论上已经证明，当 $n \to \infty$ 时，牛顿-柯特斯公式所求得的近似值不一定收敛于积分的准确值，而且随着 n 的增大，牛顿-柯特斯公式是不稳定的. 因此，实际中不采用高阶牛顿-柯特斯公式. 为了提高计算精度，可考虑对被积函数用分段低次多项式插值，由此导出复化求积公式.

4.4.1 复化梯形公式

将区间 $[a,b]$ 分为 n 等份，分点 $x_i = a + ih, h = \dfrac{b-a}{n}$ $(i = 0,1,\cdots,n)$，在每个区间 $[x_i, x_{i+1}]$ $(i = 0,1,\cdots,n-1)$ 上采用梯形公式，则得

$$I = \int_a^b f(x)\mathrm{d}x = \sum_{i=0}^{n-1}\int_{x_i}^{x_{i+1}} f(x)\mathrm{d}x = \frac{h}{2}\sum_{i=0}^{n-1}[f(x_i) + f(x_{i+1})] + R_n(f) \tag{4.16}$$

记

$$T_n = \frac{h}{2}\sum_{i=0}^{n-1}[f(x_i) + f(x_{i+1})] = \frac{h}{2}\left[f(a) + 2\sum_{i=1}^{n-1} f(x_i) + f(b)\right] \tag{4.17}$$

称为复化梯形公式，其余项由式(4.16) 及式(4.13) 可得

$$R_n(f) = I - T_n = -\frac{h^3}{12}\sum_{i=0}^{n-1} f''(\eta_i) = -\frac{(b-a)h^2}{12}\frac{1}{n}\sum_{i=0}^{n-1} f''(\eta_i), \eta_i \in (x_i, x_{i+1})$$

由于 $f(x) \in C^2[a,b]$，利用连续函数的最大值最小值定理和介值定理，可得

$$R_n(f) = -\frac{b-a}{12}h^2 f''(\eta), \eta \in (a,b) \tag{4.18}$$

从式(4.18) 可以看出，余项误差是 h^2 阶，所以，当 $f(x) \in C^2[a,b]$ 时，有

$$\lim_{n\to\infty} T_n = \int_a^b f(x)\mathrm{d}x$$

即复化梯形公式是收敛的. 事实上只要 $f(x) \in C[a,b]$，则可得收敛性，因为由式(4.17) 得

$$T_n = \frac{1}{2}\left[\frac{b-a}{n}\sum_{i=0}^{n-1} f(x_i) + \frac{b-a}{n}\sum_{i=1}^{n} f(x_i)\right] \to \int_a^b f(x)\mathrm{d}x \quad (n \to \infty)$$

所以复化梯形公式(4.17) 收敛. 此外，T_n 的求积系数为正，由定理 4.2 知复化梯形

公式是稳定的.

【例 4.5】 利用 9 个节点的复化梯形公式,取 4 位小数,计算积分

$$I=\int_0^1\frac{\mathrm{d}x}{(1+x)\sqrt{x}}$$

解 所给积分的被积函数 $f(x)=\dfrac{1}{(1+x)\sqrt{x}}$ 在 $x=0$ 处具有奇性(不存在),因而需要作变量代换 $t=\sqrt{x}$,将积分化为

$$I=\int_0^1\frac{2\mathrm{d}t}{1+t^2}$$

运用复化梯形公式:$T_n=\dfrac{h}{2}\left[g(x_0)+2\sum\limits_{i=1}^{n-1}g(x_i)+g(x_n)\right]$,这里,$g(t)=\dfrac{2}{1+t^2}$,计算可得 $T_8=1.5695$,故 $I\approx1.5695$.

4.4.2 复化辛普森公式

将区间$[a,b]$分为 n 等份,在每个区间$[x_i,x_{i+1}]$上采用辛普森公式,记 $x_{i+\frac{1}{2}}=x_i+\dfrac{1}{2}h$ 则得

$$I=\int_a^b f(x)\mathrm{d}x=\sum_{i=0}^{n-1}\int_{x_i}^{x_{i+1}}f(x)\mathrm{d}x=\frac{h}{6}\sum_{i=0}^{n-1}\left[f(x_i)+4f(x_{i+\frac{1}{2}})+f(x_{i+1})\right]+R_n(f)\tag{4.19}$$

记

$$\begin{aligned}S_n&=\frac{h}{6}\sum_{i=0}^{n-1}\left[f(x_i)+4f(x_{i+\frac{1}{2}})+f(x_{i+1})\right]\\&=\frac{h}{6}\left[f(a)+4\sum_{i=0}^{n-1}f(x_{i+\frac{1}{2}})+2\sum_{i=1}^{n-1}f(x_i)+f(b)\right]\end{aligned}\tag{4.20}$$

称为复化辛普森公式,其余项由式(4.19)及式(4.14)可得

$$R_n(f)=I-S_n=-\frac{1}{180}\left(\frac{h}{2}\right)^4h\sum_{i=0}^{n-1}f^{(4)}(\eta_i),\eta_i\in(x_i,x_{i+1})$$

于是当 $f(x)\in C^4[a,b]$ 时,与复化梯形公式相似有

$$R_n(f)=I-S_n=-\frac{b-a}{180}\left(\frac{h}{2}\right)^4f^{(4)}(\eta),\eta\in(a,b)\tag{4.21}$$

可以看出误差是 h^4 阶,收敛性是显然的.事实上,只要 $f(x)\in C[a,b]$,则有

$$\begin{aligned}S_n&=\frac{1}{6}\left[4\frac{b-a}{n}\sum_{i=0}^{n-1}f(x_{i+\frac{1}{2}})+\frac{b-a}{n}\sum_{i=0}^{n-1}f(x_i)+\frac{b-a}{n}\sum_{i=1}^{n}f(x_i)\right]\\&\to\int_a^b f(x)\mathrm{d}x\quad(n\to\infty)\end{aligned}$$

此外，由于 S_n 中求积系数均为正数，故知复化辛普森公式是稳定的.

【例4.6】 根据函数表4.2所列数据，用复化梯形公式和复化辛普森公式计算 $I=\int_0^1 \frac{\sin x}{x}\mathrm{d}x$ 的近似值，并估计误差.

表4.2　函数表

i	x_i	$f(x_i)=\frac{\sin x_i}{x_i}$	i	x_i	$f(x_i)=\frac{\sin x_i}{x_i}$
0	0	1	5	$\frac{5}{8}$	0.9361556
1	$\frac{1}{8}$	0.9973978	6	$\frac{3}{4}$	0.9088516
2	$\frac{1}{4}$	0.9896158	7	$\frac{7}{8}$	0.8771925
3	$\frac{3}{8}$	0.9767267	8	1	0.8414709
4	$\frac{1}{2}$	0.9588510			

解　由复化梯形公式

$$I\approx\frac{1}{24}[f(0)+2\sum_{i=1}^{7}f(\frac{i}{8})+f(1)]=0.945691$$

由复化辛普森公式

$$I\approx\frac{1}{24}[f(0)+4\sum_{i=0}^{3}f(\frac{2i+1}{8})+2\sum_{i=1}^{3}f(\frac{i}{4})+f(1)]=0.946084$$

与准确值 $I=0.9460831\cdots$ 比较，显然用复化辛普森公式计算精度较高.

为了利用余项公式估计误差，要求 $f(x)=\frac{\sin x}{x}$ 的高阶导数，由于

$$f(x)=\frac{\sin x}{x}=\int_0^1\cos(xt)\mathrm{d}t$$

所以有

$$f^{(k)}(x)=\int_0^1\frac{\mathrm{d}^k}{\mathrm{d}x^k}\cos(xt)\mathrm{d}t=\int_0^1 t^k\cos(xt+\frac{k\pi}{2})\mathrm{d}t$$

于是

$$\max_{0\leqslant x\leqslant 1}|f^{(k)}(x)|\leqslant\int_0^1\left|t^k\cos(xt+\frac{k\pi}{2})\right|\mathrm{d}t\leqslant\int_0^1 t^k\mathrm{d}t=\frac{1}{k+1}$$

由复化梯形误差公式(4.18)得

$$|R_8(f)|=|I-T_8|\leqslant\frac{h^2}{12}\max_{0\leqslant x\leqslant 1}|f''(x)|\leqslant\frac{1}{12}\times\left(\frac{1}{8}\right)^2\times\frac{1}{3}=0.000434$$

由复化辛普森误差公式(4.21)得

$$|R_4(f)|=|I-S_4|\leqslant\frac{1}{180}\times\left(\frac{1}{8}\right)^4\times\frac{1}{5}=0.271\times 10^{-6}$$

【例 4.7】 若用复化梯形公式、复化辛普森公式计算积分

$$I = \int_0^1 e^{-x} dx$$

的近似值,要求计算结果有 4 位有效数字,n 分别应取多大?

解 因为当 $0 \leqslant x \leqslant 1$ 时,有

$$0.3 \leqslant e^{-1} \leqslant e^{-x} \leqslant 1$$

于是

$$0.3 < \int_0^1 e^{-x} dx < 1$$

要求计算结果有 4 位有效数字,即要求误差不超过$\frac{1}{2} \times 10^{-4}$. 又因为

$$|f^{(k)}(x)| = e^{-x} \leqslant 1, x \in [0,1]$$

由式(4.18)得

$$|R_T| = \frac{1}{12}h^2 |f''(\xi)| \leqslant \frac{h^2}{12} \leqslant \frac{1}{2} \times 10^{-4}$$

即 $n \geqslant \frac{1}{6} \times 10^4$,开方得 $n \geqslant 40.8$. 因此若用复化梯形公式求积分,n 应取 41 才能达到精度.

若用复化辛普森公式,由式(4.21)

$$|R_S| = \frac{1}{180}\left(\frac{h}{2}\right)^4 |f^{(4)}(\xi)| \leqslant \frac{h^4}{180 \times 16} = \frac{1}{180 \times 16} \times \left(\frac{1}{n}\right)^4 \leqslant \frac{1}{2} \times 10^{-4}$$

即得 $n \geqslant 1.62$. 故应取 $n = 2$.

4.4.3 复化柯特斯公式

用类似的方法,可得复化柯特斯公式

$$\begin{aligned} C_n &= \sum_{i=0}^{n-1} \frac{h}{90}[7f(x_i) + 32f(x_{i+\frac{1}{4}}) + 12f(x_{i+\frac{1}{2}}) + 32f(x_{i+\frac{3}{4}}) + 7f(x_{i+1})] \\ &= \frac{h}{90}[7f(a) + 32\sum_{i=0}^{n-1} f(x_{i+\frac{1}{4}}) + 12\sum_{i=0}^{n-1} f(x_{i+\frac{1}{2}}) + 32\sum_{i=0}^{n-1} f(x_{i+\frac{3}{4}}) \\ &\quad + 14\sum_{i=1}^{n-1} f(x_i) + 7f(b)] \end{aligned} \tag{4.22}$$

其中

$$x_{i+\frac{1}{4}} = x_i + \frac{1}{4}h, \quad x_{i+\frac{1}{2}} = x_i + \frac{1}{2}h, \quad x_{i+\frac{3}{4}} = x_i + \frac{3}{4}h,$$

$$(i = 0,1,\cdots,n-1), \quad h = \frac{b-a}{n}$$

当 $f(x) \in C^6[a,b]$ 时,可得复化柯特斯公式的余项为

$$R_n(f) = I - C_n = -\frac{2(b-a)}{945}\left(\frac{h}{4}\right)^6 f^{(6)}(\eta),\ \eta \in (a,b) \qquad (4.23)$$

4.5 龙贝格求积公式

4.5.1 梯形公式的递推公式及事后估计法

如前所述,复化求积公式的截断误差随着步长的缩小而减少,而且如果被积函数的高阶导数容易计算和估计时,由给定的精度可以预先确定n,从而确定步长,不过这样做常常是很困难的.实际计算时,我们总是从某个步长出发计算近似值,若精度不够,可将步长逐次分半以提高近似值,直到求得满足精度要求的近似值.

设将区间$[a,b]$分为n等份,共有$n+1$个分点,$a = x_0 < x_1 < \cdots < x_{n-1} < x_n = b$,其中等分点为$x_i = a + ih\ (i = 0,1,\cdots,n)$,步长$h = \dfrac{b-a}{n}$,则相应的复化梯形公式为

$$T_n = \sum_{i=0}^{n-1} \frac{h}{2}[f(x_i) + f(x_{i+1})]$$

在每个子区间$[x_i, x_{i+1}]$上取中点$x_{i+\frac{1}{2}} = \dfrac{1}{2}(x_i + x_{i+1})\ (i = 0,1,\cdots,n-1)$,即:将积分区间$[a,b]$分为$2n$等份,此时步长$h_1 = \dfrac{b-a}{2n} = \dfrac{1}{2}h$,相应的复化梯形公式为

$$\begin{aligned} T_{2n} &= \sum_{i=0}^{n-1}\left\{\frac{h_1}{2}[f(x_i) + f(x_{i+\frac{1}{2}})] + \frac{h_1}{2}[f(x_{i+\frac{1}{2}}) + f(x_{i+1})]\right\} \\ &= \sum_{i=0}^{n-1}\left\{\frac{1}{2}\times\frac{h}{2}[f(x_i) + f(x_{i+1})] + \frac{h}{2}f(x_{i+\frac{1}{2}})\right\} \\ &= \frac{1}{2}\sum_{i=0}^{n-1}\frac{h}{2}[f(x_i) + f(x_{i+1})] + \frac{h}{2}\sum_{i=0}^{n-1}f(x_{i+\frac{1}{2}}) \\ &= \frac{1}{2}T_n + \frac{h}{2}\sum_{i=0}^{n-1}f(x_{i+\frac{1}{2}}) \end{aligned}$$

得复化梯形公式的递推公式

$$T_{2n} = \frac{1}{2}T_n + \frac{h}{2}\sum_{i=0}^{n-1}f(x_{i+\frac{1}{2}}) \qquad (4.24)$$

设$I = \int_a^b f(x)\mathrm{d}x$,则由复化梯形公式的余项得:

$$I - T_n = -\frac{(b-a)}{12}h^2 f''(\eta),\quad \eta \in (a,b) \qquad (4.25)$$

$$I-T_{2n}=-\frac{(b-a)}{12}\left(\frac{h}{2}\right)^2 f''(\eta_1),\quad \eta_1\in(a,b) \tag{4.26}$$

假设

$$f''(\eta)\approx f''(\eta_1) \tag{4.27}$$

则有

$$\frac{I-T_n}{I-T_{2n}}\approx 4 \tag{4.28}$$

解得

$$I-T_{2n}\approx\frac{1}{3}(T_{2n}-T_n) \tag{4.29}$$

对给定的精度 $\varepsilon>0$，由 $|I-T_{2n}|\approx\frac{1}{3}|T_{2n}-T_n|\leqslant\varepsilon$ 知：只要确定

$$|T_{2n}-T_n|\leqslant 3\varepsilon \tag{4.30}$$

就能判断近似值 T_{2n} 是否满足精度要求. 这种利用计算结果估计误差的方法称为事后估计法.

【例 4.8】 利用复化梯形公式的递推公式计算 $I=\int_0^1\frac{\sin x}{x}\mathrm{d}x$ 的近似值，要求误差不超过 $\varepsilon=\frac{1}{2}\times 10^{-7}$.

解 设 $f(x)=\frac{\sin x}{x}$，在[0,1]上用梯形公式.

计算 $f(0)=\lim\limits_{x\to 0^+}\frac{\sin x}{x}=1$，　$f(1)=\sin 1$，这里的 1 是 1rad. 由梯形公式，得

$$T_1=\frac{1}{2}[f(0)+f(1)]=0.9207355$$

将区间[0,1]二等份，分点为 $x=\frac{1}{2}$，$f\left(\frac{1}{2}\right)=0.9588510$，利用递推公式(4.24)，有

$$T_2=\frac{1}{2}T_1+\frac{1}{2}f\left(\frac{1}{2}\right)=0.9397933$$

再二分一次，得两个新分点 $\frac{1}{4}$，$\frac{3}{4}$，计算

$$f\left(\frac{1}{4}\right)=0.9896158,\quad f\left(\frac{3}{4}\right)=0.9088516$$

$$T_4=\frac{1}{2}T_2+\frac{1/2}{2}\left[f\left(\frac{1}{4}\right)+f\left(\frac{3}{4}\right)\right]=0.9445135$$

这样不断二分下去，计算结果见表 4.3 所列.

因为 $|T_{2^{10}}-T_{2^9}|=0.0000001=10^{-7}<3\varepsilon=\frac{3}{2}\times 10^{-7}$，所以 $T_{2^{10}}=0.9460831$

就是满足精度要求的近似值. 与精确值 $I = 0.946083070\cdots$ 对比,$T_{2^{10}}$ 有 7 位有效数字.

表 4.3 计算结果

k	T_{2^k}	k	T_{2^k}
0	0.9207355	6	0.9460769
1	0.9397933	7	0.9460815
2	0.9445135	8	0.9460827
3	0.9456909	9	0.9460830
4	0.9459850	10	0.9460831
5	0.9460596		

4.5.2 龙贝格求积公式

由式(4.29)可知,利用两种步长计算的结果能估计截断误差,若将该截断误差加到计算结果中

$$I \approx T_{2n} + \frac{1}{3}(T_{2n} - T_n)$$

就可得出"改进梯形求积公式"

$$\overline{T} = T_{2n} + \frac{1}{3}(T_{2n} - T_n) = \frac{4}{3}T_{2n} - \frac{1}{3}T_n$$

因为 $T_n = \sum_{i=0}^{n-1} \frac{h}{2}[f(x_i) + f(x_{i+1})]$,$T_{2n} = \frac{1}{2}T_n + \frac{h}{2}\sum_{i=0}^{n-1} f(x_{i+\frac{1}{2}})$,$h = \frac{b-a}{n}$,所以,改进梯形求积公式的右边实际上是

$$\begin{aligned}
\frac{4}{3}T_{2n} - \frac{1}{3}T_n &= \frac{2}{3}T_n + \frac{4h}{6}\sum_{i=0}^{n-1} f(x_{i+\frac{1}{2}}) - \frac{1}{3}T_n \\
&= \frac{1}{3}T_n + \sum_{i=0}^{n-1} \frac{4h}{6} f(x_{i+\frac{1}{2}}) \\
&= \frac{1}{3}\sum_{i=0}^{n-1} \frac{h}{2}[f(x_i) + f(x_{i+1})] + \sum_{i=0}^{n-1} \frac{4h}{6} f(x_{i+\frac{1}{2}}) \\
&= \sum_{i=0}^{n-1} \frac{h}{6}[f(x_i) + 4f(x_{i+\frac{1}{2}}) + f(x_{i+1})] = S_n
\end{aligned}$$

这就是说,用梯形法二分前后的两个积分值 T_n 与 T_{2n} 的线性组合的结果可得到复化辛普森求积公式

$$S_n = \frac{4}{3}T_{2n} - \frac{1}{3}T_n \tag{4.31}$$

类似的情况，用辛普森法二分前后的两个积分值 S_n 与 S_{2n} 的线性组合的结果可得到复化柯特斯求积公式

$$C_n=\frac{16}{15}S_{2n}-\frac{1}{15}S_n=\frac{4^2}{4^2-1}S_{2n}-\frac{1}{4^2-1}S_n \tag{4.32}$$

重复同样的过程，用柯特斯法二分前后的两个积分值 C_n 与 C_{2n} 的线性组合的结果可得到龙贝格(Romberg) 求积公式

$$R_n=\frac{64}{63}C_{2n}-\frac{1}{63}C_n=\frac{4^3}{4^3-1}C_{2n}-\frac{1}{4^3-1}C_n \tag{4.33}$$

我们在变步长的过程中运用加速公式(4.31)、(4.32)、(4.33)，就能将粗糙的梯形值 T_n 逐步加工成精度较高的辛普森值S_n、柯特斯值 C_n 和龙贝格值R_n. 将上述结果综合起来，得

$$\begin{cases} T_1=\dfrac{b-a}{2}[f(a)+f(b)] \\ T_{2n}=\dfrac{1}{2}T_n+\dfrac{h}{2}\displaystyle\sum_{i=0}^{n-1}f(x_{i+\frac{1}{2}}) \\ S_n=\dfrac{4}{3}T_{2n}-\dfrac{1}{3}T_n \\ C_n=\dfrac{16}{15}S_{2n}-\dfrac{1}{15}S_n \\ R_n=\dfrac{64}{63}C_{2n}-\dfrac{1}{63}C_n \end{cases} \tag{4.34}$$

以上公式称为龙贝格求积公式，龙贝格求积公式的计算结果可用表 4.4 来表示.

表 4.4　龙贝格求积公式的计算结果表

k	区间等分数 $n=2^k$	梯形序列 T_{2^k}	辛普森序列 $S_{2^{k-1}}$	柯特斯序列 $C_{2^{k-2}}$	龙贝格序列 $R_{2^{k-3}}$
0	$2^0=1$	T_1			
1	$2^1=2$	T_2	S_1		
2	$2^2=4$	T_4	S_2	C_1	
3	$2^3=8$	T_8	S_4	C_2	R_1
4	$2^4=16$	T_{16}	S_8	C_4	R_2
5	$2^5=32$	T_{32}	S_{16}	C_8	R_4
…	…	…	…	…	…

【例 4.9】　用龙贝格求积公式计算 $I=\int_0^1\frac{\sin x}{x}dx$ 的近似值.

解　由表 4.4，利用龙贝格求积公式(4.34)，得计算结果见表 4.5 所列.

$R_1=0.9460831$ 的每一位都是有效数字，它与用复化梯形公式的递推公式二

分10次，计算 $1+2^{10}=1025$ 个函数值所得的结果一致，因此龙贝格求积公式的效果是十分明显的.

表 4.5 计算结果表

k	T_{2^k}	$S_{2^{k-1}}$	$C_{2^{k-2}}$	$R_{2^{k-3}}$
0	0.9207355			
1	0.9397933	0.9461459		
2	0.9445135	0.9460869	0.9460830	
3	0.9456909	0.9460834	0.9460831	0.9460831

4.5.3 理查森外推加速法

假设用某种数值方法求量 I 的近似值，一般地，近似值是步长 h 的函数，记为 $I_1(h)$，相应的误差为

$$I-I_1(h)=\alpha_1 h^{p_1}+\alpha_2 h^{p_2}+\cdots+\alpha_k h^{p_k}+\cdots \tag{4.35}$$

其中 $\alpha_i(i=1,2,\cdots)$，$0<p_1<p_2<\cdots<p_k<\cdots$ 是与 h 无关的常数. 若用 αh 代替式(4.35)中的 h，则得

$$\begin{aligned} I-I_1(\alpha h)&=\alpha_1(\alpha h)^{p_1}+\alpha_2(\alpha h)^{p_2}+\cdots+\alpha_k(\alpha h)^{p_k}+\cdots \\ &=\alpha_1\alpha^{p_1}h^{p_1}+\alpha_2\alpha^{p_2}h^{p_2}+\cdots+\alpha_k\alpha^{p_k}h^{p_k}+\cdots \end{aligned} \tag{4.36}$$

式(4.36)减去式(4.35)乘以 α^{p_1}，得

$$\begin{aligned} &I-I_1(\alpha h)-\alpha^{p_1}[I-I_1(h)] \\ &=\alpha_2(\alpha^{p_2}-\alpha^{p_1})h^{p_2}+\alpha_3(\alpha^{p_3}-\alpha^{p_1})h^{p_3}+\cdots+\alpha_k(\alpha^{p_k}-\alpha^{p_1})h^{p_k}+\cdots \end{aligned}$$

取 α 满足 $|\alpha|\neq 1$，以 $1-\alpha^{p_1}$ 除上式两端，得

$$I-\frac{I_1(\alpha h)-\alpha^{p_1}I_1(h)}{1-\alpha^{p_1}}=b_2h^{p_2}+b_3h^{p_3}+\cdots+b_kh^{p_k}+\cdots \tag{4.37}$$

其中 $b_i=\dfrac{\alpha_i(\alpha^{p_i}-\alpha^{p_1})}{1-\alpha^{p_1}}(i=2,3,\cdots)$ 仍与 h 无关. 令

$$I_2(h)=\frac{I_1(\alpha h)-\alpha^{p_1}I_1(h)}{1-\alpha^{p_1}}$$

由式(4.37)，以 $I_2(h)$ 作为 I 的近似值，其误差至少为 $O(h^{p_2})$，因此 $I_2(h)$ 收敛于 I 的速度比 $I_1(h)$ 快. 不断重复以上作法，可以得到一个函数序列

$$I_m(h)=\frac{I_{m-1}(\alpha h)-\alpha^{p_{m-1}}I_{m-1}(h)}{1-\alpha^{p_{m-1}}}\quad(m=2,3,\cdots) \tag{4.38}$$

以 $I_m(h)$ 近似 I，误差为 $I-I_m(h)=O(h^{p_m})$. 随着 m 的增大，收敛速度越来越快，这就是理查森(Richardson)外推法.

由前面知道，复化梯形公式的截断误差为 $O(h^2)$. 进一步分析，我们有如下

定理：

定理 4.4 设 $f(x) \in C^{\infty}[a,b]$，则有

$$I - T(h) = \alpha_1 h^2 + \alpha_2 h^4 + \cdots + \alpha_k h^{2k} + \cdots$$

其中系数 $\alpha_k (k = 1,2,\cdots)$ 与 h 无关.

结合理查森外推法，可以得到求积公式的外推算法. 特别地，在外推算法式(4.38)中，取 $\alpha = \dfrac{1}{2}$，$p_k = 2k$，并记 $T_0(h) = T(h)$，则有

$$T_m(h) = \frac{4^m T_{m-1}(\frac{h}{2}) - T_{m-1}(h)}{4^m - 1} \quad (m = 1,2,\cdots) \tag{4.39}$$

经过 $m(m = 1,2,\cdots)$ 次加速后，余项便取下列形式：

$$I - T_m(h) = \delta_1 h^{2(m+1)} + \delta_2 h^{2(m+2)} + \cdots \tag{4.40}$$

上述处理方法通常称为理查森外推加速方法.

以 $T_0^{(k)}$ 表示二分 k 次后求得的梯形值，且以 $T_m^{(k)}$ 表示序列 $\{T_0^{(k)}\}$ 的 m 次加速值，则依以上递推公式可得

$$T_m^{(k)}(h) = \frac{4^m}{4^m - 1} T_{m-1}^{(k+1)} - \frac{1}{4^m - 1} T_{m-1}^{(k)} \quad (k = 1,2,\cdots) \tag{4.41}$$

式(4.41)称为龙贝格求积算法.

4.6 高斯求积公式

4.6.1 一般理论

等距节点的插值型求积公式，虽然计算简单、使用方便，但是这种节点等距的规定却限制了求积公式的代数精度. 试想一下，如果对节点不加限制，并适当选择求积系数，可能会提高求积公式的精度. 高斯型求积公式的思想也正是如此，亦即在节点数 n 固定时，适当地选取节点 $\{x_i\}$ 与求积系数 $\{A_i\}$，使求积分公式具有最高精度.

设有 $n+1$ 个互异节点 $x_0, x_1, \cdots, x_n$ 的机械求积公式

$$\int_a^b \rho(x) f(x) \mathrm{d}x \approx \sum_{i=0}^{n} A_i f(x_i) \tag{4.42}$$

其中 $\rho(x)$ 为区间 $[a,b]$ 上的权函数. 若公式(4.42)具有 m 次代数精度，那么有 $f(x) = x^k \quad (k = 0,1,\cdots,m)$ 时，公式(4.42)精确成立，即

$$\sum_{i=0}^{n} A_i x_i^k = \int_a^b \rho(x) x^k \mathrm{d}x \quad (k = 0,1,\cdots,m) \tag{4.43}$$

式(4.43)构成$m+1$阶的非线性方程组，且具有$2n+2$个未知数x_i、$A_i(i=0,1,\cdots,n)$，所以当$\rho(x)$给定后，只要$m+1\leqslant 2n+2$，即$m\leqslant 2n+1$时，方程组有解.这表明$n+1$个节点的求积公式的代数精度可达到$2n+1$.

另一方面，对公式(4.42)，不管如何选择$\{x_i\}$与$\{A_i\}$，最高精度不可能超过$2n+1$.事实上，对任意的互异节点$x_i(i=0,1,\cdots,n)$，令

$$P_{2n+2}(x)=\omega_{n+1}^2(x)=(x-x_0)^2(x-x_1)^2\cdots(x-x_n)^2$$

有$\sum\limits_{i=0}^{n}A_iP_{2n+2}(x_i)=0$，然而$\int_a^b\rho(x)P_{2n+2}(x)\mathrm{d}x>0$.

所以，公式(4.42)的最高代数精度为$2n+1$.

定义4.5　如果求积分公式(4.42)具有$2n+1$次代数精度，则称这组节点$x_i(i=0,1,\cdots,n)$为高斯点，相应公式(4.42)称为带权$\rho(x)$的高斯求积公式.

【例4.10】　试确定高斯型求积公式

$$\int_0^h f(x)\mathrm{d}x\approx A_0f(x_0)$$

解　令$f(x)=1,x$代入近似求积公式，使公式精确成立，得

$$\begin{cases}h=A_0\\ \dfrac{h^2}{2}=A_0x_0\end{cases}$$

求解得

$$A_0=h,\quad x_0=\frac{h}{2}$$

此时求积公式为

$$\int_0^h f(x)\mathrm{d}x\approx hf\left(\frac{h}{2}\right)$$

令$f(x)=x^2$，代入近似公式得：左边$=\dfrac{1}{3}h^3$，右边$=\dfrac{h^3}{4}$；则：左边$\neq$右边，所以，求积公式具有1次代数精度，是高斯型求积公式($n=0$的情形).

定理4.5　插值型求积公式的节点$a\leqslant x_0<x_1<\cdots<x_n\leqslant b$是高斯点的充分必要条件是以这些节点为零点的多项式

$$\omega_{n+1}(x)=(x-x_0)(x-x_1)\cdots(x-x_n)$$

与任何次数不超过n次的多项式$P(x)$带权正交，即

$$\int_a^b\rho(x)P(x)\omega_{n+1}(x)\mathrm{d}x=0\tag{4.44}$$

证明　必要性.设$P(x)\in H_n$，则$P(x)\omega_{n+1}(x)\in H_{2n+1}$，因此，如果$x_0,x_1,\cdots,x_n$是高斯点，则公式(4.42)对$f(x)=P(x)\omega_{n+1}(x)$精确成立，即有

$$\int_a^b \rho(x)P(x)\omega_{n+1}(x)\mathrm{d}x = \sum_{i=0}^{n} A_i P(x_i)\omega_{n+1}(x_i) = 0$$

故式(4.44)成立.

再证充分性.对于任意 $f(x) \in H_{2n+1}$,用 $\omega_{n+1}(x)$ 除 $f(x)$,记商为 $P(x)$,余式为 $q(x)$,即 $f(x) = P(x)\omega_{n+1}(x) + q(x)$,其中 $P(x),q(x) \in H_n$,由式(4.44)可得

$$\int_a^b \rho(x)f(x)\mathrm{d}x = \int_a^b \rho(x)q(x)\mathrm{d}x \tag{4.45}$$

由于所给求积公式(4.42)是插值型的,它对于 $q(x) \in H_n$ 是精确成立的,即

$$\int_a^b \rho(x)q(x)\mathrm{d}x = \sum_{i=0}^{n} A_i q(x_i)$$

再注意到 $\omega_{n+1}(x_i) = 0(i = 0,1,\cdots,n)$,知 $q(x_i) = f(x_i)(i = 0,1,\cdots,n)$,从而由式(4.45)有

$$\begin{aligned}\int_a^b \rho(x)f(x)\mathrm{d}x &= \int_a^b \rho(x)q(x)\mathrm{d}x \\ &= \sum_{i=0}^{n} A_i q(x_i) = \sum_{i=0}^{n} A_i f(x_i)\end{aligned}$$

可见求积公式(4.42)对一切次数不超过 $2n+1$ 的多项式精确成立,因此 $x_i(i = 0,1,\cdots,n)$ 为高斯点.

定理4.5表明在$[a,b]$上关于权$\rho(x)$的正交多项式系中的$n+1$次多项式的零点就是求积公式(4.42)的高斯点.因此,求高斯点等价于求$[a,b]$上关于权函数$\rho(x)$的$n+1$次正交多项式的$n+1$个零点.有了求积节点 $x_i(i = 0,1,\cdots,n)$后,可按如下方式确定求积系数

$$\int_a^b \rho(x)l_i(x)\mathrm{d}x = \sum_{j=0}^{n} A_j l_i(x_j) = A_i$$

其中 $l_i(x) = \prod\limits_{\substack{j=0\\ j\neq i}}^{n} \dfrac{x - x_j}{x_i - x_j}$.

下面讨论高斯求积公式的余项.设在节点 $x_i(i = 0,1,\cdots,n)$ 上 $f(x)$ 的 $2n+1$ 次埃尔米特插值多项式为 $H_{2n+1}(x)$,即

$$H_{2n+1}(x) = \sum_{i=0}^{n} [y_i\alpha_i(x) + m_i\beta_i(x)]$$

由埃尔米特余项公式

$$f(x) - H_{2n+1}(x) = \frac{f^{(2n+2)}(\xi)}{(2n+2)!}\omega_{n+1}^2(x)$$

有

$$R_n(f) = \int_a^b \rho(x)f(x)\mathrm{d}x - \sum_{i=0}^{n} A_i f(x_i)$$

$$
\begin{aligned}
&= \int_a^b \rho(x) f(x) \mathrm{d}x - \sum_{i=0}^{n} A_i H_{2n+1}(x_i) \\
&= \int_a^b \rho(x) f(x) \mathrm{d}x - \int_a^b \rho(x) H_{2n+1}(x) \mathrm{d}x \\
&= \int_a^b \rho(x) [f(x) - H_{2n+1}(x)] \mathrm{d}x \\
&= \int_a^b \rho(x) \frac{f^{(2n+2)}(\xi)}{(2n+2)!} \omega_{n+1}^2(x) \mathrm{d}x
\end{aligned}
$$

因为 $\omega_{n+1}^2(x)\rho(x) \geqslant 0$,故由积分中值定理得余项为

$$
R_n[f] = \frac{f^{(2n+2)}(\eta)}{(2n+2)!} \int_a^b \omega_{n+1}^2(x) \rho(x) \mathrm{d}x \tag{4.46}
$$

定理 4.6　高斯求积公式的求积系数 $A_i(i = 0,1,\cdots,n)$ 全是正的.

证明　由于拥有高斯点 $x_i(i = 0,1,\cdots,n)$ 的高斯求积公式具有 $2n+1$ 次代数精度,所以对多项式 $l_i^2(x) = (\prod\limits_{\substack{j=0 \\ j\neq i}}^{n} \frac{x - x_j}{x_i - x_j})^2 \quad (i = 0,1,\cdots,n)$,公式准确成立,即

$$
\int_a^b \rho(x) l_i^2(x) \mathrm{d}x = \sum_{j=0}^{n} A_j l_i^2(x_j) = A_i > 0 \quad (i = 0,1,\cdots,n)
$$

推论　高斯求积公式是稳定的.

定理 4.7　设 $f(x) \in C[a,b]$,则高斯求积公式是收敛的,即

$$
\lim_{n\to\infty} \sum_{i=0}^{n} A_i f(x_i) = \int_a^b \rho(x) f(x) \mathrm{d}x
$$

4.6.2　高斯-勒让德求积公式

在高斯求积公式(4.42)中,取权函数 $\rho(x) = 1$,区间为$[-1,1]$,节点 $x_i(i = 0,1,\cdots,n)$ 取勒让德(Legendre)多项式

$$
P_{n+1}(x) = \frac{1}{2^{n+1}(n+1)!} \frac{\mathrm{d}^{n+1}}{\mathrm{d}x^{n+1}}[(x^2-1)^{n+1}]
$$

的零点,则求积公式

$$
\int_{-1}^{1} f(x) \mathrm{d}x \approx \sum_{i=0}^{n} A_i f(x_i) \tag{4.47}
$$

称为高斯-勒让德(Gauss - Legendre)求积公式,其系数

$$
A_i = \int_{-1}^{1} l_i^2(x) \mathrm{d}x, l_i(x) = \frac{\widetilde{P}_{n+1}(x)}{(x - x_i)\widetilde{P}'_{n+1}(x_i)}
$$

这里 $\widetilde{P}_{n+1}(x)$ 是最高项系数为 1 的勒让德多项式.

当 $n=1$ 时,两个节点的高斯-勒让德求积公式为

$$\int_{-1}^{1} f(x)\mathrm{d}x \approx f\left(-\frac{1}{\sqrt{3}}\right)+f\left(\frac{1}{\sqrt{3}}\right)$$

一般地,高斯-勒让德求积公式(4.47)的节点和系数如表 4.6 所示.

表 4.6　高斯-勒让德求积公式的节点和系数表

n	x_i	A_i
0	$x_0=0.0000000$	$A_0=2.0000000$
1	$x_0=-0.5773503, x_1=0.5773503$	$A_0=1.0000000, A_1=1.0000000$
2	$x_0=-0.7745967$ $x_1=0.0000000, x_2=0.7745967$	$A_0=0.5555556$ $A_1=0.8888889, A_2=0.5555556$
3	$x_0=-0.8611363, x_1=-0.3399810$ $x_2=0.3399810, x_3=0.8611363$	$A_0=0.3478548, A_1=0.6521452$ $A_2=0.6521452, A_3=0.3478548$

【例 4.11】　用两个节点的高斯-勒让德求积公式计算积分

$$\int_{-1}^{1} \sqrt{x+1.5}\,\mathrm{d}x$$

解　取 $\frac{1}{\sqrt{3}} \approx 0.5774$

$$\int_{-1}^{1} f(x)\mathrm{d}x \approx f(-\frac{1}{\sqrt{3}})+f(\frac{1}{\sqrt{3}})$$

$$\int_{-1}^{1} \sqrt{x+1.5}\,\mathrm{d}x \approx \sqrt{-0.5774+1.5}+\sqrt{0.5774+1.5}$$

$$=0.9605+1.4413=2.4018$$

由 $n=1$ 知公式具有 3 次代数精度.

高斯-勒让德求积公式的余项可由式(4.46)得到

$$R_n[f]=\frac{f^{(2n+2)}(\eta)}{(2n+2)!}\int_{-1}^{1} \widetilde{P}_{n+1}^{2}(x)\mathrm{d}x$$

$$=\frac{2^{n+3}[(n+1)!]^4}{(2n+3)[(2n+2)!]^3} f^{(2n+2)}(\eta), \eta \in(-1,1) \tag{4.48}$$

当积分区间不是$[-1,1]$,而是一般的区间$[a,b]$时,只要作变换

$$x=\frac{b-a}{2}t+\frac{a+b}{2}$$

可将$[a,b]$化为$[-1,1]$,这时

$$\int_{a}^{b} f(x)\mathrm{d}x=\frac{b-a}{2}\int_{-1}^{1} f\left(\frac{b-a}{2}t+\frac{a+b}{2}\right)\mathrm{d}t$$

【例 4.12】　利用两点高斯-勒让德公式计算 $I=\int_{0}^{\frac{\pi}{2}} \sin x\mathrm{d}x$.

解 首先令 $x = \frac{\pi}{4}t + \frac{\pi}{4}$，按高斯-勒让德公式，有

$$\begin{aligned}I &= \int_{-1}^{1} \frac{\pi}{4}\sin\left(\frac{t+1}{4}\pi\right)\mathrm{d}t \\ &\approx \frac{\pi}{4}\left[1 \cdot \sin\left(\frac{0.57735+1}{4}\pi\right) + 1 \cdot \sin\left(\frac{-0.57735+1}{4}\pi\right)\right] \\ &\approx 0.99848\end{aligned}$$

4.6.3 高斯-切比雪夫求积公式

若取权函数为 $\rho(x) = \frac{1}{\sqrt{1-x^2}}$，区间为 $[-1,1]$，节点 $x_i (i = 0,1,\cdots,n)$ 取切比雪夫多项式 $T_{n+1}(x)$ 的零点，即

$$x_i = \cos\left[\frac{2i+1}{2(n+1)}\pi\right](i = 0,1,\cdots,n)$$

则

$$\int_{-1}^{1} \frac{f(x)}{\sqrt{1-x^2}}\mathrm{d}x \approx \sum_{i=0}^{n} A_i f(x_i)$$

称为高斯-切比雪夫（Gauss - Chebyshev）求积公式，经计算，其系数 $A_i = \frac{\pi}{n+1}$ $(i = 0,1,\cdots,n)$，于是得到

$$\int_{-1}^{1} \frac{f(x)}{\sqrt{1-x^2}}\mathrm{d}x \approx \frac{\pi}{n+1}\sum_{i=0}^{n} f\left[\cos\frac{2i+1}{2(n+1)}\pi\right] \tag{4.49}$$

公式的余项为

$$R_n(f) = \frac{2\pi}{2^{2(n+1)}(2n+2)!}f^{(2n+2)}(\eta), \eta \in (-1,1) \tag{4.50}$$

4.7 数值微分

在微积分学里，求函数 $f(x)$ 的导数 $f'(x)$ 一般是很容易的，但若所给函数 $f(x)$ 由表格给出，则求 $f'(x)$ 就不那么容易了，这种对列表函数求导数通常需要用到数值微分.

4.7.1 利用差商求导数

因为 $f'(a) = \lim\limits_{h \to 0}\frac{f(a+h)-f(a)}{h}$，所以若精度要求不高，可以简单地取差商

作为导数的近似值：

① 向前差商

$$f'(a) \approx \frac{f(a+h)-f(a)}{h} \tag{4.51}$$

② 向后差商

$$f'(a) \approx \frac{f(a)-f(a-h)}{h} \tag{4.52}$$

③ 中心差商

$$f'(a) \approx \frac{f(a+h)-f(a-h)}{2h} \tag{4.53}$$

在几何上(见图 4.4)，这三种差商分别表示弦 AC、AB 和 BC 的斜率，将这三条弦同过 A 点的切线 AT 相比较，可以看出，BC 的斜率更接近于切线 AT 的斜率 $f'(a)$，因此就精度而言，式(4.53)更为可取，称

$$G(h) = \frac{f(a+h)-f(a-h)}{2h} \tag{4.54}$$

为求 $f'(a)$ 的中点公式.

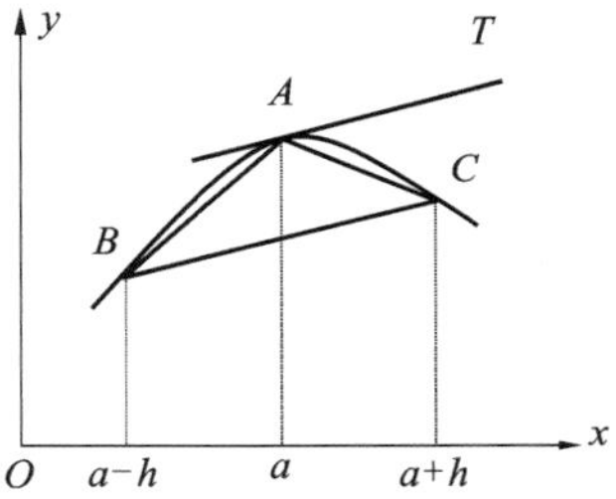

图 4.4 用差商近似导数

【例 4.13】 已知列表函数如表 4.7 所列.

表 4.7 列表函数

x	0.2	0.6	0.8	1.2	1.4	1.8
y	1.221403	1.822119	2.225541	3.320117	4.055200	6.049647

试计算 $y'(1)$ 的近似值.

解 按中点公式，取 $h=0.4$ 和 0.2，算得

$$y'(1) \approx G(0.4) = \frac{4.055200-1.822119}{2\times 0.4} = 2.791351$$

$$y'(1) \approx G(0.2) = \frac{3.320117-2.225541}{2\times 0.2} = 2.736440$$

现在考察式(4.54)计算导数 $f'(a)$ 近似值所产生的截断误差，首先分别将 $f(a\pm h)$ 在 a 处作泰勒展开，有

$$f(a-h) = f(a) - hf'(a) + \frac{h^2}{2!}f''(a) - \frac{h^3}{3!}f'''(a) + \frac{h^4}{4!}f^{(4)}(a) - \frac{h^5}{5!}f^{(5)}(a) + \cdots$$

$$f(a+h) = f(a) + hf'(a) + \frac{h^2}{2!}f''(a) + \frac{h^3}{3!}f'''(a) + \frac{h^4}{4!}f^{(4)}(a) + \frac{h^5}{5!}f^{(5)}(a) + \cdots$$

代入式(4.54)得

$$G(h) = f'(a) + \frac{h^2}{3!}f'''(a) + \frac{h^4}{5!}f^{(5)}(a) + \cdots \tag{4.55}$$

从截断误差的角度来看，步长 h 越小，计算结果越精确；但从舍入误差的角度

来看，步长 h 很小时，由于 $f(a+h)$ 与 $f(a-h)$ 很接近，直接相减会造成有效数字的损失，因此步长 h 又不宜太小. 在实际计算中，在保证截断误差满足精度要求的前提下，应选取尽可能大的步长.

【例 4.14】 用中心差商公式，计算 $f(x)=\sqrt{x}$ 在 $x=2$ 处的一阶导数的近似值. 取 $h=0.5, 0.05, 0.005, 0.0005, 0.00005$，观测计算结果，解释所发生的现象. 然后设计高精度的算法，并重新计算.

解 由中心差商公式(4.53)，函数 $f(x)=\sqrt{x}$ 在 $x=2$ 处的一阶导数近似计算公式为

$$f'(2)\approx\frac{\sqrt{2+h}-\sqrt{2-h}}{2h}$$

给定 $h=0.5, 0.05, 0.005, 0.0005, 0.00005$，$\dfrac{\sqrt{2+h}-\sqrt{2-h}}{2h}$ 取6位有效数字的近似值分别是 0.356400，0.353600，0.345000，0.350000，0.300000，而 $f'(2)$ 取6位有效数字的近似值是 0.353553，由此上述近似值的绝对误差分别为：0.002847，0.000047，0.000447，0.003553，0.053553. 可见，当 $h<0.05$ 时，通过中心差商公式，计算的近似值反而降低了精度. 这是由于分子中两个相减的数随 h 减少却愈加接近，导致有效数字的丢失而产生的结果.

为此，把中心差商公式改写为

$$f'(2)\approx\frac{1}{\sqrt{2+h}+\sqrt{2-h}}$$

则 $\dfrac{1}{\sqrt{2+h}+\sqrt{2-h}}$ 取6位有效数字的近似值分别是：0.356394，0.353582，0.353554，0.353553，0.353553，由此上述近似值的绝对误差分别为：0.002864，0.000029，0.0000001，0.000000，0.000000. 此时，当 h 越小，计算的结果精度越高.

4.7.2 利用插值多项式求导数

设已知数据 $(x_i, y_i)(i=0,1,\cdots,n)$，记 $\min\limits_{0\leqslant i\leqslant n}\{x_0, x_1, \cdots, x_n\}=a$，$\max\limits_{0\leqslant i\leqslant n}\{x_0, x_1, \cdots, x_n\}=b$，$y_i=f(x_i)\ (i=0,1,\cdots,n)$，则 $f(x)$ 的 n 次插值多项式为

$$L_n(x)=\sum_{i=0}^{n}y_i l_i(x)$$

其中 $l_i(x)=\dfrac{\omega_{n+1}(x)}{(x-x_i)\omega'_{n+1}(x_i)}$，$\omega_{n+1}(x)=(x-x_0)(x-x_1)\cdots(x-x_n)$，误差为

$$R(x)=f(x)-L_n(x)=\frac{f^{(n+1)}(\xi)}{(n+1)!}\omega_{n+1}(x),\quad \xi\in(a,b)$$

故

$$f'(x)-L_n'(x)=\frac{f^{(n+1)}(\xi)}{(n+1)!}\omega_{n+1}'(x)+\frac{\omega_{n+1}(x)}{(n+1)!}\left[\frac{\mathrm{d}}{\mathrm{d}x}f^{(n+1)}(\xi)\right]$$

因为 ξ 是 x 的未知函数，所以无法对上式右端的第二项作出判断，故对于任意给定的点 x，误差 $f'(x)-L_n'(x)$ 是无法预估的. 但是，如果只是求某个节点 $x_i\ (i=0,1,\cdots,n)$ 上的导数值，这时有

$$f'(x_i)-L_n'(x_i)=\frac{f^{(n+1)}(\xi)}{(n+1)!}\omega_{n+1}'(x_i) \tag{4.56}$$

以 $n=2$ 为例，已知 $x_0,x_1=x_0+h,x_2=x_0+2h,f(x_0),f(x_1),f(x_2)$，满足上述插值条件的二次多项式为 $L_2(x)$，求导并代入节点，可得三点求导公式：

$$\begin{cases}f'(x_0)\approx L_2'(x_0)=\dfrac{1}{2h}[-3f(x_0)+4f(x_1)-f(x_2)]\\[2ex] f'(x_1)\approx L_2'(x_1)=\dfrac{1}{2h}[-f(x_0)+f(x_2)]\\[2ex] f'(x_2)\approx L_2'(x_2)=\dfrac{1}{2h}[f(x_0)-4f(x_1)+3f(x_2)]\end{cases} \tag{4.57}$$

带余项的三点求导公式为

$$\begin{cases}f'(x_0)=\dfrac{1}{2h}[-3f(x_0)+4f(x_1)-f(x_2)]+\dfrac{h^2}{3}f'''(\xi)\\[2ex] f'(x_1)=\dfrac{1}{2h}[-f(x_0)+f(x_2)]-\dfrac{h^2}{6}f'''(\xi)\\[2ex] f'(x_2)=\dfrac{1}{2h}[f(x_0)-4f(x_1)+3f(x_2)]+\dfrac{h^2}{3}f'''(\xi)\end{cases} \tag{4.58}$$

带余项的二阶三点公式为

$$f''(x_1)=\frac{1}{h^2}[f(x_0)-2f(x_1)+f(x_2)]-\frac{h^2}{12}f^{(4)}(\xi) \tag{4.59}$$

4.7.3 用三次样条函数求导数

对于区间 $[a,b]$ 上的 $n+1$ 个节点 $a=x_0<x_1<\cdots<x_n=b$，记 $h=\max\limits_{0\leqslant i\leqslant n-1}(x_{i+1}-x_i)$.

若 $f(x)\in C^4[a,b]$，$S(x)$ 是 $f(x)$ 的满足插值条件及第一类或第二类边界条件的三次样条函数，由第 2 章定理 2.8，有 $\lim\limits_{h\to 0}S^{(k)}(x)=f^{(k)}(x)\ (k=0,1,2)$.

于是可用三次样条函数 $S(x)$ 的导数来近似 $f(x)$ 相应的导数，并能保证所需的精度.

小　结　4

本章介绍了计算数值积分和数值微分的方法. 计算数值积分的求积公式，主要是确定求积节点和求积系数，使其代数精度尽可能高. 具体情形分为两种情况.

第一种情况是积分节点事先给定，那么其求积系数可由对应节点上的插值多项式确定，这些求积公式一般称为插值型求积公式. 如果采用等距节点，得出的就是牛顿-柯特斯求积公式. 低阶的有梯形公式、辛普森公式和柯特斯公式. 这些求积公式的精度不高，改善的方法是复化求积法，即将区间分割为若干个小区间，每个小区间上使用低阶求积公式，得到复化求积公式. 进一步改善的方法还有外推法，如著名的龙贝格求积公式，由于龙贝格求积公式计算程序简单，精度较高，是一个在计算机上求积分的有效算法.

第二种情况是积分节点不加限定，而是可灵活选取，则可找出具有最高代数精度的求积公式，这类公式称为高斯求积公式. 高斯求积公式中的求积节点为对应正交多项式的零点，需要查表给出或事先求出. 高斯求积公式的求积系数的确定和插值型求积公式一样，但一般是事先求出.

数值微分主要用两点和三点公式，由于计算的不稳定性，步长选取是很重要的.

习　题　4

1. 确定下列求积公式中的待定系数，使其具有尽可能高的代数精度，并确定其代数精度：

(1) $\int_{-1}^{1} f(x)\mathrm{d}x \approx A_1 f(-\frac{1}{2}) + A_2 f(0) + A_3 f(\frac{1}{2})$

(2) $\int_{0}^{2h} f(x)\mathrm{d}x \approx A_0 f(0) + A_1 f(h) + A_2 f(2h)$

(3) $\int_{a}^{b} f(x)\mathrm{d}x \approx A_1 f(a) + A_2 f(b) + A_3 f'(a)$

(4) $\int_{0}^{h} f(x)\mathrm{d}x \approx A_0 f(0) + B_0 f'(0) + A_1 f(h) + B_1 f'(h)$

2. 确定下列求积公式中的待定系数，使其具有 3 阶代数精度：

$$\int_{0}^{3h} f(x)\mathrm{d}x \approx A_1 f(0) + A_2 f(h) + A_3 f(2h) + A_4 f(3h)$$

3. 确定下列求积公式中的待定系数，使其具有 4 阶代数精度：

$$\int_{-1}^{1} f(x)\mathrm{d}x \approx A_1 f(-1) + A_2 f(0) + A_3 f(1) + A_4 f'(-1) + A_5 f'(1)$$

4. 计算积分$\int_0^1 e^x dx$，若用复化梯形公式，问区间应分为多少等份，才能保证计算结果有5位有效数字？

5. 利用9节点复化梯形公式、复化辛普森公式，取6位以上小数计算下列积分：

(1)$\int_0^{\frac{\pi}{2}} \frac{\sin x}{x} dx$　　(2)$\int_0^1 \frac{\ln(1+x)}{1+x^2} dx$

(3)$\int_0^1 \frac{1}{x}\ln(1+x) dx$　　(4)$\int_0^1 \frac{dx}{1+x}$.

6. 将区间[0,1]10等份，用复化梯形、复化辛普森公式计算积分：

$$I = \int_0^1 (1-e^{-x})^{\frac{1}{2}} dx$$

7. 用复化辛普森公式计算$\int_0^{0.8} f(x)dx$的近似值. $f(x)$的数据如表4.8所列：

表 4.8　$f(x)$ 的数据

x	0	0.1	0.2	0.3	0.4	0.5	0.6	0.7	0.8
$f(x)$	0.12	0.39	0.25	0.27	0.35	0.32	0.26	0.18	0.15

8. 取$n=6$，用复化梯形公式计算下列函数在区间[0,0.6]上的弧长(弧长 $=\int_a^b \sqrt{1+(f'(x))^2} dx$)：

(1)$f(x) = x^2 - x^3$

(2)$f(x) = x\sin x$

9. 取$n=6$，在区间[0,0.6]上，用复化辛普森公式计算下列曲线绕x轴旋转所得曲面的面积(面积 $=\int_a^b f(x)\sqrt{1+(f'(x))^2} dx$)：

(1)$f(x) = \sin x$

(2)$f(x) = 1 + x^2$

(3)$f(x) = x^2 - x^3$

(4)$f(x) = x^2 \sin x$

10. 用复化梯形公式的递推公式求解第5题，并估计误差.

11. 用龙贝格积分法求解第5题.

12. 用近似公式$T(h)$计算I，有如下误差估计公式

$$I = T(h) + 2h^2 f''(x_0) + 6h^4 f^{(4)}(x_0) + 12h^6 f^{(6)}(\xi)$$

试用理查森外推原理对该公式进行加速.

13. 利用4节点($n=3$)的高斯型求积公式求解第5题.

14. 确定下列求积公式的系数，使其具有尽可能高的代数精度：

(1)$\int_{-1}^1 x^2 f(x) dx \approx A_0 f(x_0)$ 或 $A_1 f(x_1) + A_2 f(x_2)$；

(2) $\int_0^1 \sqrt{x} f(x)\mathrm{d}x \approx A_0 f(x_0)$ 或 $A_1 f(x_1) + A_2 f(x_2)$.

15. 三次勒让德多项式的根 $x_1 = -\sqrt{3/5}, x_2 = 0, x_3 = \sqrt{3/5}$，确定常数 a_1, a_2, a_3，使得以下近似积分公式的代数精度尽可能高：

$$\int_{-1}^{1} f(x)\mathrm{d}x = a_1 f(x_1) + a_2 f(x_2) + a_3 f(x_3)$$

16. 求三个互异节点 x_0, x_1, x_2 使求积公式

$$\int_{-1}^{1} f(x)\mathrm{d}x \approx c[f(x_0) + f(x_1) + f(x_2)]$$

具有3阶代数精度.

17. 给定表4.9所列的数据：

表4.9　已知函数数据

x	0.01	0.02	0.03	0.04
$f(x)$	0.021	0.024	0.016	0.012

分别用向前差商公式、向后差商公式和中心差商公式计算 $f'(0.02)$ 的近似值.

18. 设 $f(x) = x^3$，对 $h = 0.1$ 和 $h = 0.01$，用中心差商公式计算 $f'(2)$ 的近似值.

第5章　线性方程组的直接解法

线性方程组的求解问题是科学研究和工程计算中最常见的问题.如结构分析、网络分析、大地测量、最优化及非线性方程组和微分方程组数值解等,都常遇到线性方程组的求解问题.在很多被广泛应用的求解数学问题的数值方法中,如三次样条、最小二乘法、微分方程边值问题的差分法与有限元法等等也都涉及线性方程组的求解.因此,线性方程组的解法在数值计算中占有极其重要的地位.

5.1　问题的提出

成书于东汉的中国古代数学文献《九章算术》,其中第八章“方程”主要介绍用一次方程组求解实际问题.里面有一题如下:

“今有上禾三秉,中禾二秉,下禾一秉,实三十九斗;上禾二秉,中禾三秉,下禾一秉,实三十四斗;上禾一秉,中禾二秉,下禾三秉,实二十六斗;问上、中、下禾实一秉各几何?”

按照现代数学的表述,设上、中、下禾实一秉分别为 x,y,z.列出线性方程组

$$\begin{cases}3x+2y+z=39\\2x+3y+z=34\\x+2y+3z=26\end{cases}$$

《九章算术》采用分离系数的方法表示线性方程组,相当于线性代数里列出线性方程组的系数矩阵与增广矩阵.该书解线性方程组时使用的直除法,与矩阵的初等变换一致.这是世界上最早的完整的线性方程组解法,相当于我们要介绍的高斯消去法.

在本章,我们要学习的是线性方程组的直接解法,即讨论 n 个变量 n 个线性方程的方程组的求解问题,其表达式为

$$\begin{cases}a_{11}x_1+a_{12}x_2+\cdots+a_{1n}x_n=b_1\\a_{21}x_1+a_{22}x_2+\cdots+a_{2n}x_n=b_2\\\quad\cdots\cdots\\a_{n1}x_1+a_{n2}x_2+\cdots+a_{nn}x_n=b_n\end{cases}\tag{5.1}$$

通常用矩阵和向量表示,上述方程组可写为

$$\boldsymbol{Ax} = \boldsymbol{b}$$

其中

$$\boldsymbol{A} = \begin{pmatrix} a_{11} & a_{12} & \cdots & a_{1n} \\ a_{21} & a_{22} & \cdots & a_{2n} \\ \vdots & \vdots & & \vdots \\ a_{n1} & a_{n2} & \cdots & a_{nn} \end{pmatrix}, \quad \boldsymbol{x} = \begin{pmatrix} x_1 \\ x_2 \\ \vdots \\ x_n \end{pmatrix}, \quad \boldsymbol{b} = \begin{pmatrix} b_1 \\ b_2 \\ \vdots \\ b_n \end{pmatrix} \tag{5.2}$$

并记$\boldsymbol{A} \in R^{n\times n}$，$\boldsymbol{x}$、$\boldsymbol{b} \in R^n$，分别表示$\boldsymbol{A}$为$n \times n$阶实矩阵，$\boldsymbol{x}$、$\boldsymbol{b}$为$n$维实向量. 根据线性代数知识可知，当$\boldsymbol{A}$非奇异，即$\det(\boldsymbol{A}) \neq 0$时，线性方程组有唯一解，并可用克莱姆法则将解用公式表示出来. 但是用克莱姆法则运算量太大，不适合用于实际求解.

线性方程组的系数矩阵大致分为两类：

① 低阶稠密矩阵：阶数不超过150；

② 大型稀疏矩阵：阶数高且零元素比较多.

针对这两类矩阵我们提出了两种求解线性方程组的方法：

① 直接法：主要针对系数矩阵为低阶稠密矩阵的线性方程组以及某些大型稀疏矩阵的方程组；

② 迭代法：主要针对解大型稀疏矩阵的线性方程组.

本章将要讨论的直接法是将线性方程组转化为三角方程组，再通过回代求三角方程组的解. 理论上，直接法可在有限步内求得方程组的精确解，但由于数值运算有舍入误差，因此实际在计算机上求得的数值解仍是近似解，仍要对它进行误差分析. 求解线性方程组的另一类方法是迭代法，将在下一章讨论.

5.2 高斯消去法

5.2.1 三角方程组的解法

形如

$$\begin{cases} a_{11}x_1 + a_{12}x_2 + \cdots + a_{1,n-1}x_{n-1} + a_{1n}x_n = b_1 \\ \qquad a_{22}x_2 + \cdots + a_{2,n-1}x_{n-1} + a_{2n}x_n = b_2 \\ \qquad\qquad \cdots\cdots \\ \qquad\qquad a_{n-1,n-1}x_{n-1} + a_{n-1,n}x_n = b_{n-1} \\ \qquad\qquad\qquad a_{nn}x_n = b_n \end{cases} \tag{5.3}$$

的方程组称为**上三角方程组**. 矩阵形式为$\boldsymbol{Ax} = \boldsymbol{b}$. 若$\det(\boldsymbol{A}) \neq 0$，则式(5.3)有唯一

解

$$\begin{cases} x_n = b_n / a_{nn} \\ x_k = (b_k - \sum\limits_{j=k+1}^{n} a_{kj} x_j) / a_{kk} \end{cases} \quad (k = n-1, n-2, \cdots, 1) \tag{5.4}$$

它称为求解上三角方程组(5.3)的**回代过程**.这类方程组的求解很方便,所以对一般的线性方程组,应设法将其化为式(5.3)的形式,然后再求解.

5.2.2 高斯消去法原理

1. 高斯顺序消去法

设有线性方程组 $\boldsymbol{Ax} = \boldsymbol{b}$,将其化为等价的三角方程组的方法有很多,由此导出不同的直接方法,其中高斯(Gauss)消去法是最基本的一种方法.高斯消去法分为消元过程和回代过程.为后面的符号统一起见,记方程组(5.1)为 $\boldsymbol{A}^{(1)}\boldsymbol{x} = \boldsymbol{b}^{(1)}$,其中 $\boldsymbol{A}^{(1)} = (a_{ij}^{(1)}) = \boldsymbol{A}, \boldsymbol{b}^{(1)} = \boldsymbol{b}$.

(1) 消元过程

第一步:就是要将 $\boldsymbol{A}^{(1)}$ 的第一列主对角元以下的元素全化为 0. 设 $a_{11}^{(1)} \neq 0$,计算

$$m_{i1} = \frac{a_{i1}^{(1)}}{a_{11}^{(1)}} \quad (i = 2, 3, \cdots, n)$$

用$(-m_{i1})$乘方程组(5.1)的第 1 个方程加到第 i 个方程上,完成第一步消元,得方程组(5.1)的同解方程组

$$\begin{cases} a_{11}^{(1)} x_1 + a_{12}^{(1)} x_2 + \cdots + a_{1n}^{(1)} x_n = b_1^{(1)} \\ \qquad a_{22}^{(2)} x_2 + \cdots + a_{2n}^{(2)} x_n = b_2^{(2)} \\ \qquad \cdots\cdots \\ \qquad a_{n2}^{(2)} x_2 + \cdots + a_{nn}^{(2)} x_n = b_n^{(2)} \end{cases} \tag{5.5}$$

简记为 $\boldsymbol{A}^{(2)}\boldsymbol{x} = \boldsymbol{b}^{(2)}$,其中 $\boldsymbol{A}^{(2)}, \boldsymbol{b}^{(2)}$ 的元素的计算公式为

$$\begin{cases} a_{ij}^{(2)} = a_{ij}^{(1)} - m_{i1} a_{1j}^{(1)} \\ b_i^{(2)} = b_i^{(1)} - m_{i1} b_1^{(1)} \end{cases} \quad (i, j = 2, 3, \cdots, n)$$

假设前 $k-1$ 步消元完成后,得方程组(5.1)的同解方程组为

$$\begin{cases} a_{11}^{(1)} x_1 + a_{12}^{(1)} x_2 + \cdots + a_{1k}^{(1)} x_k + \cdots + a_{1n}^{(1)} x_n = b_1^{(1)} \\ \qquad a_{22}^{(2)} x_2 + \cdots + a_{2k}^{(2)} x_k + \cdots + a_{2n}^{(2)} x_n = b_2^{(2)} \\ \qquad \cdots\cdots \\ \qquad a_{kk}^{(k)} x_k + \cdots + a_{kn}^{(k)} x_n = b_k^{(k)} \\ \qquad \cdots\cdots \\ \qquad a_{nk}^{(k)} x_k + \cdots + a_{nn}^{(k)} x_n = b_n^{(k)} \end{cases} \tag{5.6}$$

简记为 $\boldsymbol{A}^{(k)}\boldsymbol{x}=\boldsymbol{b}^{(k)}$.

第 k 步:就是要将 $\boldsymbol{A}^{(k)}$ 的第 k 列主对角元以下的元素全化为0.设 $a_{kk}^{(k)}\neq 0$,计算

$$m_{ik}=\frac{a_{ik}^{(k)}}{a_{kk}^{(k)}}\quad(i=k+1,k+2,\cdots,n)$$

用 $(-m_{ik})$ 乘方程组(5.6)的第 k 个方程加到第 i 个 $(i=k+1,k+2,\cdots,n)$ 方程上,完成第 k 步消元,得同解方程组

$$\boldsymbol{A}^{(k+1)}\boldsymbol{x}=\boldsymbol{b}^{(k+1)}$$

其中 $\boldsymbol{A}^{(k+1)},\boldsymbol{b}^{(k+1)}$ 元素的计算公式为

$$\begin{cases}a_{ij}^{(k+1)}=a_{ij}^{(k)}-m_{ik}a_{kj}^{(k)}\\ b_i^{(k+1)}=b_i^{(k)}-m_{ik}b_k^{(k)}\end{cases}\quad(i,j=k+1,k+2,\cdots,n)$$

完成 $n-1$ 步消元后,方程组(5.1)化为同解的上三角方程组

$$\begin{cases}a_{11}^{(1)}x_1+a_{12}^{(1)}x_2+a_{13}^{(1)}x_3+\cdots+a_{1n}^{(1)}x_n=b_1^{(1)}\\ \qquad a_{22}^{(2)}x_2+a_{23}^{(2)}x_3+\cdots+a_{2n}^{(2)}x_n=b_2^{(2)}\\ \qquad\qquad\cdots\cdots\\ \qquad\qquad\qquad a_{nn}^{(n)}x_n=b_n^{(n)}\end{cases}\tag{5.7}$$

简记为 $\boldsymbol{A}^{(n)}\boldsymbol{x}=\boldsymbol{b}^{(n)}$.

(2) 回代过程

因 $\det(\boldsymbol{A})\neq 0$,故 $a_{nn}^{(n)}\neq 0$,于是通过自下而上逐步回代得

$$\begin{cases}x_n=\dfrac{b_n^{(n)}}{a_{nn}^{(n)}}\\ x_k=\dfrac{\left(b_k^{(k)}-\sum\limits_{j=k+1}^{n}a_{kj}^{(k)}x_j\right)}{a_{kk}^{(k)}}\quad(k=n-1,n-2,\cdots,1)\end{cases}\tag{5.8}$$

这种通过消元、再回代的求解方法称为**高斯消去法**,其特点是始终消去主对角线下方的元素,并称方程组中的 $a_{11}^{(1)},a_{22}^{(2)},\cdots,a_{nn}^{(n)}$ 为**主元素**或**主元**.

【例5.1】 用高斯消去法求解线性方程组

$$\begin{cases}2x_1+x_2+x_3=4\\ x_1+3x_2+2x_3=6\\ x_1+2x_2+2x_3=5\end{cases}$$

并求 $\det(\boldsymbol{A})$.

解 用第一个方程消去后两个方程中的 x_1,得

$$\begin{cases}2x_1+x_2+x_3=4\\ \dfrac{5}{2}x_2+\dfrac{3}{2}x_3=4\\ \dfrac{3}{2}x_2+\dfrac{3}{2}x_3=3\end{cases}$$

再用第二个方程消去第三个方程中的 x_2，得

$$\begin{cases} 2x_1 + x_2 + x_3 = 4 \\ \dfrac{5}{2}x_2 + \dfrac{3}{2}x_3 = 4 \\ \dfrac{3}{5}x_3 = \dfrac{3}{5} \end{cases}$$

最后，经过回代求得方程组的解为

$$x_1 = x_2 = x_3 = 1$$

$$\det(\boldsymbol{A}) = 2 \cdot \frac{5}{2} \cdot \frac{3}{5} = 3$$

2. 高斯消去法的条件

从消元过程可以看出，对于 n 阶线性方程组，只要每一步的主元素不为零，即 $a_{kk}^{(k-1)} \neq 0$，经过 $n-1$ 步消元，就可以得到一个等价的系数矩阵为上三角矩阵的方程组，然后再利用回代过程即可求得原方程组的解．因此，有下面结论：

定理 5.1 如果在消元过程中系数矩阵 $\boldsymbol{A}$ 的主元素不为零，即 $a_{kk}^{(k)} \neq 0(k = 1,2,\cdots,n)$，则可通过高斯消去法求出 $\boldsymbol{Ax} = \boldsymbol{b}$ 的解．

高斯消元步骤能顺利进行的条件是 $a_{kk}^{(k)} \neq 0(k = 1,2,\cdots,n-1)$，现在的问题是矩阵 $\boldsymbol{A}$ 应在什么条件下才能保证 $a_{kk}^{(k)} \neq 0$．若用 D_k 表示 $\boldsymbol{A}$ 的顺序主子式，即

$$D_k = \begin{vmatrix} a_{11} & \cdots & a_{1k} \\ \vdots & & \vdots \\ a_{k1} & \cdots & a_{kk} \end{vmatrix} \quad (k = 1,2,\cdots,n)$$

则下面的引理给出了这一条件．

引理 在高斯消元过程中，系数矩阵 $\boldsymbol{A}$ 的主元素不为零，即 $a_{kk}^{(k)} \neq 0(k = 1,2,\cdots,n)$ 的充要条件是矩阵 $\boldsymbol{A}$ 的各阶顺序主子式不为零，即 $D_k \neq 0(k = 1,2,\cdots,n)$．

证明 首先利用归纳法证明引理的充分性：

当 $n = 1$ 时，$D_1 = |a_{11}| \neq 0$，显然 $a_{11}^{(1)} \neq 0$，引理的充分性成立．现假设引理对 $k-1$ 时也成立，求证引理对 k 也成立，由归纳法假设有

$$a_{ii}^{(i)} \neq 0 \quad (i = 1,2,\cdots,k-1)$$

于是可用高斯消去法将 $\boldsymbol{A}$ 化为

$$\boldsymbol{A} \rightarrow \begin{pmatrix} a_{11}^{(1)} & a_{12}^{(1)} & \cdots & a_{1k}^{(1)} & \cdots & a_{1n}^{(1)} \\ & a_{22}^{(2)} & \cdots & a_{2k}^{(2)} & \cdots & a_{2n}^{(2)} \\ & & \ddots & \vdots & & \vdots \\ & & & a_{kk}^{(k)} & \cdots & a_{kn}^{(k)} \\ & & & \vdots & & \vdots \\ & & & a_{nk}^{(k)} & \cdots & a_{nn}^{(n)} \end{pmatrix}$$

由于将行列式的一行乘以常数加到另一行不改变此行列式，有

$$D_1 = |a_{11}^{(1)}| = a_{11}^{(1)}$$

$$D_2 = \begin{vmatrix} a_{11}^{(1)} & a_{12}^{(1)} \\ 0 & a_{22}^{(2)} \end{vmatrix} = a_{11}^{(1)} a_{22}^{(2)}$$

$$D_k = \begin{vmatrix} a_{11}^{(1)} & a_{12}^{(1)} & \cdots & a_{1k}^{(1)} \\ & a_{22}^{(2)} & \cdots & a_{2k}^{(2)} \\ & & \ddots & \vdots \\ & & & a_{kk}^{(k)} \end{vmatrix} = a_{11}^{(1)} a_{22}^{(2)} \cdots a_{kk}^{(k)}$$

由假设 $D_k \neq 0\ (k=1,2,\cdots,n)$，所以有 $a_{kk}^{(k)} \neq 0$.

反之，由上式可知必要性是显然的.

定理5.2　如果n阶矩阵$\boldsymbol{A}$的所有顺序主子式均不为零，即 $D_k \neq 0\ (k=1,2,\cdots,n)$，则可通过高斯消去法求出线性方程组的解.

3. 选主元消去法

由高斯消去法可知，在消元过程中如果出现 $a_{kk}^{(k)}=0$ 的情况，这时消去法将无法进行；另一方面，当主元素 $a_{kk}^{(k)} \neq 0$，但很小时，如果用其作除数，就会导致其他元素数量级的严重增长和舍入误差的扩散，也会使得计算结果很不可靠.

【例5.2】　求解线性方程组

$$\begin{cases} 0.0003x_1 + 3.0000x_2 = 2.0001 \\ 1.0000x_1 + 1.0000x_2 = 1.0000 \end{cases}$$

（它的精确解为 $x_1 = \dfrac{1}{3}, x_2 = \dfrac{2}{3}$）

解法1　用高斯消去法求解(取5位有效数字)，用第一个方程消去第二个方程中的 x_1 得

$$\begin{cases} 0.0003x_1 + 3.0000x_2 = 2.0001 \\ \qquad\qquad -9999.0x_2 = -6666.0 \end{cases}$$

再回代，得

$$x_2 = \frac{-6666.0}{-9999.0} \approx 0.6667$$

$$x_1 = \frac{2.0001 - 3.0000 \times 0.6667}{0.0003} = 0$$

显然，这个解与精确解相差太远，不能作为线性方程组的近似解. 其原因是我们在消元过程中使用了小主元素，使得约化后的方程组中的元素量级大大增长，再经舍入使得计算中舍入误差扩散，因此经消元后得到的上三角方程组就不准确了. 为了控制舍入误差，我们采用另一种消元过程.

解法2　为了避免绝对值很小的元素作为主元，先互换两个方程，得到

$$\begin{cases}1.0000x_1 + 1.0000x_2 = 1.0000 \\ 0.0003x_1 + 3.0000x_2 = 2.0001\end{cases}$$

消去第二个方程中的 x_1，得

$$\begin{cases}1.0000x_1 + 1.0000x_2 = 1.0000 \\ \qquad\qquad\quad 2.9997x_2 = 1.9998\end{cases}$$

再回代，解得

$$x_2 = \frac{1.9998}{2.9997} \approx 0.6667$$

$$x_1 = (1.0000 - 1.0000 \times 0.6667) = 0.3333$$

结果与精确解非常接近. 这个例子告诉我们，在采用高斯消去法解线性方程组时，用做除数的小主元素可能使舍入误差增加，主元素的绝对值越小，则对舍入误差的影响越大. 故应避免采用绝对值小的主元素，同时选取主元素的绝对值要尽量大，这样可使高斯消去法具有较好的数值稳定性. 这就是主元素消去法的基本思想.

为了弥补高斯消去法的不足，可对高斯消去法进行改进. 即在每步消元时先选择绝对值较大的数作为乘数 m_{ik} 的分母，控制舍入误差的扩大，就能较好地改善高斯消去法的不足. 这种先选主元，然后再消元的方法称为**主元消去法**. 由高斯消去法所派生出的主元消去法有**列主元消去法**和**全主元消去法**.

列主元消去法是一种局部选主元消去法，其基本思想是：在第 k 步消元时，选择 $a_{kk}^{(k)}, a_{k+1,k}^{(k)}, a_{k+2,k}^{(k)}, \cdots, a_{nk}^{(k)}$ 中的绝对值最大的元素 $a_{jk}^{(k)}$ 作为主元，然后互换 $(\boldsymbol{A}^{(k)} \mid \boldsymbol{b}^{(k)})$ 中的第 k 行与第 j 行，再进行消元，直到将原方程组变成上三角方程组. 上面例 5.2 的解法 2，实际就是列主元消去法，下面再看一个例子.

【例 5.3】 用高斯列主元消去法解下列方程组

$$\begin{cases}12x_1 - 3x_2 + 3x_3 = 15 \\ -18x_1 + 3x_2 - x_3 = -15 \\ x_1 + x_2 + x_3 = 6\end{cases}$$

解 先选列主元，将第一个方程与第二个方程互换，得

$$(\boldsymbol{A} \mid \boldsymbol{b}) \xrightarrow{r_1 \leftrightarrow r_2} \left(\begin{array}{ccc|c} -18 & 3 & -1 & -15 \\ 12 & -3 & 3 & 15 \\ 1 & 1 & 1 & 6 \end{array}\right) \xrightarrow{\text{消元}} \left(\begin{array}{ccc|c} -18 & 3 & -1 & -15 \\ 0 & -1 & \frac{7}{3} & 5 \\ 0 & \frac{7}{6} & \frac{17}{18} & \frac{31}{6} \end{array}\right)$$

$$\xrightarrow{r_2 \leftrightarrow r_3} \left(\begin{array}{ccc|c} -18 & 3 & -1 & -15 \\ 0 & \frac{7}{6} & \frac{17}{18} & \frac{31}{6} \\ 0 & -1 & \frac{7}{3} & 5 \end{array}\right) \xrightarrow{\text{消元}} \left(\begin{array}{ccc|c} -18 & 3 & -1 & -15 \\ 0 & \frac{7}{6} & \frac{17}{18} & \frac{31}{6} \\ 0 & 0 & \frac{22}{7} & \frac{66}{7} \end{array}\right)$$

回代得解

$$x_3 = 3,\quad x_2 = 2,\quad x_1 = 1$$

全主元消去法是一种大范围选主元消去法，其基本思想是：在第 k 步消元时，以 $\boldsymbol{A}^{(k)}$ 右下角 $n-k+1$ 阶矩阵中的绝对值最大的元素 $a_{ij}^{(k)}$ 作为主元，然后互换 $(\boldsymbol{A}^{(k)} \mid \boldsymbol{b}^{(k)})$ 中的第 k 行与第 i 行，互换 $(\boldsymbol{A}^{(k)} \mid \boldsymbol{b}^{(k)})$ 中的第 k 列与第 j 列，再进行消元. 由于全主元消去法每步所选主元的绝对值不小于列主元消去法同一步所选主元的绝对值，因而求解结果更可靠、更稳定. 但由于选主元的范围扩大，需要花费更多的时间，又由于对增广矩阵中的系数矩阵进行了列的互换，未知量的次序发生了改变，这使算法的逻辑更复杂，需要占用的计算机时间更多. 而列主元消去法的计算结果已经比较理想，而且计算过程简单，还能满足精度要求，达到了较好的数值稳定性，因此从综合效果来看，一般考虑使用列主元消去法.

5.3 矩阵的三角分解法

5.3.1 矩阵的 LU 分解法

从矩阵变换角度来看高斯消去法的消元过程，就是进行了 $n-1$ 次的初等变换，即

$$\boldsymbol{L}_{n-1}^{-1} \cdots \boldsymbol{L}_2^{-1} \boldsymbol{L}_1^{-1} \boldsymbol{A}^{(1)} = \boldsymbol{A}^{(n)} = \boldsymbol{U}$$

若令 $\boldsymbol{L}^{-1} = \boldsymbol{L}_{n-1}^{-1} \boldsymbol{L}_{n-2}^{-1} \cdots \boldsymbol{L}_1^{-1}$，则

$$\boldsymbol{L} = \boldsymbol{L}_1 \boldsymbol{L}_2 \cdots \boldsymbol{L}_{n-1} = \begin{pmatrix} 1 & & & \\ m_{21} & 1 & & \\ m_{31} & m_{32} & \ddots & \\ \vdots & \vdots & & \\ m_{n1} & m_{n2} & \cdots & 1 \end{pmatrix}$$

由 $\boldsymbol{L}^{-1}\boldsymbol{A} = \boldsymbol{U}$，得 $\boldsymbol{A} = \boldsymbol{L}\boldsymbol{U}$，其中 $\boldsymbol{L}$ 为单位下三角矩阵，$\boldsymbol{U}$ 为上三角矩阵.

定理 5.3 设 $\boldsymbol{A}$ 为 n 阶方阵，若 $\boldsymbol{A}$ 的顺序主子式 $D_k \neq 0 (k = 1, 2, \cdots, n)$，则 $\boldsymbol{A}$ 可分解为一个单位下三角矩阵 $\boldsymbol{L}$ 和一个上三角矩阵 $\boldsymbol{U}$ 的乘积 $\boldsymbol{A} = \boldsymbol{L}\boldsymbol{U}$，且这种分解是唯一的.

证明 存在性已从上面高斯消元法的矩阵分析中得到，下面只证唯一性.

假定 $\boldsymbol{A}$ 有两种不同的分解式 $\boldsymbol{A} = \boldsymbol{L}_1\boldsymbol{U}_1 = \boldsymbol{L}_2\boldsymbol{U}_2$，其中 $\boldsymbol{L}_1, \boldsymbol{L}_2$ 为单位下三角矩阵，$\boldsymbol{U}_1, \boldsymbol{U}_2$ 为上三角矩阵，因 $\boldsymbol{A}$ 非奇异，故 $\boldsymbol{L}_1, \boldsymbol{L}_2, \boldsymbol{U}_1, \boldsymbol{U}_2$ 均非奇异，于是上式用 $\boldsymbol{L}_1^{-1}$

左乘,用$\boldsymbol{U}_2^{-1}$右乘,则得

$$\boldsymbol{U}_1\boldsymbol{U}_2^{-1}=\boldsymbol{L}_1^{-1}\boldsymbol{L}_2$$

因$\boldsymbol{U}_2^{-1}$仍为上三角矩阵,则$\boldsymbol{U}_1\boldsymbol{U}_2^{-1}$为上三角矩阵,而$\boldsymbol{L}_1^{-1}$仍为单位下三角矩阵,则$\boldsymbol{L}_1^{-1}\boldsymbol{L}_2$为单位下三角矩阵,故$\boldsymbol{L}_1^{-1}\boldsymbol{L}_2=\boldsymbol{I}$,且$\boldsymbol{U}_1\boldsymbol{U}_2^{-1}=\boldsymbol{I}$. 由此可得$\boldsymbol{L}_2=\boldsymbol{L}_1$,$\boldsymbol{U}_2=\boldsymbol{U}_1$.

若矩阵$\boldsymbol{A}$满足定理的条件,可以直接从矩阵$\boldsymbol{A}$的元素得到计算$\boldsymbol{L}$,$\boldsymbol{U}$元素的递推公式,而不需要任何中间步骤,这就是所谓的矩阵$\boldsymbol{A}$的$\boldsymbol{LU}$分解法,也称**杜利特尔(Doolittle)分解**.

设$\boldsymbol{A}=\boldsymbol{LU}$为如下形式

$$\begin{pmatrix} a_{11} & a_{12} & \cdots & a_{1n} \\ a_{21} & a_{22} & \cdots & a_{2n} \\ \vdots & \vdots & & \vdots \\ a_{n1} & a_{n2} & \cdots & a_{nn} \end{pmatrix}=\begin{pmatrix} 1 & & & \\ l_{21} & 1 & & \\ \vdots & \vdots & \ddots & \\ l_{n1} & l_{n2} & \cdots & 1 \end{pmatrix}\begin{pmatrix} u_{11} & u_{12} & \cdots & u_{1n} \\ & u_{22} & \cdots & u_{2n} \\ & & \ddots & \vdots \\ & & & u_{nn} \end{pmatrix}$$

由矩阵的乘法,得

$$a_{1j}=u_{1j}\quad (j=1,2,\cdots,n)$$

$$a_{ij}=\sum_{k=1}^{\min(i,j)} l_{ik}u_{kj}=\begin{cases}\displaystyle\sum_{k=1}^{i-1} l_{ik}u_{kj}+u_{ij}, & j\geqslant i \\ \displaystyle\sum_{k=1}^{j-1} l_{ik}u_{kj}+l_{ij}u_{jj}, & j<i\end{cases}\qquad (i=2,3,\cdots,n)$$

由此可得计算l_{ij}和u_{ij}的公式

$$\begin{cases} u_{1j}=a_{1j} & (j=1,2,\cdots,n) \\ u_{ij}=a_{ij}-\displaystyle\sum_{k=1}^{i-1} l_{ik}u_{kj} & (i=2,3,\cdots,n;j=i,i+1,\cdots,n) \\ l_{ij}=\left(a_{ij}-\displaystyle\sum_{k=1}^{j-1} l_{ik}u_{kj}\right)\Big/u_{jj} & (j=1,2,\cdots,n;i=j+1,j+2,\cdots,n) \end{cases}\tag{5.9}$$

具体步骤如下:

① 计算$\boldsymbol{U}$的第1行,$\boldsymbol{L}$的第1列

$$u_{1j}=a_{1j}\qquad (j=1,2,\cdots,n)$$

$$l_{i1}=\frac{a_{i1}}{u_{11}}\qquad (i=2,3,\cdots,n)$$

② 计算$\boldsymbol{U}$的第r行,$\boldsymbol{L}$的第r列$(r=2,3,\cdots,n)$

$$u_{rj}=a_{rj}-\sum_{k=1}^{r-1} l_{rk}u_{kj}\quad (j=r,r+1,\cdots,n)$$

$$l_{ir}=\left(a_{ir}-\sum_{k=1}^{r-1} l_{ik}u_{kr}\right)\Big/u_{rr}\quad (i=r+1,\cdots,n,r\neq n)$$

一旦实现了矩阵$\boldsymbol{A}$的$\boldsymbol{LU}$分解,那么求解方程组$\boldsymbol{Ax}=\boldsymbol{b}$的问题就等价于求解

两个三角形方程组：

①$\boldsymbol{Ly}=\boldsymbol{b}$,求 $\boldsymbol{y}$;

②$\boldsymbol{Ux}=\boldsymbol{y}$,求 $\boldsymbol{x}$.

其中

$$\boldsymbol{L}=\begin{pmatrix}1 & & & \\ l_{21} & 1 & & \\ \vdots & \vdots & \ddots & \\ l_{n1} & l_{n2} & \cdots & 1\end{pmatrix},\quad \boldsymbol{U}=\begin{pmatrix}u_{11} & u_{12} & \cdots & u_{1n} \\ & u_{22} & \cdots & u_{2n} \\ & & \ddots & \vdots \\ & & & u_{nn}\end{pmatrix} \tag{5.10}$$

为清楚起见,用一个例子来说明如何用三角分解法求解线性方程组.

【例 5.4】 利用三角分解法求解线性方程组

$$\begin{pmatrix}2 & 2 & 3 \\ 4 & 7 & 7 \\ -2 & 4 & 5\end{pmatrix}\begin{pmatrix}x_1 \\ x_2 \\ x_3\end{pmatrix}=\begin{pmatrix}6 \\ 15 \\ 0\end{pmatrix}$$

解 按式(5.9)

$$u_{11}=a_{11}=2,\quad u_{12}=a_{12}=2,\quad u_{13}=a_{13}=3$$

$$l_{21}=\frac{a_{21}}{u_{11}}=\frac{4}{2}=2,\quad l_{31}=\frac{a_{31}}{u_{11}}=\frac{-2}{2}=-1$$

$$u_{22}=a_{22}-l_{21}u_{12}=7-2\times 2=3$$

$$u_{23}=a_{23}-l_{21}u_{13}=7-2\times 3=1$$

$$l_{32}=\frac{a_{32}-l_{31}u_{12}}{u_{22}}=\frac{4-(-1)\times 2}{3}=2$$

$$u_{33}=a_{33}-(l_{31}u_{13}+l_{32}u_{23})=5-[(-1)\times 3+2\times 1]=6$$

所以

$$\boldsymbol{A}=\begin{pmatrix}1 & 0 & 0 \\ 2 & 1 & 0 \\ -1 & 2 & 1\end{pmatrix}\begin{pmatrix}2 & 2 & 3 \\ 0 & 3 & 1 \\ 0 & 0 & 6\end{pmatrix}$$

由于线性方程组 $\boldsymbol{Ax}=\boldsymbol{b}$ 的系数矩阵已进行三角分解,$\boldsymbol{A}=\boldsymbol{LU}$,则解方程组 $\boldsymbol{Ax}=\boldsymbol{b}$ 等价于求解两个三角形方程组 $\boldsymbol{Ly}=\boldsymbol{b}$,$\boldsymbol{Ux}=\boldsymbol{y}$.

第一步:先求解下三角方程组 $\boldsymbol{Ly}=\boldsymbol{b}$

$$\boldsymbol{Ly}=\begin{pmatrix}1 & 0 & 0 \\ 2 & 1 & 0 \\ -1 & 2 & 1\end{pmatrix}\begin{pmatrix}y_1 \\ y_2 \\ y_3\end{pmatrix}=\begin{pmatrix}6 \\ 15 \\ 0\end{pmatrix}$$

解得

$$\boldsymbol{y}=\begin{pmatrix}6 \\ 3 \\ 0\end{pmatrix}$$

第二步：再求解上三角方程组 $\boldsymbol{Ux}=\boldsymbol{y}$

$$\begin{pmatrix}2&2&3\\0&3&1\\0&0&6\end{pmatrix}\begin{pmatrix}x_1\\x_2\\x_3\end{pmatrix}=\begin{pmatrix}6\\3\\0\end{pmatrix}$$

解得

$$\boldsymbol{x}=\begin{pmatrix}2\\1\\0\end{pmatrix}$$

从直接三角分解公式可看出，当 $u_{kk}=0$ 时，计算将中断或者当 u_{kk} 绝对值很小时，按分解公式计算可能引起舍入误差的累积. 因此，对非奇异矩阵 $\boldsymbol{A}$ 可采用与主元消去法类似的方法，将直接三角分解法修改为主元三角分解法.

5.3.2 平方根法

应用有限元法解结构力学问题时，最后归结为求解线性方程组，系数矩阵大多具有对称正定性. 所谓**平方根法**，就是利用对称正定矩阵的三角分解而得到的求解对称正定方程组的一种有效方法. 目前在计算机上广泛应用平方根法求解此类方程组.

定理 5.4 （对称矩阵的三角分解）设 $\boldsymbol{A}$ 是对称矩阵，且 $\boldsymbol{A}$ 的所有顺序主子式均不为零，则存在唯一的单位下三角矩阵 $\boldsymbol{L}$ 和对角阵 $\boldsymbol{D}$，使

$$\boldsymbol{A}=\boldsymbol{LDL}^{\mathrm{T}} \tag{5.11}$$

证明 因为 $\boldsymbol{A}$ 的各阶顺序主子式不为零，由定理 5.3，存在唯一的 $\boldsymbol{LU}$ 分解

$$\boldsymbol{A}=\boldsymbol{LU}$$

其中 $\boldsymbol{L}$ 为单位下三角矩阵，$\boldsymbol{U}$ 为上三角矩阵. 令 $\boldsymbol{D}=\mathrm{diag}(u_{11},u_{22},\cdots,u_{nn})$，将 $\boldsymbol{U}$ 再分解为

$$\boldsymbol{U}=\boldsymbol{DU}_0$$

其中 $\boldsymbol{U}_0$ 为单位上三角矩阵. 于是

$$\boldsymbol{A}=\boldsymbol{LU}=\boldsymbol{LDU}_0$$

又

$$\boldsymbol{A}=\boldsymbol{A}^{\mathrm{T}}=\boldsymbol{U}_0^{\mathrm{T}}(\boldsymbol{DL}^{\mathrm{T}})$$

由分解的唯一性即得 $\boldsymbol{U}_0^{\mathrm{T}}=\boldsymbol{L}$，式(5.11)得证.

定理 5.5 （对称正定矩阵的乔列斯基分解）设 $\boldsymbol{A}$ 是对称正定矩阵，则存在唯一的对角元素为正的下三角阵 $\boldsymbol{L}$，使

$$\boldsymbol{A}=\boldsymbol{LL}^{\mathrm{T}} \tag{5.12}$$

证明　因为 $\boldsymbol{A}$ 具有对称性，由定理5.4知 $\boldsymbol{A}=\boldsymbol{L}_1\boldsymbol{D}\boldsymbol{L}_1^{\mathrm{T}}$，其中 $\boldsymbol{L}_1$ 为单位下三角阵，$\boldsymbol{D}=\mathrm{diag}(d_1,d_2,\cdots,d_n)$. 若令 $\boldsymbol{U}=\boldsymbol{D}\boldsymbol{L}_1^{\mathrm{T}}$，则 $\boldsymbol{A}=\boldsymbol{L}_1\boldsymbol{U}$ 为 $\boldsymbol{A}$ 的 $\boldsymbol{LU}$ 分解，$\boldsymbol{U}$ 的对角元素即 $\boldsymbol{D}$ 的对角元素. 不难验证，$\boldsymbol{A}$ 的 k 阶顺序主子式 $(k=1,2,\cdots,n)$ 为对应的 $\boldsymbol{L}_1$ 与 $\boldsymbol{U}$ 的 k 阶顺序主子式的乘积，因此 $\boldsymbol{A}$ 的顺序主子式 $D_k=d_1d_2\cdots d_k$. 因为 $\boldsymbol{A}$ 正定，有 $D_k>0$，由此可推出 $d_k>0\ (k=1,2,\cdots,n)$. 记

$$\boldsymbol{D}^{\frac{1}{2}}=\mathrm{diag}(\sqrt{d_1},\sqrt{d_2},\cdots,\sqrt{d_n})$$

则有

$$\boldsymbol{A}=\boldsymbol{L}_1\boldsymbol{D}^{\frac{1}{2}}\boldsymbol{D}^{\frac{1}{2}}\boldsymbol{L}_1^{\mathrm{T}}=(\boldsymbol{L}_1\boldsymbol{D}^{\frac{1}{2}})(\boldsymbol{L}_1\boldsymbol{D}^{\frac{1}{2}})^{\mathrm{T}}=\boldsymbol{L}\boldsymbol{L}^{\mathrm{T}}$$

其中 $\boldsymbol{L}=\boldsymbol{L}_1\boldsymbol{D}^{\frac{1}{2}}$，它为对角元为正的下三角矩阵，所以式(5.12)成立. 由分解 $\boldsymbol{L}_1\boldsymbol{D}\boldsymbol{L}_1^{\mathrm{T}}$ 的唯一性，可得分解(5.12)的唯一性.

分解式 $\boldsymbol{A}=\boldsymbol{L}\boldsymbol{L}^{\mathrm{T}}$ 称为正定矩阵的**乔列斯基**(Cholesky)**分解**.

利用乔列斯基分解来求系数矩阵为对称正定矩阵的方程组 $\boldsymbol{Ax}=\boldsymbol{b}$ 的方法称为**平方根法**. 用比较法可以导出 $\boldsymbol{L}$ 的计算公式. 设

$$\boldsymbol{L}=\begin{pmatrix} l_{11} & & & \\ l_{21} & l_{22} & & \\ \vdots & \vdots & \ddots & \\ l_{n1} & l_{n2} & \cdots & l_{nn} \end{pmatrix}$$

比较 $\boldsymbol{A}$ 与 $\boldsymbol{L}\boldsymbol{L}^{\mathrm{T}}$ 的对应元素，可得

$$\begin{cases} l_{jj}=\left(a_{jj}-\sum\limits_{k=1}^{j-1}l_{jk}^2\right)^{\frac{1}{2}} & (j=1,2,\cdots,n) \\ l_{ij}=\left(a_{ij}-\sum\limits_{k=1}^{j-1}l_{ik}l_{jk}\right)\Big/ l_{jj} & (i=j+1,j+2,\cdots,n) \end{cases} \tag{5.13}$$

这里规定 $\sum\limits_{k=1}^{0}\cdot=0$. 计算顺序是按列进行的，即

$$l_{11}\to l_{i1}(i=2,3,\cdots,n)\to l_{22}\to l_{i2}(i=3,4,\cdots,n)\to\cdots$$

当矩阵 $\boldsymbol{A}$ 完成乔列斯基分解后，求解方程组 $\boldsymbol{Ax}=\boldsymbol{b}$ 就转化为依次求解方程组

$$\boldsymbol{Ly}=\boldsymbol{b},\boldsymbol{L}^{\mathrm{T}}\boldsymbol{x}=\boldsymbol{y}$$

它们的解分别为

$$\begin{cases} y_i=\left(b_i-\sum\limits_{k=1}^{i-1}l_{ik}y_k\right)\Big/ l_{ii} & (i=1,2,\cdots,n) \\ x_i=\left(y_i-\sum\limits_{k=i+1}^{n}l_{ki}x_k\right)\Big/ l_{ii} & (i=n,n-1,\cdots,1) \end{cases} \tag{5.14}$$

【例5.5】　用平方根法分解对称正定矩阵

$$\boldsymbol{A}=\begin{pmatrix} 4 & -1 & 1 \\ -1 & 4.25 & 2.75 \\ 1 & 2.75 & 3.5 \end{pmatrix}$$

解 显然，$\boldsymbol{A}=\boldsymbol{A}^{\mathrm{T}}$，且 $\boldsymbol{A}$ 的各阶顺序主子式 $D_1=4>0$，$D_2=16>0$，$D_3=16>0$，因此，$\boldsymbol{A}$ 是对称正定的. 选用乔列斯基方法，对 $\boldsymbol{A}$ 做 $\boldsymbol{LL}^{\mathrm{T}}$ 分解，可得

$$l_{11}=\sqrt{a_{11}}=\sqrt{4}=2$$

$$l_{21}=\frac{a_{21}}{l_{11}}=\frac{-1}{2}=-0.5$$

$$l_{31}=\frac{a_{31}}{l_{11}}=\frac{1}{2}=0.5$$

$$l_{22}=\sqrt{a_{22}-l_{21}^2}=\sqrt{4.25-0.25}=2$$

$$l_{32}=\frac{a_{32}-l_{31}l_{21}}{l_{22}}=\frac{2.75-0.5\times(-0.5)}{2}=1.5$$

$$l_{33}=\sqrt{a_{33}-l_{31}^2-l_{32}^2}=\sqrt{3.5-0.25-2.25}=1$$

于是 $\boldsymbol{A}=\boldsymbol{LL}^{\mathrm{T}}$，其中

$$\boldsymbol{L}=\begin{pmatrix}2&0&0\\-0.5&2&0\\0.5&1.5&1\end{pmatrix}$$

【例 5.6】 用平方根法求解线性方程组 $\boldsymbol{Ax}=\boldsymbol{b}$，其中

$$\boldsymbol{A}=\begin{pmatrix}4&-1&1\\-1&4.25&2.75\\1&2.75&3.5\end{pmatrix},\quad \boldsymbol{b}=\begin{pmatrix}4\\6\\7.25\end{pmatrix}$$

解 由例 5.5 可知 $\boldsymbol{A}=\boldsymbol{LL}^{\mathrm{T}}$，其中

$$\boldsymbol{L}=\begin{pmatrix}2&0&0\\-0.5&2&0\\0.5&1.5&1\end{pmatrix}$$

解 $\boldsymbol{Ly}=\boldsymbol{b}$，即

$$\begin{pmatrix}2&0&0\\-0.5&2&0\\0.5&1.5&1\end{pmatrix}\begin{pmatrix}y_1\\y_2\\y_3\end{pmatrix}=\begin{pmatrix}4\\6\\7.25\end{pmatrix}$$

得 $\boldsymbol{y}=(2,3.5,1)^{\mathrm{T}}$，再解 $\boldsymbol{L}^{\mathrm{T}}\boldsymbol{x}=\boldsymbol{y}$，即

$$\begin{pmatrix}2&-0.5&0.5\\0&2&1.5\\0&0&1\end{pmatrix}\begin{pmatrix}x_1\\x_2\\x_3\end{pmatrix}=\begin{pmatrix}2\\3.5\\1\end{pmatrix}$$

得 $\boldsymbol{x}=(1,1,1)^{\mathrm{T}}$.

此外，由式(5.13)的第一式得

$$a_{jj}=\sum_{k=1}^{j}l_{jk}^2\quad(j=1,2,\cdots,n)$$

所以

$$l_{jk}^2 \leqslant a_{jj} \leqslant \max_{1\leqslant j\leqslant n}(a_{jj})$$

$$|l_{jk}| \leqslant \sqrt{a_{jj}} \leqslant \max_{1\leqslant j\leqslant n}\sqrt{a_{jj}}$$

上式表明，在矩阵 $\boldsymbol{A}$ 的乔列斯基分解过程中 $|l_{jk}|$ 的平方不会超过 $\boldsymbol{A}$ 的最大对角元，舍入误差的放大受到了控制，且对角元素 l_{jj} 恒为正，于是不选主元素的平方根法是数值稳定的.

5.3.3 改进的平方根法

利用平方根法解对称正定线性方程组时，计算矩阵 $\boldsymbol{L}$ 的元素 l_{ij} 时需要用到开方运算. 另外，当我们解决工程问题时，有时得到的是一个系数矩阵为对称但不一定是正定的线性方程组，为了避免开方运算和求解对称(未必正定)方程组，可以引入下面的**改进平方根法**.

由定理 5.4 我们知道，$\boldsymbol{A}$ 为对称矩阵且所有顺序主子式均不为零时，它可分解成

$$\boldsymbol{A} = \boldsymbol{LDL}^{\mathrm{T}}$$

其中，$\boldsymbol{L}$ 为单位下三角矩阵，$\boldsymbol{D}$ 为对角矩阵. 记

$$\boldsymbol{L} = \begin{pmatrix} 1 & & & \\ l_{21} & 1 & & \\ \vdots & & \ddots & \\ l_{n1} & \cdots & l_{nn-1} & 1 \end{pmatrix}, \quad \boldsymbol{D} = \mathrm{diag}(d_1, d_2, \cdots, d_n)$$

由矩阵乘法运算，并注意到 $l_{jj} = 1, l_{jk} = 0 \quad (j < k)$，得

$$a_{ij} = \sum_{k=1}^{n}(\boldsymbol{LD})_{ik}(\boldsymbol{L}^{\mathrm{T}})_{kj} = \sum_{k=1}^{n} l_{ik}d_k l_{jk} = \sum_{k=1}^{j-1} l_{ik}d_k l_{jk} + l_{ij}d_j$$

于是导出 $\boldsymbol{LDL}^{\mathrm{T}}$ 分解的计算公式：对 $j = 1, 2, \cdots, n$，有

$$\begin{cases} d_j = a_{jj} - \sum\limits_{k=1}^{j-1} l_{jk}^2 d_k \\ l_{ij} = \left(a_{ij} - \sum\limits_{k=1}^{j-1} l_{ik}d_k l_{jk}\right)\Big/ d_j \quad (i = j+1, j+2, \cdots, n) \end{cases} \tag{5.15}$$

计算顺序为：$d_1 \to l_{i1}(i = 2, 3, \cdots, n) \to d_2 \to l_{i2} \quad (i = 3, 4, \cdots, n) \to d_3 \to \cdots$.

按式(5.15) 进行 $\boldsymbol{LDL}^{\mathrm{T}}$ 分解，虽然避免了开方运算，但在计算每个元素时多了相乘的因子，故乘法运算次数比乔列斯基分解约增多一倍，乘法总运算量又变成 $\frac{n^3}{3}$ 数量级. 仔细分析式(5.15) 可以看出，式中有许多计算是重复的，如

$$l_{14} = a_{14} - \sum_{k=1}^{3} l_{1k}d_k l_{4k} = a_{14} - l_{11}d_1 l_{41} - l_{12}d_2 l_{42} - l_{13}d_3 l_{43}$$

$$l_{15}=a_{15}-\sum_{k=1}^{4}l_{1k}d_kl_{5k}=a_{15}-l_{11}d_1l_{51}-l_{12}d_2l_{52}-l_{13}d_3l_{53}-l_{14}d_4l_{54}$$

为此引进辅助量 $t_{ik}=l_{ik}d_k\quad(k=1,2,\cdots,n;i=k+1,k+2,\cdots,n)$，于是式(5.15)可改写成

$$\begin{cases}d_j=a_{jj}-\sum_{k=1}^{j-1}t_{jk}l_{jk} & (j=1,2,\cdots,n)\\ t_{ij}=a_{ij}-\sum_{k=1}^{j-1}t_{ik}l_{jk} & (i=j+1,j+2,\cdots,n)\\ l_{ij}=\dfrac{t_{ij}}{d_j}\end{cases}\tag{5.16}$$

具体计算过程是：

$d_1\to t_{i1}(i=2,3,\cdots,n)\to l_{i1}(i=2,3,\cdots,n)\to d_2\to t_{i2}(i=3,4,\cdots,n)\to l_{i2}(i=3,4,\cdots,n)\to d_3\cdots$

对矩阵 $\boldsymbol{A}$ 作 $\boldsymbol{LDL}^{\mathrm{T}}$ 分解后，解方程组 $\boldsymbol{Ax}=\boldsymbol{b}$ 可分两步进行：首先解方程组 $\boldsymbol{Ly}=\boldsymbol{b}$，再由 $\boldsymbol{L}^{\mathrm{T}}\boldsymbol{x}=\boldsymbol{D}^{-1}\boldsymbol{y}$ 求出 $\boldsymbol{x}$. 具体公式为

$$\begin{cases}y_1=b_1\\ y_i=b_i-\sum_{k=1}^{i-1}l_{ik}y_k & (i=2,3,\cdots,n)\\ x_n=\dfrac{y_n}{d_n}\\ x_i=\dfrac{y_i}{d_i}-\sum_{k=i+1}^{n}l_{ki}x_k & (i=n-1,n-2,\cdots,1)\end{cases}\tag{5.17}$$

当矩阵 $\boldsymbol{A}$ 为对称正定矩阵，根据定理5.4的证明过程知道，对于矩阵 $\boldsymbol{A}$ 的 $\boldsymbol{LU}$ 分解

$$\boldsymbol{A}=\boldsymbol{LU}$$

其中，$\boldsymbol{L}$ 为单位下三角矩阵，$\boldsymbol{U}$ 为上三角矩阵，$u_{ii}>0\ (i=1,2,\cdots,n)$. 令 $\boldsymbol{D}=\mathrm{diag}(u_{11},u_{22},\cdots,u_{nn})$，将 $\boldsymbol{U}$ 再分解为

$$\boldsymbol{U}=\boldsymbol{DU}_0$$

其中，$\boldsymbol{U}_0$ 为单位上三角矩阵. 则 $\boldsymbol{U}_0^{\mathrm{T}}=\boldsymbol{L}$.

【例 5.7】 用改进平方根法求解方程组

$$\begin{pmatrix}1&2&1\\2&5&0\\1&0&14\end{pmatrix}\begin{pmatrix}x_1\\x_2\\x_3\end{pmatrix}=\begin{pmatrix}4\\7\\15\end{pmatrix}$$

解 容易验证，系数矩阵

$$\boldsymbol{A}=\begin{pmatrix}1&2&1\\2&5&0\\1&0&14\end{pmatrix}$$

为对称正定矩阵.

$$A = \begin{pmatrix} 1 & 2 & 1 \\ 2 & 5 & 0 \\ 1 & 0 & 14 \end{pmatrix} = \begin{pmatrix} 1 & 0 & 0 \\ 2 & 1 & 0 \\ 1 & -2 & 1 \end{pmatrix} \begin{pmatrix} 1 & 2 & 1 \\ 0 & 1 & -2 \\ 0 & 0 & 9 \end{pmatrix}$$

$$= \begin{pmatrix} 1 & 0 & 0 \\ 2 & 1 & 0 \\ 1 & -2 & 1 \end{pmatrix} \begin{pmatrix} 1 & 0 & 0 \\ 0 & 1 & 0 \\ 0 & 0 & 9 \end{pmatrix} \begin{pmatrix} 1 & 2 & 1 \\ 0 & 1 & -2 \\ 0 & 0 & 1 \end{pmatrix}$$

由公式(5.16),计算得

$$\begin{cases} d_1 = 1 \\ d_2 = 1, \\ d_3 = 9 \end{cases} \quad \begin{cases} l_{21} = 2 \\ l_{31} = 1 \\ l_{32} = -2 \end{cases}$$

由公式(5.17) 计算方程组的解,得

$$\begin{cases} y_1 = 4 \\ y_2 = -1, \\ y_3 = 9 \end{cases} \quad \begin{cases} x_3 = 1 \\ x_2 = 1 \\ x_1 = 1 \end{cases}$$

所以方程组的解为 $x_1 = 1, x_2 = 1, x_3 = 1$.

其实,以上方法不必要求系数矩阵为正定,只要满足定理 5.4 的条件即可.

5.4　三对角方程组的解法

在一些实际问题中,例如解常微分方程边值问题、求热传导方程及三次样条插值函数等,都会遇到系数矩阵是三对角矩阵的方程组,即

$$\boldsymbol{A}\boldsymbol{x} = \boldsymbol{f} \tag{5.18}$$

其中

$$\boldsymbol{A} = \begin{pmatrix} b_1 & c_1 & & & \\ a_2 & b_2 & c_2 & & \\ & \ddots & \ddots & \ddots & \\ & & \ddots & \ddots & c_{n-1} \\ & & & a_n & b_n \end{pmatrix}, \quad \boldsymbol{f} = \begin{pmatrix} f_1 \\ f_2 \\ \vdots \\ f_n \end{pmatrix}$$

$\boldsymbol{A}$ 是一种特殊的稀疏矩阵,它的非零元素集中分布在主对角线及其相邻两条次对角线上,称为**三对角矩阵**. 方程组称为**三对角方程组**.

定理 5.6 设矩阵 $\boldsymbol{A}$ 满足下列条件

$$\begin{cases} |b_1| > |c_1| > 0 \\ |b_i| \geqslant |a_i| + |c_i| > 0, \quad a_i c_i \neq 0 \quad (i = 2,3,\cdots,n-1) \\ |b_n| > |a_n| > 0 \end{cases} \tag{5.19}$$

则它可分解为

$$\boldsymbol{A} = \boldsymbol{LU} = \begin{pmatrix} 1 & & & \\ l_2 & \ddots & & \\ & \ddots & 1 & \\ & & l_n & 1 \end{pmatrix} \begin{pmatrix} u_1 & c_1 & & \\ & \ddots & \ddots & \\ & & \ddots & c_{n-1} \\ & & & u_n \end{pmatrix} \tag{5.20}$$

其中 $c_i \neq 0 \quad (i = 2,3,\cdots,n-1)$ 为矩阵 $\boldsymbol{A}$ 中所给出，且分解是唯一的.

证明 将式(5.20)右端按乘法展开，并与 $\boldsymbol{A}$ 的元素进行比较，得

$$\begin{cases} b_1 = u_1 \\ a_i = l_i u_{i-1} \quad (i = 2,3,\cdots,n-1) \\ b_i = c_{i-1} l_i + u_i \end{cases}$$

如果 $u_i \neq 0 \quad (i = 2,3,\cdots,n-1)$，那么我们可计算 $l_i, u_i \quad (i = 2,3,\cdots,n)$，即

$$\begin{cases} u_1 = b_1 \\ l_i = \dfrac{a_i}{u_{i-1}} \quad (i = 2,3,\cdots,n) \\ u_i = b_i - c_{i-1} l_i \end{cases} \tag{5.21}$$

从以上的公式和消元过程可以看出，要使分解得以实施，必须满足

$$u_i \neq 0 \quad (i = 2,3,\cdots,n-1)$$

现在用归纳法证明：$|u_i| > |c_i| > 0 \ (i = 1,2,\cdots,n-1)$.

当 $i = 1$ 时，显然 $|u_1| = |b_1| > |c_1|$ 成立. 假定 $i = k-1$ 成立，即 $|u_{k-1}| > |c_{k-1}|$，可以证明 $i = k$ 时也成立. 事实上有

$$|u_k| = |b_k - c_{k-1} l_k| = \left| b_k - \frac{c_{k-1} a_k}{u_{k-1}} \right| \geqslant \frac{|b_k u_{k-1}| - |c_{k-1} a_k|}{|u_{k-1}|} > \frac{|b_k u_{k-1}| - |u_{k-1} a_k|}{|u_{k-1}|} \geqslant |c_k|$$

当矩阵 $\boldsymbol{A}$ 按式(5.20)分解后，求解方程组可化为求解方程组 $\boldsymbol{Ly} = \boldsymbol{f}$ 及 $\boldsymbol{Ux} = \boldsymbol{y}$. 解 $\boldsymbol{Ly} = \boldsymbol{f}$ 得

$$\begin{cases} y_1 = f_1 \\ y_k = f_k - l_k y_{k-1} \quad (k = 2,3,\cdots,n) \end{cases} \tag{5.22}$$

再解 $\boldsymbol{Ux} = \boldsymbol{y}$，得

$$\begin{cases} x_n = \dfrac{y_n}{u_n} \\ x_k = \dfrac{y_k - c_k x_{k+1}}{u_k} (k = n-1, n-2, \cdots, 1) \end{cases} \tag{5.23}$$

按上述过程求解三对角方程组的方法称为**追赶法**.式(5.21)、(5.22)结合称为"追"的过程,相当于高斯消去法中的消元过程.式(5.23)称为"赶"的过程,相当于回代过程.

追赶法的基本思想与高斯消去法及三角分解法相同,只是由于系数中出现了大量的零,计算中可将它们撇开,从而使得计算公式简化,也大大地减少了运算量.

【例 5.8】　用追赶法求解下面三对角方程组

$$\begin{cases} 2x_1 - x_2 = 1 \\ -x_1 + 2x_2 - x_3 = 0 \\ -x_2 + 2x_3 - x_4 = 0 \\ -x_3 + 2x_4 = 1 \end{cases}$$

解　由三对角分解公式(5.21)有

$$u_1 = b_1 = 2, l_2 = a_2/u_1 = -1/2, u_2 = b_2 - c_1 l_2 = 3/2, l_3 = a_3/u_2 = -2/3,$$

$$u_3 = b_3 - c_2 l_3 = 4/3, l_4 = a_4/u_3 = -3/4, u_4 = b_4 - c_3 l_4 = 5/4$$

由式(5.22)有

$$y_1 = f_1 = 1, y_2 = f_2 - l_2 y_1 = 1/2,$$

$$y_3 = f_3 - l_3 y_2 = 1/3, y_4 = f_4 - l_4 y_3 = 5/4$$

最后,由式(5.23)得原方程组的解

$$x_4 = y_4/u_4 = 1, x_3 = (y_3 - c_3 x_4)/u_3 = 1,$$

$$x_2 = (y_2 - c_2 x_3)/u_2 = 1, x_1 = (y_1 - c_1 x_2)/u_1 = 1$$

5.5　向量和矩阵的范数

为了研究线性方程组近似解的误差和迭代法的收敛性,我们需要引入衡量向量和矩阵"大小"的度量概念 —— 向量和矩阵的范数.

5.5.1　向量的范数

定义 5.1　如果向量 $\boldsymbol{x} \in R^n$ 的某个实值函数 $f(\boldsymbol{x}) = \|\boldsymbol{x}\|$ 满足

① 正定性: $\|\boldsymbol{x}\| \geqslant 0$,且 $\|\boldsymbol{x}\| = 0$ 当且仅当 $\boldsymbol{x} = \boldsymbol{0}$;

② 齐次性:对任意实数 α,都有 $\|\alpha\boldsymbol{x}\| = |\alpha| \|\boldsymbol{x}\|$;

③ 三角不等式:对任意 $\boldsymbol{x}, \boldsymbol{y} \in R^n$,都有 $\|\boldsymbol{x}+\boldsymbol{y}\| \leqslant \|\boldsymbol{x}\| + \|\boldsymbol{y}\|$

则称 $\|\boldsymbol{x}\|$ 为 R^n 上的一个向量范数.

以上三个条件刻画了"长度""大小"及"距离"的本质,因此称为**范数公理**.

对 R^n 上的任一种范数 $\|\cdot\|$,$\forall \boldsymbol{x}, \boldsymbol{y} \in R^n$,显然有 $\|\boldsymbol{x} \pm \boldsymbol{y}\| \geqslant \|\boldsymbol{x}\| - \|\boldsymbol{y}\|$.

向量空间 R^n 上可以定义多种范数，常用的几种范数如下：

① 向量 $\boldsymbol{x}$ 的 1- 范数：$\|\boldsymbol{x}\|_1=\sum_{i=1}^{n}|x_i|$；

② 向量 $\boldsymbol{x}$ 的 2- 范数：$\|\boldsymbol{x}\|_2=(\sum_{i=1}^{n}x_i^2)^{\frac{1}{2}}$；

③ 向量 $\boldsymbol{x}$ 的 ∞- 范数：$\|\boldsymbol{x}\|_\infty=\max\limits_{1\leqslant i\leqslant n}|x_i|$；

④ 一般的 $\boldsymbol{p}$- 范数：$\|\boldsymbol{x}\|_p=(\sum_{i=1}^{n}|x_i|^p)^{\frac{1}{p}},p\in[1,\infty)$.

向量范数是向量各分量的连续函数，它的一个很重要的特征是任意向量范数的等价性.

定理 5.7　R^n 上的所有向量范数是彼此等价的，即 $\|\boldsymbol{x}\|_s$ 和 $\|\boldsymbol{x}\|_t$ 为 R^n 的任意两个向量范数，则存在常数 $c_1,c_2>0$，使得对任意 $\boldsymbol{x}$，有

$$c_1\|\boldsymbol{x}\|_s\leqslant\|\boldsymbol{x}\|_t\leqslant c_2\|\boldsymbol{x}\|_s$$

由于向量范数之间具有等价性，因此，以后只需对一种范数进行讨论，其余的范数都具有相似的结论. 有了范数的概念，我们就可以来讨论收敛性的问题.

定义 5.2　设 $\{\boldsymbol{x}^{(k)}\}$ 为 R^n 中一向量序列，若存在 $\boldsymbol{x}^*\in R^n$，使

$$\lim_{k\to\infty}\|\boldsymbol{x}^{(k)}-\boldsymbol{x}^*\|=0$$

则称向量序列 $\{\boldsymbol{x}^{(k)}\}$ 依范数 $\|\cdot\|$ 收敛于向量 $\boldsymbol{x}^*$.

由向量范数的等价性可知，如果在某种范数意义下向量序列收敛，则在任何一种范数意义下该向量序列也收敛. 因此，一般按计算的需要选用不同的范数，且把向量序列 $\{\boldsymbol{x}^{(k)}\}$ 收敛于向量 $\boldsymbol{x}^*$ 记为

$$\lim_{k\to\infty}\boldsymbol{x}^{(k)}=\boldsymbol{x}^*$$

而不强调是在哪种范数意义下收敛.

注：　设 $\boldsymbol{x}^{(k)}=(x_1^{(k)},x_2^{(k)},\cdots,x_n^{(k)})\in R^n,\boldsymbol{x}^*=(x_1^*,x_2^*,\cdots,x_n^*)\in R^n(k=1,2,\cdots)$，则 $\lim\limits_{k\to\infty}\boldsymbol{x}^{(k)}=\boldsymbol{x}^*\Leftrightarrow\lim\limits_{k\to\infty}x_j^{(k)}=x_j^*\ (j=1,2,\cdots,n)$.

5.5.2　矩阵的范数

1. 矩阵范数的定义

一个 $m\times n$ 阶的矩阵也可以看做是 $m\times n$ 维的向量，用 $R^{m\times n}$ 表示 $m\times n$ 阶矩阵的集合，本质上是和 $R^{m\times n}$ 一样的向量空间，因此可以按向量的办法来定义其上的范数. 但是，矩阵还有矩阵间的乘法运算. 所以，对于 $n\times n$ 阶的方阵我们定义范数如下：

定义 5.3 如果矩阵 $\boldsymbol{A} \in R^{n\times n}$ 的某个非负的实值函数 $\|\boldsymbol{A}\|$，满足条件

① 非负性：$\|\boldsymbol{A}\| \geqslant 0$，且 $\|\boldsymbol{A}\| = 0$ 当且仅当 $\boldsymbol{A} = \boldsymbol{O}$

② 齐次性：对任意实数 k，$\|k\boldsymbol{A}\| = |k|\,\|\boldsymbol{A}\|$

③ 三角不等式：$\|\boldsymbol{A}+\boldsymbol{B}\| \leqslant \|\boldsymbol{A}\| + \|\boldsymbol{B}\|$

④ 相容性：$\|\boldsymbol{AB}\| \leqslant \|\boldsymbol{A}\|\,\|\boldsymbol{B}\|$

则称 $\|\boldsymbol{A}\|$ 是 $R^{n\times n}$ 上的一个矩阵范数.

不难验证，$\|\boldsymbol{A}\|_F = \left(\sum_{i=1}^{n}\sum_{j=1}^{n} a_{ij}^2\right)^{\frac{1}{2}}$ 是一种矩阵范数，称为佛罗比尼乌斯(Frobenius)范数，简称 F 范数，是向量的 2-范数的直接推广.

由于在大多数与误差估计有关的问题中，矩阵和向量会同时参与讨论，所以需要引进一种矩阵的范数，它和向量范数相联系，而且和向量范数相容，即

$$\|\boldsymbol{Ax}\| \leqslant \|\boldsymbol{A}\|\,\|\boldsymbol{x}\|$$

对任意向量 $\boldsymbol{x} \in R^n$ 及矩阵 $\boldsymbol{A} \in R^{n\times n}$ 都成立.

定义 5.4 对于给定的 R^n 上的一种向量范数 $\|\boldsymbol{x}\|$ 和 $R^{n\times n}$ 上的一种矩阵范数 $\|\boldsymbol{A}\|$，如果满足

$$\|\boldsymbol{Ax}\| \leqslant \|\boldsymbol{A}\|\,\|\boldsymbol{x}\|$$

则称 $\|\boldsymbol{A}\|$ 是与向量范数 $\|\boldsymbol{x}\|$ 相容的矩阵范数.

定义 5.5 对给定的一种向量范数 $\|\boldsymbol{x}\|_v$，相应地可定义一个矩阵的非负函数：

$$\|\boldsymbol{A}\|_v = \max_{\boldsymbol{x}\neq \boldsymbol{0}} \frac{\|\boldsymbol{Ax}\|_v}{\|\boldsymbol{x}\|_v} = \max_{\|\boldsymbol{x}\|_v = 1} \|\boldsymbol{Ax}\|_v$$

则 $\|\boldsymbol{A}\|_v$ 是矩阵范数，称为矩阵 $\boldsymbol{A}$ 的**算子范数**. 进一步它还满足相容性条件

$$\|\boldsymbol{Ax}\|_v \leqslant \|\boldsymbol{A}\|_v\,\|\boldsymbol{x}\|_v$$

从而 $\|\boldsymbol{A}\|_v$ 也称为从属于向量范数 $\|\boldsymbol{x}\|_v$ 的矩阵范数.

2. 常用的矩阵范数

① 矩阵 $\boldsymbol{A}$ 的 ∞-范数(或行范数)：$\|\boldsymbol{A}\|_\infty = \max\limits_{1\leqslant i\leqslant n} \sum_{j=1}^{n} |a_{ij}|$；

② 矩阵 $\boldsymbol{A}$ 的 1-范数(或列范数)：$\|\boldsymbol{A}\|_1 = \max\limits_{1\leqslant j\leqslant n} \sum_{i=1}^{n} |a_{ij}|$；

③ 矩阵 $\boldsymbol{A}$ 的 2-范数(或谱范数)：$\|\boldsymbol{A}\|_2 = \sqrt{\lambda_{\max}(\boldsymbol{A}^{\mathrm{T}}\boldsymbol{A})}$.

其中，$\lambda_{\max}(\boldsymbol{A}^{\mathrm{T}}\boldsymbol{A})$ 是方阵 $\boldsymbol{A}^{\mathrm{T}}\boldsymbol{A}$ 的最大特征值.

注：① 矩阵范数 $\|\cdot\|_2$，$\|\cdot\|_1$，$\|\cdot\|_\infty$ 彼此等价；

② 设 $\boldsymbol{x}$ 是 n 维向量，$\boldsymbol{A}$ 是 n 阶方阵，则 $\|\boldsymbol{Ax}\| \leqslant \|\boldsymbol{A}\|\,\|\boldsymbol{x}\|$.

【例 5.9】 已知 $\boldsymbol{A} = \begin{pmatrix} 1 & -2 \\ -3 & 4 \end{pmatrix}$，求 $\|\boldsymbol{A}\|_\infty$，$\|\boldsymbol{A}\|_1$，$\|\boldsymbol{A}\|_F$，$\|\boldsymbol{A}\|_2$.

解 ① $\|\boldsymbol{A}\|_\infty = \max\limits_{1\leqslant i\leqslant n}\sum\limits_{j=1}^{n}|a_{ij}| = \max(|1|+|-2|=3, |-3|+|4|=7)=7$

② $\|\boldsymbol{A}\|_1 = \max\limits_{1\leqslant j\leqslant n}\sum\limits_{i=1}^{n}|a_{ij}| = \max(|1|+|-3|=4, |-2|+|4|=6)=6$

③ $\|\boldsymbol{A}\|_F = \left(\sum\limits_{i=1}^{n}\sum\limits_{j=1}^{n}a_{ij}^2\right)^{\frac{1}{2}} = [1^2+(-2)^2+(-3)^2+4^2]^{\frac{1}{2}} = \sqrt{30}\approx 5.477$

④ 由

$$\boldsymbol{A}^{\mathrm{T}}\boldsymbol{A}=\begin{pmatrix}10 & -14\\ -14 & 20\end{pmatrix},\det(\lambda\boldsymbol{I}-\boldsymbol{A}^{\mathrm{T}}\boldsymbol{A})=\begin{vmatrix}\lambda-10 & 14\\ 14 & \lambda-20\end{vmatrix}=\lambda^2-30\lambda+4=0$$

得 $\boldsymbol{A}^{\mathrm{T}}\boldsymbol{A}$ 的特征值分别为 $\lambda_1=15+\sqrt{221}$，$\lambda_2=15-\sqrt{221}$，所以 $\|\boldsymbol{A}\|_2=\sqrt{\max(\lambda_1,\lambda_2)}$ $=\sqrt{15+\sqrt{221}}\approx 5.465$

5.6 方程组的性态与误差分析

5.6.1 方程组的性态

在用数值计算方法求解线性方程组时，计算结果有时不准确，这可能有两种原因：一种是计算方法不合理；另外一种是线性方程组本身的问题. 判断一个计算方法的好坏，可从方法是否稳定、解的精确度高低以及运算量、存储量大小等来衡量. 然而，对于不同的问题，同一方法却可以产生完全不同的效果，这是由方程组的性态所决定的.

定义 5.6 若在方程组 $\boldsymbol{Ax}=\boldsymbol{b}$ 中，系数矩阵 $\boldsymbol{A}$ 或 $\boldsymbol{b}$ 的微小变化 $\|\delta\boldsymbol{A}\|$ 或 $\|\delta\boldsymbol{b}\|$，可引起方程组 $\boldsymbol{Ax}=\boldsymbol{b}$ 的解向量 $\boldsymbol{x}$ 的变化 $\|\delta\boldsymbol{x}\|$ 很大，则称方程组 $\boldsymbol{Ax}=\boldsymbol{b}$ 是"病态"方程组，相应的系数矩阵 $\boldsymbol{A}$ 称为"病态"矩阵. 否则，分别称 $\boldsymbol{Ax}=\boldsymbol{b}$ 是"良态"方程组，$\boldsymbol{A}$ 称为"良态"矩阵.

【例 5.10】 设有方程组

$$\begin{pmatrix}2 & 3\\ 2 & 3.0001\end{pmatrix}\begin{pmatrix}x_1\\ x_2\end{pmatrix}=\begin{pmatrix}5\\ 5.0001\end{pmatrix}$$

分别考察常数项和系数矩阵的微小变化对方程组解的影响.

解 它的精确解是 $x_1=x_2=1$.

先看常数项的微小变化对方程组解的影响. 考察方程组

$$\begin{pmatrix}2 & 3\\ 2 & 3.0001\end{pmatrix}\begin{bmatrix}x_1\\ x_2\end{bmatrix}=\begin{pmatrix}5\\ 5.0002\end{pmatrix}$$

此时它的解是 $x_1=-\dfrac{1}{2}, x_2=2$.

再看系数矩阵的微小变化对方程组解的影响.考察方程组

$$\begin{pmatrix}2 & 3\\ 2 & 2.9999\end{pmatrix}\begin{bmatrix}x_1\\ x_2\end{bmatrix}=\begin{pmatrix}5\\ 5.0001\end{pmatrix}$$

此时它的解是 $x_1=4, x_2=-1$.

我们需要一种能刻画矩阵和方程组“病态”程度的标准.暂不考虑矩阵 $\boldsymbol{A}$ 的扰动,仅考虑 $\boldsymbol{b}$ 的扰动对方程组解的影响.

设 $\boldsymbol{A}$ 精确且非奇异,$\boldsymbol{b}$ 有微小扰动 $\delta\boldsymbol{b}$,则方程组 $\boldsymbol{Ax}=\boldsymbol{b}$ 的解有扰动 $\delta\boldsymbol{x}$,此时方程组为

$$\boldsymbol{A}(\boldsymbol{x}+\delta\boldsymbol{x})=\boldsymbol{b}+\delta\boldsymbol{b}$$

由 $\boldsymbol{Ax}=\boldsymbol{b}$,得 $\boldsymbol{A}\delta\boldsymbol{x}=\delta\boldsymbol{b}$,即 $\delta\boldsymbol{x}=\boldsymbol{A}^{-1}\delta\boldsymbol{b}$.于是

$$\|\delta\boldsymbol{x}\|=\|\boldsymbol{A}^{-1}\delta\boldsymbol{b}\|\leqslant\|\boldsymbol{A}^{-1}\|\,\|\delta\boldsymbol{b}\|$$

又由 $\boldsymbol{Ax}=\boldsymbol{b}$ 知:$\|\boldsymbol{b}\|=\|\boldsymbol{Ax}\|\leqslant\|\boldsymbol{A}\|\,\|\boldsymbol{x}\|$.因为 $\|\boldsymbol{x}\|\neq 0$,结合上式,有

$$\frac{\|\delta\boldsymbol{x}\|}{\|\boldsymbol{x}\|}\leqslant\|\boldsymbol{A}\|\,\|\boldsymbol{A}^{-1}\|\,\frac{\|\delta\boldsymbol{b}\|}{\|\boldsymbol{b}\|}\tag{5.24}$$

式(5.24)表明:当 $\boldsymbol{b}$ 有扰动 $\delta\boldsymbol{b}$ 时,所引起的解的相对误差不超过 $\boldsymbol{b}$ 的相对误差乘 $\|\boldsymbol{A}\|\,\|\boldsymbol{A}^{-1}\|$,可见当 $\boldsymbol{b}$ 有扰动时,$\|\boldsymbol{A}\|\,\|\boldsymbol{A}^{-1}\|$ 对方程组 $\boldsymbol{Ax}=\boldsymbol{b}$ 的解的变化是一个重要的衡量尺度.

类似地,若方程组 $\boldsymbol{Ax}=\boldsymbol{b}$ 的右端 $\boldsymbol{b}$ 无扰动,而系数矩阵 $\boldsymbol{A}$ 非奇异,但有扰动 $\delta\boldsymbol{A}$,相应地方程组 $\boldsymbol{Ax}=\boldsymbol{b}$ 的解有扰动 $\delta\boldsymbol{x}$,此时原方程组变为

$$(\boldsymbol{A}+\delta\boldsymbol{A})(\boldsymbol{x}+\delta\boldsymbol{x})=\boldsymbol{b}$$

即 $\boldsymbol{A}\delta\boldsymbol{x}=-(\delta\boldsymbol{A})\boldsymbol{x}-(\delta\boldsymbol{A})\delta\boldsymbol{x}$,有 $\delta\boldsymbol{x}=-\boldsymbol{A}^{-1}(\delta\boldsymbol{A})\boldsymbol{x}-\boldsymbol{A}^{-1}(\delta\boldsymbol{A})\delta\boldsymbol{x}$,则

$$\frac{\|\delta\boldsymbol{x}\|}{\|\boldsymbol{x}\|}\leqslant\frac{\|\boldsymbol{A}\|\,\|\boldsymbol{A}^{-1}\|(\|\delta\boldsymbol{A}\|/\|\boldsymbol{A}\|)}{1-\|\boldsymbol{A}\|\,\|\boldsymbol{A}^{-1}\|(\|\delta\boldsymbol{A}\|/\|\boldsymbol{A}\|)}\tag{5.25}$$

式(5.25)表明:当 $\boldsymbol{A}$ 的扰动 $\delta\boldsymbol{A}$ 充分小时,$\boldsymbol{A}$ 的相对误差在解的相对误差中可能放大 $\|\boldsymbol{A}\|\,\|\boldsymbol{A}^{-1}\|$ 倍.

综合式(5.24)和式(5.25),引入条件数的概念.

定义 5.7 设 $\boldsymbol{A}$ 是非奇异矩阵,称数

$$\mathrm{Cond}(\boldsymbol{A})=\|\boldsymbol{A}\|\cdot\|\boldsymbol{A}^{-1}\|\tag{5.26}$$

为矩阵 $\boldsymbol{A}$ 的条件数.

矩阵的条件数与范数有关,通常使用的条件数有:

①$\mathrm{Cond}_\infty(\boldsymbol{A})=\|\boldsymbol{A}\|_\infty\|\boldsymbol{A}^{-1}\|_\infty$;

② $\mathrm{Cond}_1(\boldsymbol{A}) = \|\boldsymbol{A}\|_1 \|\boldsymbol{A}^{-1}\|_1$

③ $\mathrm{Cond}_2(\boldsymbol{A}) = \|\boldsymbol{A}\|_2 \|\boldsymbol{A}^{-1}\|_2 = \sqrt{\dfrac{\lambda_{\max}(\boldsymbol{A}^{\mathrm{T}}\boldsymbol{A})}{\lambda_{\min}(\boldsymbol{A}^{\mathrm{T}}\boldsymbol{A})}}$

当 $\boldsymbol{A}$ 是对称矩阵时

$$\mathrm{Cond}_2(\boldsymbol{A}) = \frac{|\lambda_1|}{|\lambda_n|}$$

其中 λ_1 与 λ_n 分别为 A 的绝对值最大、最小的特征值.

条件数是一个放大的倍数,当条件数较大时,方程组 $\boldsymbol{Ax} = \boldsymbol{b}$ 是病态方程组;当条件数较小时,方程组 $\boldsymbol{Ax} = \boldsymbol{b}$ 是良态方程组.

【例 5.11】 计算矩阵 $\boldsymbol{A} = \begin{pmatrix} 2 & 3 \\ 2 & 3.0001 \end{pmatrix}$ 的条件数 $\mathrm{Cond}_1(\boldsymbol{A})$.

解 $\boldsymbol{A} = \begin{pmatrix} 2 & 3 \\ 2 & 3.0001 \end{pmatrix}$, $\|\boldsymbol{A}\|_1 = \max\{|2|+|2|, |3|+|3.0001|\} = 6.0001$;

$$\boldsymbol{A}^{-1} = \frac{1}{|\boldsymbol{A}|}\begin{pmatrix} 3.0001 & -3 \\ -2 & 2 \end{pmatrix} = \frac{1}{0.0002}\begin{pmatrix} 3.0001 & -3 \\ -2 & 2 \end{pmatrix} = \begin{pmatrix} 15000.5 & -15000 \\ -10000 & 10000 \end{pmatrix},$$

$\|\boldsymbol{A}^{-1}\|_1 = \max\{|15000.5|+|-10000|, |-15000|+|10000|\} = 25000.5$;

$\mathrm{Cond}_1(\boldsymbol{A}) = \|\boldsymbol{A}\|_1 \|\boldsymbol{A}^{-1}\|_1 = 6.0001 \times 25000.5 = 150005.50005$

5.6.2 精度分析

求得方程组 $\boldsymbol{Ax} = \boldsymbol{b}$ 的一个近似解 $\tilde{\boldsymbol{x}}$ 以后,自然希望判断其精度.检验精度的一个简单办法是,将近似解 $\tilde{\boldsymbol{x}}$ 再回代到原方程组去求出余量(或称残差) $\boldsymbol{r}$:

$$\boldsymbol{r} = \boldsymbol{b} - \boldsymbol{A}\tilde{\boldsymbol{x}}$$

如果 $\boldsymbol{r}$ 很小,就认为解 $\tilde{\boldsymbol{x}}$ 是相当准确的.

定理 5.8 设 $\tilde{\boldsymbol{x}}$ 是方程组 $\boldsymbol{Ax} = \boldsymbol{b}$ 的一个近似解,其精确解记 $\boldsymbol{x}^*$, $\boldsymbol{r}$ 为 $\tilde{\boldsymbol{x}}$ 的余量,则有

$$\frac{\|\boldsymbol{x}^* - \tilde{\boldsymbol{x}}\|}{\|\boldsymbol{x}^*\|} \leqslant \mathrm{Cond}(\boldsymbol{A}) \frac{\|\boldsymbol{r}\|}{\|\boldsymbol{b}\|} \tag{5.27}$$

证明 由于 $\boldsymbol{Ax}^* = \boldsymbol{b}$, $\boldsymbol{A}(\boldsymbol{x}^* - \tilde{\boldsymbol{x}}) = \boldsymbol{r}$,故有

$$\|\boldsymbol{b}\| = \|\boldsymbol{Ax}^*\| \leqslant \|\boldsymbol{A}\| \|\boldsymbol{x}^*\|$$

$$\|\boldsymbol{x}^* - \tilde{\boldsymbol{x}}\| = \|\boldsymbol{A}^{-1}\boldsymbol{r}\| \leqslant \|\boldsymbol{A}^{-1}\| \|\boldsymbol{r}\|$$

由此易得式(5.27).

估计式(5.27)表明,用余量大小来检验近似解精度的方法对于病态方程组是不可靠的.

【例 5.12】 已知 3 阶希尔伯特(Hilbert)矩阵

$$
\boldsymbol{H}_3 = \begin{pmatrix} 1 & \frac{1}{2} & \frac{1}{3} \\ \frac{1}{2} & \frac{1}{3} & \frac{1}{4} \\ \frac{1}{3} & \frac{1}{4} & \frac{1}{5} \end{pmatrix}
$$

(1) 计算 $\boldsymbol{H}_3$ 的条件数 $\mathrm{Cond}(\boldsymbol{H}_3)_\infty$.

(2) 解方程组 $\boldsymbol{H}_3\boldsymbol{x} = \left(\frac{11}{6}, \frac{13}{12}, \frac{47}{60}\right)^{\mathrm{T}} = \boldsymbol{b}$ 时,$\boldsymbol{H}_3$ 及 $\boldsymbol{b}$ 有微小误差(取3位有效数字),估计解 $\boldsymbol{x}$ 的误差 $\frac{\|\delta\boldsymbol{x}\|_\infty}{\|\boldsymbol{x}\|_\infty}$.

解

$$
\boldsymbol{H}_3^{-1} = \begin{pmatrix} 9 & -36 & 30 \\ -36 & 192 & -180 \\ 30 & -180 & 180 \end{pmatrix}
$$

(1) $\|\boldsymbol{H}_3\|_\infty = \frac{11}{6}$, $\|\boldsymbol{H}_3^{-1}\|_\infty = 408$,所以 $\mathrm{Cond}(\boldsymbol{H}_3)_\infty = 748$.

(2) 考虑方程组

$$
\boldsymbol{H}_3\boldsymbol{x} = (\frac{11}{6}, \frac{13}{12}, \frac{47}{60})^{\mathrm{T}} = \boldsymbol{b}
$$

的扰动方程($\boldsymbol{H}_3$ 及 $\boldsymbol{b}$ 的元素取3位有效数字)有

$$
\begin{pmatrix} 1.00 & 0.500 & 0.333 \\ 0.500 & 0.333 & 0.250 \\ 0.333 & 0.250 & 0.20 \end{pmatrix} \begin{pmatrix} x_1 + \delta x_1 \\ x_2 + \delta x_2 \\ x_3 + \delta x_3 \end{pmatrix} = \begin{pmatrix} 1.83 \\ 1.08 \\ 0.783 \end{pmatrix}
$$

简记为$(\boldsymbol{H}_3 + \delta\boldsymbol{H}_3)(\boldsymbol{x} + \delta\boldsymbol{x}) = \boldsymbol{b} + \delta\boldsymbol{b}$. 方程 $\boldsymbol{H}_3\boldsymbol{x} = \boldsymbol{b}$ 与它的扰动方程的解分别为:$\boldsymbol{x} = (1,1,1)^{\mathrm{T}}$, $\boldsymbol{x} + \delta\boldsymbol{x} = (1.089512538, 0.487967062, 1.491002798)^{\mathrm{T}}$. 于是

$$
\delta\boldsymbol{x} = (0.0895, -0.5120, 0.4910)^{\mathrm{T}}, \frac{\|\delta\boldsymbol{x}\|_\infty}{\|\boldsymbol{x}\|_\infty} \approx 51.2\%
$$

而

$$
\delta\boldsymbol{H}_3 = \begin{pmatrix} 0 & 0 & 0.00033 \\ 0 & 0.00033 & 0 \\ 0.00033 & 0 & 0 \end{pmatrix}, \quad \delta\boldsymbol{b} = \begin{pmatrix} 0.00333 \\ 0.00333 \\ 0.00033 \end{pmatrix}
$$

有

$$
\|\delta\boldsymbol{H}_3\|_\infty = 0.00033, \quad \|\delta\boldsymbol{b}\|_\infty = 0.00333
$$

所以

$$
\frac{\|\delta\boldsymbol{H}_3\|_\infty}{\|\boldsymbol{H}_3\|_\infty} \approx \frac{0.00033}{\frac{11}{6}} < 0.02\%, \quad \frac{\|\delta\boldsymbol{b}\|_\infty}{\|\boldsymbol{b}\|_\infty} \approx \frac{0.00333}{\frac{11}{6}} = 0.182\%
$$

这表明 $\boldsymbol{H}_3$ 与 $\boldsymbol{b}$ 的相对误差不超过0.2%,而引起的解的相对误差超过50%.

对高阶希尔伯特矩阵 $\boldsymbol{H}_n$，可计算出 $\mathrm{Cond}(\boldsymbol{H}_6)_\infty = 2.6\times10^7$，$\mathrm{Cond}(\boldsymbol{H}_7)_\infty = 9.85\times10^8$. 当 n 愈大时，$\boldsymbol{H}_n$ 病态愈严重.

由前面的讨论可知，要判断一个矩阵是否病态需要计算条件数 $\mathrm{Cond}(\boldsymbol{A}) = \|\boldsymbol{A}\|\,\|\boldsymbol{A}^{-1}\|$，当 n 较大时，$\boldsymbol{A}^{-1}$ 的计算并非易事. 在实际计算中，如果遇到下列几种情况，就应当考虑方程组可能是病态的.

① 用主元素消去法求解方程组时，出现小主元；

② 系数矩阵某两行(列)几乎线性相关；

③ 系数矩阵的元素间数量级相差很大，且无规律；

④ 近似解向量 $\bar{\boldsymbol{x}}$ 已使剩余向量 $\boldsymbol{r} = \boldsymbol{b} - \boldsymbol{A}\tilde{\boldsymbol{x}}$ 的范数 $\|\boldsymbol{r}\|$ 很小，但解仍不符合客观规律.

对病态方程组求解可采用以下措施：

① 采用高精度计算，减轻病态影响，例如用双精度计算.

② 用预处理方法改善 $\boldsymbol{A}$ 的条件数，即选择非奇异矩阵 $\boldsymbol{P},\boldsymbol{Q}\in R^{n\times n}$，使 $\boldsymbol{PAQ}(\boldsymbol{Q}^{-1}\boldsymbol{x}) = \boldsymbol{Pb}$ 与 $\boldsymbol{Ax} = \boldsymbol{b}$ 等价，而 $\widetilde{\boldsymbol{A}} = \boldsymbol{PAQ}$ 的条件数相比 $\boldsymbol{A}$ 的条件数有所改善，则求 $\widetilde{\boldsymbol{A}}\bar{\boldsymbol{x}} = \tilde{\boldsymbol{b}} = \boldsymbol{Pb}$ 的解 $\bar{\boldsymbol{x}}$，则 $\boldsymbol{x} = \boldsymbol{Q}\bar{\boldsymbol{x}}$ 为原方程的解. 计算时可选择 $\boldsymbol{P},\boldsymbol{Q}$ 为对角矩阵或三角矩阵.

③ 平衡方法，当 $\boldsymbol{A}$ 中元素的数量级相差很大，可采用行均衡或列均衡的方法改善 $\boldsymbol{A}$ 的条件数. 设 $\boldsymbol{A} = (a_{ij})\in R^{n\times n}$ 非奇异，计算 $s_i = \max\limits_{1\leqslant j\leqslant n}|a_{ij}|\ (i=1,2,\cdots,n)$，令 $\boldsymbol{D} = \mathrm{diag}\left(\frac{1}{s_1},\frac{1}{s_2},\cdots,\frac{1}{s_n}\right)$，于是求 $\boldsymbol{Ax} = \boldsymbol{b}$ 等价于求 $\boldsymbol{DAx} = \boldsymbol{Db}$ 或 $\widetilde{\boldsymbol{A}}\boldsymbol{x} = \tilde{\boldsymbol{b}}$. 这时 $\widetilde{\boldsymbol{A}} = \boldsymbol{DA}$ 的条件数可得到改善，这就是行均衡法.

【例 5.13】 设

$$\begin{pmatrix}1 & 10^4\\ 1 & 1\end{pmatrix}\begin{bmatrix}x_1\\ x_2\end{bmatrix} = \begin{pmatrix}10^4\\ 2\end{pmatrix}$$

简记为 $\boldsymbol{Ax} = \boldsymbol{b}$，计算 $\mathrm{Cond}(\boldsymbol{A})_\infty$.

解 $\boldsymbol{A} = \begin{pmatrix}1 & 10^4\\ 1 & 1\end{pmatrix}$，$\boldsymbol{A}^{-1} = \dfrac{1}{10^4-1}\begin{pmatrix}-1 & 10^4\\ 1 & -1\end{pmatrix}$，$\|\boldsymbol{A}\|_\infty = 1+10^4$，$\|\boldsymbol{A}^{-1}\|_\infty = \dfrac{1+10^4}{10^4-1}$，则有

$$\mathrm{Cond}(\boldsymbol{A})_\infty = \|\boldsymbol{A}\|_\infty\,\|\boldsymbol{A}^{-1}\|_\infty = \frac{(1+10^4)^2}{10^4-1}\approx 10^4$$

当用列主元消去法求解时(计算到3位有效数字)

$$(\boldsymbol{A}\mid\boldsymbol{b})\to\left[\begin{array}{cc|c}1 & 10^4 & 10^4\\ 0 & -10^4 & -10^4\end{array}\right]$$

于是得到很坏的结果：$x_2 = 1, x_1 = 0$.

取 $\boldsymbol{D}=\begin{bmatrix}\dfrac{1}{10^4} & 0\\ 0 & 1\end{bmatrix}$,考察等价方程组 $\boldsymbol{DAx}=\boldsymbol{Db}$ 的系数矩阵 $\widetilde{\boldsymbol{A}}=\boldsymbol{DA}$ 的条件数.

$$\widetilde{\boldsymbol{A}}=\begin{pmatrix}10^{-4} & 1\\ 1 & 1\end{pmatrix},\quad \widetilde{\boldsymbol{A}}^{-1}=\frac{1}{1-10^{-4}}\begin{pmatrix}-1 & 1\\ 1 & -10^{-4}\end{pmatrix}$$

则 $\mathrm{Cond}(\widetilde{\boldsymbol{A}})_\infty=\dfrac{4}{1-10^{-4}}\approx 4$,大大改善了系数矩阵的条件数.

再用列主元消去法求解 $\widetilde{\boldsymbol{A}}\boldsymbol{x}=\widetilde{\boldsymbol{b}}$,得到

$$(\widetilde{\boldsymbol{A}}\mid\widetilde{\boldsymbol{b}})=\left(\begin{array}{cc|c}10^{-4} & 1 & 1\\ 1 & 1 & 2\end{array}\right)\to\left(\begin{array}{cc|c}1 & 1 & 2\\ 10^{-4} & 1 & 1\end{array}\right)\to\left(\begin{array}{cc|c}1 & 1 & 2\\ 0 & 1 & 1\end{array}\right)$$

从而得到较好的结果:$x_2=1$,$x_1=1$.

以上对方程组的系数矩阵进行预处理,改善了方程组系数矩阵的条件数. 显然,经过预处理后的方程组 $\boldsymbol{DAx}=\boldsymbol{Db}$ 是良态的,实践中使用预处理法比较普遍.

小　结　5

本章介绍了适合求解系数矩阵稠密、低阶的线性方程组的直接方法:高斯消去法、三角分解法. 直接法的优点是:简单易行、运算量小、精度高,是一种精确地求解线性方程组的方法(如果每步计算没有舍入误差);缺点是:要求高,占用内存大. 所以直接法是求中小型($n\leqslant 150$)线性方程组的有效方法,但要注意方法的选取.

当方程组的系数矩阵是一般矩阵时,除对角占优阵不必选主元外,在非病态情况下,采用选主元的高斯消去法能得到较满意的结果,高斯列主元消去法和全主元消去法都是数值比较稳定的算法. 其中用高斯全主元消去法解方程组具有较高的精度,但它需要花费较多的机器时间,而高斯列主元消去法是比全主元消去法更实用的算法,一般使用较多.

当方程组的系数矩阵是对称正定矩阵时,乔列斯基方法是一个数值稳定的有效方法,在工程计算中使用比较广泛.

当方程组的系数矩阵是三对角矩阵时,特别是严格对角占优矩阵时,追赶法是一种运算量小、方法简单、算法稳定的好方法.

对于良态方程组,根据系数矩阵的特性,可选取有效可靠的算法,得到满意的结果;而对于病态方程组,实际计算时多采用双精度方法或预处理方法,从而也能得到较精确的结果.

习　题　5

1. 用高斯消去法求解下列线性方程组：

$$\begin{cases} \frac{1}{4}x_1 + \frac{1}{5}x_2 + \frac{1}{6}x_3 = 9 \\ \frac{1}{3}x_1 + \frac{1}{4}x_2 + \frac{1}{5}x_3 = 8 \\ \frac{1}{2}x_1 + x_2 + 2x_3 = 8 \end{cases}$$

2. 用高斯消去法和高斯列主元消去法求解下列矩阵方程：

$$\begin{pmatrix} 0.729 & 0.81 & 0.9 \\ 1 & 1 & 1 \\ 1.331 & 1.21 & 1.1 \end{pmatrix} \begin{pmatrix} x_1 \\ x_2 \\ x_3 \end{pmatrix} = \begin{pmatrix} 0.8338 \\ 0.8338 \\ 1.000 \end{pmatrix}$$

取 4 位有效数字计算，并同精确解$(0.2245, 0.2814, 0.3279)^{\mathrm{T}}$比较.

3. 用列主元消去法解 $\boldsymbol{Ax} = \boldsymbol{b}$，其中

$$(\boldsymbol{A} \mid \boldsymbol{b}) = \left(\begin{array}{ccc|c} -0.002 & 2 & 2 & 0.4 \\ 1 & 0.78125 & 0 & 1.3816 \\ 3.996 & 5.5625 & 4 & 7.4178 \end{array}\right)$$

4. 求矩阵 $\boldsymbol{A} = \begin{pmatrix} 1 & 2 & 3 \\ 2 & 7 & 7 \\ -1 & 4 & 5 \end{pmatrix}$ 的 $\boldsymbol{LU}$ 分解.

5. 用直接三角分解求解方程组：

$$\begin{cases} 3x_1 + 2x_2 + 5x_3 = 6 \\ -x_1 + 4x_2 + 3x_3 = 5 \\ x_1 - x_2 + 3x_3 = 1 \end{cases}$$

6. 下述矩阵能否作杜利特尔分解，若能分解，分解式是否唯一？

$$\boldsymbol{A} = \begin{pmatrix} 1 & 2 & 3 \\ 2 & 4 & 1 \\ 4 & 6 & 7 \end{pmatrix}, \boldsymbol{B} = \begin{pmatrix} 1 & 1 & 1 \\ 2 & 2 & 1 \\ 3 & 3 & 1 \end{pmatrix}, \boldsymbol{C} = \begin{pmatrix} 1 & 2 & 6 \\ 2 & 5 & 15 \\ 6 & 15 & 46 \end{pmatrix}$$

7. 将下述矩阵方程的系数矩阵分解成矩阵乘积 $\boldsymbol{LU}$ 形式，其中 $\boldsymbol{L}$ 为下三角矩阵，$\boldsymbol{U}$ 为单位上三角矩阵，并解此矩阵方程.

$$\begin{pmatrix} 2 & 0 & 1 & 3 \\ 4 & 3 & 1 & 7 \\ 2 & -3 & 6 & 4 \\ 6 & 6 & 5 & 18 \end{pmatrix} \begin{pmatrix} x_1 & y_1 \\ x_2 & y_2 \\ x_3 & y_3 \\ x_4 & y_4 \end{pmatrix} = \begin{pmatrix} 4 & 0 \\ 25 & 1 \\ -9 & 1 \\ 60 & -1 \end{pmatrix}$$

8. 将如下线性方程组的系数矩阵 $\boldsymbol{A}$ 分解为 $\boldsymbol{LDU}$ 形式($\boldsymbol{L}$ 为单位下三角矩阵、$\boldsymbol{D}$ 为对角矩阵、$\boldsymbol{U}$ 为单位上三角矩阵),并求解该线性方程组.

$$\begin{cases} x_1 + 2x_2 + 3x_3 + 4x_4 = 30 \\ 2x_1 + 3x_2 + 4x_3 + 5x_4 = 40 \\ 3x_1 + 4x_2 + 4x_3 + 5x_4 = 43 \\ 4x_1 + 5x_2 + 5x_3 + 7x_4 = 57 \end{cases}$$

9. 用平方根法求解方程组:

$$\begin{pmatrix} 16 & 4 & 8 \\ 4 & 5 & -4 \\ 8 & -4 & 22 \end{pmatrix} \begin{pmatrix} x_1 \\ x_2 \\ x_3 \end{pmatrix} = \begin{pmatrix} -4 \\ 3 \\ 10 \end{pmatrix}$$

10. 用改进平方根法求解方程组:

$$\begin{cases} x_1 + 2x_2 + x_3 = 4 \\ 2x_1 + 5x_2 = 4 \\ x_1 + x_3 = 4 \end{cases}$$

11. 用追赶法求解三对角方程组 $\boldsymbol{Ax} = \boldsymbol{b}$,其中

$$\boldsymbol{A} = \begin{pmatrix} 2 & -1 & 0 & 0 & 0 \\ -1 & 2 & -1 & 0 & 0 \\ 0 & -1 & 2 & -1 & 0 \\ 0 & 0 & -1 & 2 & -1 \\ 0 & 0 & 0 & -1 & 2 \end{pmatrix}, \quad \boldsymbol{b} = \begin{pmatrix} 1 \\ 0 \\ 0 \\ 0 \\ 0 \end{pmatrix}$$

12. 设 $\boldsymbol{A} = \begin{pmatrix} 0.6 & 0.5 \\ 0.1 & 0.3 \end{pmatrix}$,计算 $\boldsymbol{A}$ 的行范数、列范数、F-范数和 2 范数.

13. 求下面两个方程组的解,并利用矩阵的条件数估计 $\dfrac{\|\delta \boldsymbol{x}\|}{\|\boldsymbol{x}\|}$.

$$\begin{pmatrix} 240 & -319 \\ -179 & 240 \end{pmatrix} \begin{pmatrix} x_1 \\ x_2 \end{pmatrix} = \begin{pmatrix} 3 \\ 4 \end{pmatrix}, \text{即 } \boldsymbol{Ax} = \boldsymbol{b}$$

$$\begin{pmatrix} 240 & -319.5 \\ -179.5 & 240 \end{pmatrix} \begin{pmatrix} x_1 \\ x_2 \end{pmatrix} = \begin{pmatrix} 3 \\ 4 \end{pmatrix}, \text{即 } (\boldsymbol{A} + \delta \boldsymbol{A})(\boldsymbol{x} + \delta \boldsymbol{x}) = \boldsymbol{b}$$

第 6 章　线性方程组的迭代解法

直接法比较适用于中小型线性方程组.对高阶线性方程组,即使系数矩阵是稀疏的,也很难在运算中保持稀疏性,因而有存储量大、程序复杂等不足.迭代法则能保持矩阵的稀疏性,具有计算简单,编制程序容易的优点,并在许多情况下收敛较快,故能有效地求解一些高阶线性方程组.

6.1　问题的提出

我们来看一个简单的传热问题,假设在坐标平面上有正方形区域 $D=\{(x,y) \mid 0\leqslant x\leqslant 1, 0\leqslant y\leqslant 1\}$,其每条边界的温度是恒定的,即 $T(0,y)=T(1,y)=T(x,0)=0℃$,$T(x,1)=100℃(0\leqslant x\leqslant 1, 0\leqslant y\leqslant 1)$.我们用等距平行的水平和竖直各三条直线将此区域划分成 5 行 5 列的网格,格点处温度记为 T_{ij}(i、$j=0,1,2,3,4$),格点编号 i,j 分别按网格从上向下,从左向右排序.于是,边界上格点处温度已知,位于内部的 9 个格点处温度未知.我们可以认为内部格点处温度是围绕它的 4 个格点处温度的平均数,即

$$4T_{ij}=T_{i-1,j}+T_{i+1,j}+T_{i,j-1}+T_{i,j+1}\quad (i、j=1,2,3)$$

这是一个线性方程组(系数矩阵为 9 阶方阵),可以通过直接法来求解,获得内部格点处温度的近似值.

但是,当划分区域的水平和竖直的直线根数很多时,方程组的系数矩阵就是大型稀疏矩阵.例如,划分区域的水平和竖直的直线根数分别为 100 时,区域内部格点有 10000 个,方程组有未知数(对应区域内部格点处温度)10000 个,但是每个方程里系数不为零的未知数至多只有 5 个,方程组的系数矩阵是大型稀疏矩阵.这种类型的线性方程组直接求解比较困难,必须用迭代法来近似求解.

迭代法的基本思想是构造一串收敛到解的向量序列,即建立一种从已有近似解计算新的近似解的规则.由不同的计算规则可得到不同的迭代法.

对于线性方程组

$$\boldsymbol{Ax}=\boldsymbol{b} \tag{6.1}$$

所谓迭代法是这样一种方法,对任意给定的初始近似值 $\boldsymbol{x}^{(0)}$,按某种规则逐次生成序列 $\boldsymbol{x}^{(0)},\boldsymbol{x}^{(1)},\boldsymbol{x}^{(2)},\cdots,\boldsymbol{x}^{(k)},\cdots$,使极限 $\lim\limits_{k\to\infty}\boldsymbol{x}^{(k)}=\boldsymbol{x}^{*}$ 为方程组(6.1)的解,即

$$Ax^* = b$$

常用的方法是将方程组(6.1)变形为同解方程组

$$x = Bx + f$$

其中,$B \in R^{n\times n}$,派生出向量序列$\{x^{(k)}\}$:

$$x^{(k+1)} = Bx^{(k)} + f \ (k = 0,1,\cdots) \tag{6.2}$$

若序列$\{x^{(k)}\}$收敛,$\lim\limits_{k\to\infty} x^{(k)} = x^*$,显然有

$$x^* = Bx^* + f \tag{6.3}$$

则极限 x^* 便是所求方程组的解.

定义 6.1 ① 对给定的方程组(6.1),用公式(6.2)逐步代入求近似解的方法称为迭代法.

② 如果$\lim\limits_{k\to\infty} x^{(k)}$ 存在(记为 x^*),则称迭代法收敛,此时 x^* 就是方程组的解,否则称此迭代法发散.

6.2 雅可比迭代法

考虑线性方程组 $Ax = b$,即

$$\begin{cases} a_{11}x_1 + a_{12}x_2 + \cdots + a_{1n}x_n = b_1 \\ a_{21}x_1 + a_{22}x_2 + \cdots + a_{2n}x_n = b_2 \\ \qquad\cdots\cdots \\ a_{n1}x_1 + a_{n2}x_2 + \cdots + a_{nn}x_n = b_n \end{cases}$$

其中 $A = (a_{ij})_{n\times n}$ 非奇异. 设 $a_{ii} \neq 0 (i = 1,2,\cdots,n)$,则方程组可等价变形为

$$a_{ii}x_i = b_i - \sum_{j=1}^{i-1} a_{ij}x_j - \sum_{j=i+1}^{n} a_{ij}x_j \quad (i = 1,2,\cdots,n)$$

有

$$x_i = \frac{1}{a_{ii}}\left(b_i - \sum_{j=1}^{i-1} a_{ij}x_j - \sum_{j=i+1}^{n} a_{ij}x_j\right) \quad (i = 1,2,\cdots,n) \tag{6.4}$$

由此构造迭代公式

$$x_i^{(k+1)} = \frac{1}{a_{ii}}\left(b_i - \sum_{j=1}^{i-1} a_{ij}x_j^{(k)} - \sum_{j=i+1}^{n} a_{ij}x_j^{(k)}\right) \quad (i = 1,2,\cdots,n) \tag{6.5}$$

记

$$D = \begin{pmatrix} a_{11} & & & \\ & a_{22} & & \\ & & \ddots & \\ & & & a_{nn} \end{pmatrix}, \quad L = \begin{pmatrix} 0 & & & \\ -a_{21} & 0 & & \\ \vdots & & \ddots & \\ -a_{n1} & \cdots & -a_{n,n-1} & 0 \end{pmatrix},$$

$$U = \begin{pmatrix} 0 & -a_{12} & \cdots & -a_{1n} \\ & 0 & & \vdots \\ & & \ddots & -a_{n-1,n} \\ & & & 0 \end{pmatrix}$$

则 $\boldsymbol{A} = \boldsymbol{D} - \boldsymbol{L} - \boldsymbol{U}$. 由式(6.4)到式(6.5)的过程用矩阵形式表示为

$$\boldsymbol{Ax} = \boldsymbol{b} \Leftrightarrow (\boldsymbol{D} - \boldsymbol{L} - \boldsymbol{U})\boldsymbol{x} = \boldsymbol{b} \Leftrightarrow \boldsymbol{Dx} = (\boldsymbol{L} + \boldsymbol{U})\boldsymbol{x} + \boldsymbol{b} \Leftrightarrow \boldsymbol{x} = \boldsymbol{D}^{-1}(\boldsymbol{L} + \boldsymbol{U})\boldsymbol{x} + \boldsymbol{D}^{-1}\boldsymbol{b}$$

因此式(6.5)的矩阵形式为

$$\boldsymbol{x}^{(k+1)} = \boldsymbol{Jx}^{(k)} + \boldsymbol{f} \tag{6.6}$$

其中，$\boldsymbol{J} = \boldsymbol{D}^{-1}(\boldsymbol{L}+\boldsymbol{U}) = \boldsymbol{I} - \boldsymbol{D}^{-1}\boldsymbol{A}, \boldsymbol{f} = \boldsymbol{D}^{-1}\boldsymbol{b}$. 称式(6.5)、式(6.6)为解线性方程组 $Ax = b$ 的**雅可比**(Jacobi)**迭代格式**，**相应的方法称为雅可比迭代法**.

【例 6.1】 用雅可比迭代法求解下列方程组

$$\begin{cases} 9x_1 - x_2 - x_3 = 7 \\ -x_1 + 8x_2 = 7 \\ -x_1 + 9x_3 = 8 \end{cases}$$

解 取初始值 $\boldsymbol{x}^{(0)} = (x_1^{(0)}, x_2^{(0)}, x_3^{(0)})^{\mathrm{T}} = (0,0,0)^{\mathrm{T}}$, 按雅可比迭代法写成迭代公式

$$\begin{cases} x_1^{(k+1)} = \dfrac{1}{9}x_2^{(k)} + \dfrac{1}{9}x_3^{(k)} + \dfrac{7}{9} \\ x_2^{(k+1)} = \dfrac{1}{8}x_1^{(k)} + \dfrac{7}{8} \\ x_3^{(k+1)} = \dfrac{1}{9}x_1^{(k)} + \dfrac{8}{9} \end{cases}$$

进行迭代，其计算结果如表 6.1 所列.

表 6.1 雅可比迭代法计算结果

k	0	1	2	3	4	5	…
$x_1^{(k)}$	0	0.7777778	0.9737654	0.9941701	0.9993117	0.9998471	…
$x_2^{(k)}$	0	0.8750000	0.9722222	0.9967207	0.9992713	0.9999140	…
$x_3^{(k)}$	0	0.8888889	0.9753086	0.9970850	0.9993522	0.9999235	…

将上述结果与方程组的精确解 $\boldsymbol{x}^* = (1,1,1)^{\mathrm{T}}$ 比较可知，迭代 5 次后已经很接近精确解了.

6.3 高斯-赛德尔迭代法

在雅可比迭代中，是用 $\boldsymbol{x}^{(k)}$ 的全部分量来计算 $\boldsymbol{x}^{(k+1)}$ 的全部分量的，然而在计算分量 $x_i^{(k+1)}$ 时，$x_1^{(k+1)}, x_2^{(k+1)}, \cdots, x_{i-1}^{(k+1)}$ 都已经算出，若雅可比迭代法收敛，则可用

新迭代的结果 $x_1^{(k+1)},x_2^{(k+1)},\cdots,x_{i-1}^{(k+1)}$ 代替 $x_1^{(k)},x_2^{(k)},\cdots,x_{i-1}^{(k)}$ 来计算 $x_i^{(k+1)}$，可望得到更好的结果.这就是高斯-赛德尔(Gauss - Seidel)迭代法的基本思想.

其迭代公式为

$$x_i^{(k+1)}=\frac{1}{a_{ii}}(b_i-\sum_{j=1}^{i-1}a_{ij}x_j^{(k+1)}-\sum_{j=i+1}^{n}a_{ij}x_j^{(k)}) \tag{6.7}$$

式(6.7)的矩阵形式为

$$\boldsymbol{x}^{(k+1)}=\boldsymbol{D}^{-1}(\boldsymbol{b}+\boldsymbol{L}\boldsymbol{x}^{(k+1)}+\boldsymbol{U}\boldsymbol{x}^{(k)})$$

可将迭代法的矩阵形式改写为

$$\boldsymbol{x}^{(k+1)}=\boldsymbol{G}\boldsymbol{x}^{(k)}+\boldsymbol{f} \tag{6.8}$$

其中，$\boldsymbol{G}=(\boldsymbol{D}-\boldsymbol{L})^{-1}\boldsymbol{U}$，$\boldsymbol{f}=(\boldsymbol{D}-\boldsymbol{L})^{-1}\boldsymbol{b}$. 称式(6.8)为**高斯-赛德尔迭代格式，相应的方法称为高斯 - 赛德尔迭代法.**

【例 6.2】 用高斯 - 赛德尔迭代法求解例 6.1.

解 取初始值 $\boldsymbol{x}^{(0)}=(x_1^{(0)},x_2^{(0)},x_3^{(0)})^{\mathrm{T}}=(0,0,0)^{\mathrm{T}}$，按迭代公式

$$\begin{cases}x_1^{(k+1)}=\frac{1}{9}x_2^{(k)}+\frac{1}{9}x_3^{(k)}+\frac{7}{9}\\ x_2^{(k+1)}=\frac{1}{8}x_1^{(k+1)}+\frac{7}{8}\\ x_3^{(k+1)}=\frac{1}{9}x_1^{(k+1)}+\frac{8}{9}\end{cases}$$

进行迭代，其计算结果如表 6.2 所列.

表 6.2 高斯 - 赛德尔迭代法计算结果

k	0	1	2	3	4	…
$x_1^{(k)}$	0	0.7777778	0.9941701	0.9998471	0.9999960	…
$x_2^{(k)}$	0	0.9722222	0.9992713	0.9999809	0.9999995	…
$x_3^{(k)}$	0	0.9753086	0.9993522	0.9999830	0.9999996	…

由此看出，高斯 - 赛德尔迭代法比雅可比迭代法收敛快(达到同样的精度所需迭代次数少)，但这个结论，只有在一定条件下才是对的.有的方程组，雅可比迭代法收敛，而高斯 - 赛德尔迭代法却是发散的(下一节将举例说明).

6.4 迭代法的收敛性

6.4.1 矩阵序列的收敛性

定义 6.2 设有 $R^{n\times n}$ 中的矩阵序列 $\{\boldsymbol{A}^{(k)}\}$，若 $\lim\limits_{k\to\infty}\|\boldsymbol{A}^{(k)}-\boldsymbol{A}\|=0$，则称矩阵序列 $\{\boldsymbol{A}^{(k)}\}$ 收敛于 $R^{n\times n}$ 中的矩阵 $\boldsymbol{A}$，记为 $\lim\limits_{k\to\infty}\boldsymbol{A}^{(k)}=\boldsymbol{A}$.

注:设 $\boldsymbol{A}^{(k)}=(a_{ij}^{(k)})_{n\times n}\in R^{n\times n}$,$\boldsymbol{A}=(a_{ij})_{n\times n}\in R^{n\times n}\quad(k=1,2,\cdots)$,则

$$\lim_{k\to\infty}\boldsymbol{A}^{(k)}=\boldsymbol{A}\Leftrightarrow\lim_{k\to\infty}a_{ij}^{(k)}=a_{ij}\quad(i,j=1,2,\cdots,n)$$

设 $\boldsymbol{A}$ 为 n 阶方阵,$\lambda_i(i=1,2,\cdots,n)$ 为 $\boldsymbol{A}$ 的特征值,称特征值模的最大值为矩阵 $\boldsymbol{A}$ 的**谱半径**,记为

$$\rho(\boldsymbol{A})=\max_{1\leqslant i\leqslant n}\{|\lambda_i|\}$$

$(\lambda_1,\lambda_2,\cdots,\lambda_n)$ 称为**矩阵的谱**.

矩阵 $\boldsymbol{A}$ 的谱半径与范数有如下关系:

① 设 $\boldsymbol{A}$ 为 n 阶实方阵,则 $\rho(\boldsymbol{A})\leqslant\|\boldsymbol{A}\|$.

② 设 $\boldsymbol{A}$ 为 n 阶实对称方阵,则 $\|\boldsymbol{A}\|_2=\rho(\boldsymbol{A})$.

定理 6.1 设 $\boldsymbol{A}$ 为 n 阶方阵,则 $\lim\limits_{k\to\infty}\boldsymbol{A}^k=\boldsymbol{O}$ 的充要条件为 $\rho(\boldsymbol{A})<1$.

6.4.2 迭代收敛的判别条件

1. 迭代法的收敛条件

定理 6.2 对任意的初始向量 $\boldsymbol{x}^{(0)}$ 和右端项 $\boldsymbol{f}$,由迭代格式

$$\boldsymbol{x}^{(k+1)}=\boldsymbol{B}\boldsymbol{x}^{(k)}+\boldsymbol{f}\quad(k=0,1,2,\cdots)$$

产生的向量序列 $\{\boldsymbol{x}^{(k)}\}$ 收敛的充要条件是 $\rho(\boldsymbol{B})<1$.

证明 必要性. 设存在向量 $\boldsymbol{x}^*$,使得 $\lim\limits_{k\to\infty}\boldsymbol{x}^{(k)}=\boldsymbol{x}^*$,则

$$\boldsymbol{x}^*=\boldsymbol{B}\boldsymbol{x}^*+\boldsymbol{f}$$

由迭代公式(6.2),有

$$\begin{aligned}\boldsymbol{x}^{(k)}-\boldsymbol{x}^*&=\boldsymbol{B}\boldsymbol{x}^{(k-1)}+\boldsymbol{f}-\boldsymbol{B}\boldsymbol{x}^*-\boldsymbol{f}\\&=\boldsymbol{B}^k(\boldsymbol{x}^{(0)}-\boldsymbol{x}^*)\end{aligned}$$

于是

$$\lim_{k\to\infty}\boldsymbol{B}^k(\boldsymbol{x}^{(0)}-\boldsymbol{x}^*)=\lim_{k\to\infty}(\boldsymbol{x}^{(k)}-\boldsymbol{x}^*)=\boldsymbol{0}$$

因为 $\boldsymbol{x}^{(0)}$ 为任意 n 维向量,因此若上式成立则必有

$$\lim_{k\to\infty}\boldsymbol{B}^k=\boldsymbol{O}$$

由定理 6.1,即得 $\rho(\boldsymbol{B})<1$.

充分性. 若 $\rho(\boldsymbol{B})<1$,则 $\lambda=1$ 不是 $\boldsymbol{B}$ 的特征值,因而有 $|\boldsymbol{I}-\boldsymbol{B}|\neq0$,于是对任意 n 维向量 $\boldsymbol{f}$,方程组 $(\boldsymbol{I}-\boldsymbol{B})\boldsymbol{x}=\boldsymbol{f}$ 有唯一解,记为 $\boldsymbol{x}^*$,即

$$\boldsymbol{x}^*=\boldsymbol{B}\boldsymbol{x}^*+\boldsymbol{f}$$

并且

$$\lim_{k\to\infty}\boldsymbol{B}^k=\boldsymbol{O}$$

又因为

$$\boldsymbol{x}^{(k)} - \boldsymbol{x}^* = \boldsymbol{B}(\boldsymbol{x}^{(k-1)} - \boldsymbol{x}^*) = \boldsymbol{B}^k(\boldsymbol{x}^{(0)} - \boldsymbol{x}^*)$$

所以,对任意初始向量 $\boldsymbol{x}^{(0)}$,都有

$$\lim_{k\to\infty}(\boldsymbol{x}^{(k)} - \boldsymbol{x}^*) = \lim_{k\to\infty}\boldsymbol{B}^k(\boldsymbol{x}^{(0)} - \boldsymbol{x}^*) = \boldsymbol{0}$$

即由迭代公式(6.2)产生的向量序列$\{\boldsymbol{x}^{(k)}\}$收敛.

定理6.2说明,迭代法(6.2)收敛与否取决于迭代矩阵$\boldsymbol{B}$的谱半径,$\boldsymbol{B}$又依赖于方程组的系数矩阵$\boldsymbol{A}$,而与初始向量的选取和方程组的右端项无关.

【例 6.3】 设有线性方程组

$$\begin{cases} x_1 + 2x_2 - 2x_3 = 1 \\ x_1 + x_2 + x_3 = 2 \\ 2x_1 + 2x_2 + x_3 = 3 \end{cases}$$

讨论雅可比迭代法与高斯-赛德尔迭代法的收敛性.

解 雅可比迭代矩阵为

$$\boldsymbol{J} = \boldsymbol{I} - \boldsymbol{D}^{-1}\boldsymbol{A} = \begin{pmatrix} 0 & -2 & 2 \\ -1 & 0 & -1 \\ -2 & -2 & 0 \end{pmatrix}$$

特征方程为

$$|\lambda\boldsymbol{I} - \boldsymbol{J}| = \begin{vmatrix} \lambda & 2 & -2 \\ 1 & \lambda & 1 \\ 2 & 2 & \lambda \end{vmatrix} = \lambda^3 = 0$$

因此 $\lambda_1 = \lambda_2 = \lambda_3 = 0$,$\rho(\boldsymbol{J}) < 1$,雅可比迭代法收敛.

又高斯-赛德尔迭代矩阵为

$$\boldsymbol{G} = (\boldsymbol{D} - \boldsymbol{L})^{-1}\boldsymbol{U} = \begin{pmatrix} 1 & 0 & 0 \\ -1 & 1 & 0 \\ 0 & -2 & 1 \end{pmatrix}\begin{pmatrix} 0 & -2 & 2 \\ & 0 & -1 \\ & & 0 \end{pmatrix} = \begin{pmatrix} 0 & -2 & 2 \\ & 2 & -3 \\ & & 2 \end{pmatrix}$$

特征方程为

$$|\lambda\boldsymbol{I} - \boldsymbol{G}| = \begin{vmatrix} \lambda & 2 & -2 \\ 0 & \lambda - 2 & 3 \\ 0 & 0 & \lambda - 2 \end{vmatrix} = \lambda(\lambda - 2)^2 = 0$$

因此 $\lambda_1 = 0$,$\lambda_2 = \lambda_3 = 2$,$\rho(\boldsymbol{G}) = 2 > 1$,高斯-赛德尔迭代法发散.

【例 6.4】 设有线性方程组

$$\begin{cases} 2x_1 - x_2 + x_3 = 1 \\ x_1 + x_2 + x_3 = 1 \\ x_1 + x_2 - 2x_3 = 1 \end{cases}$$

讨论雅可比迭代法与高斯-赛德尔迭代法的收敛性.

解 雅可比迭代矩阵为

$$\boldsymbol{J}=\boldsymbol{I}-\boldsymbol{D}^{-1}\boldsymbol{A}=\begin{pmatrix}0 & \frac{1}{2} & -\frac{1}{2}\\ -1 & 0 & -1\\ \frac{1}{2} & \frac{1}{2} & 0\end{pmatrix}$$

特征方程为

$$|\lambda\boldsymbol{I}-\boldsymbol{J}|=\begin{vmatrix}\lambda & -\frac{1}{2} & \frac{1}{2}\\ 1 & \lambda & 1\\ -\frac{1}{2} & -\frac{1}{2} & \lambda\end{vmatrix}=\lambda^3+\frac{5}{4}\lambda=0$$

因此 $\lambda_1=0,\lambda_{2,3}=\pm\frac{\sqrt{5}}{2}\mathrm{i},\rho(\boldsymbol{J})=\frac{\sqrt{5}}{2}>1$，故雅可比迭代法发散.

又高斯-赛德尔迭代矩阵为

$$\boldsymbol{G}=(\boldsymbol{D}-\boldsymbol{L})^{-1}\boldsymbol{U}=\begin{pmatrix}\frac{1}{2} & 0 & 0\\ -\frac{1}{2} & 1 & 0\\ 0 & \frac{1}{2} & -\frac{1}{2}\end{pmatrix}\begin{pmatrix}0 & 1 & -1\\ & 0 & -1\\ & & 0\end{pmatrix}=\begin{pmatrix}0 & \frac{1}{2} & -\frac{1}{2}\\ & -\frac{1}{2} & -\frac{1}{2}\\ & & -\frac{1}{2}\end{pmatrix}$$

特征方程为

$$|\lambda\boldsymbol{I}-\boldsymbol{G}|=\begin{vmatrix}\lambda & -\frac{1}{2} & \frac{1}{2}\\ 0 & \lambda+\frac{1}{2} & \frac{1}{2}\\ 0 & 0 & \lambda+\frac{1}{2}\end{vmatrix}=\lambda\left(\lambda+\frac{1}{2}\right)^2=0$$

因此 $\lambda_1=0,\lambda_2=\lambda_3=-\frac{1}{2},\rho(\boldsymbol{G})=\frac{1}{2}<1$，高斯-赛德尔迭代法收敛.

定理 6.3　若迭代矩阵 $\boldsymbol{B}$ 的某种范数 $\|\boldsymbol{B}\|=q<1$，则迭代公式(6.2)对任意初值 $\boldsymbol{x}^{(0)}$ 都收敛到 $\boldsymbol{x}^*$，且

(1) $\|\boldsymbol{x}^{(k)}-\boldsymbol{x}^*\|\leqslant\frac{q}{1-q}\|\boldsymbol{x}^{(k)}-\boldsymbol{x}^{(k-1)}\|$　　(6.9)

(2) $\|\boldsymbol{x}^{(k)}-\boldsymbol{x}^*\|\leqslant\frac{q^k}{1-q}\|\boldsymbol{x}^{(1)}-\boldsymbol{x}^{(0)}\|$　　(6.10)

证明　因为 $\rho(\boldsymbol{B})\leqslant\|\boldsymbol{B}\|<1$，所以由定理 6.2 知，迭代公式(6.2)对任意初值 $\boldsymbol{x}^{(0)}$ 都收敛到 $\boldsymbol{x}^*$.

(1) 因为 $\boldsymbol{x}^{(k)}-\boldsymbol{x}^*=(\boldsymbol{B}\boldsymbol{x}^{(k-1)}+\boldsymbol{f})-(\boldsymbol{B}\boldsymbol{x}^*+\boldsymbol{f})=\boldsymbol{B}(\boldsymbol{x}^{(k-1)}-\boldsymbol{x}^*)$，所以

$$\begin{aligned}\|x^{(k)}-x^*\| &= \|B(x^{(k-1)}-x^*)\| \leqslant \|B\|\,\|x^{(k-1)}-x^*\| = q\|x^{(k-1)}-x^*\| \\ &= q\|-(x^{(k)}-x^{(k-1)})+(x^{(k)}-x^*)\| \\ &\leqslant q\|x^{(k)}-x^{(k-1)}\|+q\|x^{(k)}-x^*\|\end{aligned}$$

由此得

$$\|x^{(k)}-x^*\| \leqslant \frac{q}{1-q}\|x^{(k)}-x^{(k-1)}\|$$

(2) 因为 $\|x^{(k)}-x^*\| \leqslant \frac{q}{1-q}\|x^{(k)}-x^{(k-1)}\|$，而

$$\begin{aligned}\|x^{(k)}-x^{(k-1)}\| &= \|(Bx^{(k-1)}+f)-(Bx^{(k-2)}+f)\| = \|B(x^{(k-1)}-x^{(k-2)})\| \\ &\leqslant \cdots \leqslant \|B\|^{k-1}\|x^{(1)}-x^{(0)}\| = q^{k-1}\|x^{(1)}-x^{(0)}\|\end{aligned}$$

所以

$$\|x^{(k)}-x^*\| \leqslant \frac{q^k}{1-q}\|x^{(1)}-x^{(0)}\|$$

式(6.9)说明，当 $\|B\|<1$ 但不接近于 1 及相邻两次迭代向量 $x^{(k)}$，$x^{(k-1)}$ 很接近时，则 $x^{(k)}$ 与精确解 x^* 很靠近. 因此，在实际计算中，用 $\|x^{(k+1)}-x^{(k)}\|\leqslant\varepsilon$ 作为终止条件是合理的.

由式(6.10)可见，$\|B\|$ 越小，序列 $\{x^{(k)}\}$ 收敛越快.

【例 6.5】　用雅可比迭代法及高斯-赛德尔迭代法求解方程组

$$\begin{cases}5x_1+2x_2+x_3=-12\\ -x_1+4x_2+2x_3=20\\ 2x_1-3x_2+10x_3=3\end{cases} \tag{6.11}$$

取 $x^{(0)}=(0,0,0)^T$，问两种迭代法是否收敛？若收敛，需要迭代多少次，才能保证 $\|x^{(k)}-x^*\|_\infty<\varepsilon$？ ($\varepsilon=10^{-4}$)

解　方程组的系数矩阵为 $A=\begin{pmatrix}5&2&1\\-1&4&2\\2&-3&10\end{pmatrix}$，雅可比迭代矩阵为

$$J=I-D^{-1}A$$

$$=\begin{pmatrix}1&0&0\\0&1&0\\0&0&1\end{pmatrix}-\begin{pmatrix}5&0&0\\0&4&0\\0&0&10\end{pmatrix}^{-1}\begin{pmatrix}5&2&1\\-1&4&2\\2&-3&10\end{pmatrix}=\begin{pmatrix}0&-\frac{2}{5}&-\frac{1}{5}\\ \frac{1}{4}&0&-\frac{1}{2}\\ -\frac{1}{5}&\frac{3}{10}&0\end{pmatrix}$$

因为 $\|J\|_\infty=\left|\frac{1}{4}\right|+|0|+\left|-\frac{1}{2}\right|=\frac{3}{4}=q<1$，所以由定理 6.3 知，雅可比迭代法收敛.

用雅可比迭代法迭代一次得：

$$x^{(1)}=\left(-\frac{12}{5},5,\frac{3}{10}\right)^{\mathrm{T}}$$

$$\| x^{(1)}-x^{(0)} \|_{\infty}=\max\left\{\left|-\frac{12}{5}-0\right|,|5-0|,\left|\frac{3}{10}-0\right|\right\}=5$$

由定理 6.3 可知

$$k>\frac{\ln\dfrac{\varepsilon(1-q)}{\| x^{(1)}-x^{(0)} \|}}{\ln q}=\frac{\ln\dfrac{10^{-4}\times\left(1-\dfrac{3}{4}\right)}{5}}{\ln\dfrac{3}{4}}\approx 42.43$$

故需要迭代 43 次.

高斯-赛德尔迭代矩阵为

$$G=(D-L)^{-1}U=\begin{pmatrix}5&0&0\\-1&4&0\\2&-3&10\end{pmatrix}^{-1}\begin{pmatrix}0&-2&-1\\&0&-2\\&&0\end{pmatrix}=\begin{pmatrix}0&-\dfrac{2}{5}&-\dfrac{1}{5}\\0&-\dfrac{1}{10}&-\dfrac{11}{20}\\0&\dfrac{1}{20}&-\dfrac{1}{8}\end{pmatrix}$$

因为 $\| G\|_{\infty}=|0|+\left|-\dfrac{1}{10}\right|+\left|-\dfrac{11}{20}\right|=\dfrac{13}{20}=q<1$,所以由定理 6.3 知,高斯-赛德尔迭代法收敛.

用高斯-赛德尔迭代法迭代一次得:

$$x^{(1)}=(-2.4,4.4,2.13)^{\mathrm{T}}$$

$$\| x^{(1)}-x^{(0)} \|_{\infty}=\max\{|-2.4-0|,|4.4-0|,|2.13-0|\}=4.4$$

由定理 6.3 可知

$$k>\frac{\ln\dfrac{\varepsilon(1-q)}{\| x^{(1)}-x^{(0)} \|}}{\ln q}=\frac{\ln\dfrac{10^{-4}\times\left(1-\dfrac{13}{20}\right)}{5}}{\ln\dfrac{13}{20}}\approx 27.26$$

故需要迭代 28 次.

注:① 用事后估计法,估计雅可比迭代法的迭代次数

$$\| x^{(19)}-x^{(18)} \|_{\infty}=0.27\times 10^{-4}<\frac{1-q}{q}\varepsilon=\frac{1-\dfrac{3}{4}}{\dfrac{3}{4}}\times 10^{-4}=0.333\times 10^{-4}$$

或

$$\| x^{(k)}-x^{*} \|_{\infty}\leqslant\frac{q}{1-q}\| x^{(19)}-x^{(18)} \|_{\infty}=\frac{\dfrac{3}{4}}{1-\dfrac{3}{4}}\times 0.27\times 10^{-4}$$

$$= 0.81 \times 10^{-4} < 10^{-4} = \varepsilon$$

即用雅可比迭代法，只要迭代 19 次就达到要求了.

同理，用高斯-赛德尔迭代法，只要迭代 9 次就达到要求了.

这说明：① 用事前估计得到的迭代次数往往大于实际需要的次数，而用事后估计法则比较准确. ② 雅可比迭代法与高斯-赛德尔迭代法都收敛时，后者比前者收敛速度快.

2. 迭代法收敛的充分条件

虽然可以利用定理 6.2 和定理 6.3 判定迭代法的收敛性，但对于大型方程组，要求出迭代矩阵 $\boldsymbol{B}$ 和谱半径 $\rho(\boldsymbol{B})$ 是不容易的. 这里另外介绍一些判定收敛的充分条件，它们是利用原方程组的系数矩阵 $\boldsymbol{A}$ 来判断的，很实用.

定义 6.3　设 $\boldsymbol{A} = (a_{ij})_{n\times n}$，若 $\boldsymbol{A}$ 的元素满足

$$|a_{ii}| > \sum_{\substack{j=1\\ j\neq i}}^{n} |a_{ij}| \quad (i = 1,2,\cdots,n)$$

则称 $\boldsymbol{A}$ 为严格对角占优阵.

定理 6.4　若 $\boldsymbol{A}$ 为严格对角占优阵，则雅可比迭代法和高斯-赛德尔迭代法均收敛.

证明　只需证明 $\rho(\boldsymbol{J}) < 1$ 和 $\rho(\boldsymbol{G}) < 1$.

雅可比迭代法的迭代矩阵

$$\boldsymbol{J} = \boldsymbol{I} - \boldsymbol{D}^{-1}\boldsymbol{A} = \begin{pmatrix} 0 & -\dfrac{a_{12}}{a_{11}} & \cdots & -\dfrac{a_{1n}}{a_{11}} \\ -\dfrac{a_{21}}{a_{22}} & 0 & \cdots & -\dfrac{a_{2n}}{a_{22}} \\ \vdots & \vdots & & \vdots \\ -\dfrac{a_{n1}}{a_{nn}} & -\dfrac{a_{n2}}{a_{nn}} & \cdots & 0 \end{pmatrix}$$

显然有 $\|\boldsymbol{J}\|_\infty < 1$，故 $\rho(\boldsymbol{J}) < 1$，从而雅可比迭代法收敛.

高斯-赛德尔法的特征方程为

$$|\lambda \boldsymbol{I} - \boldsymbol{G}| = |\lambda \boldsymbol{I} - (\boldsymbol{D} - \boldsymbol{L})^{-1}\boldsymbol{U}| = 0 \Leftrightarrow |\lambda(\boldsymbol{D} - \boldsymbol{L}) - \boldsymbol{U}| = 0$$

令 $\boldsymbol{C} = \lambda(\boldsymbol{D} - \boldsymbol{L}) - \boldsymbol{U}$，有 $|\boldsymbol{C}| = 0$.

现在证明 $|\lambda| < 1$. 采用反证法，若 $|\lambda| \geqslant 1$，则由 $\boldsymbol{A}$ 为严格对角占优阵有

$$|c_{ii}| = |\lambda||a_{ii}| > |\lambda| \sum_{\substack{j=1\\ j\neq i}}^{n} |a_{ij}| > |\lambda| \sum_{j=1}^{i-1} |a_{ij}| + \sum_{j=i+1}^{n} |a_{ij}| = \sum_{\substack{j=1\\ j\neq i}}^{n} c_{ij} \quad (i = 1,2,\cdots,n)$$

因此 $\boldsymbol{C}$ 为严格对角占优阵，故 $|\boldsymbol{C}| \neq 0$，矛盾，因此 $|\lambda| < 1$，即 $\rho(\boldsymbol{G}) < 1$，从而高斯-赛德尔迭代法收敛.

【例 6.6】 用高斯-赛德尔迭代法求解线性方程组

$$\begin{cases}-x_1+8x_2=7\\-x_1+9x_3=8\\9x_1-x_2-x_3=7\end{cases}$$

是否收敛?若收敛,取初始向量 $\boldsymbol{x}^{(0)}=(0,0,0)^{\mathrm{T}}$,用该方法求方程组的近似解 $\boldsymbol{x}^{(k+1)}$,使 $\|\boldsymbol{x}^{(k+1)}-\boldsymbol{x}^{(k)}\|_\infty\leqslant\varepsilon(\varepsilon=10^{-3})$.

解 将方程组中各方程的位置调换成

$$\begin{cases}9x_1-x_2-x_3=7\\-x_1+8x_2=7\\-x_1+9x_3=8\end{cases}\tag{6.12}$$

则式(6.12)的系数矩阵是严格对角占优的,于是由定理6.4知:解方程组(6.12)的高斯-赛德尔迭代法收敛,且其迭代格式为

$$\begin{cases}x_1^{(k+1)}=\dfrac{1}{9}(x_2^{(k)}+x_3^{(k)}+7)\\x_2^{(k+1)}=\dfrac{1}{8}(x_1^{(k+1)}+7)\\x_3^{(k+1)}=\dfrac{1}{9}(x_1^{(k+1)}+8)\end{cases}$$

由 $\boldsymbol{x}^{(0)}=(0,0,0)^{\mathrm{T}}$,得

$$\boldsymbol{x}^{(1)}=(0.7778,0.9722,0.9753)^{\mathrm{T}}$$
$$\boldsymbol{x}^{(2)}=(0.9942,0.9993,0.9994)^{\mathrm{T}}$$
$$\boldsymbol{x}^{(3)}=(0.9999,0.9999,0.9999)^{\mathrm{T}}$$
$$\boldsymbol{x}^{(4)}=(1.0000,1.0000,1.0000)^{\mathrm{T}}$$

因为 $\|\boldsymbol{x}^{(4)}-\boldsymbol{x}^{(3)}\|_\infty=0.0001=10^{-4}<10^{-3}=\varepsilon$,故 $\boldsymbol{x}^{(4)}$ 即为所求.

定理6.5 若 $\boldsymbol{A}=(a_{ij})\in R^{n\times n}$ 对称正定,则解方程组 $\boldsymbol{Ax}=\boldsymbol{b}$ 的高斯-赛德尔迭代法收敛.

6.4.3 迭代法的收敛速度

为了讨论迭代公式(6.2)的收敛性,我们引进误差向量 $\boldsymbol{e}^{(k)}=\boldsymbol{x}^{(k)}-\boldsymbol{x}^*$ $(k=0,1,2,\cdots)$,由式(6.2)和式(6.3)便得到误差向量所满足的方程 $\boldsymbol{e}^{(k+1)}=\boldsymbol{Be}^{(k)}$,递推下去,得到 $\boldsymbol{e}^{(k+1)}=\boldsymbol{B}^{(k+1)}\boldsymbol{e}^{(0)}$.

下面考察迭代法(6.2)的收敛速度.由 $\|\boldsymbol{e}^{(k)}\|=\|\boldsymbol{B}^{(k)}\boldsymbol{e}^{(0)}\|\leqslant\|\boldsymbol{B}^{(k)}\|\|\boldsymbol{e}^{(0)}\|$,$\forall\,\boldsymbol{e}^{(0)}\neq\boldsymbol{0}$ 得

$$\frac{\|\boldsymbol{e}^{(k)}\|}{\|\boldsymbol{e}^{(0)}\|}\leqslant\|\boldsymbol{B}^k\|$$

根据算子范数定义可知

$$\| \boldsymbol{B}^k \| = \max_{\boldsymbol{e}^{(0)} \neq \boldsymbol{0}} \frac{\| \boldsymbol{B}^k \boldsymbol{e}^{(0)} \|}{\| \boldsymbol{e}^{(0)} \|} = \max_{\boldsymbol{e}^{(0)} \neq \boldsymbol{0}} \frac{\| \boldsymbol{e}^{(k)} \|}{\| \boldsymbol{e}^{(0)} \|}$$

所以 $\| \boldsymbol{B}^k \|$ 是迭代 k 次后误差向量 $\boldsymbol{e}^{(k)}$ 的范数与初始误差向量 $\boldsymbol{e}^{(0)}$ 的范数之比的最大值.若要求迭代 k 次后

$$\| \boldsymbol{e}^{(k)} \| \leqslant \varepsilon \| \boldsymbol{e}^0 \|, \text{即} \frac{\| \boldsymbol{e}^{(k)} \|}{\| \boldsymbol{e}^{(0)} \|} \leqslant \| \boldsymbol{B}^k \| \leqslant \varepsilon$$

这里 ε 是一个很小的数.通常 $\varepsilon < 1$,所以 $\| \boldsymbol{B}^k \|^{\frac{1}{k}} < 1$,由 $\| \boldsymbol{B}^k \|^{\frac{1}{k}} \leqslant \varepsilon^{\frac{1}{k}}$,两边取对数可得

$$k \geqslant \frac{-\ln\varepsilon}{-\ln \| \boldsymbol{B}^k \|^{\frac{1}{k}}}.$$

它表明迭代次数 k 与 $-\dfrac{1}{k}\ln \| \boldsymbol{B}^k \|$ 成反比,即

$$R_k(\boldsymbol{B}) = -\ln \| \boldsymbol{B}^k \|^{1/k} \tag{6.13}$$

愈大,迭代次数 k 愈少.于是可定义式(6.13)中的 $R_k(\boldsymbol{B})$ 为迭代法的平均收敛速度.

定义 6.4　$R(\boldsymbol{B}) = -\ln\rho(\boldsymbol{B})$ 称为迭代法(6.2)的渐近收敛速度.

显然 $R(\boldsymbol{B}) = \lim\limits_{k\to\infty} R_k(\boldsymbol{B})$,它与 $\boldsymbol{B}$ 取何种范数无关.若迭代法(6.2)收敛,则 $\rho(\boldsymbol{B}) < 1$,$\rho(\boldsymbol{B})$ 越小,$-\ln\rho(\boldsymbol{B})$ 越大,迭代法收敛越快,且当迭代次数 k 满足 $k \geqslant \dfrac{-\ln\varepsilon}{R(\boldsymbol{B})}$ 时,有 $\dfrac{\| \boldsymbol{e}^{(k)} \|}{\| \boldsymbol{e}^0 \|} \leqslant \varepsilon$.

【例 6.7】　讨论用雅可比迭代法和高斯-赛德尔迭代法解方程组 $\boldsymbol{A}\boldsymbol{x} = \boldsymbol{b}$ 时的收敛性,如果收敛,比较哪种方法收敛较快,其中

$$\boldsymbol{A} = \begin{pmatrix} 3 & 0 & -2 \\ 0 & 2 & 1 \\ -2 & 1 & 2 \end{pmatrix}$$

解　先求迭代矩阵的谱半径.

(1) 对雅可比迭代法,迭代矩阵

$$\boldsymbol{J} = \begin{pmatrix} 0 & 0 & \dfrac{2}{3} \\ 0 & 0 & -\dfrac{1}{2} \\ 1 & -\dfrac{1}{2} & 0 \end{pmatrix}$$

$\rho(\boldsymbol{J}) = \dfrac{\sqrt{11}}{\sqrt{12}} < 1$,迭代法收敛.

(2) 对高斯-赛德尔迭代法,迭代矩阵

$$G=\left(\begin{pmatrix}1&&\\&1&\\&&1\end{pmatrix}-\begin{pmatrix}0&&\\0&0&\\1&-\frac{1}{2}&0\end{pmatrix}\right)^{-1}\begin{pmatrix}0&0&\frac{2}{3}\\&0&-\frac{1}{2}\\&&0\end{pmatrix}=\begin{pmatrix}0&0&\frac{2}{3}\\0&0&-\frac{1}{2}\\0&0&\frac{11}{12}\end{pmatrix}$$

$\rho(G)=\frac{11}{12}<1$,迭代法收敛.

因为$\frac{11}{12}<\frac{\sqrt{11}}{\sqrt{12}}$,故高斯-赛德尔迭代法较雅可比迭代法收敛快.

6.5 逐次超松弛迭代法

求解线性方程组的逐次超松弛迭代法(Successive Over Relaxation Method),也叫SOR法,是目前求解大型线性方程组的一种最常用的方法.是高斯-赛德尔迭代法的一种加速方法.

对一个收敛的高斯-赛德尔迭代法,第$k+1$次的迭代结果一般要比第k次的好.第$k+1$次的迭代结果可看做是对第k次迭代结果的修正,现在我们引入一个参数,来改变这个修正量.这就是SOR方法的基本思想.

记$\Delta x=(\Delta x_1,\Delta x_2,\cdots,\Delta x_n)^T=x^{(k+1)}-x^{(k)}$,其中$x^{(k+1)}$由高斯-赛德尔迭代公式算得.于是有

$$\Delta x_i=x_i^{(k+1)}-x_i^{(k)}=\frac{1}{a_{ii}}(b_i-\sum_{j=1}^{i-1}a_{ij}x_j^{(k+1)}-\sum_{j=i+1}^{n}a_{ij}x_j^{(k)})-x_i^{(k)}\quad(i=1,2,\cdots,n)$$

可以把Δx看做高斯-赛德尔迭代的修正项,即第k次近似解$x^{(k)}$以此项修正后得到的近似解为$x^{(k+1)}=x^{(k)}+\Delta x$.松弛法是将$\Delta x$乘上一个参数因子$\omega$作为修正项而得到新的近似解,其具体公式为

$$x^{(k+1)}=x^{(k)}+\omega\Delta x$$

即

$$x_i^{(k+1)}=x_i^{(k)}+\omega\Delta x_i=x_i^{(k)}+\omega\left[\frac{1}{a_{ii}}(b_i-\sum_{j=1}^{i-1}a_{ij}x_j^{(k+1)}-\sum_{j=i+1}^{n}a_{ij}x_j^{(k)})-x_i^{(k)}\right]$$

$$=(1-\omega)x_i^{(k)}+\frac{\omega}{a_{ii}}(b_i-\sum_{j=1}^{i-1}a_{ij}x_j^{(k+1)}-\sum_{j=i+1}^{n}a_{ij}x_j^{(k)})\quad(i=1,2,\cdots,n)\tag{6.14}$$

按式(6.14)计算方程组的近似解序列的方法称为**松弛法**,ω称为**松弛因子**.当

$0<\omega<1$ 时称为低松弛法，$\omega=1$ 时是高斯 - 赛德尔迭代法，$\omega>1$ 时称为**超松弛迭代法**，简称 **SOR 迭代法**.

式(6.14) 的矩阵形式为

$$\boldsymbol{x}^{(k+1)}=(1-\omega)\boldsymbol{x}^{(k)}+\omega\boldsymbol{D}^{-1}(\boldsymbol{b}+\boldsymbol{L}\boldsymbol{x}^{(k+1)}+\boldsymbol{U}\boldsymbol{x}^{(k)})$$

即

$$\boldsymbol{x}^{(k+1)}=[(1-\omega)\boldsymbol{I}+\omega\boldsymbol{D}^{-1}\boldsymbol{U}]\boldsymbol{x}^{(k)}+\omega\boldsymbol{D}^{-1}\boldsymbol{L}\boldsymbol{x}^{(k+1)}+\omega\boldsymbol{D}^{-1}\mathrm{b}$$

注意到 $|\boldsymbol{I}-\boldsymbol{D}^{-1}\boldsymbol{L}|=1$，有

$$\boldsymbol{x}^{(k+1)}=\boldsymbol{L}_{\omega}\boldsymbol{x}^{(k)}+\boldsymbol{f} \tag{6.15}$$

其中，$\boldsymbol{L}_{\omega}=(\boldsymbol{D}-\omega\boldsymbol{L})^{-1}[(1-\omega)\boldsymbol{D}+\omega\boldsymbol{U}]$，$\boldsymbol{f}=\omega(\boldsymbol{D}-\omega\boldsymbol{L})^{-1}\mathrm{b}$.

【例 6.8】　用逐次超松弛迭代法求解方程组

$$\begin{cases}10x_1-x_2-2x_3=7.2\\-x_1+10x_2-2x_3=8.3\\-x_1-x_2+5x_3=4.2\end{cases}$$

解　取 $\boldsymbol{x}^{(0)}=(x_1^{(0)},x_2^{(0)},x_3^{(0)})=(0,0,0)^{\mathrm{T}}$，迭代公式

$$\begin{cases}x_1^{(k+1)}=x_1^{(k)}+\omega\cdot\dfrac{1}{10}(7.2-10x_1^{(k)}+x_2^{(k)}+2x_3^{(k)})\\x_2^{(k+1)}=x_2^{(k)}+\omega\cdot\dfrac{1}{10}(8.3+x_1^{(k+1)}-10x_2^{(k)}+2x_3^{(k)})\\x_3^{(k+1)}=x_3^{(k)}+\omega\cdot\dfrac{1}{5}(4.2+x_1^{(k+1)}+x_2^{(k+1)}-5x_3^{(k)})\end{cases}$$

取 $\omega=1.055$，计算结果如表 6.3 所列.

表 6.3　SOR 迭代法计算结果

k	0	1	2	3	4	5	…
$x_1^{(k)}$	0	0.759600	1.08202	1.10088	1.09998	1.10000	…
$x_2^{(k)}$	0	0.955788	1.20059	1.19989	1.20005	1.20000	…
$x_3^{(k)}$	0	1.248147	1.29918	1.30021	1.30021	1.30000	…

对 ω 取其他值，计算结果满足误差 $\|\boldsymbol{x}^{(k)}-\boldsymbol{x}^{*}\|_{\infty}\leqslant10^{-5}$ 的迭代次数见表6.4所列.

表 6.4　不同松弛因子的 SOR 迭代法的迭代次数

ω	0.1	0.2	0.3	0.4	0.5	0.6	0.7	0.8	0.9	1	1.1	1.2	1.3	1.4	1.5	1.6	1.7	1.8	1.9
k	163	77	49	34	26	20	15	12	9	6	6	8	10	13	17	22	31	51	105

从例 6.8 看到，松弛因子选择得好，会使超松弛迭代法的收敛大大加速. 使收敛最快的松弛因子称为**最佳松弛因子**. 本例的最佳松弛因子为 $\omega=1.055$. 理论上，最佳松弛因子 ω_{opt} 应满足

$$\rho(\boldsymbol{L}_{\omega_{\mathrm{opt}}}) = \min_{0<\omega<2} \rho(\boldsymbol{L}_{\omega})$$

注:① 高斯 - 赛德尔迭代法是取松弛因子 $\omega = 1$ 的特殊情形.

② 最佳松弛因子的理论是由 Young(1950 年) 针对一类椭圆型微分方程数值解得到的代数方程组 $\boldsymbol{Ax} = \boldsymbol{b}$ 所建立的理论,并给出了最佳松弛因子公式

$$\omega_{\mathrm{opt}} = \frac{2}{1 + \sqrt{1 - \rho^2(\boldsymbol{B}_0)}}$$

其中,$\rho(\boldsymbol{B}_0)$ 是雅可比迭代法的迭代矩阵 $\boldsymbol{B}_0$ 的谱半径.

在实际应用中,寻找最佳松弛因子是很困难的. 对某些微分方程数值解的问题,可考虑用矩阵特征值求近似值的方法;也可在计算实践中摸索出(近似) 最佳松弛因子. 通常用几个 ω 值作尝试,并观察对收敛速度的影响来得到近似最佳松弛因子 ω_{opt}.

定理 6.6 SOR 迭代法收敛的必要条件是:松弛因子 $0 < \omega < 2$.

证明 由题意 SOR 方法收敛,设迭代矩阵为 $\boldsymbol{B}_\omega$,则根据迭代法收敛的充要条件可知 $\rho(\boldsymbol{B}_\omega) < 1$. 设 $\boldsymbol{B}_\omega$ 的特征值为 $\lambda_1, \lambda_2, \cdots, \lambda_n$,则 $|\det(\boldsymbol{B}_\omega)| = |\lambda_1\lambda_2\cdots\lambda_n| \leqslant (\rho(\boldsymbol{B}_\omega))^n$,即 $|\det(\boldsymbol{B}_\omega)|^{\frac{1}{n}} \leqslant \rho(\boldsymbol{B}_\omega) < 1$,而

$$|\det(\boldsymbol{B}_\omega)| = \det((\boldsymbol{D} - \omega\boldsymbol{L})^{-1}) \cdot \det((1-\omega)\boldsymbol{D} + \omega\boldsymbol{U}) = (1-\omega)^n$$

所以 $|1-\omega| < 1$.

该定理说明对于解一般线性方程组(6.1)($a_{ii} \neq 0, i = 1,2,\cdots,n$),逐次超松弛迭代法只有取松弛因子 ω 在 $0 \sim 2$ 范围内才可能收敛. 另一方面,对 $\boldsymbol{A}$ 是对称正定矩阵有下面的结果.

定理 6.7 设有线性方程组 $\boldsymbol{Ax} = \boldsymbol{b}$,若 $\boldsymbol{A}$ 为对称正定矩阵,则当 $0 < \omega < 2$ 时,解方程组 $\boldsymbol{Ax} = \boldsymbol{b}$ 的 SOR 迭代法收敛.

6.6 共轭梯度法

6.6.1 预备知识

在向量空间 R^n 中,常用内积为

$$(\boldsymbol{x}, \boldsymbol{y}) = \boldsymbol{y}^{\mathrm{T}}\boldsymbol{x} = \boldsymbol{x}^{\mathrm{T}}\boldsymbol{y}, \quad \boldsymbol{x}, \boldsymbol{y} \in R^n$$

它是一个对称双线性函数,且满足正定性,即 $(\boldsymbol{x}, \boldsymbol{x}) \geqslant 0$,及

$$(\boldsymbol{x}, \boldsymbol{x}) = 0 \quad \text{当且仅当} \quad \boldsymbol{x} = \boldsymbol{0}$$

本质上,R^n 中一个对称正定的双线性函数就可以视为其上的一个内积. 这样,

若 $\boldsymbol{A}=(a_{ij})\in R^{n\times n}$ 对称正定,我们就有一个与之对应的内积

$$(\boldsymbol{x},\boldsymbol{y})_A=\boldsymbol{y}^{\mathrm{T}}\boldsymbol{A}\boldsymbol{x}=\boldsymbol{x}^{\mathrm{T}}\boldsymbol{A}\boldsymbol{y},\quad \boldsymbol{x},\boldsymbol{y}\in R^n$$

若 $\boldsymbol{A}=(a_{ij})\in R^{n\times n}$ 对称正定,一组非零向量 $\boldsymbol{d}_1,\boldsymbol{d}_2,\cdots,\boldsymbol{d}_n$ 满足

$$(\boldsymbol{A}\boldsymbol{d}_i,\boldsymbol{d}_j)=0,\quad i\neq j$$

则称 $\boldsymbol{d}_1,\boldsymbol{d}_2,\cdots,\boldsymbol{d}_n$ 相互 $\boldsymbol{A}$ -共轭.显然,所谓 $\boldsymbol{d}_1,\boldsymbol{d}_2,\cdots,\boldsymbol{d}_n$ 相互 $\boldsymbol{A}$ -共轭,即它们按照内积 $(\boldsymbol{x},\boldsymbol{y})_A$ 是两两正交的.因此,$\boldsymbol{d}_1,\boldsymbol{d}_2,\cdots,\boldsymbol{d}_n$ 线性无关.

如果线性方程组

$$\boldsymbol{A}\boldsymbol{x}=\boldsymbol{b}\tag{6.16}$$

的系数矩阵 $\boldsymbol{A}=(a_{ij})\in R^{n\times n}$ 对称正定,它必然有唯一解 $\tilde{\boldsymbol{x}}$.

下面,我们换一个角度来看以上方程组的解.定义 n 元二次函数

$$F(\boldsymbol{x})=(\boldsymbol{A}(\boldsymbol{x}-\tilde{\boldsymbol{x}}),\boldsymbol{x}-\tilde{\boldsymbol{x}})=(\boldsymbol{x}-\tilde{\boldsymbol{x}})^{\mathrm{T}}\boldsymbol{A}(\boldsymbol{x}-\tilde{\boldsymbol{x}}),\quad \boldsymbol{x}\in R^n$$

定理 6.8 当系数矩阵 $\boldsymbol{A}=(a_{ij})\in R^{n\times n}$ 对称正定,那么,$\tilde{\boldsymbol{x}}$ 为方程组(6.16)的解的充分必要条件是:$F(\boldsymbol{x})$ 在 $\tilde{\boldsymbol{x}}$ 处取得极小值.

证明 由于矩阵 $\boldsymbol{A}=(a_{ij})\in R^{n\times n}$ 对称正定,则 $F(\boldsymbol{x})\geqslant 0$;并有

$$F(\boldsymbol{x})=0\ \text{当且仅当}\quad \boldsymbol{x}-\tilde{\boldsymbol{x}}=\boldsymbol{0}.$$

故欲证成立.

再定义 n 元二次函数

$$\Phi(\boldsymbol{x})=\frac{1}{2}(\boldsymbol{A}\boldsymbol{x},\boldsymbol{x})-(\boldsymbol{b},\boldsymbol{x}),\boldsymbol{x}\in R^n$$

注意到

$$(\boldsymbol{A}\boldsymbol{x},\tilde{\boldsymbol{x}})=(\boldsymbol{A}\tilde{\boldsymbol{x}},\boldsymbol{x})=(\boldsymbol{b},\boldsymbol{x})$$

我们有

$$\begin{aligned}F(\boldsymbol{x})&=(\boldsymbol{A}\boldsymbol{x}-\boldsymbol{A}\tilde{\boldsymbol{x}},\boldsymbol{x}-\tilde{\boldsymbol{x}})=(\boldsymbol{A}\boldsymbol{x}-\boldsymbol{b},\boldsymbol{x}-\tilde{\boldsymbol{x}})\\&=(\boldsymbol{A}\boldsymbol{x},\boldsymbol{x})-(\boldsymbol{A}\boldsymbol{x},\tilde{\boldsymbol{x}})-(\boldsymbol{b},\boldsymbol{x})+(\boldsymbol{b},\tilde{\boldsymbol{x}})\\&=(\boldsymbol{A}\boldsymbol{x},\boldsymbol{x})-2(\boldsymbol{b},\boldsymbol{x})+(\boldsymbol{b},\tilde{\boldsymbol{x}})\\&=2[\Phi(\boldsymbol{x})-\Phi(\tilde{\boldsymbol{x}})]\end{aligned}$$

则

$$\Phi(\boldsymbol{x})=\frac{1}{2}F(\boldsymbol{x})+\Phi(\tilde{\boldsymbol{x}})$$

这说明 $F(\boldsymbol{x})$ 和 $\Phi(\boldsymbol{x})$ 有相同的极小值点.于是,方程组(6.16)的求解等价于 n 元二次函数 $\Phi(\boldsymbol{x})$ 的极小值求取问题.

6.6.2 共轭梯度法求解过程

假设我们有 R^n 中相互 $\boldsymbol{A}$ -共轭的向量 $\boldsymbol{d}_1,\boldsymbol{d}_2,\cdots,\boldsymbol{d}_n$.那么,任一向量 $\boldsymbol{x}\in R^n$ 都

可以由它们唯一地线性表示：

$$\boldsymbol{x}=\sum_{i=1}^{n}\alpha_i\boldsymbol{d}_i$$

我们将 $\Phi(\boldsymbol{x})$ 改写为

$$\Phi(\boldsymbol{x})=\frac{1}{2}\sum_{i=1}^{n}\alpha_i^2(\boldsymbol{A}\boldsymbol{d}_i,\boldsymbol{d}_i)-\sum_{i=1}^{n}\alpha_i(\boldsymbol{b},\boldsymbol{d}_i)$$

用凑平方法可以选择参数 α_i 使得 $\Phi(\boldsymbol{x})$ 达到最小值，即选取

$$\alpha_i=\frac{(\boldsymbol{b},\boldsymbol{d}_i)}{(\boldsymbol{A}\boldsymbol{d}_i,\boldsymbol{d}_i)}\ (i=1,2,\cdots,n)$$

这样，方程组(6.16)的解为

$$\tilde{\boldsymbol{x}}=\sum_{i=1}^{n}\alpha_i\boldsymbol{d}_i=\sum_{i=1}^{n}\frac{(\boldsymbol{b},\boldsymbol{d}_i)}{(\boldsymbol{A}\boldsymbol{d}_i,\boldsymbol{d}_i)}\boldsymbol{d}_i$$

但我们并不是按照上述步骤来求解，因为 $\boldsymbol{d}_1,\boldsymbol{d}_2,\cdots,\boldsymbol{d}_n$ 不会事先就有，而是需要依次逐步找出. 如果有方法逐步找出这些相互 $\boldsymbol{A}$-共轭的向量 $\boldsymbol{d}_1,\boldsymbol{d}_2,\cdots,\boldsymbol{d}_n$，我们就可以将上述步骤改写为一个迭代形式：

取 $\boldsymbol{x}^{(1)}=\boldsymbol{0}$； 令 $\boldsymbol{x}^{(k+1)}=\boldsymbol{x}^{(k)}+\alpha_k\boldsymbol{d}_k$， $\boldsymbol{r}^{(k)}=\boldsymbol{b}-\boldsymbol{A}\boldsymbol{x}^{(k)}$，$k=0,1,\cdots$，则

$$\tilde{\boldsymbol{x}}=\boldsymbol{x}^{(1)}+\sum_{k=1}^{n}\alpha_k\boldsymbol{d}_k=\boldsymbol{x}^{(n)}$$

$$\boldsymbol{r}^{(k)}=\boldsymbol{r}^{(k-1)}-\alpha_k\boldsymbol{A}\boldsymbol{d}_k$$

这里

$$\alpha_k=\frac{(\boldsymbol{b},\boldsymbol{d}_k)}{(\boldsymbol{A}\boldsymbol{d}_k,\boldsymbol{d}_k)}=\frac{(\boldsymbol{r}^{(k)},\boldsymbol{d}_k)}{(\boldsymbol{A}\boldsymbol{d}_k,\boldsymbol{d}_k)}$$

受此启发，我们得到求解线性方程组的**共轭梯度法**，它是通过找出相互 $\boldsymbol{A}$-共轭向量组 $\boldsymbol{p}^{(0)},\boldsymbol{p}^{(1)},\cdots,\boldsymbol{p}^{(k)},\cdots$ 来求解方程组(6.16)的方法. 步骤如下：

① 任意取定 $\boldsymbol{x}^{(0)}$，令 $\boldsymbol{p}^{(0)}=\boldsymbol{r}^{(0)}=\boldsymbol{b}-\boldsymbol{A}\boldsymbol{x}^{(0)}$，设置阀值为足够小的正数 ε；

② 置 $\boldsymbol{x}^{(k+1)}=\boldsymbol{x}^{(k)}+\alpha_k\boldsymbol{p}^{(k)}$，其中 $\alpha_k=\dfrac{(\boldsymbol{r}^{(k)},\boldsymbol{p}^{(k)})}{(\boldsymbol{A}\boldsymbol{p}^{(k)},\boldsymbol{p}^{(k)})}$，$k=0,1,\cdots$；

③ 置 $\boldsymbol{r}^{(k+1)}=\boldsymbol{b}-\boldsymbol{A}\boldsymbol{x}^{(k+1)}=\boldsymbol{r}^{(k)}-\alpha_k\boldsymbol{A}\boldsymbol{p}^{(k)}$，若 $(\boldsymbol{r}^{(k+1)},\boldsymbol{r}^{(k+1)})^{1/2}<\varepsilon$，则停止，否则，继续后面步骤；

④ 置 $\boldsymbol{p}^{(k+1)}=\boldsymbol{r}^{(k+1)}+\beta_k\boldsymbol{p}^{(k)}$，其中 $\beta_k=-\dfrac{(\boldsymbol{r}^{(k+1)},\boldsymbol{A}\boldsymbol{p}^{(k)})}{(\boldsymbol{A}\boldsymbol{p}^{(k)},\boldsymbol{p}^{(k)})}$，并返回步骤②.

注意到步骤④就是把残差向量组 $\{\boldsymbol{r}^{(k)}\}$ 按照内积 $(\boldsymbol{x},\boldsymbol{y})_{\boldsymbol{A}}$ 正交化得到向量组 $\{\boldsymbol{p}^{(k)}\}$. 所以，向量组 $\boldsymbol{p}^{(0)},\boldsymbol{p}^{(1)},\cdots,\boldsymbol{p}^{(k)},\cdots$ 是相互 $\boldsymbol{A}$-共轭的向量组. 归纳可证以下定理.

定理6.9　由共轭梯度法所得向量组$\{\boldsymbol{r}^{(k)}\},\{\boldsymbol{p}^{(k)}\}$满足:

$$(\boldsymbol{r}^{(k+1)},\boldsymbol{p}^{(j)})=0\ (j=0,1,\cdots,k);$$

$$(\boldsymbol{r}^{(k+1)},\boldsymbol{r}^{(j)})=0\ (j=0,1,\cdots,k).$$

有

$$(\boldsymbol{r}^{(k)},\boldsymbol{r}^{(k)})=(\boldsymbol{r}^{(k)},\boldsymbol{p}^{(k)}),\quad (\boldsymbol{r}^{(k+1)},\boldsymbol{r}^{(k+1)})=-\alpha_k(\boldsymbol{r}^{(k+1)},\boldsymbol{A}\boldsymbol{p}^{(k)})$$

则

$$\alpha_k=\frac{(\boldsymbol{r}^{(k)},\boldsymbol{r}^{(k)})}{(\boldsymbol{A}\boldsymbol{p}^{(k)},\boldsymbol{p}^{(k)})},\quad \beta_k=\frac{(\boldsymbol{r}^{(k+1)},\boldsymbol{r}^{(k+1)})}{(\boldsymbol{r}^{(k)},\boldsymbol{r}^{(k)})}.$$

定理6.10　设$\boldsymbol{x}^{(k)}$是由共轭梯度法所得迭代向量列,则必存在$m\leqslant n$,使得$\boldsymbol{x}^{(m)}=\tilde{\boldsymbol{x}}$是方程组(6.16)的解.

证明　假设$\boldsymbol{x}^{(k)}\neq\tilde{\boldsymbol{x}}(k=0,1,\cdots,n)$,即$\boldsymbol{r}^{(k)}\neq\boldsymbol{0}(k=0,1,\cdots,n)$.

由上面定理6.9知,$\boldsymbol{r}^{(0)},\boldsymbol{r}^{(1)},\cdots,\boldsymbol{r}^{(n)}$两两正交,为$n$维向量空间$R^n$中线性无关的向量组,矛盾.

理论上,共轭梯度法可以看做求解方程组的直接方法.但是,由于舍入误差的存在,往往不可能在有限步内完成,该方法还是一个迭代过程.其收敛性证明就不赘述了.

【例6.9】　用共轭梯度法求解方程组$\boldsymbol{A}\boldsymbol{x}=\boldsymbol{b}$,其中

$$\boldsymbol{A}=\begin{pmatrix}2&-1&0\\-1&2&-1\\0&-1&2\end{pmatrix}\text{对称正定},\quad \boldsymbol{b}=(1,0,1)^{\mathrm{T}}$$

解　取$\boldsymbol{x}^{(0)}=\boldsymbol{0}$,令$\boldsymbol{p}^{(0)}=\boldsymbol{r}^{(0)}=\boldsymbol{b}-\boldsymbol{A}\boldsymbol{x}^{(0)}$

$$\boldsymbol{x}^{(k+1)}=\boldsymbol{x}^{(k)}+\alpha_k\boldsymbol{p}^{(k)},\text{其中 }\alpha_k=\frac{(\boldsymbol{r}^{(k)},\boldsymbol{r}^{(k)})}{(\boldsymbol{A}\boldsymbol{p}^{(k)},\boldsymbol{p}^{(k)})}$$

$$\boldsymbol{r}^{(k+1)}=\boldsymbol{r}^{(k)}-\alpha_k\boldsymbol{A}\boldsymbol{p}^{(k)}$$

$$\boldsymbol{p}^{(k+1)}=\boldsymbol{r}^{(k+1)}+\beta_k\boldsymbol{p}^{(k)},\text{其中 }\beta_k=\frac{(\boldsymbol{r}^{(k+1)},\boldsymbol{r}^{(k+1)})}{(\boldsymbol{r}^{(k)},\boldsymbol{r}^{(k)})}$$

计算结果如表6.5所列.

表6.5　共轭梯度法的计算结果

k	0	1	2
${\boldsymbol{x}^{(k)}}^{\mathrm{T}}$	(0,0,0)	(1/2,0,1/2)	(1,1,1)
${\boldsymbol{r}^{(k)}}^{\mathrm{T}}$	(1,0,1)	(0,1,0)	(0,0,0)
${\boldsymbol{p}^{(k)}}^{\mathrm{T}}$	(1,0,1)	(1/2,1,1/2)	

由于$\boldsymbol{r}^{(2)}=(0,0,0)^{\mathrm{T}}$,$\boldsymbol{x}^{(2)}=(1,1,1)^{\mathrm{T}}$就是方程组的解.

小　结　6

本章介绍的迭代法是一种逐次逼近的方法，它的优点是：算法简单、占用内存小，便于在计算机上实现，因此它适合求解大型稀疏矩阵的线性方程组. 常用的迭代法有：雅可比迭代法、高斯-赛德尔迭代法及逐次超松弛迭代法. 雅可比迭代法简单，并且有很好的并行性，很适合并行计算，但收敛速度较慢；高斯-赛德尔迭代法是典型的串行算法，在雅可比迭代法与高斯-赛德尔迭代法同时收敛的情况下，后者比前者收敛速度快，但两种迭代法的收敛域不同，不能互相代替. 实际应用较多的是逐次超松弛迭代法，高斯-赛德尔迭代法是逐次超松弛迭代法的特例，逐次超松弛迭代法实际上是高斯-赛德尔迭代法的一种加速，但选取最佳松弛因子比较困难.

对于迭代法来说，判别收敛的充分条件应该掌握好，迭代法的收敛性和收敛速度是使用时应注意的关键问题.

当线性方程组的系数矩阵对称正定时，使用共轭梯度法来迭代求解，效果相对较好.

习　题　6

1. 用高斯-赛德尔迭代法解方程组 $\begin{cases} 9x_1-2x_2+x_3=6 \\ x_1-8x_2+x_3=-8 \\ 2x_1-x_2-8x_3=9 \end{cases}$，要求 $\|\boldsymbol{x}^{(k)}-\boldsymbol{x}^{(k-1)}\|_\infty \leqslant 10^{-4}$.

2. 研究用雅可比和高斯-赛德尔迭代法解方程组 $\boldsymbol{Ax}=\boldsymbol{b}$ 的敛散性，其中 $\boldsymbol{A}=\begin{pmatrix} 3 & -10 \\ 9 & -4 \end{pmatrix}$.

3. 考察下列方程组的雅可比和高斯-赛德尔迭代公式的收敛性，若收敛，试证明；若不收敛，试调整方程的排列顺序使迭代方程收敛.

(1) $\begin{cases} x_1+2x_2=-1 \\ 3x_1+x_2=2 \end{cases}$　　(2) $\begin{cases} x_1+5x_2-3x_3=2 \\ 5x_1-2x_2+x_3=4 \\ 2x_1+x_2-5x_3=-11 \end{cases}$

4. 已知方程组

$$\begin{cases} 5x_1+2x_2+x_3=-12 \\ -x_1+4x_2+2x_3=20 \\ 2x_1-3x_2+10x_3=3 \end{cases}$$

(1) 考察用雅可比迭代法和高斯-赛德尔迭代法解此方程组的收敛性.

(2) 写出用雅可比迭代法及高斯-赛德尔迭代法解此方程组的迭代公式并以 $\boldsymbol{x}^{(0)}=(0,0,0)^{\mathrm{T}}$ 计算到 $\|\boldsymbol{x}^{(k+1)}-\boldsymbol{x}^{(k)}\|_\infty < 10^{-4}$ 为止.

5. 设方程组为

$$\begin{pmatrix} 10 & -1 & -1 \\ -1 & 10 & -2 \\ -2 & -1 & 5 \end{pmatrix}\begin{pmatrix} x_1 \\ x_2 \\ x_3 \end{pmatrix} = \begin{pmatrix} 6.2 \\ 8.5 \\ 3.2 \end{pmatrix}$$

试用雅可比迭代法与高斯-赛德尔迭代法求解，使得 $\|\boldsymbol{x}^{(k+1)} - \boldsymbol{x}^{(k)}\|_\infty < 10^{-3}$.

6. 下列方程组 $\boldsymbol{Ax} = \boldsymbol{b}$，若分别用雅可比迭代法及高斯-赛德尔迭代法求解，是否收敛？

$$\boldsymbol{A} = \begin{pmatrix} 1 & 2 & -2 \\ 1 & 1 & 1 \\ 2 & 2 & 1 \end{pmatrix}$$

7. 设 $\boldsymbol{A} = \begin{pmatrix} 10 & \alpha & 0 \\ \beta & 10 & \beta \\ 0 & \alpha & 5 \end{pmatrix}$，$\det(\boldsymbol{A}) \neq 0$，用 α,β 表示解方程组 $\boldsymbol{Ax} = \boldsymbol{b}$ 的雅可比迭代法及高斯-赛德尔迭代法收敛的充分必要条件.

8. 给定方程组

$$\begin{pmatrix} 4 & 3 & 0 \\ 3 & 4 & -1 \\ 0 & -1 & 4 \end{pmatrix}\begin{pmatrix} x_1 \\ x_2 \\ x_3 \end{pmatrix} = \begin{pmatrix} 24 \\ 30 \\ -24 \end{pmatrix}$$

精确解 $\boldsymbol{x}^* = (3,4,-5)^{\mathrm{T}}$. 用 SOR 迭代法求解，分别取 $\omega = 1$ 及 $\omega = 1.25$.

9. 用 SOR 迭代法解方程组（分别取 $\omega = 1.03, \omega = 1, \omega = 1.1$）：

$$\begin{cases} 4x_1 - x_2 = 1 \\ -x_1 + 4x_2 - x_3 = 4 \\ -x_2 + 4x_3 = -3 \end{cases}$$

已知精确解 $\boldsymbol{x}^* = \left(\dfrac{1}{2}, 1, -\dfrac{1}{2}\right)^{\mathrm{T}}$，要求当 $\|\boldsymbol{x}^* - \boldsymbol{x}^{(k)}\|_\infty < 5 \times 10^{-6}$ 时迭代终止，并对每一个 ω 值确定迭代次数（取 $\boldsymbol{x}^{(0)} = (0,0,0)^{\mathrm{T}}$）.

10. 对于方程组 $\boldsymbol{Ax} = \boldsymbol{b}$，其中

$$\boldsymbol{A} = \begin{pmatrix} 4 & 3 & 0 \\ 3 & 4 & -1 \\ 0 & -1 & 4 \end{pmatrix}, \boldsymbol{b} = (24,30,-24)^{\mathrm{T}}$$

(1) 求出 SOR 迭代法的最优松弛因子及渐近收敛速度；

(2) 求雅可比迭代法与高斯-赛德尔迭代法的渐近收敛速度.

(3) 若要使误差满足 $\|\boldsymbol{e}^{(k)}\|_\infty < 10^{-7}\|\boldsymbol{e}^{(0)}\|$，那么雅可比迭代法、高斯-赛德尔迭代法和 SOR 迭代法（$\omega = 1.25$）各需迭代多少次？

11. 用共轭梯度法求解方程组 $\boldsymbol{Ax} = \boldsymbol{b}$，其中

$$\boldsymbol{A} = \begin{pmatrix} 4 & 3 & 0 \\ 3 & 4 & -1 \\ 0 & -1 & 4 \end{pmatrix}, \boldsymbol{b} = (24,30,-24)^{\mathrm{T}}$$

第 7 章　非线性方程求根的数值方法

非线性现象广泛存在于物质世界与社会生活中，很多科学理论和工程技术问题最终都能转化成非线性方程或非线性方程组的求解问题.

7.1　问题的提出

先看一些具体的例子.

【例 7.1】　在天体力学中，有如下开普勒(Kepler)方程

$$x - t - \varepsilon\sin x = 0, 0 < \varepsilon < 1 \tag{7.1}$$

其中 t 表示时间，x 表示弧度，行星运动的轨道 x 是 t 的函数. 式(7.1)表明对每个时刻 t，上述方程均有唯一 x 与之对应.

【例 7.2】　在一条 20m 宽的道路两侧，分别安装了一只 2kW 和一只 3kW 的路灯，它们离地面的高度分别为 5m 和 6m. 在漆黑的夜晚，当两只路灯开启时，两只路灯连线的路面上最暗的点和最亮的点在哪里？

建立如图 7.1 所示的坐标系，即路面的宽度为 s，两只路灯的功率分别为 P_1 和 P_2，高度分别为 h_1 和 h_2，设两只路灯连线的路面上某点 Q 的坐标为 $(x,0)$，其中 $0 \leqslant x \leqslant s$.

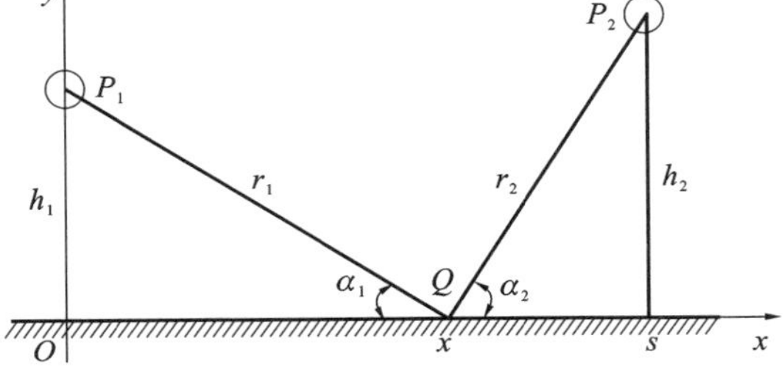

图 7.1　道路路灯示意图

假设两个光源都可以看成是点光源，并记两个光源到点 Q 的距离分别为 r_1 和 r_2，从光源到点 Q 的光线与水平面的夹角分别为 α_1 和 α_2，两个光源在点 Q 的照度分别为 I_1 和 I_2，则

$$I_1 = k\frac{P_1\sin\alpha_1}{r_1^2}, \quad I_2 = k\frac{P_2\sin\alpha_2}{r_2^2}$$

其中 k 是量纲单位决定的比例系数，不妨记 $k=1$，且

$$r_1^2 = h_1^2 + x^2, r_2^2 = h_2^2 + (s-x)^2$$

$$\sin\alpha_1 = \frac{h_1}{r_1} = \frac{h_1}{\sqrt{h_1^2+x^2}}, \sin\alpha_2 = \frac{h_2}{r_2} = \frac{h_2}{\sqrt{h_2^2+(s-x)^2}}$$

得到 Q 点的照度为

$$C(x) = \frac{P_1h_1}{\sqrt{(h_1^2+x^2)^3}} + \frac{P_2h_2}{\sqrt{(h_2^2+(s-x)^2)^3}} \tag{7.2}$$

于是，求路面上最暗点和最亮点的问题转化为求 $C(x)$ 的最小值点和最大值点. 为此要求其驻点，即令：$C'(x)=0$，整理得到非线性方程为

$$\frac{P_1h_1x}{\sqrt{(h_1^2+x^2)^5}} - \frac{P_2h_2(s-x)}{\sqrt{(h_2^2+(s-x)^2)^5}} = 0 \tag{7.3}$$

本章我们主要讨论单变量非线性方程

$$f(x) = 0 \tag{7.4}$$

的求根问题，这里 $x \in R, f(x) \in C[a,b]$. 对非线性方程组的求解仅作一些简单的介绍.

方程 $f(x)=0$ 的根 x^*，又称为函数 $f(x)$ 的零点. 如果 $f(x)$ 可分解为 $f(x)=(x-x^*)^m g(x)$，其中 $g(x^*)\neq 0$，m 为正整数，则称 x^* 为 $f(x)$ 的 m 重零点或方程 $f(x)=0$ 的 m 重根；当 $m=1$ 时，称 x^* 为 $f(x)$ 的单零点或方程 $f(x)=0$ 的单根. 如果不加说明，我们总假定 x^* 是方程 $f(x)=0$ 的单根. 显然，对于充分可微的函数 $f(x)$，x^* 是 $f(x)$ 的 m 重零点的充分必要条件是

$$f(x^*) = f'(x^*) = f''(x^*) = \cdots = f^{(m-1)}(x^*) = 0, f^{(m)}(x^*) \neq 0$$

当 $f(x)$ 为 n 次多项式时，即

$$f(x) = a_0x^n + a_1x^{n-1} + \cdots + a_{n-1}x + a_n \quad (a_0 \neq 0)$$

其中，系数 $a_i(i=0,1,\cdots,n)$ 为实数，式(7.4) 称为多项式方程或代数方程. 根据代数基本定理可知，n 次方程有且仅有 n 个根（含复根，m 重根为 m 个根）. $n=1,2$ 时方程的根是容易得到的；$n=3,4$ 时可在数学手册中查到求根公式，但公式很复杂，不便于计算；$n\geqslant 5$ 时其根一般不能用 $+$、$-$、$\times$、$\div$ 和开方的有限次运算式表示. 因此，对 $n\geqslant 3$ 的多项式方程求根与一般连续函数方程求根一样，研究其数值解法求近似解显得非常必要.

非线性方程的求根通常分为两个步骤，一是根的搜索，找出有根区间；二是根的精确化，求得根的足够精确的近似值.

找出有根区间的方法通常采用定步长搜索法：从 a 出发，以小步长 h 探索，即计算 $f(a), f(a+h), \cdots, f(a+kh)$，一旦出现变号，例如在第 m 步变号，则知有根区间为 $[a+(m-1)h, a+mh]$. 用这一办法可以粗略进行根的隔离. 当然，步长 h 取

得过大，根可能漏掉，而取得太小则运算量太大. 实际中应根据具体问题估计一个 h 值，并可在计算过程中调整.

【例 7.3】 求方程 $f(x)=x^3-11.1x^2+38.8x-41.77=0$ 的有根区间.

解 根据有根区间定义，对方程的根进行搜索计算，结果如表 7.1 所列.

表 7.1 根的搜索

x	0	1	2	3	4	5	6
$f(x)$ 符号	$-$	$-$	$+$	$+$	$-$	$-$	$+$

由此可知方程的三个有根区间为 $[1,2]$，$[3,4]$，$[5,6]$.

7.2 二 分 法

给定非线性方程

$$f(x)=0 \tag{7.5}$$

假设 $f(x)$ 在 $[a,b]$ 上连续，且 $f(a)f(b)<0$. 由连续函数的零点定理知，至少存在某个 $x^* \in (a,b)$ 使得 $f(x^*)=0$，即 (a,b) 内至少有方程(7.5)的一个根. 我们称 $[a,b]$ 为 $f(x)$ 的一个有根区间. 显然对式(7.5)在 $[a,b]$ 中的任一根 x^* 来说有

$$\left|x^*-\frac{a+b}{2}\right|\leqslant\frac{b-a}{2}$$

二分法是求解方程(7.5)的一种非常简单的数值方法，其思想是将有根区间不断缩短，使有根区间中点成为一个满足误差要求的近似解. 具体过程描述如下：

假定 $f(a)>0$，$f(b)<0$，计算 $[a,b]$ 中点处的函数值 $f\left(\frac{a+b}{2}\right)$，若

$$f\left(\frac{a+b}{2}\right)=0$$

则 $\frac{a+b}{2}$ 就是方程(7.5)的一个根. 若

$$f\left(\frac{a+b}{2}\right)>0$$

由零点定理可知在区间 $\left[\frac{a+b}{2},b\right]$ 内有方程(7.5)的一个根，这时令 $a_1=\frac{a+b}{2}$，$b_1=b$. 若

$$f\left(\frac{a+b}{2}\right)<0$$

则知在区间 $\left[a,\frac{a+b}{2}\right]$ 内有方程(7.5)的一个根，这时令 $a_1=a$，$b_1=\frac{a+b}{2}$.

总之我们有 $f(a_1)f(b_1)<0$，从而在长度缩小一半的区间 $[a_1,b_1]$ 上确认至少有方程(7.5)的一个根. 对 $[a_1,b_1]$ 重复上述过程，得到有根区间 $[a_2,b_2]$，其长度

$$b_2-a_2=\frac{1}{2}(b_1-a_1)=\frac{1}{2^2}(b-a)$$

继续这一过程，则有两种可能的结果：或者在二分 k 次 $[a,b]$ 得到 $[a_k,b_k]$ 后，其中点 $x_k=\frac{a_k+b_k}{2}$ 恰好是方程(7.5)的一个根；或者产生一串有根区间

$$[a,b],[a_1,b_1],[a_2,b_2],\cdots,[a_k,b_k],\cdots$$

每个这样的区间都包含方程(7.5)的一个根，而且套在前一个区间内，其长度为前一区间的 1/2，几何解释如图 7.2 所示.

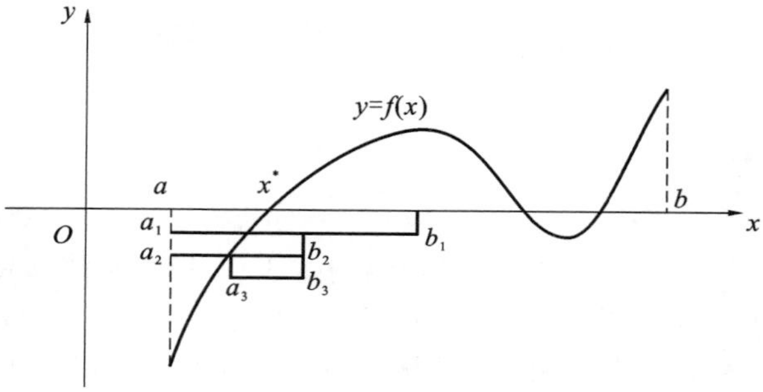

图 7.2 二分法求根示意图

由于二分 k 次后得到的区间 $[a_k,b_k]$ 的长度为

$$b_k-a_k=\frac{1}{2^k}(b-a)$$

当 k 充分大时，以 $x_k=\frac{1}{2}(a_k+b_k)$ 作为方程(7.5)的根 x^* 的近似值，其误差不超过

$$\frac{1}{2}(b_k-a_k)=\frac{1}{2^{k+1}}(b-a) \tag{7.6}$$

可见，二分区间总会收敛到方程(7.5)的一个根，其收敛速度与公比为 $\frac{1}{2}$ 的等比数列收敛速度相同.

式(7.6)不仅可以估计二分法近似解的误差，而且可以由给定的误差事先估计需二分区间的次数. 设要求的近似解误差不超过 ε，则由式(7.6)，有

$$|x^*-x_n|\leqslant\frac{b-a}{2^{n+1}}\leqslant\varepsilon$$

可得

$$2^{n+1}\geqslant\frac{b-a}{\varepsilon}$$

从而有

$$n \geqslant \frac{\ln(b-a)-\ln\varepsilon}{\ln 2}-1 \tag{7.7}$$

【例 7.4】 用二分法求方程

$$f(x)=x^3+10x-20=0$$

的唯一实根,要求误差不超过$\frac{1}{2}\times10^{-4}$.

解 容易验证

$$f(1)=1+10-20=-9<0, f(2)=8+20-20=8>0$$

且 $f'(x)=3x^2+10>0, \forall x\in(-\infty,\infty)$,故 $f(x)$ 在$(-\infty,\infty)$上单调增加,于是方程有唯一实根,且$[1,2]$为有根区间.为达到精度要求,按式(7.7),二分区间次数为

$$n \geqslant \frac{\ln(2-1)-\ln(\frac{1}{2}\times10^{-4})}{\ln 2}-1=13.2877$$

故 $n=14$,计算结果见表 7.2 所列.

表 7.2 计算结果

n	a_n	b_n	x_n	$f(x_n)$
0	1	2	1.5	−1.625
1	1.5	2	1.75	2.859375
2	1.5	1.75	1.625	0.5410156
3	1.5	1.625	1.5625	−0.5603.27
4	1.5625	1.625	1.59375	−0.0143127
5	1.59375	1.625	1.609375	0.2621726
6	1.59375	1.609375	1.6015625	0.1236367
7	1.59375	1.6015625	1.5976563	0.0545894
8	1.59375	1.5976563	1.5957032	0.0201208
9	1.59375	1.5957032	1.5947266	0.0028996
10	1.59375	1.5947266	1.5942383	−0.0057077
11	1.5942383	1.5947266	1.5944825	−0.0014037
12	1.5944825	1.5947266	1.5946046	0.00074864
13	1.5944825	1.5946046	1.5945436	−0.00032642
14	1.5945436	1.5946046	1.5945741	

所以 $x_0=1.5945741$ 为符合精度要求的解.

假设条件 $f(x) \in C[a,b]$，$f(a)f(b) < 0$ 只能保证方程 $f(x) = 0$ 的解的存在性，不能保证其唯一性．如果像例 7.4，补充 $f(x)$ 在$[a,b]$上单调这一条件，则可保证解的唯一性．

二分法的优点是对函数 $f(x)$ 的性态要求不高，只要连续即可，且计算程序简单，能保证收敛；缺点是收敛速度较慢，且只能求实函数的实零点（单重或奇数重零点），不能用于求偶重根（重根的函数值同号，不能用零点定理），不能用于求复根，更不能推广到方程组求解．该方法一般用于确定方程根的粗略位置，为快速收敛的算法提供初值．

二分法求根仅用到逐次对分区间端点的函数值符号，并未利用其数值大小这一信息．例如函数 $f(x) = x^6 - x - 1$，$f(1) = -1$，$f(2) = 61$，尽管我们有理由设想（当然并非绝对）根应该靠近左端点，但二分法仍然取其中点 $x_0 = \frac{1}{2}(1+2) = 1.5$ 作为根的第一次近似值，这当然会影响收敛速度．下面对二分法进行改进．

设 $f(x)$ 在闭区间 $[a_0,b_0]$ 上连续，且 $f(a_0)f(b_0) < 0$．以连接点 $A(a_0, f(a_0))$ 与点 $B(b_0, f(b_0))$ 的直线段 L 近似代替函数 $f(x)$ 的图像，而以直线 L 与 x 轴的交点的横坐标 c_0 作为 $f(x)$ 零点的近似，如图 7.3 所示．

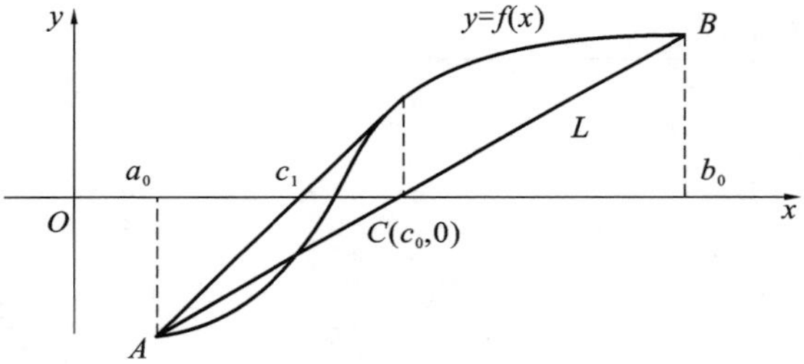

图 7.3　改进二分法求根示意图

根据 AB 的斜率与 CB 的斜率相等，可建立求 c_0 的方程

$$\frac{0 - f(b_0)}{c_0 - b_0} = \frac{f(b_0) - f(a_0)}{b_0 - a_0}$$

于是

$$c_0 = b_0 - \frac{f(b_0)(b_0 - a_0)}{f(b_0) - f(a_0)} \tag{7.8}$$

若 $f(c_0) \neq 0$，则 $f(a_0)f(c_0) > 0$ 或者 $f(a_0)f(c_0) < 0$．

假设 $f(a_0)f(c_0) < 0$，则 $f(x) = 0$ 的一根落在$[a_0, c_0]$中，置 $a_1 = a_0$，$b_1 = c_0$，以及类似式(7.8)计算

$$c_1 = b_1 - \frac{f(b_1)(b_1 - a_1)}{f(b_1) - f(a_1)}$$

重复上述过程，一般有如下迭代：

$$c_k = b_k - \frac{f(b_k)(b_k - a_k)}{f(b_k) - f(a_k)}, k = 0,1,\cdots \tag{7.9}$$

直到 $|f(c_k)|$ 或者 $|c_k - c_{k-1}|$ 小于允许误差.

7.3　不动点迭代法

7.3.1　不动点迭代法原理

设一元函数 $f(x)$ 是连续函数,对应的非线性方程是

$$f(x) = 0 \tag{7.10}$$

将其写成如下等价形式

$$x = \varphi(x) \tag{7.11}$$

其中,$\varphi(x)$ 为连续函数.若有某个 x^* 满足方程(7.11),即 $x^* = \varphi(x^*)$,则 x^* 显然是方程(7.10)的根,反之亦然.称 x^* 为函数 $\varphi(x)$ 的不动点.也就是说,求方程 $f(x) = 0$ 的根等价于求 $\varphi(x)$ 的不动点.

求函数 $\varphi(x)$ 的不动点,一般采用迭代法.其基本思想是:选取初值 x_0,将它代入式(7.11)的右端,记 $x_1 = \varphi(x_0)$,继而 $x_2 = \varphi(x_1)$.一般的,设已得到 x_k,则有

$$x_{k+1} = \varphi(x_k), k = 0,1,2,\cdots \tag{7.12}$$

式(7.12)称为函数 $\varphi(x)$ 的不动点的迭代公式,$\varphi(x)$ 称为迭代函数.由此可得一个迭代序列 $\{x_k\}$.如果 $\lim\limits_{k\to\infty} x_k = x^*$,则称迭代公式(7.12)是收敛的,否则称式(7.12)是发散的.如果迭代公式(7.12)收敛,容易得到 $x^* = \varphi(x^*)$ 为 $\varphi(x)$ 的不动点,故称式(7.12)为**不动点迭代法**(也叫简单迭代法).

上述迭代法是一种逐次逼近法,其基本思想是将隐式方程(7.11)归结为一组显式的计算公式(7.12),就是说,迭代过程实质上是一个逐步显式化的过程.

我们用几何图形来显示迭代过程.方程 $x = \varphi(x)$ 的求根问题在 xOy 平面上就是要确定曲线 $y = \varphi(x)$ 与直线 $y = x$ 的交点 P^*(图7.4).对于 x^* 的某个近似值 x_0,在曲线 $y = \varphi(x)$ 上可确定一点 P_0,它以 x_0 为横坐标,而纵坐标则等于 $x_1 = \varphi(x_0)$,过 P_0 引平行于 x 轴的直线,设此直线交直线 $y = x$ 于点 Q_1,然后过 Q_1 再作平行于 y 轴的直线,它与曲线 $y = \varphi(x)$ 的交点记为 P_1,则点 P_1 的横坐标为 x_1,纵坐标则等于 $x_2 = \varphi(x_1)$,按图7.4,依公式 $x_{k+1} = \varphi(x_k)$ 求得迭代值 $x_1, x_2, \cdots$.如果点列

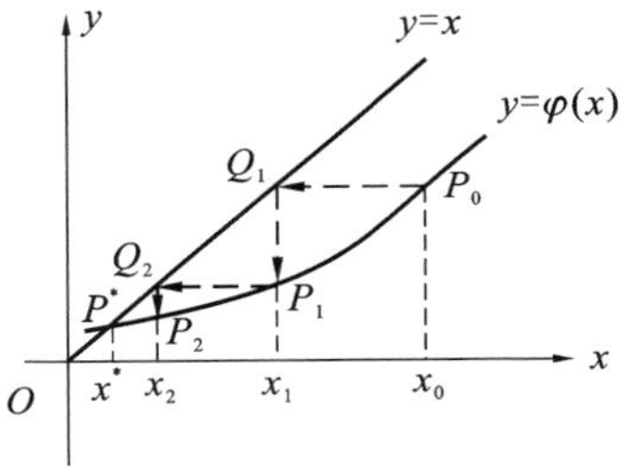

图7.4　迭代法示意图

$\{P_k\}$ 趋向于点 P^*，则相应的迭代值 x_k 收敛到所求的根 x^*. 图7.4是收敛于 x^* 的，我们也可以作出不收敛的几何图形，请读者自己完成.

【例7.5】　求方程

$$x^3 - x - 1 = 0 \tag{7.13}$$

在 $x_0 = 1.5$ 附近的根.

解　我们将构造两种不同的迭代公式.

方法1　将原方程化为与其等价的方程：$x = x^3 - 1$，即采用 $\varphi_1(x) = x^3 - 1$ 为迭代函数，则迭代公式为

$$x_{k+1} = x_k^3 - 1 \tag{7.14}$$

以初值 $x_0 = 1.5$ 代入，迭代3次的结果见表7.3所列.

表7.3　方法1的迭代结果

k	0	1	2	3
x_k	1.5	2.375	12.396	1903.779

显然继续迭代下去结果会越来越大，不可能趋于某个定数.

方法2　将原方程 $x^3 - x - 1 = 0$ 改写成 $x = \sqrt[3]{x+1}$. 取迭代函数为 $\varphi_2(x) = \sqrt[3]{x+1}$，则迭代公式为

$$x_{k+1} = \sqrt[3]{x_k + 1} \tag{7.15}$$

取初值 $x_0 = 1.5$ 代入，反复迭代的结果见表7.4所列.

表7.4　方法2的迭代结果

k	x_k	k	x_k
0	1.5	5	1.32476
1	1.25721	6	1.32473
2	1.33086	7	1.32472
3	1.32588	8	1.32472
4	1.32494		

可见如果仅取6位有效数字，只需迭代8次，近似解便已稳定在1.32472上，这时可认为1.32472是方程(7.13)的近似根.

例7.5表明，方程(7.10)转化为方程(7.11)总是可以实现的，而且方式不唯一，可构造多种迭代公式，有的收敛，有的发散，而只有收敛的迭代公式才有意义. 为此我们必须研究 $\varphi(x)$ 的不动点的存在性及其迭代法的收敛性.

7.3.2　不动点的存在性与迭代法的收敛性

现在我们考察 $\varphi(x)$ 在 $[a,b]$ 上不动点的存在唯一性.

定理 7.1 设 $\varphi(x) \in C[a,b]$,

(1) 若

$$\varphi(x) \in [a,b], \forall x \in [a,b] \tag{7.16}$$

则 $\varphi(x)$ 在 $[a,b]$ 上一定存在不动点.

(2) 若 $\varphi(x)$ 满足式(7.16),且存在常数 $L \in (0,1)$,使

$$|\varphi(x) - \varphi(y)| \leqslant L|x-y|, \forall x,y \in [a,b] \tag{7.17}$$

则 $\varphi(x)$ 在 $[a,b]$ 上的不动点是唯一的.

证明 先证不动点的存在性. 令 $\psi(x) = x - \varphi(x)$,由式(7.16)有

$$\psi(a) = a - \varphi(a) \leqslant 0, \psi(b) = b - \varphi(b) \geqslant 0$$

若此二式中有一个等号成立,则 a 或 b 就是 φ 的不动点. 若二式中不等号严格成立,由连续函数零点定理,存在 $x^* \in (a,b)$,使得 $\psi(x^*) = 0$,即 $x^* = \varphi(x^*)$,x^* 为 $\varphi(x)$ 的不动点.

再证唯一性. 设 x_1^* 及 x_2^* 都是 $\varphi(x)$ 的不动点,且 $x_1^* \neq x_2^*$,由式(7.17)得

$$|x_1^* - x_2^*| = |\varphi(x_1^*) - \varphi(x_2^*)| \leqslant L|x_1^* - x_2^*| < |x_1^* - x_2^*|$$

导出矛盾,唯一性得证.

条件(7.17)通常称为利普希茨(Lipschitz)条件,L 称利普希茨常数. $0<L<1$ 可看成 φ 满足"压缩"性质,故定理 7.1 也称为**压缩映射原理**.

推论 若 $\varphi(x) \in C[a,b]$,$\varphi(x) \in C^1(a,b)$,满足式(7.16),且存在常数 $L \in (0,1)$,使

$$|\varphi'(x)| \leqslant L, \forall x \in (a,b)$$

则 $\varphi(x)$ 在 $[a,b]$ 上存在唯一的不动点.

在例 7.5 中,当 $\varphi(x) = x^3 - 1$ 时,$\varphi'(x) = 3x^2$ 在区间 $[1,2]$ 中 $|\varphi'(x)| > 1$,不满足定理条件;而当 $\varphi(x) = \sqrt[3]{x+1}$ 时,$\varphi'(x) = \dfrac{1}{3}(x+1)^{-\frac{2}{3}}$,在区间 $[1,2]$ 中,$|\varphi'(x)| \leqslant \dfrac{1}{3}\left(\dfrac{1}{4}\right)^{\frac{1}{3}} < 1$,又 $1 \leqslant \sqrt[2]{2} \leqslant \varphi(x) \leqslant \sqrt[3]{3} \leqslant 2$,故满足推论条件,所以迭代法是收敛的.

在 $\varphi(x)$ 的不动点存在唯一的情况下,可得到迭代法(7.12)收敛的一个充分条件.

定理 7.2 设 $\varphi(x) \in C[a,b]$ 满足定理 7.1 中的两个条件,则对任意初值 $x_0 \in [a,b]$,由式(7.12)得到的迭代序列 $\{x_k\}$ 收敛到 $\varphi(x)$ 的不动点 x^*,并有

$$|x^* - x_k| \leqslant \frac{1}{1-L}|x_{k+1} - x_k| \tag{7.18}$$

$$|x^* - x_k| \leqslant \frac{L^k}{1-L}|x_1 - x_0| \tag{7.19}$$

证明　据定理7.1，φ 在 $[a,b]$ 有唯一的不动点 x^*. 对任意 $x_0 \in [a,b]$，式(7.16)保证了 $x_k \in [a,b]$ $(k=1,2,\cdots)$. 再由式(7.17)，有

$$|x_k - x^*| = |\varphi(x_{k-1}) - \varphi(x^*)| \leqslant L|x_{k-1} - x^*| \tag{7.20}$$

递推得

$$|x_k - x^*| \leqslant L^k |x_0 - x^*|$$

因 $0 < L < 1$，所以 $\lim\limits_{k\to\infty} x_k = x^*$.

利用式(7.20)得

$$|x_{k+1} - x_k| \geqslant |x^* - x_k| - |x^* - x_{k+1}| \geqslant (1-L)|x^* - x_k|$$

从而有

$$|x^* - x_k| \leqslant \frac{1}{1-L}|x_{k+1} - x_k|$$

由式(7.18)，注意到

$$|x_{k+1} - x_k| = |\varphi(x_k) - \varphi(x_{k-1})| \leqslant L|x_k - x_{k-1}|$$

递推得

$$|x^* - x_k| \leqslant \frac{1}{1-L}|x_{k+1} - x_k| \leqslant \frac{L}{1-L}|x_k - x_{k-1}| \leqslant \cdots \leqslant \frac{L^k}{1-L}|x_1 - x_0|$$

由定理7.2可知，L 愈小，迭代序列收敛得愈快，当 L 接近1时收敛缓慢. 式(7.19)是一个误差的事前估计式，可由此根据给定的精度 ε 来估计迭代的次数 k. 若要使 $|x_k - x^*| < \varepsilon$，只要 $\dfrac{L^k}{1-L}|x_1 - x_0| < \varepsilon$，即 $k > \dfrac{\left(\ln\varepsilon + \ln\dfrac{1-L}{|x_1 - x_0|}\right)}{\ln L}$. 若能估计出 L 的值，便可由所给精度 ε 估计出迭代的次数 k. 但由于 L 不容易求得，因此在实际计算中，常采用误差的事后估计式(7.18)，当相邻两次迭代值达到 $|x_{k+1} - x_k| < \varepsilon$ 时，则有 $|x_k - x^*| < \dfrac{\varepsilon}{1-L}$，在 L 不太接近1的情况下，当相邻两次迭代值足够接近时，误差也足够小. 故常采用 $|x_{k+1} - x_k| < \varepsilon$ 来控制迭代过程是否结束，但当 L 接近1时，即使 $|x_{k+1} - x_k| < \varepsilon$ 已很小，误差还可能很大，这时用这种方法控制迭代过程就不可靠.

7.3.3　局部收敛性与收敛阶

上面给出了迭代序列 $\{x_k\}$ 在区间 $[a,b]$ 上的收敛性，通常称为全局收敛性. 有时不易检验定理的条件，实际应用时通常只在不动点 x^* 的邻域考察其收敛性，即局部收敛性.

定义 7.1　设 $\varphi(x)$ 有不动点 x^*，如果存在 x^* 的某个邻域 $U(x^*)$：$|x - x^*| \leqslant \delta$，对任意 $x_0 \in U(x^*)$，迭代公式(7.12)产生的序列 $\{x_k\} \in U(x^*)$，且收敛到 x^*，则称迭代法(7.12)局部收敛.

定理 7.3　设 x^* 为 $\varphi(x)$ 的不动点，$\varphi'(x)$ 在 x^* 的某个邻域连续，且 $|\varphi'(x^*)|<1$，则迭代法(7.12)局部收敛.

证明　由连续函数的性质，存在 x^* 的某个邻域 $U(x^*)$：$|x-x^*|\leqslant\delta$，使对任意 $x\in U(x^*)$ 有

$$|\varphi'(x)|\leqslant L<1$$

此外，对于任意 $x\in U(x^*)$，总有 $\varphi(x)\in U(x^*)$，这是因为

$$|\varphi(x)-x^*|=|\varphi(x)-\varphi(x^*)|\leqslant L|x-x^*|<|x-x^*|$$

于是对任意的初值 $x_0\in U(x^*)$，由迭代公式 $x_{k+1}=\varphi(x_k)$ 所产生的序列 $\{x_k\}$ 收敛于 x^*.

定义 7.2　设迭代过程 $x_{k+1}=\varphi(x_k)$ 收敛于 x^*，记误差 $e_k=x_k-x^*$，若存在实数 $p\geqslant 1$，使

$$\lim_{k\to\infty}\frac{e_{k+1}}{e_k^p}=C(\text{常数 } C\neq 0)$$

则称迭代过程为 p 阶收敛，C 为渐近误差常数. 特别地，$p=1(|C|<1)$ 时称线性收敛，$p>1$ 时称超线性收敛；$p=2$ 时称平方收敛.

显然，收敛阶 p 的大小刻画了序列 $\{x_k\}$ 的收敛速度，p 越大，收敛越快.

定理 7.4　设迭代函数 $\varphi(x)$ 在其不动点 x^* 的邻域内 p 阶导数连续，且

$$\varphi^{(k)}(x^*)=0\quad(k=1,2,\cdots,p-1),\varphi^{(p)}(x^*)\neq 0 \tag{7.21}$$

则迭代过程 $x_{k+1}=\varphi(x_k)$ 在 x^* 邻近是 p 阶收敛的.

证明　因有 $\varphi'(x^*)=0$，定理 7.3 保证了 $\{x_k\}$ 的局部收敛性. 利用泰勒展开式得

$$\varphi(x_k)=\varphi(x^*)+\varphi'(x^*)(x_k-x^*)+\cdots+\frac{\varphi^{(p-1)}(x^*)}{(p-1)!}(x_k-x^*)^{p-1}+\frac{\varphi^{(p)}(\xi)}{p!}(x_k-x^*)^p$$

其中 ξ 在 x_k 与 x^* 之间. 利用式(7.21)有

$$x_{k+1}-x^*=\varphi(x_k)-\varphi(x^*)=\frac{\varphi^{(p)}(\xi)}{p!}(x_k-x^*)^p$$

取充分接近 x^* 的 x_0，设 $x_0\neq x^*$，有 $x_k\neq x^*\quad(k=1,2,\cdots)$. 于是当 $k\to\infty$ 时有

$$\lim_{k\to\infty}\frac{e_{k+1}}{e_k^p}=\frac{\varphi^{(p)}(x^*)}{p!}\neq 0$$

因此迭代过程 $x_{k+1}=\varphi(x_k)$ 是 p 阶收敛的.

【例 7.6】　求出下列迭代过程的收敛速度.

(1) $x_{k+1}=x_k-\dfrac{1}{4}(x_k^2-3)$；　(2) $x_{k+1}=\dfrac{1}{2}\left(x_k+\dfrac{3}{x_k}\right)$

解　容易知道上述迭代公式都收敛到 $x^*=\sqrt{3}$.

(1) 令 $\varphi(x)=x-\frac{1}{4}(x^2-3)$，则 $\varphi'(x)=1-\frac{1}{2}x$，且 $\varphi'(x^*)=1-\frac{\sqrt{3}}{2}\approx 0.134<1$，因此该迭代过程线性收敛.

(2) 令 $\varphi(x)=\frac{1}{2}\left(x+\frac{3}{x}\right)$，则 $\varphi'(x)=\frac{1}{2}\left(1-\frac{3}{x^2}\right)$，且 $\varphi'(x^*)=\frac{1}{2}\left(1-\frac{3}{(\sqrt{3})^2}\right)=0$，而 $\varphi''(x)=\frac{3}{x^3}$，且 $\varphi''(x^*)=\frac{3}{(\sqrt{3})^3}\neq 0$. 因此该迭代过程为平方收敛.

7.3.4 加速收敛技巧

加速收敛在数值分析中有着广泛应用，这里我们介绍两种加速收敛方法：埃特金(Aitken) 加速收敛方法和斯蒂芬森(Steffensen) 迭代法.

1. 埃特金加速收敛方法

线性收敛过程是比较慢的，特别当 C 接近 1 时，收敛更慢，所以要在收敛的基础上考虑加速收敛的步骤. 设 $\{x_k\}$ 线性收敛到 x^*，即

$$\lim_{k\to\infty}\frac{e_{k+1}}{e_k}=\lim_{k\to\infty}\frac{x_{k+1}-x^*}{x_k-x^*}=C$$

于是

$$\frac{x_{k+1}-x^*}{x_k-x^*}=C+\delta_k，其中\lim_{k\to\infty}\delta_k=0$$

所以当 k 充分大时，有

$$\frac{x_{k+1}-x^*}{x_k-x^*}\approx\frac{x_{k+2}-x^*}{x_{k+1}-x^*}\approx C$$

解得

$$x^*\approx x_k-\frac{(x_{k+1}-x_k)^2}{x_k-2x_{k+1}+x_{k+2}}\quad(k=0,1,2,\cdots)$$

记

$$\bar{x}_k=x_k-\frac{(x_{k+1}-x_k)^2}{x_k-2x_{k+1}+x_{k+2}}\quad(k=0,1,2,\cdots)\tag{7.22}$$

则 $\bar{x}_k$ 应比 x_k 更接近 x^*，即 $\{\bar{x}_k\}$ 应比 $\{x_k\}$ 收敛更快.

由线性收敛序列 $\{x_k\}$，按公式(7.22) 构造收敛较快的序列 $\{\bar{x}_k\}$ 的方法，叫做**埃特金加速收敛方法**.

定理 7.5 如果数列 $\{x_k\}$ 满足条件：

(1) $\lim\limits_{k\to\infty}x_k=x^*$，且 $e_k=x_k-x^*\neq 0$；(2) $\lim\limits_{k\to\infty}\frac{e_{k+1}}{e_k}=C\quad(0<C<1)$

则按(7.22)构造的数列$\{\bar{x}_k\}$将比$\{x_k\}$更快地收敛于x^*，即有

$$\lim_{k\to\infty}\frac{\bar{x}_k - x^*}{x_k - x^*} = 0$$

【例 7.7】 使用迭代公式

$$x_{k+1} = \sqrt{\frac{10}{x_k + 4}}$$

求方程$f(x) = x^3 + 4x^2 - 10 = 0$在$[1,1.5]$内的根，然后经埃特金加速收敛方法加速.

解 取初值$x_0 = 1.5$，使用迭代公式迭代 11 次，计算结果列于表 7.5 中的第 2 列，经埃特金加速收敛方法加速后的结果列于表 7.5 中的第 3 列. 显然埃特金加速收敛方法收敛更快.

表 7.5 迭代及加速的结果

k	x_k	$\bar{x}_k$
0	1.5	1.365265224
1	1.348399725	1.365230584
2	1.367376372	1.365230023
3	1.364957015	1.365230013
4	1.365264748	1.365230014
5	1.365225594	1.365230014
6	1.365230576	1.365230013
7	1.365229942	1.365230013
8	1.365230022	
9	1.365230012	
10	1.365230014	
11	1.365230013	

2. 斯蒂芬森迭代法

埃特金方法不管原序列$\{x_k\}$是怎样产生的，直接对$\{x_k\}$进行加速计算，得到序列$\{\bar{x}_k\}$. 如果把埃特金加速技巧与不动点迭代结合，则可形成斯蒂芬森方法.

$$y_k = \varphi(x_k), z_k = \varphi(y_k)$$

$$x_{k+1} = x_k - \frac{(y_k - x_k)^2}{z_k - 2y_k + x_k} \quad (k = 0,1,\cdots) \tag{7.23}$$

称为**斯蒂芬森迭代法**.

把式(7.23)写成一种不动点迭代的形式

$$x_{k+1} = \psi(x_k) \tag{7.24}$$

则迭代函数ψ由下式确定

$$\psi(x) = x - \frac{[\varphi(x) - x]^2}{\varphi(\varphi(x)) - 2\varphi(x) + x} \tag{7.25}$$

对迭代公式(7.24),有以下局部收敛定理

定理 7.6 设 x^* 为式(7.25)定义的函数 $\psi(x)$ 的不动点,则 x^* 为 $\varphi(x)$ 的不动点.反之,若 x^* 为 $\varphi(x)$ 的不动点,设 $\varphi'(x)$ 存在且连续,$\varphi'(x^*) \neq 1$,则 x^* 为 $\psi(x)$ 的不动点.

定理 7.7 设 $\varphi(x)$ 是简单迭代法的迭代函数,x^* 是它的不动点,在 x^* 的邻域内 $\varphi(x)$ 有 $p+1$ 阶导数.对 $p=1$,若 $\varphi'(x^*) \neq 1$,则斯蒂芬森迭代法是2阶的.若以 $\varphi(x)$ 为迭代函数是 $p(p>1)$ 阶收敛的,则斯蒂芬森迭代法是 $p+1$ 阶收敛的.

【例 7.8】 用斯蒂芬森迭代法求解方程 $x^3 - x - 1 = 0$ 在(1,1.5)内的根.

解 将方程改写成 $x = x^3 - 1$,建立迭代公式

$$x_{k+1} = x_k^3 - 1 \ (k = 0,1,2,\cdots)$$

取初值 $x_0 = 1.5$,则迭代结果为

$$x_1 = 2.375, x_2 = 12.3965, \cdots$$

其迭代值越来越大,因此迭代公式是发散的.

初值和迭代函数不变,使用斯蒂芬森迭代公式(7.23),计算结果如表7.6所列.

表 7.6 斯蒂芬森迭代结果

k	x_k	y_k	z_k
0	1.5	2.37500	12.3965
1	1.41629	1.84092	5.23888
2	1.35565	1.49140	2.31728
3	1.32895	1.34710	1.44435
4	1.32480	1.32518	1.32714
5	1.32472		

7.4 牛 顿 法

7.4.1 牛顿法及其收敛性

牛顿(Newton)迭代法是求非线性方程 $f(x) = 0$ 的根的一种重要方法,由于

线性方程的求根非常简单，因此牛顿法的基本思想就是将非线性方程转化为线性方程来求解.

设 $f(x)$ 连续可微，则可将 $f(x)$ 在 x_0 处泰勒展开，即

$$f(x)=f(x_0)+f'(x_0)(x-x_0)+\frac{f''(x_0)}{2!}(x-x_0)^2+\cdots$$

只要 $f'(x_0)\neq 0$，取线性部分近似值替代 $f(x)$，便得 $f(x)=0$ 的近似方程为

$$f(x_0)+f'(x_0)(x-x_0)=0$$

解得

$$x=x_0-\frac{f(x_0)}{f'(x_0)} \tag{7.26}$$

由迭代法思想将上式左端 x 记为 x_1，便得到

$$x_1=x_0-\frac{f(x_0)}{f'(x_0)}$$

一般地有

$$x_{k+1}=x_k-\frac{f(x_k)}{f'(x_k)}\quad(k=0,1,\cdots) \tag{7.27}$$

定义 7.3 称式(7.27)为牛顿迭代公式(自然假定 $f'(x_k)\neq 0$)，其迭代函数就是

$$\varphi(x)=x-\frac{f(x)}{f'(x)}$$

牛顿法有明显的几何解释. 如图 7.5 所示，从几何上看，$y=f(x_0)+f'(x_0)(x-x_0)$ 为曲线 $y=f(x)$ 过点 $(x_0,f(x_0))$ 的切线，x_1 为切线与 x 轴的交点，x_2 则是曲线上点 $(x_1,f(x_1))$ 处的切线与 x 轴的交点. 如此继续下去，x_{k+1} 为曲线上点 $(x_k,f(x_k))$ 处的切线与 x 轴的交点. 因此牛顿法是以曲线的切线与 x 轴的交点作为曲线与 x 轴的交点的近似，故牛顿法又称**切线法**.

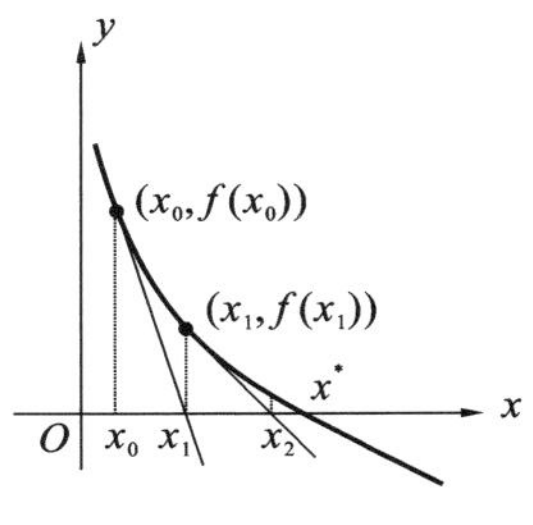

图 7.5 牛顿法求根示意图

在用牛顿法求解 $f(x)=0$ 时，何时停止迭代，最自然的是用误差

$$|f(x_k)|<\varepsilon$$

来判断，若此式满足，则终止迭代并取 x_k 为根的近似值，否则继续迭代.

另一种判断方法是实用中经常用到的方法. 由微分中值定理

$$f(x_k)=f(x_k)-f(x^*)=f'(\xi_k)(x_k-x^*)\qquad(\xi_k\text{ 介于 }x^*\text{ 与 }x_k\text{ 之间})$$

得

$$x^*-x_k=-\frac{f(x_k)}{f'(\xi_k)}$$

且只要 x_k 足够接近 x^*，使得 $f'(x_k) \approx f'(\xi_k)$，则有

$$x_{k+1} - x_k = -\frac{f(x_k)}{f'(x_k)} \approx -\frac{f(x_k)}{f'(\xi_k)} = x^* - x_k$$

于是可由 $|x_{k+1} - x_k| \leqslant \varepsilon$ 推得 $|x^* - x_k| \leqslant \varepsilon$. 因此，当 $|x_{k+1} - x_k| \leqslant \varepsilon$ 时终止迭代，取 x_{k+1} 作为近似值.

【例 7.9】 用牛顿法求方程 $f(x) = x^3 + 10x - 20 = 0$ 的根，取 $x_0 = 1.5$.

解 因为 $f'(x) = 3x^2 + 10$，故牛顿迭代公式为

$$x_{k+1} = x_k - \frac{x_k^3 + 10x_k - 20}{3x_k^2 + 10}$$

代入初值得

$$x_1 = 1.5970149, x_2 = 1.5945637, x_3 = 1.5945621, x_4 = 1.5945621$$

迭代 3 次所得近似解就准确到 8 位有效数字，可见牛顿法收敛很快. 下面讨论牛顿法的收敛性.

设 x^* 是 $f(x) = 0$ 的单根，即 $f(x^*) = 0$，但 $f'(x^*) \neq 0$. 牛顿法的迭代函数为 $\varphi(x) = x - \dfrac{f(x)}{f'(x)}$，迭代公式为 $x_{k+1} = \varphi(x_k)$. 为了证明收敛性，需求 $\varphi(x)$ 的导数

$$\varphi'(x) = 1 - \frac{[f'(x)]^2 - f(x)f''(x)}{[f'(x)]^2} = \frac{f(x)f''(x)}{[f'(x)]^2} \tag{7.28}$$

显然 $\varphi'(x^*) = 0$. 若 $\varphi'(x)$ 是连续函数，则当 x 充分靠近 x^* 时，$|\varphi'(x)| \leqslant L < 1$ 成立，因此当初始值 x_0 充分靠近 x^* 时，牛顿迭代法收敛；不仅如此牛顿法还是平方收敛的. 事实上，由式(7.28) 可得

$$\varphi''(x) = \frac{[f'(x)]^2[f'(x)f''(x) + f(x)f'''(x)] - 2f(x)f'(x)[f''(x)]^2}{[f'(x)]^4}$$

$$\varphi''(x^*) = \frac{f''(x^*)}{f'(x^*)} \neq 0 (当\ f''(x^*) \neq 0\ 时)$$

由定理 7.4 知牛顿迭代法是平方收敛的.

7.4.2 牛顿法应用举例

对于给定的正数 C，应用牛顿迭代法求解二次方程 $x^2 - C = 0$ 的根，可导出求开方值 $\sqrt{C}$ 的计算迭代公式

$$x_{k+1} = \frac{1}{2}\left(x_k + \frac{C}{x_k}\right) \tag{7.29}$$

现在证明，这种迭代公式对于任意初值 $x_0 > 0$ 都是收敛的.

事实上，对式(7.29) 施行配方手续，易知

$$x_{k+1}-\sqrt{C}=\frac{1}{2x_k}(x_k-\sqrt{C})^2$$

$$x_{k+1}+\sqrt{C}=\frac{1}{2x_k}(x_k+\sqrt{C})^2$$

以上两式相除得

$$\frac{x_{k+1}-\sqrt{C}}{x_{k+1}+\sqrt{C}}=\left(\frac{x_k-\sqrt{C}}{x_k+\sqrt{C}}\right)^2$$

据此反复推导，有

$$\frac{x_k-\sqrt{C}}{x_k+\sqrt{C}}=\left(\frac{x_0-\sqrt{C}}{x_0+\sqrt{C}}\right)^{2^k} \tag{7.30}$$

记 $q=\dfrac{x_0-\sqrt{C}}{x_0+\sqrt{C}}$，整理式(7.30)，得

$$x_k-\sqrt{C}=2\sqrt{C}\,\frac{q^{2^k}}{1-q^{2^k}}$$

对任意 $x_0>0$，总有 $|q|<1$，故由上式知，当 $k\to\infty$ 时，$x_k\to\sqrt{C}$，即迭代过程恒收敛.

【例 7.10】 求 $\sqrt{115}$.

解 取初值 $x_0=10$，对 $C=115$，按式(7.29) 迭代 3 次便得到精度为 10^{-6} 的结果，见表 7.7 所列.

表 7.7 迭代结果

k	x_k
0	10
1	10.75
2	10.723837
3	10.723805
4	10.723805

由于公式(7.29) 对任意初值 $x_0>0$ 均收敛，并且收敛的速度很快，因此我们可取确定的初值，如 $x_0=1$，编制通用程序. 用这个通用程序求 $\sqrt{115}$，也只要迭代 7 次便得到了上面的结果 10.723805.

7.4.3 简化牛顿法与牛顿下山法

1. 简化牛顿法

牛顿迭代法中每次都需要计算 $f'(x)$. 如果导数计算很困难或运算量很大时，

牛顿迭代法实现很困难. 为了避免计算导数值,可将 $f'(x_k)$ 取为某个定值,比如取 $f'(x_0)$. 这时迭代公式成为

$$x_{k+1}=x_k-\frac{f(x_k)}{f'(x_0)}$$

称为简化牛顿迭代法,也称为平行弦方法. 其迭代函数为

$$\varphi(x)=x-\frac{f(x)}{f'(x_0)} \tag{7.31}$$

几何意义是用过点 $(x_k,f(x_k))$ 且斜率为 $f'(x_0)$ 的直线

$$y-f(x_k)=f'(x_0)(x-x_k)$$

来代替曲线 $y=f(x)$,取该直线与 x 轴的交点的横坐标 x_{k+1} 作为 x^* 的近似值(如图 7.6). 进一步推广,可以把 $f'(x_k)$ 取为任意的常数 $\frac{1}{C}(C\neq 0)$,迭代函数

$$\varphi(x)=x-Cf(x)$$

迭代公式为

$$x_{k+1}=x_k-Cf(x_k)$$

称为推广的简化牛顿迭代法.

由简单迭代法的局部收敛条件

$$|\varphi'(x)|\leqslant L<1, x\in(x-\delta,x+\delta)$$

知,当

$$0<Cf'(x)<2$$

时推广的简化牛顿迭代法收敛.

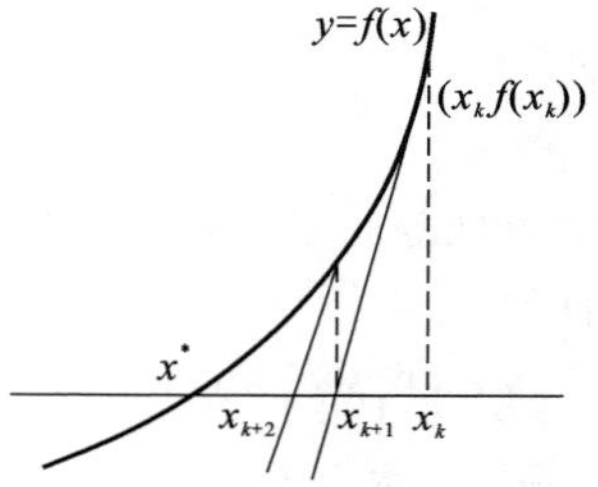

图 7.6　简化牛顿法求根示意图

因为

$$x_{k+1}-x^*=\varphi(x_k)-\varphi(x^*)=\varphi'(\xi)(x_k-x^*)$$

若 $C\neq\frac{1}{f'(x^*)}$,有

$$\frac{e_{k+1}}{e_k}\to\varphi'(x^*)=1-Cf'(x^*)\neq 0$$

所以推广的简化牛顿迭代法线性收敛.

2. 牛顿下山法

在讨论牛顿法的收敛条件时,都要假定初始值 x_0 要充分靠近 x^* 时才能保证收敛. 为了扩大初始值 x_0 的选取范围,并且防止迭代发散,我们可以对迭代过程再附加一项要求,即迭代点的函数值逐步单调下降,也就是:

$$|f(x_{k+1})|<|f(x_k)| \tag{7.32}$$

满足这项要求的算法称为**下山法**.

将牛顿法和下山法结合起来,即在下山法保证函数值稳定下降的前提下,用牛顿法加快收敛速度. 为此,将牛顿法的迭代形式写成

$$\overline{x_{k+1}}=x_k-\frac{f(x_k)}{f'(x_k)}$$

与前一步的近似值 x_k 适当加权平均作为新的改进值

$$x_{k+1} = \lambda \overline{x_{k+1}} + (1-\lambda)x_k \tag{7.33}$$

其中 $\lambda(0 < \lambda \leqslant 1)$称为**下山因子**,式(7.33) 即为

$$x_{k+1} = x_k - \lambda \frac{f(x_k)}{f'(x_k)} \tag{7.34}$$

称为**牛顿下山法**. 当取 $\lambda = 1$ 时,式(7.34) 就变成式(7.27). 选取 λ 的原则是使 $|f(x_{k+1})| < |f(x_k)|$. 如果不满足,则逐次将 λ 减半进行试算,直到式(7.32) 成立为止.

当 $\lambda \neq 1$ 时,牛顿下山法只有线性收敛速度,但对初始值的选取放宽了,即取某一初值牛顿法不收敛,而牛顿下山法可能收敛.

【例 7.11】 用牛顿法和牛顿下山法分别求 $f(x) = x^3 - x - 1 = 0$ 在 1.5 附近的一个根,取 $x_0 = 0.6$,计算结果精确到 10^{-5}.

解　牛顿法迭代公式为

$$x_{k+1} = x_k - \frac{x_k^3 - x_k - 1}{3x_k^2 - 1}$$

代入 $x_0 = 0.6$,得到 $x_1 = 17.9$,显然此时发散,原因是初值离准确值较远.

牛顿下山法迭代公式为

$$x_{k+1} = x_k - \lambda \frac{x_k^3 - x_k - 1}{3x_k^2 - 1}$$

代入 $x_0 = 0.6$,并取 $\lambda = 1$,得到 $x_1 = 17.9$,但是 $f(0.6) = -1.384$,$f(17.9) = 5716.439$ 不满足下山条件,因此取 $\lambda = \frac{1}{2}$,直到 $\lambda = \frac{1}{32}$ 时得到的 $x_1 = 1.140625$ 才满足要求,以此类推计算 $x_2, x_3, \cdots$. 计算结果如下:

$$x_2 = 1.36181,\quad f(x_2) = 0.18664,\quad x_3 = 1.32628,$$
$$f(x_3) = 0.0067,\quad x_4 = 1.32472,\quad f(x_4) = 0.0000086,$$

x_4 为近似值.

7.4.4　牛顿迭代法的重根情形

在讨论牛顿法的收敛性时,曾假定 $f(x^*) = 0$,$f'(x^*) \neq 0$,这时,牛顿法在求单根时,收敛速度至少是平方收敛,而对于重根情况,收敛速度则很慢. 为此,下面介绍当方程出现重根时,牛顿迭代法的几种改进方法.

1. x^* 的重数 $m(m \geqslant 2)$ 已知

若 x^* 的重数 $m(m \geqslant 2)$ 已知,则为了提高收敛速度,可将牛顿迭代法变形为

$$x_{k+1} = x_k - m\frac{f(x_k)}{f'(x_k)} \quad (k = 0, 1, 2, \cdots) \tag{7.35}$$

迭代函数为 $\varphi(x)=x-m\dfrac{f(x)}{f'(x)}$，此时 $\varphi'(x^*)=0$，故迭代公式(7.35)是平方收敛的，并可称为修正的牛顿迭代公式.

2. x^* 的重数 $m(m\geqslant 2)$ 未知

若 x^* 的重数 $m(m\geqslant 2)$ 未知，则可令 $\psi(x)=\dfrac{f(x)}{f'(x)}$. 因为

$$f(x)=(x-x^*)^m g(x),g(x^*)\neq 0$$
$$\begin{aligned}f'(x)&=(x-x^*)^m g'(x)+m(x-x^*)^{m-1}g(x)\\&=(x-x^*)^{m-1}[(x-x^*)g'(x)+mg(x)]\end{aligned}$$

所以

$$\psi(x)=\frac{f(x)}{f'(x)}=\frac{(x-x^*)}{\left[(x-x^*)\dfrac{g'(x)}{g(x)}+m\right]}$$

显然 x^* 是方程 $\psi(x)=0$ 的单根，对它运用牛顿迭代法，得

$$x_{k+1}=x_k-\frac{\psi(x_k)}{\psi'(x_k)}=x_k-\frac{f(x_k)f'(x_k)}{[f'(x_k)]^2-f(x_k)f''(x_k)}\quad(k=0,1,\cdots)\tag{7.36}$$

如果牛顿迭代法求单根是平方收敛的，则用迭代公式(7.36)求 x^* 是平方收敛的.

【例 7.12】 取初始值 $x_0=2$，分别用牛顿迭代法和修正的牛顿迭代法求方程 $f(x)=x^3-2x^2+x=0$ 的二重根 $x^*=1$ 的近似值，分别迭代3步.

解 $f(x)=x^3-2x^2+x,f'(x)=3x^2-4x+1$，初始值 $x_0=2$，牛顿迭代法：

$$x_{k+1}=x_k-\frac{f(x_k)}{f'(x_k)}=x_k-\frac{x_k^3-2x_k^2+x_k}{3x_k^2-4x_k+1}\quad(k=0,1,2,\cdots)$$

修正的牛顿迭代法：

$$x_{k+1}=x_k-2\frac{f(x_k)}{f'(x_k)}=x_k-2\frac{x_k^3-2x_k^2+x_k}{3x_k^2-4x_k+1}\quad(k=0,1,2,\cdots)$$

计算结果列于表7.8中.

表 7.8 迭代结果

迭代次数 k	牛顿迭代法 x_k	修正的牛顿迭代法 x_k
0	2	2
1	1.6	1.2
2	1.347368	1.015384
3	1.193517	1.000115

计算结果表明：牛顿迭代法收敛较慢，修正的牛顿迭代法收敛较快.

7.5　弦截法与抛物线法

用牛顿迭代法求方程的根，每步除计算 $f(x_k)$ 外还要计算 $f'(x_k)$，当函数 $f(x)$ 比较复杂时，计算 $f'(x)$ 往往较困难，为此可以利用已求函数值 $f(x_k)$，$f(x_{k-1})$，… 来回避导数值 $f'(x_k)$ 的计算. 这类方法是建立在插值原理基础上的，下面介绍两种常用的方法.

7.5.1　弦截法

设 x_k，x_{k-1} 是 $f(x)=0$ 的近似根，它们对应的函数值为 $f(x_k)$，$f(x_{k-1})$，作线性插值多项式

$$p_1(x) = f(x_k) + \frac{f(x_k) - f(x_{k-1})}{x_k - x_{k-1}}(x - x_k)$$

用 $p_1(x)$ 近似代替 $f(x)$ 得近似方程 $p_1(x)=0$. 令其解为 x_{k+1}，则

$$x_{k+1} = x_k - \frac{f(x_k)}{f(x_k) - f(x_{k-1})}(x_k - x_{k-1}) \tag{7.37}$$

这就是弦截迭代法，它可看做是牛顿迭代法中导数 $f'(x_k)$ 用 $\dfrac{f(x_k) - f(x_{k-1})}{x_k - x_{k-1}}$ 代替得到的.

弦截法的几何意义：如图 7.7，过曲线上两点 $(x_{k-1}, f(x_{k-1}))$，$(x_k, f(x_k))$ 的直线为

$$y - f(x_k) = \frac{f(x_k) - f(x_{k-1})}{x_k - x_{k-1}}(x - x_k)$$

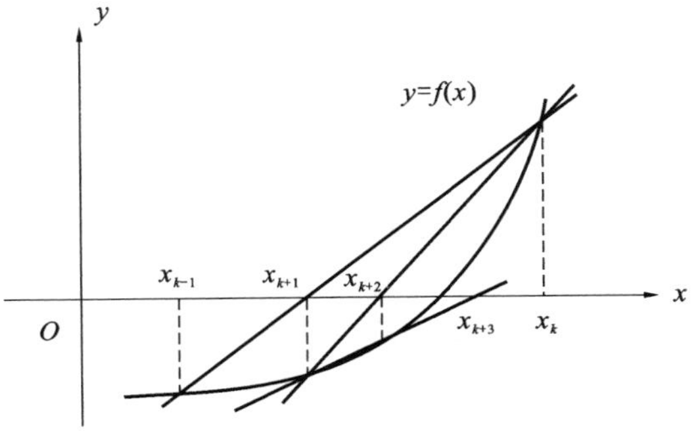

图 7.7　弦截法示意图

它与 x 轴的交点为

$$x = x_k - \frac{f(x_k)}{f(x_k) - f(x_{k-1})}(x_k - x_{k-1}) = x_{k+1}$$

于是，从几何上看，弦截法是以曲线上两点的割线与 x 轴的交点作为曲线与 x 轴的交点的近似，故弦截法又称为**割线法**.

用弦截法求非线性方程的解，必须给出两个初始值 x_0、x_1，通常取根所在区间的端点即可.

关于弦截法的收敛性有以下结果：

定理 7.8　设 $f(x)$ 在 x^* 邻近 2 阶连续可微，且 $f(x^*) = 0, f'(x^*) \neq 0$，则存在 $\delta > 0$，当 $x_0, x_1 \in [x^* - \delta, x^* + \delta]$ 时，由弦截法产生的序列 $\{x_k\}$ 收敛于 x^*，且收敛阶为 $p = \frac{1+\sqrt{5}}{2} \approx 1.618$. 这里 p 是 $\lambda^2 - \lambda - 1$ 的正根.

【例 7.13】　用弦截法求方程 $f(x) = x^3 + 10x - 20$ 的根.

解　因为 $f(1.5) < 0, f(2) > 0$，$[1.5, 2]$ 为有根区间. 取 $x_0 = 1.5, x_1 = 2$，迭代结果见表 7.9 所列.

表 7.9　弦截法迭代结果

k	x_k	$f(x_k)$
0	1.5	−1.625
1	2	8
2	1.5844156	−0.1783702
3	1.5934795	−0.0190786
4	1.5945651	0.00005256
5	1.5945621	-2.2×10^{-7}

迭代结果表明，迭代 5 次所得近似解精确到 8 位有效数字. 它的收敛速度虽低于牛顿法，但比简单迭代法快.

7.5.2　抛物线法

如果用 $f(x)$ 的二次插值多项式的零点来近似 $f(x)$ 的零点，可导出抛物线法.

设已知方程 $f(x) = 0$ 的根的三个近似值 x_{k-2}, x_{k-1}, x_k，首先将它们倒排为 x_k，x_{k-1}，x_{k-2}，以这三点为节点的 $f(x)$ 的二次插值多项式为

$$P_2(x) = f(x_k) + f[x_k, x_{k-1}](x - x_k) + f[x_k, x_{k-1}, x_{k-2}](x - x_k)(x - x_{k-1})$$

将 $(x - x_{k-1})$ 写成 $(x - x_{k-1}) = (x - x_k) + (x_k - x_{k-1})$，有

$$P_2(x) = f(x_k) + f[x_k, x_{k-1}](x - x_k) + f[x_k, x_{k-1}, x_{k-2}](x - x_k)^2$$

$$+f[x_k,x_{k-1},x_{k-2}](x_k-x_{k-1})(x-x_k)$$

令

$$\begin{cases}a_k=f[x_k,x_{k-1},x_{k-2}]\\ b_k=f[x_k,x_{k-1}]+f[x_k,x_{k-1},x_{k-2}](x_k-x_{k-1})\\ c_k=f(x_k)\end{cases} \tag{7.38}$$

得

$$P_2(x)=a_k(x-x_k)^2+b_k(x-x_k)+c_k$$

其零点为

$$x=x_k+\frac{-b_k\pm\sqrt{b_k^2-4a_kc_k}}{2a_k}=x_k-\frac{2c_k}{b_k\pm\sqrt{b_k^2-4a_kc_k}}$$

这里有两个零点,那么应取哪个作为新的近似根?考虑到 x_k 已是方程的近似根,新的近似根自然应该在 x_k 的邻近,故选取新近似根的原则是使得 $|x-x_k|$ 较小,于是有

$$x_{k+1}=x_k-\frac{2c_k\operatorname{sgn}(b_k)}{|b_k|+\sqrt{b_k^2-4a_kc_k}} \tag{7.39}$$

这就是**抛物线迭代法**,也称**密勒**(Müller)**法**、**二次插值法**.

如图 7.8 所示,$y=P_2(x)$ 是过曲线上三点 $(x_i,f(x_i))(i=k-2,k-1,k)$ 的抛物线,故抛物线法的几何意义是以过曲线三点的抛物线与 x 轴的交点作为曲线与 x 轴交点的近似.

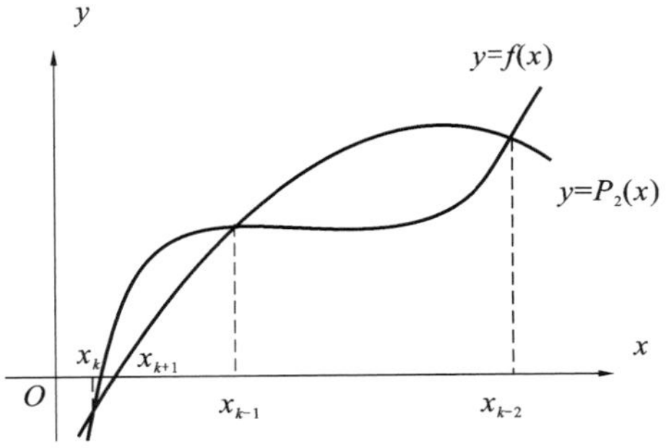

图 7.8　抛物线法示意图

【例 7.14】　用抛物线法求方程 $f(x)=x^3+10x-20=0$ 的根.

解　取 $x_0=1.5, x_1=1.75, x_2=2$,则 $f_0=-1.625, f_1=2.859375, f_2=8$. 由式(7.38)和式(7.39)得

$$a=f[2,1.75,1.5]=5.25,$$

$$b=f[2,1.75]+a(2-1.75)=19.25,$$

$$c=8,$$

$$x_3=2-\frac{2\times 8}{19.25+\sqrt{(19.25)^2-4\times 5.25\times 8}}=1.5221377,$$

重复上述过程，迭代数次可得到满足精度要求的解.

可以证明，如果 $f(x)$ 在其零点 x^* 附近3阶连续可微，且初值 x_0, x_1, x_2 充分接近 x^*，则抛物线法是收敛的. 特别地，若 x^* 是方程的单根，则其收敛阶为1.84. 另一方面，在收敛性的证明中虽然要求初始值充分接近根 x^*，但实际计算表明，抛物线法对初值要求并不苛刻，在初值不太好的情形下常常也能收敛. 它的缺点是程序设计较复杂，并且在计算实根的过程中，也常常需要采用复数运算，增加了工作量. 因此，抛物线法适用于当初值不太好时求方程根的情况.

7.6 非线性方程组的牛顿迭代法

设非线性方程组为

$$\begin{cases} f_1(x_1, x_2, \cdots, x_n) = 0 \\ f_2(x_1, x_2, \cdots, x_n) = 0 \\ \qquad \cdots\cdots \\ f_n(x_1, x_2, \cdots, x_n) = 0 \end{cases} \tag{7.40}$$

其中，$x_i (i = 1, 2, \cdots, n)$ 是实变量，$f_i(x_1, x_2, \cdots, x_n)(i = 1, 2, \cdots, n)$ 是 n 个变量 $x_1, x_2, \cdots, x_n$ 的 n 元函数，且至少有一个 $f_j(x_1, x_2, \cdots, x_n)(1 \leqslant j \leqslant n)$ 是自变量 x_i 的非线性函数，若记

$$\boldsymbol{x} = (x_1, x_2, \cdots, x_n)^{\mathrm{T}}$$

$$\boldsymbol{F}(\boldsymbol{x}) = (f_1(\boldsymbol{x}), f_2(\boldsymbol{x}), \cdots, f_n(\boldsymbol{x}))^{\mathrm{T}}$$

则式(7.40)可以等价地记为

$$F(\boldsymbol{x}) = \boldsymbol{0} \tag{7.41}$$

求解非线性方程组(7.40)或(7.41)，就是确定一个向量 $\boldsymbol{x}^* = (x_1^*, x_2^*, \cdots, x_n^*)^{\mathrm{T}}$，使多元向量函数 $\boldsymbol{F}(\boldsymbol{x})$ 满足

$$\boldsymbol{F}(\boldsymbol{x}^*) = \boldsymbol{0} \tag{7.42}$$

由于非线性方程组(7.40)可能有唯一解、无穷多组解或无解，因此有关它的求解问题，要比非线性方程求解困难得多.

设 $\boldsymbol{x}^*$ 是非线性方程组(7.41)的解向量，任取初始值向量 $\boldsymbol{x}^{(0)}(\boldsymbol{x}^{(0)} = (x_1^{(0)}, x_2^{(0)}, \cdots, x_n^{(0)})^{\mathrm{T}})$，假定 $\boldsymbol{F}(\boldsymbol{x})$ 在 $\boldsymbol{x}^*$ 可微，将 $\boldsymbol{F}(\boldsymbol{x}^*)$ 在 $\boldsymbol{x}^{(0)}$ 处做泰勒展开，并取其线性部分，可得

$$\boldsymbol{0} = \boldsymbol{F}(\boldsymbol{x}^*) \approx \boldsymbol{F}(\boldsymbol{x}^{(0)}) + \boldsymbol{DF}(\boldsymbol{x}^{(0)})(\boldsymbol{x}^* - \boldsymbol{x}^{(0)}) \tag{7.43}$$

其中，$\boldsymbol{DF}(\boldsymbol{x}^{(0)})$ 为雅可比矩阵：

$$
\boldsymbol{DF}(\boldsymbol{x}^{(0)})=\begin{pmatrix}\dfrac{\partial f_1(\boldsymbol{x}^{(0)})}{\partial x_1} & \dfrac{\partial f_1(\boldsymbol{x}^{(0)})}{\partial x_2} & \cdots & \dfrac{\partial f_1(\boldsymbol{x}^{(0)})}{\partial x_n}\\ \dfrac{\partial f_2(\boldsymbol{x}^{(0)})}{\partial x_1} & \dfrac{\partial f_2(\boldsymbol{x}^{(0)})}{\partial x_2} & \cdots & \dfrac{\partial f_2(\boldsymbol{x}^{(0)})}{\partial x_n}\\ \vdots & \vdots & & \vdots\\ \dfrac{\partial f_n(\boldsymbol{x}^{(0)})}{\partial x_1} & \dfrac{\partial f_n(\boldsymbol{x}^{(0)})}{\partial x_2} & \cdots & \dfrac{\partial f_n(\boldsymbol{x}^{(0)})}{\partial x_n}\end{pmatrix}
$$

若雅可比矩阵 $\boldsymbol{DF}(\boldsymbol{x}^{(0)})$ 非奇异,则方程组 $\boldsymbol{DF}(\boldsymbol{x}^{(0)})(\boldsymbol{x}-\boldsymbol{x}^{(0)})+\boldsymbol{F}(\boldsymbol{x}^{(0)})=\boldsymbol{0}$ 有唯一解 $\boldsymbol{x}^{(1)}=\boldsymbol{x}^{(0)}-[\boldsymbol{DF}(\boldsymbol{x}^{(0)})]^{-1}\boldsymbol{F}(\boldsymbol{x}^{(0)})$.

一般地,当 $\boldsymbol{DF}(\boldsymbol{x}^{(k)})$ 非奇异时,可得

$$
\boldsymbol{x}^{(k+1)}=\boldsymbol{x}^{(k)}-[\boldsymbol{DF}(\boldsymbol{x}^{(k)})]^{-1}\boldsymbol{F}(\boldsymbol{x}^{(k)})\quad(k=0,1,\cdots)\tag{7.44}
$$

这就是解非线性方程组(7.40)的牛顿迭代公式.

利用迭代公式(7.44)求非线性方程组(7.40)的近似解,每一步迭代需要解一个线性方程组,且这一步与下一步的系数矩阵也不相同,因此运算量很大.可以证明牛顿迭代法具有2阶收敛速度.但对初始值的要求很高,即充分靠近解 $\boldsymbol{x}^*$.

【例7.15】 设非线性方程组

$$
\begin{cases}f_1(x_1,x_2)=x_1^2+x_2^2-5=0\\ f_2(x_1,x_2)=(x_1+1)x_2-(3x_1+1)=0\end{cases}
$$

用牛顿迭代法求方程组的近似解,取 $\boldsymbol{x}^{(0)}=(x_1^{(0)},x_2^{(0)})^{\mathrm{T}}=(1,1)^{\mathrm{T}}$.

解 $f_1(x_1^{(0)},x_2^{(0)})=-3,\quad f_2(x_1^{(0)},x_2^{(0)})=-2,\quad \boldsymbol{F}(\boldsymbol{x}^{(0)})=(-3,-2)^{\mathrm{T}}$.

$$
\boldsymbol{DF}(\boldsymbol{x}^{(0)})=\begin{pmatrix}2x_1^{(0)} & 2x_2^{(0)}\\ x_2^{(0)}-3 & x_1^{(0)}+1\end{pmatrix}=\begin{pmatrix}2 & 2\\ -2 & 2\end{pmatrix},[\boldsymbol{DF}(\boldsymbol{x}^{(0)})]^{-1}=\frac{1}{4}\begin{pmatrix}1 & -1\\ 1 & 1\end{pmatrix}
$$

$$
\boldsymbol{x}^{(1)}=\begin{pmatrix}x_1^{(1)}\\ x_2^{(1)}\end{pmatrix}=\begin{pmatrix}x_1^{(0)}\\ x_2^{(0)}\end{pmatrix}-[\boldsymbol{DF}(\boldsymbol{x}^{(0)})]^{-1}\begin{pmatrix}f_1(x^{(0)})\\ f_2(x^{(0)})\end{pmatrix}
$$

$$
=\begin{pmatrix}1\\ 1\end{pmatrix}-\frac{1}{4}\begin{pmatrix}1 & -1\\ 1 & 1\end{pmatrix}\begin{pmatrix}-3\\ -2\end{pmatrix}=\begin{pmatrix}\dfrac{5}{4}\\ \dfrac{9}{4}\end{pmatrix}
$$

$$
f_1(\boldsymbol{x}^{(1)})=\frac{13}{8},\quad f_2(\boldsymbol{x}^{(1)})=\frac{5}{16},\quad \boldsymbol{F}(\boldsymbol{x}^{(1)})=\left(\frac{13}{8},\quad\frac{5}{16}\right)^{\mathrm{T}}
$$

$$
\boldsymbol{DF}(\boldsymbol{x}^{(1)})=\begin{pmatrix}\dfrac{5}{2} & \dfrac{9}{2}\\ -\dfrac{3}{4} & \dfrac{9}{4}\end{pmatrix},\quad [\boldsymbol{DF}(\boldsymbol{x}^{(1)})]^{-1}=4\begin{pmatrix}\dfrac{1}{16} & -\dfrac{1}{8}\\ \dfrac{1}{48} & \dfrac{5}{72}\end{pmatrix}
$$

$$
\boldsymbol{x}^{(2)}=\boldsymbol{x}^{(1)}-[\boldsymbol{DF}(\boldsymbol{x}^{(1)})]^{-1}\boldsymbol{F}(\boldsymbol{x}^{(1)})=\begin{pmatrix}1\\ \dfrac{73}{36}\end{pmatrix}
$$

如此继续下去，直到相邻两次近似值$(x_1^{(k)},x_2^{(k)})^{\mathrm{T}}$和$(x_1^{(k+1)},x_2^{(k+1)})^{\mathrm{T}}$满足条件

$$\max(|x_1^{(k+1)}-x_1^{(k)}|,|x_2^{(k+1)}-x_2^{(k)}|)<\varepsilon$$

为止，其中ε是预先给定的允许误差.

小　结　7

本章着重介绍求解单变量非线性方程 $f(x)=0$ 的迭代法及其相关理论. 迭代法的理论基础是不动点原理，同时也涉及收敛性(局部或全局收敛)和收敛阶(收敛速度)等基本概念，这些理论非常重要，它们是评价一个迭代法好坏的重要标准，因此需要掌握好. 在迭代法中牛顿法最为实用，它在单根附近是 2 阶收敛的，但是仅为局部收敛，为克服这一缺点，可使用牛顿下山法. 弦截法和抛物线法同属于插值方法，它们不用计算导数，又具有超线性收敛，也是常用的有效方法，与此同时，这类方法是多点迭代方法，计算时需要给出两个以上的初值. 迭代加速收敛可以加快收敛速度，提高算法效率，斯蒂芬森方法可将 1 阶方法加速为 2 阶，也是应该重视的算法.

习　题　7

1. 用二分法求方程 $x^4-2x^3-4x^2+4x+4=0$ 在区间[0,2]内的根，使误差不超过 10^{-2}.
2. 试证：对任意初值 x_0，由迭代公式 $x_{n+1}=\cos x_n,n=0,1,2,\cdots$ 所生成的序列$\{x_n\}$都收敛于方程 $x=\cos x$ 的解.
3. 若将方程 $x^3-x^2-1=0$ 写成下列几种迭代函数求不动点的形式：

   (1)$x=\varphi_1=\sqrt[3]{1+x^2}$；(2)$x=\varphi_2=1+\dfrac{1}{x^2}$；(3)$x=\varphi_3=\sqrt{\dfrac{1}{x-1}}$.

   试判断由它们构成的迭代法在 $x_0=1.5$ 附近的收敛性. 选择一种收敛的迭代法，计算在 1.5 附近的根，并用埃特金加速收敛方法加速，使 $|x_{k+1}-x_k|\leqslant\dfrac{1}{2}\times10^{-4}$.
4. 给定方程 $\mathrm{e}^x-x-3=0$：

   (1) 分析该方程存在多少个实根，指出每个根所在的区间；

   (2) 用迭代法求出该方程的所有实根，精确到 4 位有效数字.
5. 用牛顿法求方程 $x^3-3x-1=0$ 在 $x_0=2$ 附近的根.
6. 对于方程 $10-5x+2\sin x=0$.

   (1) 证明：$\forall x_0\in R$，由迭代公式 $x_{n+1}=2+\dfrac{2}{5}\sin x_n$ 得到的序列$\{x_n\}_{n=0}^{\infty}$收敛于方程的根；

(2) 应用迭代法求该方程的全部实根，精确至 4 位有效数字.

7. 构造一种迭代算法求 $\sqrt[5]{2008}$ 的近似值，精确到 4 位有效数字.

8. 设 x^* 为 $f(x)$ 的 m 重零点. 若将牛顿法修改如下：

$$x_{k+1} = x_k - m\frac{f(x_k)}{f'(x_k)}$$

证明此迭代公式至少有 2 阶收敛速度.

9. 应用牛顿法于方程：$f(x) = x^n - A = 0$ 和 $f(x) = 1 - \frac{A}{x^n} = 0$. 导出求 $x = \sqrt[n]{A}$ 的迭代公式，并求极限 $\lim\limits_{k\to\infty}\frac{\varepsilon_{k+1}}{\varepsilon_k^2}$，其中 $\varepsilon_k = x_k - x^*$.

10. 设 α 为方程 $f(x) = 0$ 的单根，定义迭代法：

$$x_{n+1} = \frac{1}{2}\left(x_n - \frac{f(x_n)}{f'(x_n)} + x_n - \frac{\mu(x_n)}{\mu'(x_n)}\right)$$

这里 $\mu(x) = \frac{f(x)}{f'(x)}$，若序列 $\{x_n\}$ 收敛于 α，证明：其收敛速度至少是 3 阶的.

11. 用割线法求方程 $x^3 - 3x - 1 = 0$ 在 $x_0 = 2$ 附近的实根，要求 $|x_{k+1} - x_k| \leqslant 10^{-6}$ 或者 $|f(x_k)| \leqslant 10^{-6}$.

12. 设 x^* 为 $f(x)$ 的零点，在 x^* 的某领域内 $f''(x)$ 连续且 $f'(x) \neq 0$，证明：对充分接近 x^* 的初始值 x_0，割线法收敛，且收敛速度至少为 1 阶.

13. 求解方程 $f(x) = 0$ 的根可用如下的斯蒂芬森迭代公式：

$$x_{k+1} = x_k - \frac{(f(x_k))^2}{f(x_k + f(x_k)) - f(x_k)}$$

证明：斯蒂芬森方法对单根至少 2 阶收敛.

14. 用牛顿迭代法求非线性方程组 $\begin{cases} x_1 + 2x_2 - 3 = 0 \\ 2x_1^2 + x_2^2 - 5 = 0 \end{cases}$ 在点 $(-1,2)$ 附近的解，使前后两次迭代在 $\|\cdot\|_\infty$ 意义下小于 10^{-3}.

15. 牛顿法可用于求复根，迭代公式仍为 $z_{k+1} = z_k - \frac{f(z)}{f'(z)}$，$k = 0,1,2,\cdots$，这里 $f(z)$ 为复变量 $z = x + \mathrm{i}y$ 的复值函数. 设 $f(z) = g(x,y) + \mathrm{i}h(x,y)$（这里 g,h 为实函数）. 试证：为避免复数运算，z_{k+1} 的实部、虚部可分别表示为：

$$x_{k+1} = x_k - \frac{gg_x + hh_x}{g_x^2 + g_y^2},\quad y_{k+1} = y_k - \frac{hg_x - gh_x}{g_x^2 + g_y^2},k = 0,1,2,\cdots$$

其中，g_x, g_y 分别表示对 x, y 求导（其余记号类似），试分别用以上两种迭代公式求解方程 $z^2 + 1 = 0$，分别取初始值 $z_0 = 1 + \mathrm{i}, z_0 = \frac{1}{\sqrt{3}}$.

第 8 章　常微分方程的数值解法

很多实际问题的数学模型都是微分方程，但是只有极少数特殊的微分方程有解析解，绝大多数的微分方程是没有解析解的. 常微分方程是微分方程的基本类型之一，在自然界与工程界有着广泛的应用，很多问题的数学表达式都可归结为常微分方程的定解问题.

8.1　问题的提出

蹦极跳系统的动态仿真问题. 蹦极跳是一种挑战身体极限的运动，蹦极者身系一根弹性绳从高处的桥梁（或山崖等）向下跳. 在下落的过程中，蹦极者几乎处于失重状态. 按照牛顿运动规律，自由下落的物体的运动由下式确定：

$$mx''(t) = mg - \lambda_1 x'(t) - \lambda_2 |x'(t)| x'(t)$$

其中 m 为人体的质量，g 为重力加速度，位置 x 的基准为桥梁的基准面. 如果人体系在一根弹性常数为 k 的弹性绳索上，定义绳索下端的初始位置为 0，则其对落体位置的影响为

$$\mu(x) = \begin{cases} -kx, & x \geqslant 0 \\ 0, & x < 0 \end{cases}$$

因此，整个蹦极跳系统的数学模型为

$$mx''(t) = mg + \mu(x(t)) - \lambda_1 x'(t) - \lambda_2 |x'(t)| x'(t)$$

这是一个典型的具有连续状态的非线性系统. 也是一个二阶非线性常微分方程，可先转化为方程组求解.

设 $y_1 = x(t)$，$y_2 = x'(t)$，问题转化为求解方程组

$$\begin{cases} y_1' = y_2 \\ y_2' = \dfrac{1}{m}(mg + \mu(y_1) - \lambda_1 y_2 - \lambda_2 |y_2| y_2) \end{cases}$$

设桥梁距离地面为 60m，蹦极者起始速度为 0，以绳索平衡位置（绳索自然下垂时的最下端，绳索长 30m）为坐标原点建立坐标系，其余的参数：$k = 30$，$\lambda_1 = \lambda_2 = 1$，$m = 70\text{kg}$，$g = 9.8\text{m/s}^2$；初始条件：$x(0) = -30$，$x'(0) = 0$，求运动规律 $x(t)$. 问：系统有无问题？（参见第 11 章例 11.33）

许多像这样的实际问题，如物体运动、电路振荡、化学反应及生物群体的变化

等,其数学模型都是微分方程或微分方程的定解问题.常微分方程可分为线性、非线性、高阶方程与方程组等类;线性方程包含于非线性方程类中,高阶方程可化为一阶方程组.若将方程组中的所有未知量视作一个向量,则方程组可写成向量形式的单个方程.因此研究一阶微分方程初值问题

$$\begin{cases}\dfrac{\mathrm{d}y}{\mathrm{d}x}=f(x,y),a\leqslant x\leqslant b\\ y(a)=y_0\end{cases}\tag{8.1}$$

的数值解具有典型性.

常微分方程的解能用初等函数、特殊函数及其级数、积分表达的很少.用解析方法只能求出线性常系数等特殊类型的方程的解.对非线性方程来说,解析方法一般是无能为力的,即使某些解具有解析表达式,这个表达式也可能非常复杂而不便于计算.因此研究微分方程的数值解是非常必要的.

只有在保证问题(8.1)的解存在且唯一的前提下,研究其数值解或者说寻求其数值解才有意义.由常微分方程的理论知,如果问题(8.1)中的 $f(x,y)$ 满足条件:

①$f(x,y)$ 在区域 $D=\{(x,y)\,|\,a\leqslant x\leqslant b,-\infty<y<+\infty\}$ 上连续;

②$f(x,y)$ 在 D 上关于 y 满足利普希茨(Lipschitz)条件,即存在常数 L,使得

$$|f(x,y)-f(x,\bar{y})|\leqslant L\,|y-\bar{y}|$$

则初值问题(8.1)在区间$[a,b]$上存在唯一的连续解 $y=y(x)$.

在下面的讨论中,我们总假定方程满足以上两个条件.

所谓数值解法,就是求问题(8.1)的解 $y=y(x)$ 在若干点

$$a=x_0<x_1<x_2<\cdots<x_N=b$$

处的近似值 $y_n(n=1,2,\cdots,N)$ 的方法.$y_n(n=1,2,\cdots,N)$ 称为问题(8.1)的数值解,$h=x_{n+1}-x_n$ 称为由 x_n 到 x_{n+1} 的步长.今后如无特别说明,总假定步长为常量.

建立数值解法,首先要将微分方程离散化,一般采用以下几种方法:

1. 差商近似导数法

在问题(8.1)中,若用向前差商 $\dfrac{y(x_{n+1})-y(x_n)}{h}$ 代替 $y'(x_n)$,则得

$$\frac{y(x_{n+1})-y(x_n)}{h}\approx f(x_n,y_n(x_n))\quad(n=0,1,\cdots,N-1)$$

$y(x_n)$ 用其近似值 y_n 代替,所得结果作为 $y(x_{n+1})$ 的近似值,记为 y_{n+1},则有

$$y_{n+1}=y_n+hf(x_n,y_n)\quad(n=0,1,\cdots,N-1)$$

这样,问题(8.1)的近似解可通过求解下述问题

$$\begin{cases}y_{n+1}=y_n+hf(x_n,y_n)\quad(n=0,1,\cdots,N-1)\\ y_0=y(x_0)\end{cases}\tag{8.2}$$

得到,按式(8.2)由初值 y_0 经过 N 步迭代,可逐次算出 $y_1,y_2,\cdots,y_N$.此方程称为差分方程.

需要说明的是,用不同的差商近似导数,将得到不同的计算公式.

2. 数值积分法

将问题(8.1)中的微分方程在区间$[x_n,x_{n+1}]$上积分,可得

$$y(x_{n+1})-y(x_n)=\int_{x_n}^{x_{n+1}}f(x,y(x))\mathrm{d}x\quad(n=0,1,\cdots,N-1)\tag{8.3}$$

用 y_{n+1},y_n 分别代替 $y(x_{n+1})$,$y(x_n)$,若对右端积分采用取左端点的矩形公式,即

$$\int_{x_n}^{x_{n+1}}f(x,y(x))\mathrm{d}x\approx hf(x_n,y_n)$$

同样可得出公式(8.2).

类似地,对右端积分采用其他数值积分方法,又可得到不同的计算公式.

3. 泰勒展开法

将 $y(x_{n+1})$ 在 x_n 点处泰勒展开,取一次多项式近似,则得

$$\begin{aligned}y(x_{n+1})&=y(x_n)+hy'(x_n)+\frac{h^2}{2!}y''(\xi)\\&=y(x_n)+hf(x_n,y(x_n))+\frac{h^2}{2!}y''(\xi),\quad\xi\in[x_n,x_{n+1}]\end{aligned}$$

设 $h\ll 1$,略去余项,并以 y_n 代替 $y(x_n)$,便得

$$y_{n+1}=y_n+hf(x_n,y_n)$$

以上三种方法都是将微分方程离散化的常用方法,每一种方法又可得到不同的计算公式.其中泰勒展开法,不仅可以得到求数值解的公式,而且容易估计截断误差.

上面给出了求解初值问题(8.1)的一种最简单的数值公式(8.2).虽然它的精度比较低,实践中很少采用,但它的导出过程能较清楚地说明构造数值解公式的基本思想,且几何意义明确,因此它在理论上仍占有一定的地位.

8.2　欧拉法

8.2.1　欧拉法原理

欧拉(Euler)法就是用差分方程初值问题

$$\begin{cases}y_{n+1}=y_n+hf(x_n,y_n)\quad(n=0,1,\cdots,N-1)\\y_0=y(x_0)\end{cases}\tag{8.4}$$

的解来近似微分方程初值问题(8.1)的解,即由公式(8.4)依次算出 $y(x_n)$ 的近似值 $y_n(n=1,2,\cdots,N)$,相应的公式(8.4)称为欧拉公式.

从几何上看,微分方程 $y' = f(x,y)$ 在 xOy 平面上确定了一个向量场:点 (x,y) 处的方向斜率为 $f(x,y)$. 问题(8.1)的解 $y = y(x)$ 代表一条过点 (x_0, y_0) 的曲线,称为积分曲线,且此曲线上每点的切向量都与向量场在这点的方向一致. 从点 $P_0(x_0, y_0)$ 出发,以 $f(x_0, y_0)$ 为斜率作一直线段,与直线 $x = x_1$ 交于点 $P_1(x_1, y_1)$,显然有 $y_1 = y_0 + hf(x_0, y_0)$,再从 P_1 出发,以 $f(x_1, y_1)$ 为斜率作直线段,与直线 $x = x_2$ 交于点 $P_2(x_2, y_2)$,其余类推,这样得到解曲线的一条近似曲线,它就是折线 $\overline{P_0P_1P_2\cdots}$,见图 8.1. 因此欧拉法又称为欧拉折线法.

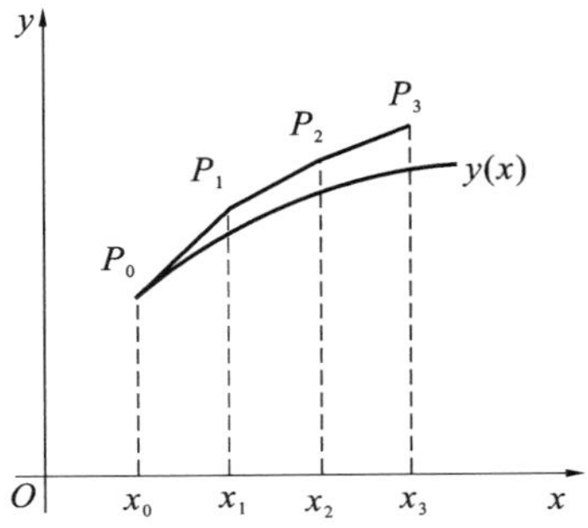

图 8.1 欧拉法

8.2.2 向后欧拉法

在微分方程离散化时,用向后差商代替导数,即 $y'(x_{n+1}) \approx \dfrac{y(x_{n+1}) - y(x_n)}{h}$,则得到如下差分方程

$$\begin{cases} y_{n+1} = y_n + hf(x_{n+1}, y_{n+1}) \quad (n = 0,1,\cdots,N-1) \\ y_0 = y(x_0) \end{cases} \tag{8.5}$$

用公式(8.5)求问题(8.1)的数值解称为向后欧拉法,相应的公式(8.5)称为向后欧拉公式.

向后欧拉公式与欧拉公式在形式上相似,但在实际计算时却复杂得多. 欧拉公式是关于 y_{n+1} 的直接计算公式,称为显式公式;向后欧拉公式的右端含有 y_{n+1},是关于 y_{n+1} 的隐函数,相应的公式称为隐式公式. 显式公式与隐式公式各有特点. 显式公式的优点是使用方便,计算简单,效率高. 其缺点是计算精度低,稳定性差;隐式公式具有稳定性好等优点,但计算精度低、求解过程复杂,一般采用迭代法,迭代格式为

$$\begin{cases} y_{n+1}^{(0)} = y_n + hf(x_n, y_n) \\ y_{n+1}^{(k+1)} = y_n + hf(x_{n+1}, y_{n+1}^{(k)}) \quad (k = 0,1,2,\cdots) \end{cases}$$

由于 $f(x,y)$ 满足利普希茨条件,所以

$$|y_{n+1}^{(k+1)} - y_{n+1}| = h\,|f(x_{n+1}, y_{n+1}^{(k)}) - f(x_{n+1}, y_{n+1})| \leqslant hL\,|y_{n+1}^{(k)} - y_{n+1}|$$

由此可知,只要 $hL < 1$,迭代法就收敛到解 y_{n+1}.

8.2.3 梯形公式

利用数值积分方法将微分方程离散化时,若用梯形公式计算式(8.3)中右端积分,即

$$\int_{x_n}^{x_{n+1}} f(x,y(x))\mathrm{d}x \approx \frac{h}{2}[f(x_n,y(x_n))+f(x_{n+1},y(x_{n+1}))]$$

并用 y_n, y_{n+1} 代替 $y(x_n), y(x_{n+1})$，可得计算公式

$$y_{n+1} = y_n + \frac{h}{2}[f(x_n,y_n)+f(x_{n+1},y_{n+1})] \tag{8.6}$$

称为求解初值问题(8.1)的梯形公式，相应的方法称为梯形法.

梯形公式也是隐式公式，一般采用迭代法，迭代格式为

$$\begin{cases} y_{n+1}^{(0)} = y_n + hf(x_n,y_n) \\ y_{n+1}^{(k+1)} = y_n + \dfrac{h}{2}[f(x_n,y_n)+f(x_{n+1},y_{n+1}^{(k)})] \quad (k=0,1,2,\cdots) \end{cases}$$

由于函数 $f(x,y)$ 关于 y 满足利普希茨条件，所以

$$|y_{n+1}^{(k+1)} - y_{n+1}| = \frac{h}{2}|f(x_{n+1},y_{n+1}^{(k)}) - f(x_{n+1},y_{n+1})| \leqslant \frac{hL}{2}|y_{n+1}^{(k)} - y_{n+1}|$$

其中 L 为利普希茨常数. 因此，当 $0 < \dfrac{hL}{2} < 1$ 时，迭代法就收敛到解 y_{n+1}.

【例 8.1】 用欧拉公式、向后欧拉公式、梯形公式求解初值问题：

$$\begin{cases} y' = -0.9y/(1+2x), 0 \leqslant x \leqslant 0.1 \\ y(0) = 1 \end{cases} \quad (\text{取步长 } h = 0.02)$$

并与精确解 $y = (1+2x)^{-0.45}$ 作比较.

解 依题意，$x_n = 0.02n(n=0,1,\cdots,5)$，$y_0 = 1$. 由欧拉公式(8.4)，有

$$y_{n+1} = y_n - 0.9hy_n/(1+2x_n)$$

由向后欧拉公式(8.5)，有

$$y_{n+1} = y_n - 0.9hy_{n+1}/(1+2x_{n+1})$$

这是未知量 y_{n+1} 的方程，求解得

$$y_{n+1} = y_n/[1+0.9h/(1+2x_{n+1})]$$

由梯形公式(8.6)，有

$$y_{n+1} = y_n - \frac{0.9h}{2}\left[\frac{y_n}{1+2x_n} + \frac{y_{n+1}}{1+2x_{n+1}}\right]$$

求解得

$$y_{n+1} = y_n\left(1 - \frac{\frac{0.9h}{2}}{1+2x_n}\right)\Bigg/\left(1 + \frac{\frac{0.9h}{2}}{1+2x_{n+1}}\right)$$

计算结果见表 8.1 所列.

表 8.1 三种方法计算结果

x_n	欧拉法 y_n	向后欧拉法 y_n	梯形法 y_n	精确解 $y(x_n)$
0	1.0000	1.0000	1.0000	1.0000

续表 8.1

x_n	欧拉法 y_n	向后欧拉法 y_n	梯形法 y_n	精确解 $y(x_n)$
0.02	0.9820	0.9830	0.98250	0.9825055161
0.04	0.9650	0.9669	0.96595	0.9659603719
0.06	0.9489	0.9516	0.95026	0.9502806582
0.08	0.9337	0.9370	0.93537	0.9353925462
0.10	0.9192	0.9232	0.92120	0.9212307783

从计算结果可以看到，与精确解相比，欧拉法偏小，后退欧拉法偏大，这两种方法精度比较差，而梯形法的精度相对比较好.

8.2.4 局部截断误差与方法的精度

为了刻画近似解的准确程度，可引入局部截断误差与方法精度的概念.

定义 8.1 假设在某一步的近似解是准确的，即 $y_n = y(x_n)$（这个假设称为局部化假设）. 在此前提下，用某公式推算所得 y_{n+1}，我们称

$$R_{n+1} = y(x_{n+1}) - y_{n+1}$$

为该公式（即该方法）的局部截断误差.

定义 8.2 如果某种方法的局部截断误差是

$$R_{n+1} = y(x_{n+1}) - y_{n+1} = O(h^{p+1})$$

则称该方法是 p 阶方法，或具有 p 阶精度. 显然 p 越大，方法的精度越高.

假设问题的解 $y(x)$ 充分光滑，且第 n 步计算结果是准确的，即

$$y_n = y(x_n), y'(x_n) = f(x_n, y(x_n))$$

于是欧拉法的局部截断误差是

$$\begin{aligned} R_{n+1} &= y(x_{n+1}) - y_{n+1} = y(x_{n+1}) - y_n - hf(x_n, y_n) \\ &= y(x_{n+1}) - y(x_n) - hy'(x_n) \\ &= \frac{h^2}{2}y''(x_n) + O(h^3) \end{aligned} \tag{8.7}$$

这里$\frac{h^2}{2}y''(x_n)$ 称为局部截断误差主项. 显然 $R_{n+1} = O(h^2)$. 所以欧拉法是一阶方法. 类似的，向后欧拉法是一阶方法，梯形公式是二阶方法.

8.2.5 改进的欧拉法

虽然梯形公式提高了精度，但其算法复杂，在应用迭代格式进行实际计算时，每

迭代一次，都要重新计算函数 $f(x,y)$ 的值，而迭代又要反复进行若干次，计算量很大. 为了控制计算量，通常只迭代一两次就转入下一步的计算，这样就简化了算法.

具体地说，我们先用欧拉公式求得一个初步的近似值 $\bar{y}_{n+1}$，称之为预测值，预测值 $\bar{y}_{n+1}$ 的精度可能很差，再用梯形公式将它校正一次得 y_{n+1}，称为校正值. 这样的预测-校正系统通常称为改进的欧拉法. 即

预测：$\bar{y}_{n+1} = y_n + hf(x_n, y_n)$

校正：$y_{n+1} = y_n + \frac{h}{2}[f(x_n, y_n) + f(x_{n+1}, \bar{y}_{n+1})]$

合在一起，就是改进的欧拉公式：

$$\begin{cases} \bar{y}_{n+1} = y_n + hf(x_n, y_n) \\ y_{n+1} = y_n + \frac{h}{2}[f(x_n, y_n) + f(x_{n+1}, \bar{y}_{n+1})] \end{cases} \tag{8.8}$$

改进的欧拉法是二阶方法.

【例 8.2】　用改进的欧拉公式求解初值问题

$$\begin{cases} y' = 10x(1-y), 0 \leqslant x \leqslant 1 \\ y(0) = 0 \end{cases}$$

取 $h = 0.1$，且计算结果保留 6 位有效数字，并与精确解 $y(x) = 1 - e^{-5x^2}$ 相比较.

解　改进的欧拉公式为

$$\begin{cases} \bar{y}_{n+1} = y_n + hf(x_n, y_n) \\ y_{n+1} = y_n + \frac{h}{2}[f(x_n, y_n) + f(x_{n+1}, \bar{y}_{n+1})] \end{cases}$$

其中 $f(x,y) = 10x(1-y), h = 0.1$.

计算结果见表 8.2 所列.

表 8.2　改进的欧拉公式计算结果

x_n	$\bar{y}_n$	y_n	$y(x_n)$	$\lvert y_n - y(x_n) \rvert$
0.1	0.0	0.05	0.048771	0.001229
0.2	0.145	0.183	0.181269	0.001731
0.3	0.3464	0.36274	0.362372	0.000368
0.4	0.553918	0.547545	0.550671	0.003126
0.5	0.728527	0.705904	0.713495	0.007591
0.6	0.852952	0.823542	0.834701	0.011159
0.7	0.929417	0.901184	0.913706	0.012522
0.8	0.970355	0.947627	0.959238	0.011611
0.9	0.989525	0.973290	0.982578	0.009288
1.0	0.997329	0.986645	0.993262	0.006617

8.3 龙格-库塔法

8.3.1 龙格-库塔法的基本思想及一般形式

设初值问题(8.1)的解 $y=y(x)\in C^1[a,b]$，由微分中值定理可知，必存在 $\xi\in[x_n,x_{n+1}]$，使

$$y(x_{n+1})=y(x_n)+hy'(\xi)=y(x_n)+hf(\xi,y(\xi))$$

设 $y_n=y(x_n)$，并记 $K^*=f(\xi,y(\xi))$，则

$$y(x_{n+1})=y_n+hK^* \tag{8.9}$$

其中，K^* 称为 $y(x)$ 在$[x_n,x_{n+1}]$上的平均斜率. 只要对平均斜率 K^* 提供一种算法，公式(8.9)就给出一种数值解公式. 例如，用 $K_1=f(x_n,y_n)$ 代替 K^*，就得到欧拉公式，算得 $y_{n+1}^{(1)}$；用 $K_2=f(x_{n+1},y_{n+1})$ 代替 K^*，就得到向后欧拉公式，算得 $y_{n+1}^{(2)}$；如果用 K_1,K_2 的算术平均值代替 K^*，则可得到二阶精度的梯形公式，算得 $y_{n+1}^{(3)}$，如图 8.2 所示. 可以设想，如果在$[x_n,x_{n+1}]$上能多预测几个点的斜率值，用它们的加权平均值代替 K^*，就有望得到具有较高精度的数值解公式，这就是龙格-库塔(Runge-Kutta)法的基本思想.

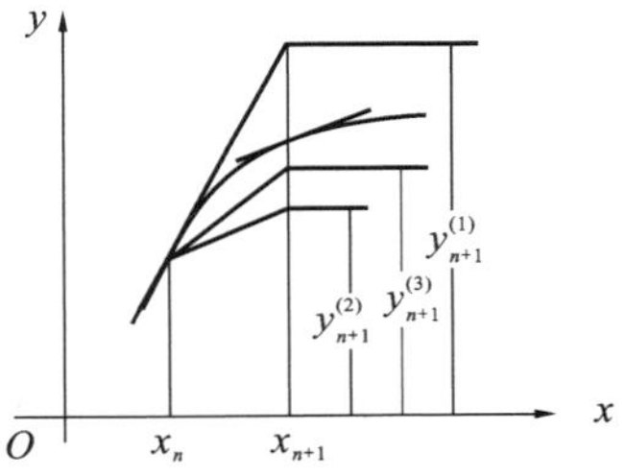

图 8.2 平均斜率

龙格-库塔公式的一般形式是

$$\begin{cases} y_{n+1}=y_n+h\sum_{i=1}^{r}c_iK_i \\ K_1=f(x_n,y_n) \\ K_i=f(x_n+\lambda_ih,y_n+h\sum_{j=1}^{i-1}\mu_{ij}K_j) \end{cases} \quad (i=2,3,\cdots,r) \tag{8.10}$$

其中，K_i 是 $y=y(x)$ 在 $x_n+\lambda_ih$ $(0\leqslant\lambda_i\leqslant1)$ 点的斜率预测值. c_i,λ_i,μ_{ij} 均为常数. 选取这些常数的原则是使公式(8.10)具有尽可能高的精度. 公式(8.10)叫做 r 级显式龙格-库塔公式，简称 R－K 公式.

8.3.2 二阶龙格-库塔公式的推导

$r=2$ 的龙格-库塔公式为

$$\begin{cases} y_{n+1} = y_n + h(c_1 K_1 + c_2 K_2) \\ K_1 = f(x_n, y_n) \\ K_2 = f(x_n + \lambda_2 h, y_n + h\mu_{21} K_1) \end{cases} \tag{8.11}$$

这里 $c_1, c_2, \lambda_2, \mu_{21}$ 均为待定常数，我们希望适当选取这些系数，使公式阶数 p 尽可能高. 先展开 K_2，按照二元函数泰勒级数

$$f(a+s, b+t) = \sum_{k=0}^{n} \frac{1}{k!}\left(s\frac{\partial}{\partial x} + t\frac{\partial}{\partial y}\right)^k f(a,b) + \cdots$$

得

$$\begin{aligned} K_2 = {} & f(x_n, y_n) + \lambda_2 h f_x(x_n, y_n) + \mu_{21} h f_y(x_n, y_n) f(x_n, y_n) + \frac{1}{2!}[\lambda_2^2 h^2 f_{xx}(x_n, y_n) \\ & + 2\lambda_2 \mu_{21} h^2 f_{xy}(x_n, y_n) f(x_n, y_n) + \mu_{21}^2 h^2 f_{yy}(x_n, y_n) f^2(x_n, y_n)] + \cdots \end{aligned} \tag{8.12}$$

为了叙述方便，把 $f(x_n, y_n)$ 及其偏导数中的 x_n, y_n 省略不写，将式(8.12) 代入式(8.11) 的第一式，得

$$\begin{aligned} y_{n+1} = {} & y_n + h(c_1 + c_2) f + h^2 c_2 (\lambda_2 f_x + \mu_{21} f_y f) \\ & + h^3 \frac{c_2}{2}(\lambda_2^2 f_{xx} + 2\lambda_2 \mu_{21} f_{xy} f + \mu_{21}^2 f_{yy} f^2) + \cdots \end{aligned}$$

再展开 $y(x_{n+1})$，注意到公式

$$\begin{cases} y' = f(x, y) \\ y'' = f_x + f_y f \\ y''' = f_{xx} + 2f_{xy} f + f_{yy} f^2 + f_y(f_x + f_y f) \end{cases}$$

得

$$\begin{aligned} y(x_{n+1}) &= y(x_n) + hy'(x_n) + \frac{h^2}{2!} y''(x_n) + \frac{h^3}{3!} y'''(x_n) + \cdots \\ &= y_n + hf + \frac{h^2}{2}(f_x + f_y f) + \frac{h^3}{6}(f_{xx} + 2f_{xy} f \\ &\quad + f_{yy} f^2 + f_y(f_x + f_y f)) + \cdots \end{aligned}$$

于是，局部截断误差为

$$\begin{aligned} R_{n+1} &= y(x_{n+1}) - y_{n+1} \\ &= h(1 - c_1 - c_2) f + h^2\left[\left(\frac{1}{2} - c_2 \lambda_2\right) f_x + \left(\frac{1}{2} - c_2 \mu_{21}\right) f_y f\right] \\ &\quad + h^3\left[\left(\frac{1}{6} - \frac{1}{2} c_2 \lambda_2^2\right) f_{xx} + \left(\frac{1}{3} - c_2 \lambda_2 \mu_{21}\right) f_{xy} f \right. \\ &\quad \left. + \left(\frac{1}{6} - \frac{1}{2} c_2 \mu_{21}^2\right) f_{yy} f^2 + f_y(f_x + f_y f)\right] + \cdots \end{aligned} \tag{8.13}$$

要使式(8.13) 的局部截断误差为 $O(h^3)$，则应要求 $f, f_x, f_y f$ 的系数为零，于是有

$$\begin{cases} c_1 + c_2 = 1 \\ c_2\lambda_2 = \dfrac{1}{2} \\ c_2\mu_{21} = \dfrac{1}{2} \end{cases} \tag{8.14}$$

方程组有4个未知数，3个方程，所以有无穷多组解，将它的每组解代入式(8.11)得到的近似公式，局部截断误差均为$O(h^3)$，故这些方法均为二阶方法. 例如，取$c_1 = c_2 = \dfrac{1}{2}$，得$\lambda_2 = \mu_{21} = 1$，近似公式为

$$\begin{cases} y_{n+1} = y_n + \dfrac{h}{2}(K_1 + K_2) \\ K_1 = f(x_n, y_n) \\ K_2 = f(x_n + h, y_n + hK_1) \end{cases} \tag{8.15}$$

这就是改进的欧拉公式. 如果取$c_1 = 0, c_2 = 1$，有$\lambda_2 = \mu_{21} = \dfrac{1}{2}$，近似公式为

$$\begin{cases} y_{n+1} = y_n + hK_2 \\ K_1 = f(x_n, y_n) \\ K_2 = f\left(x_n + \dfrac{h}{2}, y_n + \dfrac{h}{2}K_1\right) \end{cases} \tag{8.16}$$

这也是常用的二阶公式，称为**中点公式**.

注：对于一般函数$f(x,y)$，由于$f_y(f_x + f_y f) \neq 0$，所以不论参数如何选取，只能有$R_{n+1} = O(h^3)$. 这说明式(8.11)至多是二阶的方法.

类似地，对$r = 3$和$r = 4$的情形，通过更复杂的计算，可以导出三阶和四阶龙格-库塔公式，其中常用的三阶和四阶龙格-库塔公式为

$$\begin{cases} y_{n+1} = y_n + \dfrac{h}{6}(K_1 + 4K_2 + K_3) \\ K_1 = f(x_n, y_n) \\ K_2 = f\left(x_n + \dfrac{h}{2}, y_n + \dfrac{h}{2}K_1\right) \\ K_3 = f(x_n + h, y_n - hK_1 + 2hK_2) \end{cases} \tag{8.17}$$

和

$$\begin{cases} y_{n+1} = y_n + \dfrac{h}{6}(K_1 + 2K_2 + 2K_3 + K_4) \\ K_1 = f(x_n, y_n) \\ K_2 = f\left(x_n + \dfrac{h}{2}, y_n + \dfrac{h}{2}K_1\right) \\ K_3 = f\left(x_n + \dfrac{h}{2}, y_n + \dfrac{h}{2}K_2\right) \\ K_4 = f(x_n + h, y_n + hK_3) \end{cases} \tag{8.18}$$

式(8.18)称为四阶经典龙格-库塔公式，简称经典龙格-库塔公式，通常说的四阶龙格-库塔公式就是指公式(8.18).

【例8.3】 用经典龙格-库塔公式求解初值问题

$$\begin{cases} y' = 8 - 3y \\ y(0) = 2 \end{cases} \quad (0 \leqslant x \leqslant 1)$$

取步长 $h = 0.2$，计算 $y(0.4)$ 的近似值，小数点后保留4位.

解 经典龙格-库塔公式为

$$\begin{cases} y_{n+1} = y_n + \dfrac{h}{6}(K_1 + 2K_2 + 2K_3 + K_4) \\ K_1 = f(x_n, y_n) = 8 - 3y_n \\ K_2 = f(x_n + \dfrac{h}{2}, y_n + \dfrac{h}{2}K_1) = 5.6 - 2.1y_n \\ K_3 = f(x_n + \dfrac{h}{2}, y_n + \dfrac{h}{2}K_2) = 6.32 - 2.37y_n \\ K_4 = f(x_n + h, y_n + hK_3) = 4.208 - 1.578y_n \end{cases}$$

故

$$y_{n+1} = 1.2016 + 0.5494y_n, \quad y(0) = y_0 = 2$$

计算得

$$y(0.2) \approx y_1 = 2.3004, y(0.4) \approx y_2 = 2.4654$$

【例8.4】 分别用欧拉公式($h = 0.025$)，改进的欧拉公式($h = 0.05$)和经典龙格-库塔公式($h = 0.1$)求解初值问题：

$$\begin{cases} y' = -y + 1 \quad (0 \leqslant x \leqslant 0.5) \\ y(0) = 0 \end{cases}$$

解 用欧拉公式(8.4)，改进的欧拉公式(8.8)和经典龙格-库塔公式(8.18)计算，其结果如表8.3所列.

表8.3　例8.4计算结果

x_n	欧拉法 y_n ($h = 0.025$)	改进欧拉法 y_n ($h = 0.05$)	经典龙格-库塔法 y_n ($h = 0.1$)	精确解 $y(x_n)$
0	0	0	0	0
0.1	0.096312	0.095123	0.09516250	0.09516258
0.2	0.183348	0.181193	0.18126910	0.18126925
0.3	0.262001	0.259085	0.25918158	0.25918178
0.4	0.333079	0.329563	0.32967971	0.32967995
0.5	0.397312	0.393337	0.39346906	0.39346934

注：① 通过比较经典龙格-库塔法和欧拉法、改进欧拉法的计算结果，我们发现，经

典龙格-库塔法的精度高得多.就运算量来说,虽然欧拉法、改进欧拉法每步只需计算一个或两个函数值,而经典龙格-库塔法每步需计算四个函数值,但由于放大了步长,运算量几乎相同.可见,选择有效的算法是非常重要的.

② 龙格-库塔法的导出基于泰勒展开,故它要求问题的解具有较高的光滑性.当解充分光滑时,经典龙格-库塔法确实优于改进欧拉法.如果解的光滑性较差,则用经典龙格-库塔法求得的数值解,其精度可能反而比改进欧拉法差.因此,在实际计算时,需根据问题的具体情况选择合适的算法.

③ 当 $r=1,2,3,4$ 时,龙格-库塔公式的最高阶数是 r;当 $r>4$ 时,龙格-库塔公式的最高阶数不是 r.如 $r=5$ 时,龙格-库塔公式的最高阶数为 4,$r=6$ 时,龙格-库塔公式的最高阶数为 5.由此看来,经典龙格-库塔公式是最经济的.

8.3.3 变步长的龙格-库塔法

若问题(8.1)的解函数 $y(x)$ 的变化是不均匀的,用等步长 h 求数值解,可能产生有些点处精度过高,有些点处精度过低的情况,为保证一定的精度,必须取较小的步长 h.这样做既增加了计算量,也导致误差的严重积累,因而实际计算时,往往采用事后估计误差、自动调整步长的龙格-库塔法.

设用 p 阶方法计算 y_{n+1},记从 y_n 出发以步长 h 计算一步所得的 $y(x_{n+1})$ 的近似值为 $y_{n+1}^{(h)}$,以步长 $\frac{h}{2}$ 计算两步所得的 $y(x_{n+1})$ 的近似值为 $y_{n+1}^{(\frac{h}{2})}$.由于 p 阶公式的局部截断误差为 $O(h^{p+1})$,且 $y^{(p+1)}$ 在小区间 $[x_n,x_{n+1}]$ 上变化不大,故有

$$y(x_{n+1})-y_{n+1}^{(h)}\approx ch^{p+1} \tag{8.19}$$

$$y(x_{n+1})-y_{n+1}^{(\frac{h}{2})}\approx 2c\left(\frac{h}{2}\right)^{p+1} \tag{8.20}$$

将式(8.20)乘以 2^p 减去(8.19)得

$$(2^p-1)y(x_{n+1})-2^p y_{n+1}^{(\frac{h}{2})}+y_{n+1}^{(h)}\approx 0$$

从而有

$$|y(x_{n+1})-y_{n+1}|\approx\frac{2^p}{2^p-1}\left|y_{n+1}^{(h)}-y_{n+1}^{(\frac{h}{2})}\right|=\Delta \tag{8.21}$$

这样,可以事后估计误差式(8.21)中 Δ 的大小来选择合适的步长.

变步长的龙格-库塔法与数值积分做法相同,可以从 Δ 的值来选择合适的步长,从而得到合乎精度要求的 y_{n+1}.具体做法是:设要求精度是 ε,如果 $\Delta<\varepsilon$,就反复将步长加倍进行计算,直到 $\Delta>\varepsilon$ 为止.这时上一次的步长就是合适的步长,上一次计算所得的结果,就是合乎精度要求的 y_{n+1};如果 $\Delta>\varepsilon$,则反复将步长减半,直到 $\Delta<\varepsilon$ 为止.这时,最后一次步长就是合适的步长,而这最后一次的计算结果就是满足精度要求的 y_{n+1}.这种计算过程中自动选择步长的方法,叫做**变步长方法**.

以上所介绍的各种数值解法都是单步法,这是因为它们在计算 y_{n+1} 时,都只用到前一步的值 y_n,单步法的一般形式是

$$y_{n+1} = y_n + h\varphi(x_n, y_n, h) \quad (n = 0, 1, \cdots, N-1) \tag{8.22}$$

其中 $\varphi(x, y, h)$ 为增量函数,例如欧拉法的增量函数为 $f(x, y)$,改进欧拉法的增量函数为

$$\varphi(x, y, h) = \frac{1}{2}[f(x, y) + f(x+h, y+hf(x, y))]$$

8.4　单步法的收敛性与稳定性

8.4.1　相容性与收敛性

上面介绍的方法都是用离散化的方法,将微分方程初值问题化为差分方程初值问题求解的.这些转化是否合理?即当 $h \to 0$ 时,差分方程是否能无限逼近微分方程,差分方程的解 y_n 是否能无限逼近微分方程初值问题的准确解 $y(x_n)$?这就是相容性与收敛性问题.

用单步法(8.22)求解初值问题(8.1),即用差分方程初值问题

$$\begin{cases} y_{n+1} = y_n + h\varphi(x_n, y_n, h) \\ y(x_0) = y_0 \end{cases} \tag{8.23}$$

的解作为问题(8.1)的近似解,如果近似是合理的,则应有

$$\frac{y(x+h) - y(x)}{h} - \varphi(x, y(x), h) \to 0 \quad (h \to 0) \tag{8.24}$$

其中 $y(x)$ 为问题(8.1)的精确解.因为

$$\lim_{h \to 0} \frac{y(x+h) - y(x)}{h} = y'(x) = f(x, y)$$

故由式(8.24)得

$$\lim_{h \to 0} \varphi(x, y, h) = f(x, y)$$

如果增量函数 $\varphi(x, y(x), h)$ 关于 h 连续,则有

$$\varphi(x, y, 0) = f(x, y) \tag{8.25}$$

定义 8.3　如果单步法的增量函数 $\varphi(x, y, h)$ 满足条件(8.25),则称单步法(8.22)与初值问题(8.1)相容.通常称式(8.25)为单步法的相容条件.

满足相容条件(8.25)是可以用单步法求解初值问题(8.1)的必要条件.

容易验证欧拉法和改进欧拉法均满足相容性条件.一般地,如果单步法有 p 阶

精度($p \geqslant 1$),则其局部截断误差为

$$y(x+h)-[y(x)+h\varphi(x,y(x),h)]=O(h^{p+1})$$

上式两端同除以 h,得

$$\frac{y(x+h)-y(x)}{h}-\varphi(x,y,h)=O(h^{p})$$

令 $h\to 0$,如果 $\varphi(x,y(x),h)$ 连续,则有

$$y'(x)-\varphi(x,y,0)=0$$

所以 $p\geqslant 1$ 的单步法均与问题(8.1)相容.由此即得各阶龙格-库塔法与初值问题(8.1)相容.

定义 8.4 一种数值方法称为是收敛的,如果对于任意初值 y_0 及任意固定的 $x\in(a,b]$,都有

$$\lim_{h\to 0}y_n=y(x)\quad(x=a+nh)$$

其中 $y(x)$ 为初值问题(8.1)的精确解.

如果我们取消局部化假定,使用某单步法公式,从 x_0 出发,一步一步地推算到 x_{n+1} 处的近似值 y_{n+1}.若不计各步的舍入误差,而每一步都有局部截断误差,这些局部截断误差的积累就是整体截断误差.

定义 8.5 称

$$e_{n+1}=y(x_{n+1})-y_{n+1}$$

为某数值方法的整体截断误差.其中 $y(x)$ 为初值问题(8.1)的精确解,y_{n+1} 为不计舍入误差时用某数值方法从 x_0 开始,逐步得到的在 x_{n+1} 处的近似值(不考虑舍入误差的情况下,局部截断误差的积累).

定理 8.1 设单步法(8.22)具有 p 阶精度,其增量函数 $\varphi(x,y,h)$ 关于 y 满足利普希茨条件,问题(8.1)的初值是精确的,即 $y(x_0)=y_0$,则单步法的整体截断误差为

$$e_{n+1}=y(x_{n+1})-y_{n+1}=O(h^{p})$$

证明 由已知,$\varphi(x,y,h)$ 关于 y 满足利普希茨条件,故存在 $L>0$,使得对任意的 y_1,y_2 及 $x\in[a,b]$,$0<h\leqslant h_0$,都有

$$|\varphi(x,y_1,h)-\varphi(x,y_2,h)|\leqslant L|y_1-y_2|$$

记 $\bar{y}_{n+1}=y(x_n)+h\varphi(x_n,y(x_n),h)$,因为单步法具有 p 阶精度,故存在 $M>0$,使得

$$|R_{n+1}|=|y(x_{n+1})-\bar{y}_{n+1}|\leqslant Mh^{p+1}$$

从而有

$$\begin{aligned}|e_{n+1}|&=|y(x_{n+1})-y_{n+1}|\\&\leqslant|y(x_{n+1})-\bar{y}_{n+1}|+|\bar{y}_{n+1}-y_{n+1}|\end{aligned}$$

$$\leqslant Mh^{p+1} + |y(x_n) + h\varphi(x_n, y(x_n), h) - y_n - h\varphi(x_n, y_n, h)|$$
$$\leqslant Mh^{p+1} + |y(x_n) - y_n| + h|\varphi(x_n, y(x_n), h) - \varphi(x_n, y_n, h)|$$
$$\leqslant Mh^{p+1} + (1 + hL)|e_n|$$

反复递推得

$$|e_{n+1}| \leqslant Mh^{p+1} + (1 + hL)[Mh^{p+1} + (1 + hL)|e_{n-1}|]$$
$$\leqslant [1 + (1 + hL) + \cdots + (1 + hL)^n]Mh^{p+1} + (1 + hL)^{n+1}|e_0|$$
$$\leqslant \frac{(1 + hL)^{n+1} - 1}{hL}Mh^{p+1} + (1 + hL)^{n+1}|e_0|$$

因为 $y(x_0) = y_0$，即 $e_0 = 0$，又 $(n + 1)h \leqslant b - a$，于是

$$(1 + hL)^{n+1} \leqslant (1 + hL)^{\frac{b-a}{h}} = \mathrm{e}^{\frac{b-a}{h}\ln(1+hL)} \leqslant \mathrm{e}^{L(b-a)}$$

所以

$$|e_{n+1}| \leqslant \frac{M}{L}h^p[\mathrm{e}^{L(b-a)} - 1] = O(h^p)$$

推论　设单步法具有 $p(p \geqslant 1)$ 阶精度，增量函数 $\varphi(x, y, h)$ 在区域 G：

$$a \leqslant x \leqslant b, \quad -\infty < y < +\infty, \quad 0 \leqslant h \leqslant h_0$$

上连续，且关于 y 满足利普希茨条件，则单步法是收敛的.

当 $f(x, y)$ 在区域 D：$a \leqslant x \leqslant b, -\infty < y < +\infty$ 上连续，且关于 y 满足利普希茨条件时，改进欧拉法、各阶龙格-库塔法的增量函数 $\varphi(x, y, h)$ 在区域 G 上连续，且关于 y 满足利普希茨条件，因而它们都是收敛的.

关于单步法收敛的一般结果是：

定理 8.2　设增量函数 $\varphi(x, y, h)$ 在区域 G 上连续，且关于 y 满足利普希茨条件，则单步法收敛的充分必要条件是相容性条件(8.25).

8.4.2　稳定性

稳定性与收敛性是两个不同的概念，收敛性是在假定每一步计算都准确的前提下，讨论当步长 $h \to 0$ 时，方法的整体截断误差是否趋于零的问题. 而稳定性则是讨论舍入误差的积累能否对计算结果产生严重影响的问题.

定义 8.6　若一种数值方法在节点值 y_n 上有一个大小为 δ 的扰动，于以后各节点 $y_m(m > n)$ 上产生的偏差均不超过 δ，则称该方法是稳定的.

下面以欧拉法为例进行讨论. 假设由于舍入误差，实际得到的不是 y_n 而是 $\bar{y}_n = y_n + \delta_n$，其中 δ_n 是误差. 由此再计算一步，得到

$$\bar{y}_{n+1} = \bar{y}_n + hf(x_n, \bar{y}_n)$$

把它与不考虑舍入误差的欧拉公式相减，并记 $\delta_{n+1} = \bar{y}_{n+1} - y_{n+1}$，就有

$$\delta_{n+1} = \delta_n + h[f(x_n, \bar{y}_n) - f(x_n, y_n)] = [1 + hf_y(x_n, \eta)]\delta_n$$

其中 $f_y = \dfrac{\partial f}{\partial y}$. 如果满足条件

$$|1 + hf_y(x_n, \eta)| \leqslant 1 \tag{8.26}$$

则从 y_n 到 y_{n+1} 的计算，误差是不增的，可以认为计算是稳定的. 如果条件(8.26) 不满足，则每步误差将增大. 当 $f_y > 0$ 时，显然条件(8.26) 不可能满足，我们认为问题本身具有先天的不稳定性. 当 $f_y < 0$ 时，为了满足稳定性要求(8.26)，有时 h 要很小.

一般地，稳定性与方法有关，也与步长 h 的大小有关，当然也与方程中的 $f(x,y)$ 有关.

为简单起见，通常只考虑数值方法用于求解模型方程的稳定性，模型方程为

$$y' = \lambda y \tag{8.27}$$

其中 λ 为复数. 一般的方程可以通过局部线性化转化为模型方程，例如在$(\bar{x},\bar{y})$ 的邻域内：

$$y' = f(x,y) = f(\bar{x},\bar{y}) + f_x(\bar{x},\bar{y})(x-\bar{x}) + f_y(\bar{x},\bar{y})(y-\bar{y}) + \cdots$$

略去高阶项，再作变量替换就得到 $u' = \lambda u$ 的形式.

对于模型方程(8.27)，若 $\mathrm{Re}(\lambda) > 0$，类似以上分析，可以认为方程是不稳定的. 所以我们只考虑 $\mathrm{Re}(\lambda) < 0$ 的情形，这时不同的数值方法可能是数值稳定的或者是数值不稳定的. 当一个单步法用于模型方程 $y' = \lambda y$，从 y_n 计算一步得到

$$y_{n+1} = E(\lambda h) y_n \tag{8.28}$$

其中 $E(\lambda h)$ 依赖于所选的方法. 因为通过点(x_n, y_n) 的模型方程的解曲线(它满足 $y' = \lambda y, y(x_n) = y_n$) 为 $y = y_n \exp[\lambda(x - x_n)]$，而一个 p 阶单步法的局部截断误差在 $y(x_n) = y_n$ 时有

$$T_{n+1} = y(x_{n+1}) - y_{n+1} = O(h^{p+1})$$

所以有

$$y_n \exp(\lambda h) - E(\lambda h) y_n = O(h^{p+1}) \tag{8.29}$$

这样可以看出 $E(\lambda h)$ 是 $e^{\lambda h}$ 的一个近似值.

由式(8.28) 可以看到，若 y_n 计算中有误差 ε，则计算 y_{n+1} 时将产生误差 $E(\lambda h)\varepsilon$，所以有下面定义.

定义 8.7 如果式(8.28) 中，$|E(\lambda h)| < 1$，则称单步法(8.22) 是绝对稳定的. 在复平面上复变量 λh 满足 $|E(\lambda h)| < 1$ 的区域，称为方法(8.22) 的绝对稳定区域，它与实轴的交称为绝对稳定区间.

在上述定义中，规定严格不等式成立，是为了和线性多步法的绝对稳定性定义一致. 事实上，$|E(\lambda h)| = 1$ 时也可以认为误差不增长.

1. 欧拉法的稳定性

欧拉法用于模型方程(8.27)，得 $y_{n+1} = (1 + h\lambda) y_n$，所以有 $E(\lambda h) = 1 + h\lambda$. 从

而绝对稳定条件是$|1+h\lambda|<1$,它的绝对稳定区域是λh复平面上以$(-1,0)$为中心的单位圆,见图 8.3 所示.而λ为实数时,绝对稳定区间是$(-2,0)$.

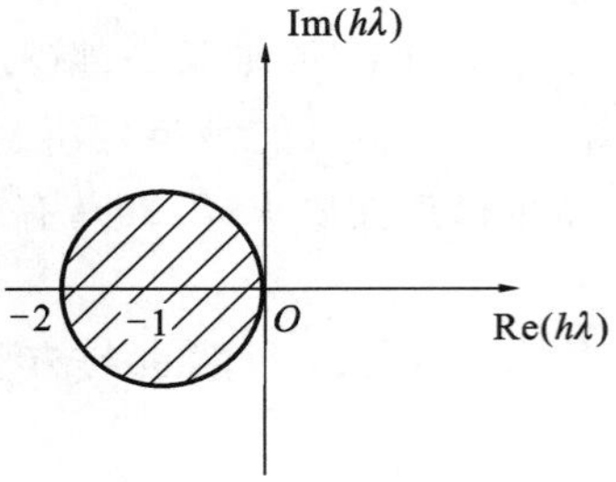

图 8.3　欧拉法的绝对稳定区域

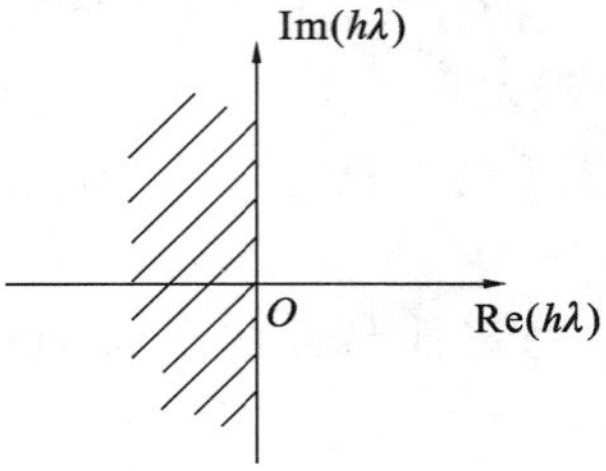

图 8.4　梯形公式的绝对稳定区域

2. 梯形公式的稳定性

对模型方程(8.27),梯形公式的具体表达式为$y_{n+1}=y_n+\frac{h}{2}(\lambda y_n+\lambda y_{n+1})$,即$y_{n+1}=\dfrac{1+\frac{h\lambda}{2}}{1-\frac{h\lambda}{2}}y_n$,所以梯形公式的绝对稳定区域为$\left|\dfrac{1+\frac{h\lambda}{2}}{1-\frac{h\lambda}{2}}\right|<1$.化简得$\mathrm{Re}(h\lambda)<0$,因此梯形公式的绝对稳定区域为$\lambda h$平面的左半平面,见图 8.4 所示.特别地,当$\lambda$为负实数时,对任意的$h>0$,梯形公式都是稳定的.

3. 龙格-库塔法的稳定性

与前面的讨论相仿,将龙格-库塔法用于模型方程(8.27),可得二、三、四阶龙格-库塔法的绝对稳定区域分别为

$$\left|1+h\lambda+\frac{1}{2}(h\lambda)^2\right|<1$$

$$\left|1+h\lambda+\frac{1}{2}(h\lambda)^2+\frac{1}{6}(h\lambda)^3\right|<1$$

$$\left|1+h\lambda+\frac{1}{2}(h\lambda)^2+\frac{1}{6}(h\lambda)^3+\frac{1}{24}(h\lambda)^4\right|<1$$

当λ为实数时,二、三、四阶显式龙格-库塔法的绝对稳定区间分别为$-2<h\lambda<0$、$-2.51<h\lambda<0$、$-2.785<h\lambda<0$.

【例 8.5】　设有初值问题

$$\begin{cases}y'=1-\dfrac{10xy}{1+x^2},0\leqslant x\leqslant 10\\ y(0)=0\end{cases}$$

用四阶经典龙格-库塔公式求解时,从绝对稳定性考虑,对步长h有何限制?

解　对于所给的微分方程有

$$\lambda = \frac{\partial f}{\partial y} = -\frac{10x}{1+x^2} < 0, \quad 0 \leqslant x \leqslant 10$$

在区间[0,10]上，有 $\max|\lambda| = \max\limits_{0\leqslant x\leqslant 10} \frac{10x}{1+x^2} = 5$

由于四阶经典龙格-库塔公式的绝对稳定区间为 $-2.785 < h\lambda < 0$，则步长 h 应满足 $0 < h < 0.557$.

8.5　线性多步法

前面所讲的各种数值解法，都是单步法. 因为它们在计算 y_{n+1} 时，都仅仅用到前面的一个信息 y_n；如果在计算 y_{n+1} 时，能够比较充分地利用前面的已知信息，如 y_n，y_{n-1}，…，y_{n-r}，那么就可望使所得到的 y_{n+1} 更加精确. 这就是多步法的基本思想.

8.5.1　线性多步法的一般公式

利用前面得到的多个信息 y_n，y_{n-1}，…，y_{n-r} 计算 y_{n+1} 的方法，叫做**多步法**. 多步法中最常用的是线性多步法，其一般公式是

$$y_{n+1} = \sum_{k=0}^{r} \alpha_k y_{n-k} + h\sum_{k=-1}^{r} \beta_k f_{n-k} \tag{8.30}$$

其中 α_k，β_k 为常数，y_{n-k} 为 $y(x_{n-k})$ 的近似，$f_{n-k} = f(x_{n-k}, y_{n-k})$.

当 $\beta_{-1} = 0$ 时，称为**显式**，否则称为**隐式**.

线性多步法与龙格-库塔法都是高精度方法，不同的是线性多步法是利用前面已求得的 $y(x)$ 在各节点处的近似值及导数近似值的线性组合来逼近 $y(x_{n+1})$ 的，而龙格-库塔法则是用 $y(x)$ 在$[x_n, x_{n+1}]$内若干点处的一阶导数预测值的线性组合，逼近 $y(x)$ 在区间$[x_n, x_{n+1}]$内的平均斜率 K^*，从而求得 $y(x_{n+1})$ 的近似值. 构造线性多步法公式有泰勒展开法和数值积分法等多种途径. 这里只介绍泰勒展开法.

8.5.2　线性多步法的构造——泰勒展开法

定义 8.8　设 $y(x)$ 是初值问题(8.1)

$$\begin{cases} y' = f(x,y), a \leqslant x \leqslant b \\ y(a) = y_0 \end{cases}$$

的精确解，$y_{n-k} = y(x_{n-k})$，$y'_{n-k} = y'(x_{n-k})$，线性多步法(8.30)在 x_{n+1} 上的局部截断误差为

$$T_{n+1}=y(x_{n+1})-\sum_{k=0}^{r}\alpha_k y_{n-k}-h\sum_{k=-1}^{r}\beta_k y'_{n-k} \tag{8.31}$$

若 $T_{n+1}=O(h^{p+1})$，则称方法(8.30)是 p 阶的，$p\geqslant 1$ 则称方法(8.30)与方程(8.1)是相容的.

利用泰勒展开导出线性多步公式(8.30)的基本方法是：将线性多步公式(8.30)在 x_n 处进行泰勒展开，然后与 $y(x_{n+1})$ 在 x_n 处的泰勒展开式相比较，要求它们前面的项相等，由此确定参数 α_k,β_k. 设初值问题(8.1)的解 $y(x)$ 充分光滑，记 $y_n^{(j)}=y^{(j)}(x_n)\quad(j=0,1,\cdots)$，把它在 x_n 处展成泰勒级数

$$y(x)=y_n+\sum_{j=1}^{p}\frac{(x-x_n)^j}{j!}y_n^{(j)}+\frac{(x-x_n)^{p+1}}{(p+1)!}y_n^{(p+1)}+\cdots \tag{8.32}$$

及

$$y'(x)=\sum_{j=1}^{p}\frac{(x-x_n)^{j-1}}{(j-1)!}y_n^{(j)}+\frac{(x-x_n)^p}{p!}y_n^{(p+1)}+\cdots \tag{8.33}$$

用 $x_{n-k}=x_0+(n-k)h$ 替代式(8.32)、式(8.33)中的 x，得

$$y_{n-k}=y(x_{n-k})=y_n+\sum_{j=1}^{p}\frac{(-kh)^j}{j!}y_n^{(j)}+\frac{(-kh)^{p+1}}{(p+1)!}y_n^{(p+1)}+\cdots$$

及

$$y'_{n-k}=y'(x_{n-k})=\sum_{j=1}^{p}\frac{(-kh)^{j-1}}{(j-1)!}y_n^{(j)}+\frac{(-kh)^p}{p!}y_n^{(p+1)}+\cdots$$

把这两个式子代入式(8.30)，得

$$\begin{aligned}y_{n+1}=&\sum_{k=0}^{r}\alpha_k\left(y_n+\sum_{j=1}^{p}\frac{(-kh)^j}{j!}y_n^{(j)}+\frac{(-kh)^{p+1}}{(p+1)!}y_n^{(p+1)}+\cdots\right)\\&+h\sum_{k=-1}^{r}\beta_k\left(\sum_{j=1}^{p}\frac{(-kh)^{j-1}}{(j-1)!}y_n^{(j)}+\frac{(-kh)^p}{p!}y_n^{(p+1)}+\cdots\right)\\=&\sum_{k=0}^{r}\alpha_k y_n+\sum_{j=1}^{p}\frac{h^j}{j!}\Big[\sum_{k=0}^{r}\alpha_k(-k)^j+j\sum_{k=-1}^{r}\beta_k(-k)^{j-1}\Big]y_n^{(j)}\\&+\frac{h^{p+1}}{(p+1)!}\Big[\sum_{k=0}^{r}\alpha_k(-k)^{p+1}+(p+1)\sum_{k=-1}^{r}\beta_k(-k)^p\Big]y_n^{(p+1)}+\cdots\end{aligned} \tag{8.34}$$

为了使式(8.30)具有 p 阶精度，只需使式(8.34)的前 $p+1$ 项与 $y(x_{n+1})$ 在 x_n 处的泰勒展开式

$$y(x_{n+1})=y_n+\sum_{j=1}^{p}\frac{h^j}{j!}y_n^{(j)}+\frac{h^{p+1}}{(p+1)!}y_n^{(p+1)}+\cdots \tag{8.35}$$

的前 $p+1$ 项系数对应相等即可. 对比关于 h 的同次项系数，得到确定 α_k,β_k 的方程组：

$$\begin{cases} \sum_{k=0}^{r} \alpha_k = 1 \\ \sum_{k=0}^{r} (-k)^j \alpha_k + j \sum_{k=-1}^{r} (-k)^{j-1} \beta_k = 1 \end{cases} \quad (j = 1,2,\cdots,p) \tag{8.36}$$

可见,只要式(8.30) 的系数 α_k,β_k 满足式(8.36),式(8.30) 就具有 p 阶精度.用式(8.35) 减去式(8.34),得

$$\begin{aligned} T_{n+1} &= y(x_{n+1}) - y_{n+1} \\ &= \frac{h^{p+1}}{(p+1)!}\left[1 - \sum_{k=0}^{r}(-k)^{p+1}\alpha_k - (p+1)\sum_{k=-1}^{r}(-k)^p\beta_k\right]y_n^{(p+1)} + O(h^{p+2}) \end{aligned}$$

式(8.36) 共有 $p+1$ 个方程,$2r+3$ 个待定常数:$\alpha_0,\alpha_1,\cdots,\alpha_r;\beta_{-1},\beta_0,\beta_1,\cdots,\beta_r$.只要 $r \geqslant \frac{p}{2}-1$,就可以由式(8.36) 定出具有 p 阶精度的公式(8.30) 的系数 α_k,β_k.

下面介绍几个常用的线性多步法公式.

8.5.3 几个常用公式

1. 阿达姆斯(Adams) 公式

取 $p = 4, r = 3$,有

$$\begin{cases} \sum_{k=0}^{3} \alpha_k = 1 \\ \sum_{k=0}^{3} (-k)^j \alpha_k + j \sum_{k=-1}^{3} (-k)^{j-1} \beta_k = 1 \end{cases} \quad (j = 1,2,3,4) \tag{8.37}$$

此时方程有 9 个未知数,5 个方程,有 4 个自由变量.特别取 $\alpha_1 = \alpha_2 = \alpha_3 = \beta_{-1} = 0$,可得

$$\alpha_0 = 1, \beta_0 = \frac{55}{24}, \beta_1 = -\frac{59}{24}, \beta_2 = \frac{37}{24}, \beta_3 = -\frac{9}{24}$$

相应的线性多步法公式为

$$y_{n+1} = y_n + \frac{h}{24}(55f_n - 59f_{n-1} + 37f_{n-2} - 9f_{n-3}) \tag{8.38}$$

因为 $\beta_{-1} = 0$,式(8.38) 称为阿达姆斯显式公式,它是四阶公式,局部截断误差为

$$T_{n+1} = \frac{251}{720}h^5 y_n^{(5)} + O(h^6)$$

如果令 $\alpha_1 = \alpha_2 = \alpha_3 = \beta_3 = 0$,由式(8.37) 可得

$$\alpha_0 = 1, \beta_{-1} = \frac{9}{24}, \beta_0 = \frac{19}{24}, \beta_1 = -\frac{5}{24}, \beta_2 = \frac{1}{24}$$

相应的线性多步法公式为

$$y_{n+1} = y_n + \frac{h}{24}(9f_{n+1} + 19f_n - 5f_{n-1} + f_{n-2}) \tag{8.39}$$

因为 $\beta_{-1} \neq 0$，式(8.39) 称为阿达姆斯隐式公式，它是四阶公式，局部截断误差为

$$T_{n+1} = -\frac{19}{720}h^5 y_n^{(5)} + O(h^6)$$

2. 米尔恩(Milne) 公式

取 $p = 4, r = 3$，并令 $\alpha_0 = \alpha_1 = \alpha_2 = \beta_{-1} = 0$，由方程组(8.37) 解出 $\alpha_3 = 1$，$\beta_0 = \frac{8}{3}, \beta_1 = -\frac{4}{3}, \beta_2 = \frac{8}{3}, \beta_3 = 0$，相应的线性多步法公式为

$$y_{n+1} = y_{n-3} + \frac{4h}{3}(2f_n - f_{n-1} + 2f_{n-2}) \tag{8.40}$$

式(8.40) 称为米尔恩公式，其局部截断误差为

$$T_{n+1} = \frac{14}{45}h^5 y_n^{(5)} + O(h^6)$$

米尔恩公式是四阶四步显式公式.

3. 哈明(Hamming) 公式

取 $p = 4, r = 2$，并令 $\alpha_1 = \beta_2 = 0$，可得哈明公式

$$y_{n+1} = \frac{1}{8}(9y_n - y_{n-2}) + \frac{3}{8}h(f_{n+1} + 2f_n - f_{n-1}) \tag{8.41}$$

其局部截断误差为

$$T_{n+1} = -\frac{1}{40}h^5 y_n^{(5)} + O(h^6)$$

哈明公式是四阶三步隐式公式.

8.5.4 线性多步法公式的使用

1. 公式的启动

由于线性多步法公式(8.30)，只有在知道了前面的 $y_n, y_{n-1}, \cdots, y_{n-r}$ 之后，才能使用. 所以开始的 $y_1, y_2, \cdots, y_r$ 的值必须先用同阶的单步法(龙格-库塔法) 求出，然后才能用线性多步法公式(例如，若使用四阶线性多步法公式，必须用同阶单步法，算出 y_1, y_2, y_3).

【例 8.6】 分别用四阶显式阿达姆斯方法和四阶隐式阿达姆斯方法解下列初值问题

$$\begin{cases} y' = x - y, 0 \leqslant x \leqslant 1 \\ y(0) = 0 \end{cases}$$

的数值解，取 $h = 0.1$.

解 四阶显式阿达姆斯公式为：

$$y_{n+1} = y_n + \frac{h}{24}(55f_n - 59f_{n-1} + 37f_{n-2} - 9f_{n-3})$$
$$= 1/24 \times (18.5y_n + 5.9y_{n-1} - 3.7y_{n-2} + 0.9y_{n-3} + 0.24n + 0.12)$$
$$(n = 3,4,\cdots,9)$$

四阶隐式阿达姆斯公式为

$$y_{n+1} = y_n + \frac{h}{24}(9f_{n+1} + 19f_n - 5f_{n-1} + f_{n-2})$$
$$= 1/24 \times (-0.9y_{n+1} + 22.1y_n + 0.5y_{n-1} - 0.1y_{n-2} + 0.24n + 0.12)$$

解出

$$y_{n+1} = 1/24.9 \times (22.1y_n + 0.5y_{n-1} - 0.1y_{n-2} + 0.24n + 0.12)$$

利用精确解 $y = e^{-x} + x - 1$ 求出起步值(一般可用四阶龙格-库塔法计算起步值)，按上面公式求解的结果见表 8.4 所列.

表 8.4　计算结果

x_n	$y(x_n)$	显式法		隐式法	
		y_n	$\lvert y(x_n) - y_n \rvert$	y_n	$\lvert y(x_n) - y_n \rvert$
0.0	0	0		0	
0.1	0.00483742	0.00483742		0.00483742	
0.2	0.01873075	0.01873075		0.01873075	
0.3	0.04081822	0.04081822		0.04081801	2.1×10^{-7}
0.4	0.07032005	0.07032292	2.87×10^{-6}	0.07031966	3.9×10^{-7}
0.5	0.10653066	0.10653548	4.82×10^{-6}	0.10653014	5.2×10^{-7}
0.6	0.14881164	0.14881841	6.77×10^{-6}	0.14881101	6.3×10^{-7}
0.7	0.19658530	0.19659339	8.09×10^{-6}	0.19658459	7.1×10^{-7}
0.8	0.24932896	0.24933816	9.20×10^{-6}	0.24932819	7.7×10^{-7}
0.9	0.30656966	0.30657961	9.95×10^{-6}	0.30656885	8.1×10^{-7}
1.0	0.36787944	0.36788996	1.052×10^{-5}	0.36787860	8.4×10^{-7}

2. 预测-校正系统

显式公式与隐式公式比较，由于显式公式的局部截断误差大，数值稳定性差，因而较少单独使用. 常常把显式公式与同阶的隐式公式配对使用，即把由显式求出的 y_{n+1}（记 $\bar{y}_{n+1}$）作为 $y(x_{n+1})$ 的预测值，然后再代入隐式公式进行校正，求出更接近 $y(x_{n+1})$ 的值 y_{n+1}. 这样就构成了预测-校正系统.

米尔恩-哈明预测校正系统：

$$\begin{cases} \bar{y}_{n+1} = y_{n-3} + \dfrac{4h}{3}(2f_n - f_{n-1} + 2f_{n-2}) \\ y_{n+1} = \dfrac{1}{8}(9y_n - y_{n-2}) + \dfrac{3}{8}h(f(x_{n+1}, \bar{y}_{n+1}) + 2f_n - f_{n-1}) \end{cases}$$

阿达姆斯显式-隐式公式：

$$\begin{cases} \bar{y}_{n+1} = y_n + \dfrac{h}{24}(55f_n - 59f_{n-1} + 37f_{n-2} - 9f_{n-3}) \\ y_{n+1} = y_n + \dfrac{h}{24}(9f(x_{n+1}, \bar{y}_{n+1}) + 19f_n - 5f_{n-1} + f_{n-2}) \end{cases}$$

8.6 一阶方程组和高阶方程

8.6.1 一阶方程组

前面我们研究了单个方程 $y' = f$ 的数值解法，只要把 y 和 f 理解为向量，那么，所提供的各种计算公式即可应用到一阶方程组的情形.

考察一阶方程组

$$y_i' = f_i(x, y_1, y_2, \cdots, y_N) \quad (i = 1, 2, \cdots, N)$$

的初值问题，初始条件为 $y_i(x_0) = y_i^0 (i = 1, 2, \cdots, N)$，若采用向量的记号，记

$$\boldsymbol{y} = (y_1, y_2, \cdots, y_N)^{\mathrm{T}}, \quad \boldsymbol{y}^0 = (y_1^0, y_2^0, \cdots, y_N^0)^{\mathrm{T}}, \quad \boldsymbol{f} = (f_1, f_2, \cdots, f_N)^{\mathrm{T}}$$

则上述方程组的初值问题可表示为

$$\begin{cases} \boldsymbol{y}' = \boldsymbol{f}(x, \boldsymbol{y}) \\ \boldsymbol{y}(x_0) = \boldsymbol{y}_0 \end{cases} \tag{8.42}$$

求解这一初值问题的四阶龙格－库塔公式为

$$\boldsymbol{y}_{n+1} = \boldsymbol{y}_n + \frac{h}{6}(\boldsymbol{K}_1 + 2\boldsymbol{K}_2 + 2\boldsymbol{K}_3 + \boldsymbol{K}_4)$$

式中

$$\boldsymbol{K}_1 = \boldsymbol{f}(x_n, \boldsymbol{y}_n), \quad \boldsymbol{K}_2 = \boldsymbol{f}\left(x_n + \frac{h}{2}, \boldsymbol{y}_n + \frac{h}{2}\boldsymbol{K}_1\right)$$

$$\boldsymbol{K}_3 = \boldsymbol{f}\left(x_n + \frac{h}{2}, \boldsymbol{y}_n + \frac{h}{2}\boldsymbol{K}_2\right), \boldsymbol{K}_4 = \boldsymbol{f}(x_n + h, \boldsymbol{y}_n + h\boldsymbol{K}_3).$$

或表示为

$$y_{i,n+1} = y_{in} + \frac{h}{6}(K_{i1} + 2K_{i2} + 2K_{i3} + K_{i4}) \quad (i = 1, 2, \cdots, N)$$

其中

$$
\begin{aligned}
K_{i1} &= f_i(x_n, y_{1n}, y_{2n}, \cdots, y_{Nn}) \\
K_{i2} &= f_i\left(x_n + \frac{h}{2}, y_{1n} + \frac{h}{2}K_{11}, y_{2n} + \frac{h}{2}K_{21}, \cdots, y_{Nn} + \frac{h}{2}K_{N1}\right) \\
K_{i3} &= f_i\left(x_n + \frac{h}{2}, y_{1n} + \frac{h}{2}K_{12}, y_{2n} + \frac{h}{2}K_{22}, \cdots, y_{Nn} + \frac{h}{2}K_{N2}\right) \\
K_{i4} &= f_i(x_n + h, y_{1n} + hK_{13}, y_{2n} + hK_{23}, \cdots, y_{Nn} + hK_{N3})
\end{aligned}
$$

这里 y_{in} 是第 i 个因变量 $y_i(x)$ 在节点 $x_n = x_0 + nh$ 的近似值.

为了帮助理解这一公式的计算过程,我们再考察两个方程的特殊情形:

$$
\begin{cases}
y' = f(x, y, z) \\
z' = g(x, y, z) \\
y(x_0) = y_0 \\
z(x_0) = z_0
\end{cases}
$$

这时四阶龙格-库塔公式具有形式

$$
\begin{cases}
y_{n+1} = y_n + \dfrac{h}{6}(K_1 + 2K_2 + 2K_3 + K_4) \\
z_{n+1} = z_n + \dfrac{h}{6}(L_1 + 2L_2 + 2L_3 + L_4)
\end{cases}
\tag{8.43}
$$

其中

$$
\begin{cases}
K_1 = f(x_n, y_n, z_n) \\
K_2 = f\left(x_n + \dfrac{h}{2}, y_n + \dfrac{h}{2}K_1, z_n + \dfrac{h}{2}L_1\right) \\
K_3 = f\left(x_n + \dfrac{h}{2}, y_n + \dfrac{h}{2}K_2, z_n + \dfrac{h}{2}L_2\right) \\
K_4 = f(x_n + h, y_n + hK_3, z_n + hL_3) \\
L_1 = g(x_n, y_n, z_n) \\
L_2 = g\left(x_n + \dfrac{h}{2}, y_n + \dfrac{h}{2}K_1, z_n + \dfrac{h}{2}L_1\right) \\
L_3 = g\left(x_n + \dfrac{h}{2}, y_n + \dfrac{h}{2}K_2, z_n + \dfrac{h}{2}L_2\right) \\
L_4 = g(x_n + h, y_n + hK_3, z_n + hL_3)
\end{cases}
\tag{8.44}
$$

这是单步法公式,利用节点 x_n 上的值 y_n, z_n,由式(8.44)顺序计算 $K_1, L_1, K_2, L_2, K_3, L_3, K_4, L_4$,然后代入式(8.43)即可求得节点 x_{n+1} 上的 y_{n+1}, z_{n+1}.

8.6.2 高阶方程

关于高阶微分方程(或方程组)的初值问题,原则上都可以归结为一阶方程组来求解.

例如,考察下列 m 阶微分方程

$$y^{(m)} = f(x, y, y', \cdots, y^{(m-1)}) \tag{8.45}$$

初始条件为

$$y(x_0) = y_0, y'(x_0) = y'_0, \cdots, y^{(m-1)}(x_0) = y_0^{(m-1)} \tag{8.46}$$

只要引进新的变量 $y_1 = y, y_2 = y', \cdots, y_m = y^{(m-1)}$,即可将 m 阶方程(8.45)化为一阶方程组:

$$\begin{cases} y'_1 = y_2 \\ y'_2 = y_3 \\ \cdots \\ y'_{m-1} = y_m \\ y'_m = f(x, y_1, y_2, \cdots, y_m) \end{cases} \tag{8.47}$$

初始条件(8.46)则相应地化为

$$y_1(x_0) = y_0, y_2(x_0) = y'_0, \cdots, y_m(x_0) = y_0^{(m-1)} \tag{8.48}$$

不难证明初值问题(8.45),(8.46)和(8.47),(8.48)是等价的.

【例8.7】 用四阶龙格-库塔公式(取 $h = 0.1$),求解二阶常微分方程初值问题:

$$\begin{cases} y'' - 2y' + 2y = e^{2x}, 0 \leqslant x \leqslant 1 \\ y(0) = -0.1, y'(0) = -0.2 \end{cases}$$

解 令 $z = y'$,则所给微分方程的初值问题等价于

$$\begin{cases} y' = z \\ z' = -2y + 2z + e^{2x} \\ y(0) = -0.1 \\ z(0) = -0.2 \end{cases}$$

求上述一阶常微分方程组的四阶龙格-库塔公式为

$$\begin{cases} y_{n+1} = y_n + \dfrac{h}{6}(K_1 + 2K_2 + 2K_3 + K_4) \\ z_{n+1} = z_n + \dfrac{h}{6}(L_1 + 2L_2 + 2L_3 + L_4) \\ K_1 = z_n, \qquad L_1 = 2z_n - 2y_n + e^{2x_n} \\ K_2 = z_n + hL_1/2, \ L_2 = 2(z_n + hL_1/2) - 2(y_n + hK_1/2) + e^{2(x_n+\frac{h}{2})} \\ K_3 = z_n + hL_2/2, \ L_3 = 2(z_n + hL_2/2) - 2(y_n + hK_2/2) + e^{2(x_n+\frac{h}{2})} \\ K_4 = z_n + hL_3, \qquad L_4 = 2(z_n + hL_3) - 2(y_n + hK_3) + e^{2(x_n+h)} \end{cases}$$

消去 K_1, K_2, K_3, K_4,将上式化简后计算,得数值解如表8.5所列.

表 8.5 例 8.7 计算结果

x_i	四阶龙格-库塔公式	
	y_n	z_n
0	−0.1	−0.2
0.1	−0.115289	−0.098177
0.2	−0.117915	0.055358
0.3	−0.102030	0.274637
0.4	−0.060234	0.576670
0.5	0.016743	0.982021
0.6	0.140434	1.515494
0.7	0.325101	2.206969
0.8	0.588264	3.092391
0.9	0.951474	4.214976
1.0	1.440903	5.626658

8.7 边值问题的数值解法

以二阶边值问题为例进行讨论.

一般的二阶常微分方程边值问题为 $y''=f(x,y,y')$，其边值条件为下列三种情形之一：

① 第一边值条件：$y(a)=\alpha, y(b)=\beta$；

② 第二边值条件：$y'(a)=\alpha, y'(b)=\beta$；

③ 第三边值条件：

$$y'(a)-\alpha_0 y(a)=\alpha_1,\quad y'(b)-\beta_0 y(b)=\beta_1\ (\alpha_0\geqslant 0,\beta_0\geqslant 0,\alpha_0+\beta_0>0)$$

求边值问题的近似解，有三类基本方法：

第一类方法是把边值问题化为初值问题，然后用求初值问题的方法求解；

第二类重要的方法是差分法，也就是用差商来代替微分方程及其边值条件中的导数，最终化为代数方程组求解.

第三类方法是有限元法.

本节重点介绍二阶线性常微分方程边值问题

$$\begin{cases} y''-q(x)y=f(x), a<x<b & (8.49)\\ y(a)=\alpha, y(b)=\beta & (8.50)\end{cases}$$

(其中 $q(x)$，$f(x)$ 在 $[a,b]$ 上连续，且 $q(x)\geqslant 0$) 的差分法.

用差分法解微分方程边值问题的步骤是：

① 把区间 $[a,b]$ 分成一些等距或不等距的小区间，称之为单元；

② 构造逼近微分方程边值问题的差分格式. 构造差分格式的方法有直接差分法、积分插值法及变分差分法，本节采用直接差分法；

③ 讨论差分格式的解的存在性、唯一性、收敛性和稳定性；

④ 求解差分格式.

现在来建立相应于边值问题(8.49)、(8.50) 的差分格式.

首先把区间 $[a,b]$ N 等分(为简明起见，仅考虑等分的情形；不等分的情形可类似考虑)：

$$a = x_0 < x_1 < \cdots < x_{N-1} < x_N = b$$

分点 $x_i = a + ih\ (i = 0,1,\cdots,N)$ 称为节点，$h = \dfrac{b-a}{N}$ 称为步长.

再将微分方程(8.49) 在节点 x_i 处离散化：在 $[a,b]$ 的每个内部节点 $x_i\ (i = 1,2,\cdots,N-1)$ 上用数值微分公式

$$y''(x_i) = \frac{y(x_{i+1}) - 2y(x_i) + y(x_{i-1})}{h^2} - \frac{h^2}{12}y^{(4)}(\xi_i),\quad x_{i-1} < \xi_i < x_{i+1} \tag{8.51}$$

代替方程(8.49) 中的 $y''(x_i)$，得

$$\frac{y(x_{i+1}) - 2y(x_i) + y(x_{i-1})}{h^2} - q(x_i)y(x_i) = f(x_i) + R_i(x) \tag{8.52}$$

其中

$$R_i(x) = \frac{h^2}{12}y^{(4)}(\xi_i) \tag{8.53}$$

当 h 充分小时，略去式(8.52) 中的 $R_i(x)$，便得到式(8.49) 的近似方程

$$\frac{y_{i+1} - 2y_i + y_{i-1}}{h^2} - q_i y_i = f_i \quad (i = 1,2,\cdots,N-1) \tag{8.54}$$

其中 $q_i = q(x_i)$，$f_i = f(x_i)$，y_i 是 $y(x_i)$ 的近似值，边界条件(8.50) 可写成

$$y_0 = \alpha,\quad y_N = \beta \tag{8.55}$$

结合式(8.54)、式(8.55)，得方程组

$$\begin{cases} y_0 = \alpha, \\ \dfrac{y_{i+1} - 2y_i + y_{i-1}}{h^2} - q_i y_i = f_i \quad (i = 1,2,\cdots,N-1) \\ y_N = \beta \end{cases} \tag{8.56}$$

即

$$\begin{cases} y_0 = \alpha \\ y_{i-1} - (2 + h^2 q_i)y_i + y_{i+1} = h^2 f_i \quad (i = 1,2,\cdots,N-1) \\ y_N = \beta \end{cases} \tag{8.57}$$

它称为逼近边值问题(8.49)、(8.50)的差分方程组或差分格式，而 $R_i(x)(i=1,2,\cdots,N-1)$ 称为差分方程(8.54)逼近方程(8.49)的截断误差，差分格式(8.57)的解 $y_0,y_1,\cdots,y_N$ 称为差分解. 由于式(8.54)是由二阶中心差商代替式(8.49)中二阶微商得到的，因此也称式(8.56)为中心差分格式.

注：可用三对角方程组的追赶法求解差分格式(8.57).

定理 8.3 设 $y_0,y_1,\cdots,y_N$ 是给定的一组数，若其满足关系

$$l(y_i)=\frac{y_{i+1}-2y_i+y_{i-1}}{h^2}-q_iy_i\geqslant 0,\quad q_i\geqslant 0\quad (i=1,2,\cdots,N-1) \tag{8.58}$$

且 $y_1,y_2,\cdots,y_{N-1}$ 不全相等，则 $y_0,y_1,\cdots,y_N$ 中正的最大值只能是 y_0 或 y_N；若

$$l(y_i)\leqslant 0,\quad q_i\geqslant 0\quad (i=1,2,\cdots,N-1) \tag{8.59}$$

且 $y_1,y_2,\cdots,y_{N-1}$ 不全相等，则 $y_0,y_1,\cdots,y_N$ 中负的最小值只能是 y_0 或 y_N.

定理 8.4 差分方程组(8.56)(或(8.57))存在唯一一组解.

定理 8.5 设 $y_0,y_1,\cdots,y_N$ 是差分方程组(8.56)(或(8.57))的解，而 $y(x_0),y(x_1),\cdots,y(x_N)$ 是边值问题(8.49)、(8.50)的解 $y(x)$ 在节点 $x_0,x_1,\cdots,x_N$ 处的值，则

$$|\varepsilon_i|=|y(x_i)-y_i|\leqslant\frac{h^2M_4(b-a)^2}{96} \tag{8.60}$$

其中 $M_4=\max\limits_{a\leqslant x\leqslant b}|y^{(4)}(x)|$. 且当 $h\to 0$ 时，$\varepsilon_i=y(x_i)-y_i\to 0$. 即当步长 $h\to 0$ 时，差分方程组(8.56)的解收敛到边值问题(8.49)、(8.50)的解.

【例 8.8】 取步长 $h=0.25$，用差分法求解边值问题

$$\begin{cases}y''-y+x=0, & 0<x<1\\ y(0)=y(1)=0\end{cases}$$

解 因为 $N=\dfrac{1}{h}=4$，由式(8.57)得差分格式

$$\begin{cases}y_0=0\\ y_{i-1}-(2+h^2)y_i+y_{i+1}=-h^2x_i\quad (i=1,2,3)\\ y_4=0\end{cases}$$

因为 $x_i=x_0+ih=0.25i\ (i=1,2,3)$，所以上述差分格式具体如下：

$$\begin{cases}y_0=0\\ y_0-2.0625y_1+y_2=-0.015625\\ y_1-2.0625y_2+y_3=-0.03125\\ y_2-2.0625y_3+y_4=-0.046875\\ y_4=0\end{cases}$$

解此方程组得

$$\begin{cases} y_0 = 0 \\ y_1 = 0.0348852 \\ y_2 = 0.0563258 \\ y_3 = 0.0500365 \\ y_4 = 0 \end{cases}$$

而原边值问题的准确解为$\begin{cases} y(0) = 0 \\ y(0.25) = 0.0350476 \\ y(0.5) = 0.0565908 \\ y(0.75) = 0.0502758 \\ y(1) = 0 \end{cases}$，由此可知差分格式的解精确到小数点后3位.若要得到更精确的数值解,可用缩小步长 h 的方法来实现.

小　结　8

本章研究了常微分方程初值问题的数值解法.主要介绍了两大类方法:单步法和线性多步法.单步法有欧拉法、向后欧拉法、梯形法、改进的欧拉法和龙格-库塔法等.其中,四阶经典龙格-库塔法是计算机上的常用算法,其优点是精度高、程序简单、计算过程稳定,并且易于调节步长;缺点一是要求函数 $f(x,y)$ 具有较高的光滑性,二是运算量比较大,需要耗费较多的机器时间.线性多步法有阿达姆斯显式法、阿达姆斯隐式法、米尔恩法、哈明法等,具有计算函数值次数少、结果精度高的特点,并且容易估计误差,在进行比较复杂的计算时,可使用线性多步法.

本章介绍了一阶微分方程组和高阶微分方程的数值解法.一阶微分方程组的求解可以将方程组写成向量形式,与单个方程在形式上完全相同,可将单个方程的解法完全照搬过来;高阶微分方程可化为一阶微分方程组来求解.

本章还简单介绍了二阶线性常微分方程边值问题的差分解法.

习　题　8

1. 用欧拉公式、向后欧拉公式、梯形公式求解下列初值问题(取 $h=0.1$):

(1) $y' = 1 - y, y(0) = 0, 0 \leqslant x \leqslant 1$

(2) $y' = xy^2, y(0) = 1, 0 \leqslant x \leqslant 1$

2. 用欧拉公式计算积分 $\int_0^x e^{-t^2}dt$ 在 $x = 0.5, 1, 1.5, 2$ 时的近似值.

3. 用梯形公式求解初值问题$\begin{cases} y' + y = 0 \\ y(0) = 1 \end{cases}$，证明：其近似解为 $y_n = \left(\dfrac{2-h}{2+h}\right)^n$，并证明 h 趋近于 0 时，它收敛于原初值问题的准确解 $y = e^{-x}$.

4. 用改进的欧拉公式求解初值问题$\begin{cases} y' = x^2 + x - y, 0 \leqslant x \leqslant 1 \\ y(0) = 0 \end{cases}$，取步长 $h = 0.1$ 计算 $y(0.5)$，并与准确解 $y = -e^{-x} + x^2 - x + 1$ 相比较.

5. 利用改进的欧拉公式求解第 1 题.

6. 利用四阶经典龙格-库塔公式求解第 1 题.

7. 求改进的欧拉公式的绝对稳定区域.

8. 利用待定系数法确定如下求解公式的系数，使其阶数尽可能高，并导出局部截断误差的简单表达式：

(1) $y_{i+1} = a_0 y_i + a_1 y_{i-1} + \beta h f_{i+1}$；

(2) $y_{i+1} = y_i + h(\beta_0 f_i + \beta_1 f_{i-1})$；

(3) $y_{i+1} = y_{i-3} + h(\beta_0 f_i + \beta_1 f_{i-1} + \beta_2 f_{i-2})$.

9. 分别用三阶显式阿达姆斯方法和三阶隐式阿达姆斯方法解下列初值问题：$y' = 1 - y$，取 $h = 0.2, y_0 = 0, y_1 = 0.181$，计算 $y(1.0)$ 并与准确解 $y = 1 - e^{-x}$ 相比较.

10. 用二阶龙格-库塔法解常微分方程组

$$\begin{cases} x'(t) = y(t) - \sin t \\ y'(t) = x(t) + \cos t \\ x(0) = 1 \\ y(0) = 0 \end{cases}$$

11. 取 $h = 0.25$，用差分法解边值问题

$$\begin{cases} y'' + y = 0 \\ y(0) = 0, y(1) = 1.68 \end{cases}$$

第 9 章　矩阵特征值问题的数值解法

在很多科学和工程计算中,会遇到矩阵的特征值和特征向量的计算问题.对于阶数较小的矩阵,可以通过求解特征方程来求特征值,但是对于较大的矩阵来说,求特征值就是十分困难的事.这时,就需要考虑数值方法.

9.1　问题的提出

我们来看一个遗传学的问题,用 b_n,c_n 分别表示某地区第 n 代男性居民和女性居民的色盲基因频率,由遗传学知道

$$\begin{cases} b_n = c_{n-1} \\ c_n = (b_{n-1} + c_{n-1})/2 \end{cases} \quad (n = 2,3,\cdots)$$

若知道了 b_1,c_1,我们来求 b_n,c_n.从上式得

$$\begin{pmatrix} b_n \\ c_n \end{pmatrix} = \begin{pmatrix} 0 & 1 \\ 1/2 & 1/2 \end{pmatrix} \begin{pmatrix} b_{n-1} \\ c_{n-1} \end{pmatrix}$$

把上式右端的系数矩阵记为 $\boldsymbol{B}$.递推得出

$$\begin{pmatrix} b_n \\ c_n \end{pmatrix} = \boldsymbol{B}^{n-1} \begin{pmatrix} b_1 \\ c_1 \end{pmatrix}$$

由此可见,求 b_n,c_n 可归结为求出 $\boldsymbol{B}^{n-1}$.为此我们来化简 $\boldsymbol{B}$,求其特征多项式

$$|\lambda \boldsymbol{I} - \boldsymbol{B}| = (\lambda - 1)(\lambda + 1/2)$$

得 $\boldsymbol{B}$ 的特征值为 $1,-1/2$.由此看出,$\boldsymbol{B}$ 可对角化.

解齐次线性方程组 $(\boldsymbol{I} - \boldsymbol{B})\boldsymbol{x} = \boldsymbol{0}$,得到它的一个基础解系:$\begin{pmatrix} 1 \\ 1 \end{pmatrix}$;

解齐次线性方程组 $(-0.5\boldsymbol{I} - \boldsymbol{B})\boldsymbol{x} = \boldsymbol{0}$,得到它的一个基础解系:$\begin{pmatrix} -2 \\ 1 \end{pmatrix}$.

令　$\boldsymbol{U} = \begin{pmatrix} 1 & -2 \\ 1 & 1 \end{pmatrix}$,则 $\boldsymbol{U}^{-1}\boldsymbol{B}\boldsymbol{U} = \begin{pmatrix} 1 & 0 \\ 0 & -1/2 \end{pmatrix}$,于是

$$\boldsymbol{B}^{n-1} = \boldsymbol{U}\begin{pmatrix} 1 & 0 \\ 0 & -1/2 \end{pmatrix}^{n-1} \boldsymbol{U}^{-1} = \frac{1}{3}\begin{pmatrix} 1 - (-1/2)^{n-2} & 2 + (-1/2)^{n-2} \\ 1 - (-1/2)^{n-1} & 2 + (-1/2)^{n-1} \end{pmatrix}$$

因此

$$\begin{cases} b_n = \frac{1}{3}[(1-(-1/2)^{n-2})b_1 + (2+(-1/2)^{n-2})c_1] \\ c_n = \frac{1}{3}[(1-(-1/2)^{n-1})b_1 + (2+(-1/2)^{n-1})c_1] \end{cases}$$

由上式得

$$\lim_{n\to\infty} b_n = \lim_{n\to\infty} c_n = \frac{1}{3}b_1 + \frac{2}{3}c_1$$

这说明，尽管第一代男性居民、女性居民的色盲基因频率可能不相同，但是经过多代(每一代都是随机结合)之后，两个性别的居民的色盲基因频率将接近相等.

如何求特征值与特征向量呢?

一种方法是**直接法**，如同上面例子，先计算方阵 $\boldsymbol{A}$ 的特征值，就是求特征方程 $|\lambda I - \boldsymbol{A}| = 0$，即

$$\lambda^n + p_1\lambda^{n-1} + p_2\lambda^{n-2} + \cdots + p_n = 0$$

的根. 求出特征值 λ 后，再求相应的齐次线性方程组

$$(\boldsymbol{A} - \lambda \boldsymbol{I})\boldsymbol{x} = \boldsymbol{0}$$

的非零解，即对应于特征值 λ 的特征向量. 由于次数为 5 次及以上的多项式没有一般的求根公式，直接求取方阵的特征值和特征向量仅在方阵阶数较低时才有效.

另一种方法是**迭代法**. 工程实践中有许多问题，如桥梁或建筑物的振动，机械部件、飞机机翼的振动，以及一些稳定性分析和相关分析，可转化为求矩阵特征值与特征向量的问题.

这些问题的方阵阶数较高，通常采用迭代法近似求解. 本章只介绍三类实用的迭代法 —— 幂法、反幂法和雅可比法. 幂法用于求矩阵的按模最大的特征值及对应的特征向量；反幂法用于求矩阵的按模最小的特征值及对应的特征向量；雅可比法用于求实对称矩阵的全部特征值及对应的特征向量.

9.2 幂 法

设矩阵 $\boldsymbol{A} \in R^{n\times n}$ 的 n 个特征值满足

$$|\lambda_1| \geqslant |\lambda_2| \geqslant |\lambda_3| \geqslant \cdots |\lambda_n| \geqslant 0 \tag{9.1}$$

且有相应的 n 个线性无关的特征向量 $\boldsymbol{x}_1, \boldsymbol{x}_2, \cdots, \boldsymbol{x}_n$. 其中，按模最大的特征值 λ_1 称为主特征值，对应的特征向量 $\boldsymbol{x}_1$ 称为主特征向量.

9.2.1 幂法原理

幂法是计算矩阵按模最大特征值及相应特征向量的迭代法，它的最大优点是

方法简单,对稀疏矩阵较合适,但有时收敛速度较慢.

幂法的基本思想是,对任给的非零向量 $\boldsymbol{v}_0 \in R^n$,用矩阵 $\boldsymbol{A}$ 连续左乘,构造迭代公式,具体过程如下:

由假设知 $\boldsymbol{v}_0 = \sum_{i=1}^{n} \alpha_i \boldsymbol{x}_i \quad (\alpha_1 \neq 0)$,用 $\boldsymbol{A}$ 左乘两边得

$$\boldsymbol{v}_1 = \boldsymbol{A}\boldsymbol{v}_0 = \sum_{i=1}^{n} \alpha_i \boldsymbol{A}\boldsymbol{x}_i = \sum_{i=1}^{n} \alpha_i \lambda_i \boldsymbol{x}_i$$

再用 $\boldsymbol{A}$ 左乘上式,得

$$\boldsymbol{v}_2 = \boldsymbol{A}\boldsymbol{v}_1 = \boldsymbol{A}^2 \boldsymbol{v}_0 = \sum_{i=1}^{n} \alpha_i \lambda_i^2 \boldsymbol{x}_i$$

一直这样做下去,一般地有

$$\begin{aligned}\boldsymbol{v}_k = \boldsymbol{A}\boldsymbol{v}_{k-1} = \boldsymbol{A}^k \boldsymbol{v}_0 &= \sum_{i=1}^{n} \alpha_i \lambda_i^k \boldsymbol{x}_i \\ &= \lambda_1^k \left[\alpha_1 \boldsymbol{x}_1 + \sum_{i=2}^{n} \alpha_i \left(\frac{\lambda_i}{\lambda_1}\right)^k \boldsymbol{x}_i\right] \quad (k = 1,2,\cdots)\end{aligned}$$

这里只讨论 $|\lambda_1| > |\lambda_2|$ 的情况,对其他情况的讨论可参阅有关资料. 由式(9.1) 知

$$\lim_{k \to \infty} \frac{\boldsymbol{v}_k}{\lambda_1^k} = \alpha_1 \boldsymbol{x}_1 \tag{9.2}$$

于是对充分大的 k 有

$$\boldsymbol{v}_k \approx \lambda_1^k \alpha_1 \boldsymbol{x}_1 \tag{9.3}$$

式(9.2) 表明序列 $\left\{\frac{\boldsymbol{v}_k}{\lambda_1^k}\right\}$ 越来越接近 $\boldsymbol{A}$ 的相应于 λ_1 的特征向量($\alpha_1 \neq 0$,$\boldsymbol{x}_1$ 是 $\boldsymbol{A}$ 的相应于 λ_1 的特征向量) 的近似向量,其收敛速度取决于比值 $\left|\frac{\lambda_2}{\lambda_1}\right|$.

下面来计算 λ_1. 由于

$$\boldsymbol{v}_{k+1} = \boldsymbol{A}\boldsymbol{v}_k = \boldsymbol{A}^{k+1} \boldsymbol{v}_0 = \lambda_1^{k+1} \left[\alpha_1 \boldsymbol{x}_1 + \sum_{i=2}^{n} \alpha_i \left(\frac{\lambda_i}{\lambda_1}\right)^{k+1} \boldsymbol{x}_i\right]$$

故只要当 k 充分大,就有

$$\boldsymbol{v}_{k+1} = \lambda_1^{k+1} [\alpha_1 \boldsymbol{x}_1 + \sum_{i=2}^{n} (\frac{\lambda_i}{\lambda_1})^{k+1} \alpha_i \boldsymbol{x}_i] \approx \lambda_1^{k+1} \alpha_1 \boldsymbol{x}_1$$

因此,可把 $\boldsymbol{v}_{k+1}$ 作为与 λ_1 相应的特征向量的近似. 由式

$$\boldsymbol{v}_{k+1} \approx \lambda_1^{k+1} \alpha_1 \boldsymbol{x}_1, \quad \boldsymbol{v}_k \approx \lambda_1^k \alpha_1 \boldsymbol{x}_1$$

又可得出

$$\lambda_1 \approx \frac{(\boldsymbol{v}_{k+1})_i}{(\boldsymbol{v}_k)_i} \quad (i = 1,2,\cdots,n) \tag{9.4}$$

其中,$(\boldsymbol{v}_k)_i$ 表示 $\boldsymbol{v}_k$ 的第 i 个分量.

因为特征向量可以相差任意非零常数倍,故式(9.3) 表明,当 k 充分大时,$\boldsymbol{v}_k$ 近

似于主特征向量;式(9.4)表明,当 k 充分大时,相邻两次迭代向量 $\boldsymbol{v}_{k+1}$ 与 $\boldsymbol{v}_k$ 的对应非零分量的比值近似于主特征值.

需要指出的是:

① 如果 $\boldsymbol{v}_0$ 的选取恰恰使得 $\alpha_1=0$,幂法计算仍然能进行.这是因为计算过程中舍入误差的影响,迭代若干次后,必然会产生一个向量 $\boldsymbol{v}_k$,它在 $\boldsymbol{x}_1$ 方向上的分量不为零.

② 迭代法的收敛速度取决于比值 $\frac{|\lambda_2|}{|\lambda_1|}$ 的大小.当 $|\lambda_1|\approx|\lambda_2|$ 时,迭代收敛速度十分缓慢.

③ 当 $|\lambda_1|>1$ 时,$\boldsymbol{v}_k$ 各分量的绝对值很大;反之,当 $|\lambda_1|<1$ 时,会变得很小,这样在有限字长的运算系统中,有可能发生上溢或下溢的危险.为此,需对迭代向量 $\boldsymbol{v}_k$ 进行规范化.令 $\max(\boldsymbol{v})$ 表示向量 $\boldsymbol{v}$ 的分量中绝对值最大者.对任取初始向量 $\boldsymbol{v}_0$,记

$$\boldsymbol{u}_0=\frac{\boldsymbol{v}_0}{\max(\boldsymbol{v}_0)}$$

则

$$\boldsymbol{v}_1=\boldsymbol{A}\boldsymbol{u}_0$$

一般地,若已知 $\boldsymbol{v}_k$,称公式

$$\begin{cases}\boldsymbol{u}_k=\dfrac{\boldsymbol{v}_k}{\max(\boldsymbol{v}_k)}\\ \boldsymbol{v}_{k+1}=\boldsymbol{A}\boldsymbol{u}_k\quad(k=0,1,\cdots)\end{cases}\tag{9.5}$$

为规范化的幂法公式,这里,幂法迭代序列 $\boldsymbol{u}_k$ 的分量绝对值最大为1.

类似前面的分析过程,有

定理9.1 设 $\boldsymbol{A}\in R^{n\times n}$ 具有完全特征向量系,$\lambda_1,\lambda_2,\cdots,\lambda_n$ 为 $\boldsymbol{A}$ 的 n 个特征值,且满足

$$|\lambda_1|>|\lambda_2|\geqslant\cdots\geqslant|\lambda_n|$$

则对任意初始向量 $\boldsymbol{v}_0$,由规范化的幂法公式(9.5)确定的向量序列 $\boldsymbol{u}_k,\boldsymbol{v}_k$ 满足

① $\lim\limits_{k\to\infty}\max(\boldsymbol{v}_k)=\lambda_1$ (9.6)

② $\boldsymbol{u}_k$ 为相应于主特征值 λ_1 的特征向量的近似值:

$$\boldsymbol{u}_k\approx\boldsymbol{x}_1,\quad \boldsymbol{A}\boldsymbol{x}_1=\lambda_1\boldsymbol{x}_1\tag{9.7}$$

【例9.1】 用规范化幂法计算矩阵 $\boldsymbol{A}$ 的主特征值及相应特征向量:

$$\boldsymbol{A}=\begin{pmatrix}-4&14&0\\-5&13&0\\-1&0&2\end{pmatrix}$$

解 $\boldsymbol{A}$ 的特征值为 $\lambda_1=6,\lambda_2=3,\lambda_3=2$.取初始值 $\boldsymbol{v}_0=(1,1,1)^{\mathrm{T}}$,用规范化

幂法公式(9.5)计算

$$\max(\boldsymbol{v}_0)=1$$

$$\boldsymbol{u}_0=\frac{\boldsymbol{v}_0}{\max(\boldsymbol{v}_0)}=(1,1,1)^{\mathrm{T}}$$

$$\boldsymbol{v}_1=\boldsymbol{A}\boldsymbol{u}_0=(10,8,1)^{\mathrm{T}}$$

其他结果见表 9.1(表中的向量均为转置向量)所列.

表 9.1　规范化幂法计算结果

k	$\max(\boldsymbol{v}_k)$	$\boldsymbol{u}_k=\boldsymbol{v}_k/\max(\boldsymbol{v}_k)$	$\boldsymbol{v}_{k+1}=\boldsymbol{A}\boldsymbol{u}_k$
0	1	(1,1,1)	(10,8,1)
1	10	(1,0.8,0.1)	(7.2,5.4,−0.8)
2	7.2	(1,0.75,−0.111111)	(6.5,4.75,−1.222222)
3	6.57	(1,0.730769,−0.203704)	(6.230766,4.499997,−1.407408)
4	6.230766	(1,0.722222,−0.225880)	(6.111108,4.388886,−1.1451767)
5	6.111108	(1,0.718182,−0.237561)	(6.054548,4.336336,−1.475122)
6	6.054548	(1,0.716216,−0.243639)	(6.027024,4.310808,−1.487278)
7	6.027024	(1,0.715247,−0.246768)	(6.013458,4.298211,−1.483536)
8	6.013458	(1,0.714765,−0.248366)	(6.00671,4.291945,−1.496732)
9	6.00671	(1,0.714525,−0.249177)	(6.00335,4.28825,−1.496354)
10	6.00335	(1,0.714405,−0.249586)	(6.00167,4.287265,−1.499172)
11	6.00167	(1,0.714345,−0.239792)	(6.00083,4.286485,−1.499584)
12	6.00083	(1,0.714315,−0.249896)	

取 $\max(\boldsymbol{v}_{12})=6.00083$ 作为主特征值 λ_1 的近似值,与真值 $\lambda_1=6$ 相比,有较好的近似程度,相应于 λ_1 的特征向量的近似值取为 $\boldsymbol{u}_{12}=(1,0.714315,-0.249896)^{\mathrm{T}}$.

应用幂法时,应注意以下两点:

① 应用幂法的困难在于事先不知道特征值是否满足式(9.1),以及方阵 $\boldsymbol{A}$ 是否有 n 个线性无关的特征向量. 克服上述困难的方法是:先用幂法进行计算,在计算过程中检查是否出现了预期的结果. 如果出现了预期的结果,就得到特征值及其相应特征向量的近似值;否则,只能用其他方法来求特征值及其相应的特征向量.

② 如果初始向量 $\boldsymbol{v}_0$ 选择不当,将导致 $\boldsymbol{x}_1$ 的系数 α_1 为零. 但是,由于舍入误差的影响,经若干步迭代后,$\boldsymbol{v}_k=\boldsymbol{A}^k\boldsymbol{v}_0$. 按照基向量 $\boldsymbol{x}_1,\boldsymbol{x}_2,\cdots,\boldsymbol{x}_n$ 展开时,$\boldsymbol{x}_1$ 的系数可能不等于零. 把这一向量 $\boldsymbol{v}_k$ 看作初始向量,用幂法继续求向量序列 $\boldsymbol{v}_{k+1},\boldsymbol{v}_{k+2},\cdots$,仍然会得出预期的结果,不过收敛速度较慢. 如果收敛很慢,可改换初始向量.

因此,用幂法求按模最大特征值和对应特征向量的步骤是比较复杂的.

9.2.2 幂法的加速

当 $\lambda_i(i=1,2,\cdots,n)$ 为矩阵 $\boldsymbol{A}\in R^{n\times n}$ 的 n 个特征值,且 $|\lambda_1|>|\lambda_2|\geqslant\cdots\geqslant|\lambda_n|$ 时,幂法的收敛速度由 $r=\dfrac{|\lambda_2|}{|\lambda_1|}$ 决定,$r\ll 1$ 收敛得快.因此为提高收敛速度或改善 $r\approx 1$ 的状况,可以采取原点平移的方法,改变原矩阵 $\boldsymbol{A}$ 的状态.

引进矩阵 $\boldsymbol{B}=\boldsymbol{A}-\lambda_0\boldsymbol{I}$,其中 λ_0 为选择参数.注意 $\boldsymbol{A}$ 与 $\boldsymbol{A}-\lambda_0\boldsymbol{I}$ 的特征值有以下关系:λ_i 是 $\boldsymbol{A}$ 的特征值当且仅当 $\mu_i=\lambda_i-\lambda_0$ 是 $\boldsymbol{A}-\lambda_0 I$ 的特征值,且 $\boldsymbol{A}$ 与 $\boldsymbol{B}$ 的特征向量相同.

如果需要计算 $\boldsymbol{A}$ 的主特征值 λ_1,就要适当选择 λ_0 使 $\lambda_1-\lambda_0$ 仍然是 $\boldsymbol{B}$ 的主特征值,且使

$$\left|\frac{\lambda_i-\lambda_0}{\lambda_1-\lambda_0}\right|<\left|\frac{\lambda_2}{\lambda_1}\right|$$

对 $\boldsymbol{B}$ 应用幂法,使得在计算 $\boldsymbol{B}$ 的主特征值 $\lambda_1-\lambda_0$ 的过程中得到加速.这样,用幂法计算 $\boldsymbol{A}-\lambda_0\boldsymbol{I}$ 的按模最大特征值 $\lambda_1-\lambda_0$ 及相应的特征向量的收敛速度比直接对 $\boldsymbol{A}$ 用幂法计算要快.这种加速收敛的方法称为**原点平移法**.

【例 9.2】 设 4 阶方阵 $\boldsymbol{A}$ 有特征值 $\lambda_i=15-i\ (i=1,2,3,4)$,试选择适当的 λ_0 值,使幂法得到加速.

解 比值 $r=\dfrac{|\lambda_2|}{|\lambda_1|}=\dfrac{13}{14}$,令 $\lambda_0=12$ 作变换

$$\boldsymbol{B}=\boldsymbol{A}-\lambda_0\boldsymbol{I}$$

则 $\boldsymbol{B}$ 的特征值为

$$\mu_1=2,\mu_2=1,\mu_3=0,\mu_4=-1$$

应用幂法计算 $\boldsymbol{B}$ 的按模最大的特征值 μ_1 时,确定收敛速度的比值为

$$\left|\frac{\mu_2}{\mu_1}\right|=\left|\frac{\mu_4}{\mu_1}\right|=0.5<\left|\frac{\lambda_2}{\lambda_1}\right|\approx 0.9$$

所以对 $\boldsymbol{B}$ 应用幂法时,可使幂法得到加速.

虽然选择适当的 λ_0 值,可以使得幂法得到加速,但由于矩阵的特征值的分布情况事先并不知道,所以在计算时,用原点平移法有一定的困难.

下面考虑当 $\boldsymbol{A}$ 的特征值是实数时,怎样选择 λ_0 使幂法计算 λ_1 得以加速.

设 $\boldsymbol{A}$ 的特征值满足

$$\lambda_1>\lambda_2\geqslant\lambda_3\geqslant\cdots\geqslant\lambda_{n-1}>\lambda_n$$

则对于任意实数 λ_0,$\boldsymbol{B}=\boldsymbol{A}-\lambda_0\boldsymbol{I}$ 的按模最大的特征值为 $\lambda_1-\lambda_0$ 或 $\lambda_n-\lambda_0$.

如果需要计算 λ_1 及 $\boldsymbol{x}_1$ 时,应选择 λ_0 使

$$|\lambda_1-\lambda_0|>|\lambda_n-\lambda_0|$$

且确定的收敛速度的比值

$$r = \max\left\{ \left| \frac{\lambda_2 - \lambda_0}{\lambda_1 - \lambda_0} \right|, \left| \frac{\lambda_n - \lambda_0}{\lambda_1 - \lambda_0} \right| \right\}$$

当 $\lambda_2 - \lambda_0 = -(\lambda_n - \lambda_0)$，即 $\lambda_0 = \frac{\lambda_2 + \lambda_n}{2}$ 时，r 为最小. 这时用幂法计算 λ_1 及 $\boldsymbol{x}_1$ 时得到加速.

如果需要计算 λ_n 及 $\boldsymbol{x}_n$ 时，应选择 λ_0 使

$$|\lambda_n - \lambda_0| > |\lambda_1 - \lambda_0|$$

且确定收敛速度的比值

$$r = \max\left\{ \left| \frac{\lambda_1 - \lambda_0}{\lambda_n - \lambda_0} \right|, \left| \frac{\lambda_{n-1} - \lambda_0}{\lambda_n - \lambda_0} \right| \right\}$$

当 $\lambda_1 - \lambda_0 = -(\lambda_{n-1} - \lambda_0)$ 即 $\lambda_0 = \frac{\lambda_1 + \lambda_{n-1}}{2}$ 时，r 为最小. 这时用幂法计算 λ_n 及 $\boldsymbol{x}_n$ 时得到加速.

原点平移的加速方法，是一种矩阵变换方法. 这种变换容易计算，又不破坏 $\boldsymbol{A}$ 的稀疏性，但参数 λ_0 的选择依赖于对 $\boldsymbol{A}$ 的特征值的分布有大致了解.

【例 9.3】 计算 $\boldsymbol{A}$ 的主特征值：

$$\boldsymbol{A} = \begin{pmatrix} 1.0 & 1.0 & 0.5 \\ 1.0 & 1.0 & 0.25 \\ 0.5 & 0.25 & 2.0 \end{pmatrix}$$

解 先用规范化幂法计算，结果列于表 9.2 中.

表 9.2 规范化幂法计算结果

k	$\boldsymbol{u}_k = \boldsymbol{v}_k / \max(\boldsymbol{v}_k)$	$\lambda_1 \approx \max(\boldsymbol{v}_k)$
0	$(1,1,1)^T$	
1	$(0.9091, 0.8182, 1)^T$	2.75
…	…	…
19	$(0.7482, 0.6497, 1)^T$	2.5365374
20	$(0.7482, 0.6497, 1)^T$	2.5365323

用规范化幂法计算的相应近似值为：

$\lambda_1 \approx \max(\boldsymbol{v}_{20}) = 2.5365323$

$x_1 = (0.7482, 0.6497, 1)^T$

由线性代数可知主特征值 λ_1 及特征向量 $\boldsymbol{x}_1$ 的精确值为(8 位有效数字)：

$\lambda_1 = 2.5362258$

$\boldsymbol{x}_1 = (0.74822116, 0.64966116, 1)^T$

如果采用原点平移的加速法求解，取 $\lambda_0 = 0.75$，矩阵 $\boldsymbol{B} = \boldsymbol{A} - \lambda_0 \boldsymbol{I}$

$$B = \begin{pmatrix} 0.25 & 1.0 & 0.5 \\ 1.0 & 0.25 & 0.25 \\ 0.5 & 0.25 & 1.25 \end{pmatrix}$$

对矩阵 B 应用规范化幂法公式计算,结果列于表 9.3 中.

表 9.3 原点平移加速法计算结果

k	$u_k = v_k / \max(v_k)$	$\mu_1 \approx \max(v_k)$
0	$(1,1,1)^T$	
…	…	…
9	$(0.7483,0.6497,1)^T$	1.7866587
10	$(0.7483,0.6497,1)^T$	1.7865914

可见

$$\lambda_1 = \mu_1 + \lambda_0 \approx 2.5365914$$

此结果与未加速的规范化幂法公式计算结果相比,收敛速度要快得多.

9.3 反幂法

反幂法用于求矩阵 A 的按模最小的特征值和对应的特征向量,及求对应于一个给定的近似特征值的特征向量.

设 n 阶方阵 A 的特征值按模的大小排列为

$$|\lambda_1| \geqslant |\lambda_2| \geqslant \cdots \geqslant |\lambda_{n-1}| \geqslant |\lambda_n| > 0$$

相应的特征向量为 $u_1, u_2, \cdots, u_n$. 则 A^{-1} 的特征值为

$$\frac{1}{|\lambda_1|} \leqslant \frac{1}{|\lambda_2|} \leqslant \cdots \leqslant \frac{1}{|\lambda_n|}$$

对应的特征向量仍然为 $u_1, u_2, \cdots, u_n$. 因此,计算矩阵 A 的按模最小的特征值,就是计算 A^{-1} 的按模最大的特征值. 这种把幂法用到 A^{-1} 上的方法,就是反幂法的基本思想.

为了避免计算 A^{-1},实际计算时,以求解方程组

$$Ax^{(k+1)} = x^{(k)}$$

代替幂法迭代

$$x^{(k+1)} = A^{-1}x^{(k)}$$

求得 $x^{(k+1)}$,每迭代一次要解一个线性方程组. 由于矩阵在迭代过程中不变,故可对 A 先进行三角分解,这样,每次迭代转化为求解两个三角方程组.

反幂法计算的主要步骤:

① 对 A 进行三角分解 $A = LU$;

② 求整数 r，使得 $|x_r^{(k)}| = \max\limits_{1\leqslant i\leqslant n}|x_i^{(k)}|$，$\alpha = x_r^{(k)}$，计算

$$\boldsymbol{y}^{(k)} = \frac{\boldsymbol{x}^{(k)}}{\alpha}$$

③ 解方程组

$$\boldsymbol{Lz} = \boldsymbol{y}^{(k)},\quad \boldsymbol{Ux}^{(k+1)} = \boldsymbol{z}$$

用原点平移的反幂法来修正特征值，并求相应的特征向量是非常有效的. 设已知 $\boldsymbol{A}$ 的一个特征值 λ 的近似值为 λ^*，因为 λ^* 接近 λ，一般应有

$$0 < |\lambda - \lambda^*| \ll |\lambda_i - \lambda^*| \quad (\lambda_i \neq \lambda)$$

故 $\lambda-\lambda^*$ 是矩阵 $\boldsymbol{A}-\lambda^*\boldsymbol{I}$ 的按模最小的特征值，且上式可知 $\dfrac{|\lambda-\lambda^*|}{|\lambda_i-\lambda^*|}$ $(\lambda_i \neq \lambda)$ 较小. 因此，对 $\boldsymbol{A}-\lambda^*\boldsymbol{I}$ 用反幂法求 $\lambda-\lambda^*$，一般收敛很快.

【例 9.4】 用反幂法求矩阵：

$$\boldsymbol{A} = \begin{pmatrix} 2 & -1 & 0 & 0 \\ -1 & 2 & -1 & 0 \\ 0 & -1 & 2 & -1 \\ 0 & 0 & -1 & 2 \end{pmatrix}$$

的位于 $\lambda = 0.4$ 附近的特征值所对应的特征向量，要求误差不超过 10^{-2}.

解 取 $\boldsymbol{u}_0 = (1,1,1,1)^{\mathrm{T}}$，$\lambda_0 = 0.4$，解方程组

$$(\boldsymbol{A} - \lambda_0\boldsymbol{I})\boldsymbol{v}_1 = \boldsymbol{u}_0$$

得

$$\boldsymbol{v}_1 = (-40, -65, -65, -40)^{\mathrm{T}}$$

$$\boldsymbol{u}_1 = \frac{\boldsymbol{v}_1}{\max(\boldsymbol{v}_1)} = (8/13,1,1,8/13)^{\mathrm{T}}$$

再解方程组

$$(\boldsymbol{A} - \lambda_0\boldsymbol{I})\boldsymbol{v}_2 = \boldsymbol{u}_1$$

得

$$\boldsymbol{v}_2 = (-445/13, -720/13, -720/13, -445/13)^{\mathrm{T}}$$

$$\boldsymbol{u}_2 = \frac{\boldsymbol{v}_2}{\max(\boldsymbol{v}_2)} = (89/144,1,1,89/144)^{\mathrm{T}}$$

$$\| u_2 - u_1 \|_\infty = 0.2 \times 10^{-2} < 10^{-2}$$

所以对应于 $\lambda = 0.4$ 的特征向量为

$$\boldsymbol{u} = (89/144,1,1,89/144)^{\mathrm{T}}$$

反幂法的主要应用是已知矩阵的近似特征值后，求矩阵的特征向量，其收敛速度快，精度高，是目前求特征向量最有效的方法之一.

9.4 雅可比法

雅可比(Jacobi)方法是求实对称矩阵全部特征值及对应的特征向量的方法. 它也是一种迭代法,其基本思想是通过一次正交变换,将 $\boldsymbol{A}$ 中的一对非零的非对角元素化为零,并且使得非对角元素的平方和减少,反复进行上述过程,使变换后的矩阵的非对角元素的平方和趋于零,从而使该矩阵近似为对角矩阵,得到全部特征值与特征向量.

雅可比方法基于以下结论:

① 矩阵 $\boldsymbol{A}$ 与相似矩阵 $\boldsymbol{B}=\boldsymbol{PAP}^{-1}$ 的特征值相同.

② 任意实对称矩阵 $\boldsymbol{A}$ 可以通过正交相似变换化成对角型,即存在正交矩阵 $\boldsymbol{Q}$,使得

$$\boldsymbol{Q}^{\mathrm{T}}\boldsymbol{AQ}=\mathrm{diag}(\lambda_1,\lambda_2,\cdots,\lambda_n)$$

其中,$\lambda_i(i=1,2,\cdots,n)$ 是 $\boldsymbol{A}$ 的特征值,$\boldsymbol{Q}$ 中各列即为相应的特征向量.

③ 在正交相似变换下,矩阵元素的平方和不变. 设 $\boldsymbol{A}=(a_{ij})_{n\times n}$,$\boldsymbol{Q}$ 为正交矩阵,记 $\boldsymbol{B}=\boldsymbol{Q}^{\mathrm{T}}\boldsymbol{AQ}=(b_{ij})_{n\times n}$,则

$$\sum_{i,j=1}^{n}a_{ij}^2=\sum_{i,j=1}^{n}b_{ij}^2 \tag{9.8}$$

④ 称矩阵

$$\boldsymbol{P}_{ij}=\begin{pmatrix}
1 &&&&&&&&&& \\
& \ddots &&&&&&&&& \\
&& 1 &&&&&&&& \\
&&& \cos\theta & \cdots & \cdots & \cdots & -\sin\theta & \cdots & \cdots & \cdots \\
&&& \vdots & 1 &&& \vdots &&& \\
&&& \vdots && \ddots && \vdots &&& \\
&&& \vdots &&& 1 & \vdots &&& \\
&&& \sin\theta & \cdots & \cdots & \cdots & \cos\theta & \cdots & \cdots & \cdots \\
&&& \vdots &&&& \vdots & 1 && \\
&&& \vdots &&&& \vdots && \ddots & \\
&&& \vdots &&&& \vdots &&& 1
\end{pmatrix}\begin{matrix} \\ \\ \\ \cdots 第\ i\ 行 \\ \\ \\ \\ \cdots 第\ j\ 行 \\ \\ \\ \\ \end{matrix}$$

第 i 列　　第 j 列　　(9.9)

为**旋转矩阵**,它是在单位阵 $\boldsymbol{I}$ 的 i 行、j 行、i 列、j 列的四个交叉位置上分别置上 $\cos\theta$, $-\sin\theta$, $\sin\theta$ 和 $\cos\theta$ 而成的. 容易验证旋转矩阵是正交矩阵,即 $\boldsymbol{P}_{ij}^{\mathrm{T}}=\boldsymbol{P}_{ij}^{-1}$,所以用它作相似变换矩阵时十分方便. 雅可比方法就是用这种旋转矩阵对实对称矩阵

$\boldsymbol{A}$ 作一系列的旋转相似变换，从而将 $\boldsymbol{A}$ 约化为对角矩阵的.

用 $\boldsymbol{P}_{ij}$ 作旋转变换的几何意义是：在二维空间中，以 i、j 轴形成的平面上，把 i、j 轴旋转一个角度 θ.

9.4.1 旋转变换

容易证明 $\boldsymbol{P}_{ij}$ 具有如下简单性质：

①$\boldsymbol{P}_{ij}$ 为正交矩阵.

②$\boldsymbol{P}_{ij}$ 的主对角线元素中除第 i 个与第 j 个元素为 $\cos\theta$ 外，其他元素均为 1；非对角线元素中除第 i 行第 j 列元素为 $-\sin\theta$，第 j 行第 i 列元素为 $\sin\theta$ 外，其他元素均为零.

③$\boldsymbol{P}_{ij}^{\mathrm{T}}\boldsymbol{A}$ 只改变 $\boldsymbol{A}$ 的第 i 行与第 j 行元素，$\boldsymbol{AP}_{ij}$ 只改变 $\boldsymbol{A}$ 的第 i 列与第 j 列元素，所以 $\boldsymbol{P}_{ij}^{\mathrm{T}}\boldsymbol{AP}_{ij}$ 只改变 $\boldsymbol{A}$ 的第 i 行、第 j 行、第 i 列、第 j 列相互交叉位置的元素.

设 $\boldsymbol{A}=(a_{ij})_{n\times n}(n\geqslant 3)$ 为 n 阶实对称矩阵，$a_{ij}=a_{ji}\neq 0$ 为一对非对角线元素. 令

$$\boldsymbol{A}_1=\boldsymbol{P}_{ij}^{\mathrm{T}}\boldsymbol{AP}_{ij}=(a_{ij}^{(1)})_{n\times n} \tag{9.10}$$

则 $\boldsymbol{A}_1$ 为实对称矩阵，且 $\boldsymbol{A}_1$ 与 $\boldsymbol{A}$ 有相同的特征值. 通过直接计算知

$$\begin{cases} a_{ii}^{(1)}=a_{ii}\cos^2\theta+a_{jj}\sin^2\theta+a_{ij}\sin2\theta \\ a_{jj}^{(1)}=a_{ii}\sin^2\theta+a_{jj}\cos^2\theta-a_{ij}\sin2\theta \\ a_{ij}^{(1)}=a_{ji}^{(1)}=\dfrac{1}{2}(a_{jj}-a_{ii})\sin2\theta+a_{ij}\cos2\theta \\ a_{ik}^{(1)}=a_{ki}^{(1)}=a_{ik}\cos\theta+a_{jk}\sin\theta \quad (k\neq i,j) \\ a_{jk}^{(1)}=a_{kj}^{(1)}=-a_{jk}\sin\theta+a_{jk}\cos\theta \quad (k\neq i,j) \\ a_{kl}^{(1)}=a_{kl} \quad (k,l\neq i,j) \end{cases} \tag{9.11}$$

当取 θ 满足关系式

$$\tan2\theta=\frac{2a_{ij}}{a_{ii}-a_{jj}} \tag{9.12}$$

时，$a_{ij}^{(1)}=a_{ji}^{(1)}=0$，且

$$\begin{cases} (a_{ik}^{(1)})^2+(a_{jk}^{(1)})^2=a_{ik}^2+a_{jk}^2 \quad (k\neq i,j) \\ (a_{ii}^{(1)})^2+(a_{jj}^{(1)})^2=a_{ii}^2+a_{jj}^2+2a_{ij}^2 \\ (a_{kl}^{(1)})^2=a_{kl}^2 \quad (k,l\neq i,j) \end{cases} \tag{9.13}$$

由于在正交相似变换下，矩阵元素的平方和不变，所以若用 $D(\boldsymbol{A})$ 表示矩阵 $\boldsymbol{A}$ 的对角线元素平方和，用 $S(\boldsymbol{A})$ 表示 $\boldsymbol{A}$ 的非对角线元素平方和，则由公式(9.13)得

$$\begin{cases} D(\boldsymbol{A}_1)=D(\boldsymbol{A})+2a_{ij}^2 \\ S(\boldsymbol{A}_1)=S(\boldsymbol{A})-2a_{ij}^2 \end{cases}$$

这说明用 $\boldsymbol{P}_{ij}$ 对 $\boldsymbol{A}$ 作正交相似变换化为 $\boldsymbol{A}_1$ 后，$\boldsymbol{A}_1$ 的对角线元素平方和比 $\boldsymbol{A}$ 的对角线元素平方和增加了 $2a_{ij}^2$，$\boldsymbol{A}_1$ 的非对角线元素平方和比 $\boldsymbol{A}$ 的非对角线元素平方和减少了 $2a_{ij}^2$，且将事先选定的非对角线元素消去了(即 $a_{ij}^{(1)}=0$). 因此，只要逐次地用这种变换，就可以使得矩阵 $\boldsymbol{A}$ 的非对角线元素平方和趋于零，也即使得矩阵 $\boldsymbol{A}$ 逐步化为对角阵.

这里需要说明一点：并不是对矩阵 $\boldsymbol{A}$ 的每一对非对角线非零元素进行一次这样的变换就能得到对角阵. 因为在用变换消去 a_{ij} 的时候，只有第 i 行、第 j 行、第 i 列、第 j 列交叉处元素在变化，如果 a_{ik} 或 a_{kj} 为零，经变换后往往又不是零了.

雅可比方法是这样一种方法：逐步对矩阵 $\boldsymbol{A}$ 进行正交相似变换，消去非对角线上的非零元素，直到将 $\boldsymbol{A}$ 的非对角线元素化为接近于零为止，从而求得 $\boldsymbol{A}$ 的全部特征值，把逐次的正交相似变换矩阵乘起来，其列向量便是所要求的特征向量.

9.4.2 雅可比法计算步骤

如果在对 $\boldsymbol{A}$ 作相似变换的过程中，每一步都选绝对值最大的非对角线元素 $a_{ij}^{(k)}$，以此确定旋转矩阵，这种方法称为**古典的雅可比方法**.

雅可比方法的计算步骤归纳如下：

① 在矩阵 $\boldsymbol{A}$ 的非对角线元素中选取一个非零元素 a_{ij}. 一般说来，取绝对值最大的非对角线元素；

② 由公式 $\tan 2\theta=\dfrac{2a_{ij}}{a_{ii}-a_{jj}}$ 求出 θ，从而得平面旋转矩阵 $\boldsymbol{P}_1=\boldsymbol{P}_{ij}$；

③$\boldsymbol{A}_1=\boldsymbol{P}_1^{\mathrm{T}}\boldsymbol{A}\boldsymbol{P}_1$，$\boldsymbol{A}_1$ 的元素由公式(9.11)计算；

④ 以 $\boldsymbol{A}_1$ 代替 $\boldsymbol{A}$，重复第①、②、③步求出 $\boldsymbol{A}_2$ 及 $\boldsymbol{P}_2$，继续重复这一过程，直到 $\boldsymbol{A}_m$ 的非对角线元素全化为充分小(即小于允许误差)时为止；

⑤$\boldsymbol{A}_m$ 的对角线元素为 $\boldsymbol{A}$ 的全部特征值的近似值，$\boldsymbol{P}=\boldsymbol{P}_1\boldsymbol{P}_2\cdots\boldsymbol{P}_m$ 的第 j 列为对应于特征值 λ_j(λ_j 为 $\boldsymbol{A}_m$ 的对角线上的第 j 个元素)的特征向量.

一般地，古典雅可比方法不能在有限步内将 $\boldsymbol{A}$ 化成对角阵，但有以下收敛结果.

定理 9.2 设 $\boldsymbol{A}$ 为 n 阶实对称阵，对 $\boldsymbol{A}$ 用古典雅可比法得到序列 $\{\boldsymbol{A}^{(k)}\}$，其中 $\boldsymbol{A}^{(0)}=\boldsymbol{A}$，则

$$\lim_{k\to\infty}S(\boldsymbol{A}^{(k)})=0$$

即古典雅可比法收敛.

定理 9.2 表明，古典雅可比法是收敛的，进一步分析还可得出雅可比法收敛较快. 另外，这种方法对舍入误差有较强的稳定性，因而解的精确性高，且所求的特征

向量正交性很好.

古典雅可比法的不足之处是运算量大，且不能保持矩阵的特殊形状(如稀疏性)，因此古典雅可比法是求中小型稠密实对称矩阵的全部特征值与特征向量较好的方法.

【例 9.5】 利用雅可比方法求解对称矩阵 $\boldsymbol{A}=\begin{pmatrix}1&2&3&4\\2&3&4&1\\3&4&1&2\\4&1&2&3\end{pmatrix}$ 的全部特征值和特征向量($\varepsilon=10^{-5}$).

解　第一步，$a_{14}=4$ 绝对值最大，$a_{11}=1$，$a_{44}=3$，则

$$\cot2\theta=\frac{a_{11}-a_{44}}{2a_{14}}=\frac{1-3}{8}=-\frac{1}{4}$$

$$\tan\theta=\frac{-1}{\frac{1}{4}+\sqrt{1+\frac{1}{16}}}=\frac{-4}{1+\sqrt{17}},\cos\theta=\frac{1}{\sqrt{1+\frac{16}{18+2\sqrt{17}}}}=0.7882$$

$$\sin\theta=\frac{4}{\sqrt{34+2\sqrt{17}}}=-0.6154,\boldsymbol{P}_0=\begin{pmatrix}0.7882&0&0&0.6154\\0&1&0&0\\0&0&1&0\\-0.6154&0&0&0.7882\end{pmatrix}$$

$$\boldsymbol{A}_1=\boldsymbol{P}_0^{\mathrm{T}}\boldsymbol{A}\boldsymbol{P}_0=\begin{pmatrix}-2.1231&0.9610&1.1338&0\\0.9610&3&4&2.0190\\1.1338&4&1&3.4226\\0&2.0190&3.4226&6.1231\end{pmatrix}$$

第二步，$a_{23}=4$ 绝对值最大，则 $a_{22}=3$，$a_{33}=1$，则 $\cot2\theta=\frac{a_{22}-a_{33}}{2a_{23}}=\frac{3-1}{8}=\frac{1}{4}$

$$\tan\theta=\frac{-1}{\frac{1}{4}+\sqrt{1+\frac{1}{16}}}=\frac{-4}{1+\sqrt{17}},\cos\theta=\frac{1+\sqrt{17}}{\sqrt{34+2\sqrt{17}}}=0.7882$$

$$\sin\theta=\frac{4}{\sqrt{34+2\sqrt{17}}}=-0.6154,\boldsymbol{P}_1=\begin{pmatrix}1&0&0&0\\0&0.7882&-0.6154&0\\0&0.6154&0.7882&0\\0&0&0&1\end{pmatrix}$$

$$A_2 = P_1^{T} A P_1 = \begin{pmatrix} -2.1231 & 1.4552 & 0.323 & 0 \\ 1.4552 & 6.1231 & 0 & 1.4552 \\ 0.3023 & 0 & -2.1231 & 1.4522 \\ 0 & 3.6977 & 1.4522 & 6.1231 \end{pmatrix}$$

$$P = P_0 P_1 = \begin{pmatrix} 0.7882 & 0 & 0 & 0.6154 \\ 0 & 0.7882 & -0.6154 & 0 \\ 0 & 0.6154 & 0.7882 & 0 \\ -0.6154 & 0 & 0 & 0.7882 \end{pmatrix}$$

依次类推,直到

$$A_{15} = \begin{pmatrix} -2.8284 & 0 & 0 & 0 \\ 0 & 10 & 0 & 0 \\ 0 & 0 & -2 & 0 \\ 0 & 0 & 0 & 2.8284 \end{pmatrix}$$

$$P = P_0 P_1 \cdots P_{14} = \begin{pmatrix} 0.6533 & 0.5 & 0.5 & 0.2706 \\ 0.2706 & 0.5 & -0.5 & -0.6533 \\ 0.6533 & 0.5 & 0.5 & -0.2706 \\ -0.2706 & 0.5 & -0.5 & 0.6533 \end{pmatrix}$$

实际上的 4 个特征值为 $10, -2, 2\sqrt{2}$ 和 $-2\sqrt{2}$;对应特征向量为 $(1,1,1,1)^{T}$, $(1,-1,1,-1)^{T}$, $(1,-1-\sqrt{2},-1,1+\sqrt{2})^{T}$ 和 $(1+\sqrt{2},1,1+\sqrt{2},-1)^{T}$;正交单位化即为 P 的第 2,3,4,1 列.

小　结　9

本章介绍了矩阵特征值问题的数值解法,主要讨论了三种方法:幂法、反幂法和雅可比法.幂法是利用迭代法计算一般矩阵的按模最大的特征值及对应的特征向量的一种有效方法.这种方法在计算过程中原始矩阵始终不变.因此适合于求高阶稀疏矩阵的特征值问题.

反幂法用于求矩阵的按模最小的特征值和对应的特征向量,常用于给定矩阵的近似特征值后,求对应的特征向量.该方法收敛速度快,精度高,是目前求特征向量最有效的方法之一.

雅可比法是求实对称矩阵全部特征值及对应的特征向量的方法.它也是一种迭代法,其基本思想是通过一次正交变换,将 A 中的一对非零的非对角线元素化为零,并且使得非对角线元素的平方和减少,反复进行上述过程,使变换后的矩阵的非对角线元素的平方和趋于零,从而使该矩阵近似为对角矩阵,得到全部特征值与特征向量.

习 题 9

1.用幂法计算 $\boldsymbol{A}=\begin{pmatrix}1.0 & 1.0 & 0.5\\ 1.0 & 1.0 & 0.25\\ 0.5 & 0.25 & 2.0\end{pmatrix}$ 的主特征值和相应的特征向量.

2.用幂法求矩阵 $\boldsymbol{A}$ 的按模最大的特征值和相应的特征向量,其中:

$$\boldsymbol{A}=\begin{pmatrix}71 & -106 & 92\\ -30 & -2 & 86\\ -12 & -58 & 151\end{pmatrix}$$

3.用原点平移加速法计算 $\boldsymbol{A}=\begin{pmatrix}1 & 1 & 0.5\\ 1 & 1 & 0.25\\ 0.5 & 0.25 & 2.0\end{pmatrix}$ 的主特征值.

4.用原点平移加速法计算 $\boldsymbol{A}=\begin{pmatrix}2 & -1 & -2\\ 8 & 8 & 4\\ 3 & 1 & 1\end{pmatrix}$ 的主特征值和主特征向量.

5.用反幂法求矩阵 $\boldsymbol{A}=\begin{pmatrix}2 & 1 & 0\\ 3 & 4 & -1\\ -2 & -1 & 3\end{pmatrix}$ 的与 $\lambda=1.2679$ 最接近的那个特征值所对应的特征向量.

6.用雅可比法求矩阵 $\boldsymbol{A}=\begin{pmatrix}1 & 2 & 0\\ 2 & -1 & 1\\ 0 & 1 & 3\end{pmatrix}$ 的全部特征值与特征向量.

7.用雅可比法求矩阵 $\boldsymbol{A}=\begin{pmatrix}2 & -1 & 0\\ -1 & 2 & -1\\ 0 & -1 & 2\end{pmatrix}$ 的特征值和特征向量.

第 10 章　智能计算初步

在现实中许多重要问题都涉及从众多方案中选取一个最佳方案，在不改变现有条件的情况下，进一步提高生产效率，这样的问题可以归结为优化问题. 随着科学技术的进步和生产经营的发展，优化问题几乎遍布了人类生产和生活的各个方面，优化方法成为现代科学的重要理论基础和不可缺少的方法，被广泛应用到各个领域，发挥着越来越重要的作用，因此对优化方法的研究具有十分重要的意义.

10.1　问题的提出

先看一些具体的问题.

【例 10.1】　背包问题

设有 n 件物品和一个容量为 V 的背包. 第 i 件物品的重量是 c_i，价值是 w_i. 求解将哪些物品装入背包可使这些物品的重量总和不超过背包容量，且价值总和最大.

【例 10.2】　装箱问题

设有许多具有同样结构和负荷的箱子 $b_1, b_2, \cdots$，其数量足够供所达到目的之用. 每个箱子的负荷(可为长度、重量等)为 C，今有 n 个负荷为 $w_j(0<w_j\leqslant C, j=1,2,\cdots,n)$ 的物品 $J_1, J_2, \cdots, J_n$ 需要装入箱内. 寻找一种方法，使得能以最小数量的箱子数将 $J_1, J_2, \cdots, J_n$ 全部装入箱内.

【例 10.3】　旅行商问题

“旅行商问题”常被称为“旅行推销员问题”，是指一名推销员要拜访多个地点时，如何找到在拜访每个地点后再回到起点的最短路径.

以上 3 个问题都是经典的组合优化问题，这些问题描述非常简单，并且有很强的工程代表性，但最优化求解很困难，其主要原因是求解这些问题的算法需要极长的运行时间与极大的存储空间，以致根本不可能在现有计算机上实现，即所谓的“组合爆炸”. 正是这些问题的代表性和复杂性激起了人们对组合优化理论与算法的研究兴趣.

随着对生物学的深入研究，人们逐渐发现自然界中个体的行为简单、能力非常有限，但是当他们一起协同工作时，表现出并不是简单的个体能力的叠加，而是非常复杂的行为特征. 例如鸟群在没有集中控制的情况下能够很好地协同飞行；蜂群能够协同工作,完成诸如采蜜、御敌等任务;个体能力有限的蚂蚁组成的蚁群,能够完成觅食、筑巢等复杂行为.一直以来,人类从大自然中不断得到启迪,通过发现自然界中的一些规律,或模仿其他生物的行为模式,从而获得灵感解决各种问题.智能优化算法大多以模仿自然界中不同生物种群的群体体现出来的社会分工和协同合作机制为目标,而非生物的个体行为,属于群智能的范畴,因而也被广泛称为群体智能优化算法.群体智能优化算法的基本思想是用分布搜索优化空间中的点来模拟自然界中的个体,用个体的进化或觅食过程类比为随机搜索最优解的过程,用求解问题的目标函数度量个体对于环境的适应能力,根据适应能力采取优胜劣汰的选择机制,用好的可行解代替差的可行解,将整个群体逐步向最优解靠近的过程类比为迭代的随机搜索过程.

本章简单介绍三种智能优化算法:遗传算法、蚁群算法和粒子群算法.

10.2 遗传算法

10.2.1 遗传算法概述

遗传算法(Genetic Algorithm,简称 GA)是 1975 年由美国密歇根(Michigan)大学的荷兰(Holland)博士首先提出的,是模拟自然界生物进化过程与机制来求解极值问题的一类自组织、自适应人工智能技术,是一种仿生随机优化算法.遗传算法的操作对象是一组二进制或实数串,即种群(Population).每一个串称为染色体(Chromosome)或个体(Individual),每个染色体或个体都对应于问题的一个解.从初始种群出发,采用基于适应值比例的选择策略在当前种群中选择个体,使用交叉(Crossover)和变异(Mutation)来产生下一代种群,如此一代一代进化下去,直至满足期望的终止条件.

遗传算法采用了自然进化模型,如选择、交叉、迁移等.基本遗传算法大体上是在三个基本操作机制的引导下进行的.首先进行初始化操作,即通过随机编码机制产生一个种群或种族,其中每一个染色体代表一个可行解.在每一代进化过程中,通过选择操作,代表较好的可行解的染色体被挑选出来,并运用交叉操作和变异操作重新组合以产生性能不断提高的后代.种群的自然进化达到预先设定的进化代数,或者一个满足条件的问题解找到,算法就结束.

遗传算法包含以下主要步骤:

(1) 对优化问题的解的编码.称一个解的编码为一个染色体,组成编码的元素成为基因.编码的主要作用是优化问题解的表现形式和利于之后遗传算法中的计算.

（2）适应度函数的构造和应用.适应度是解的质量的一种度量，是进化过程中进行选择的重要依据.它通常依赖于解的行为与环境的关系，一般以目标函数的形式来表示.

（3）染色体的结合.双亲的遗传基因结合通过编码之间的交配实现，进而产生下一代，新一代的产生是一个生殖过程，它产生了一个新解.

（4）变异.新解产生过程中可能发生基因变异，变异使某些解的编码发生变化，使解有更大的遍历性.

生物遗传基本概念及其在遗传算法中所起作用的对应关系见表 10.1.

表 10.1　生物遗传的基本概念及其在遗传算法中所起作用的对应关系

基本概念	在遗传算法中的作用
适者生存	在算法停止时，最优目标值的解有最大的可能性被留住
个体	解
染色体	解的编码
基因	解中每一分量的特征
适应体	适应度函数值
群体	选定的一组解
种群	根据适应度函数值选取的一组解
交配	通过交配原则产生一组新解的过程
交异	编码的某一个分量发生变化的过程

最优化问题的求解过程是从众多的解中选出最优的解.生物进化的适者生存规律，使得具有生存能力的染色体以最大的可能性生存.这样的共同点使得遗传算法能应用于优化问题求解中.

10.2.2　基本遗传算法的描述

对于自然界中生物遗传与进化机理的模仿，针对不同的问题，很多学者设计了许多不同的编码方法来表示问题的可行解，开发出了许多种不同的遗传算子来模仿不同环境下的生物遗传特性.这样，由不同的编码方法和不同的遗传算子就构成了各种不同的遗传算法.但这些遗传算法都有共同的特点，即通过对生物遗传和进化过程中选择、交叉、变异机理的模仿来完成对问题最优解的自适应搜索过程.基于这个共同特点，Goldberg 总结出了一种统一的最基本的遗传算法——基本遗传算法（SGA）.基本遗传算法只使用选择算子、交叉算子和变异算子 3 种基本遗传算子，其遗传进化操作过程简单，容易理解，它给各种遗传算法提供了一个基本框架.

目前基本遗传算法已经做了很多改进并广泛应用于各个领域.

1. 基本遗传算法的构成要素

(1) 染色体编码方法

基本遗传算法使用**固定长度的二进制符号串**来表示群体中的个体,其等位基因由二值符号集{0,1}组成.初始群体中各个个体的基因值用均匀分布的随机数来生成.如:

$$X = 100111001000101101$$

就可表示一个个体,该个体的染色体长度是 $n = 18$.

(2) 个体适应度评价

基本遗传算法**按与个体适应度成正比的概率来确定当前群体中每个个体遗传到下一代群体中的机会多少**.为正确计算这个概率,这里要求所有个体的适应度必须为正数或零.这样,根据不同种类的问题,必须预先确定好由目标函数值到个体适应度之间的转换规则,特别是要预先确定好当目标函数值为负数时的处理方法.

(3) 遗传算子

基本遗传算法使用下述三种遗传算子:

① 选择运算:使用**比例选择算子**;

② 交叉运算:使用**单点交叉算子**;

③ 变异运算:使用**基本位变异算子**.

(4) 基本遗传算法的运行参数

基本遗传算法有下述4个运行参数需要提前设定:

①M—— 群体大小,即群体中所含个体的数量,一般取为 $20 \sim 100$;

②T—— 遗传运算的终止进化代数,一般取为 $100 \sim 500$;

③p_c—— 交叉概率,一般取为 $0.4 \sim 0.99$;

④p_m—— 变异概率,一般取为 $0.0001 \sim 0.1$.

需要说明的是,这4个运行参数对遗传算法的求解结果和求解效率都有一定的影响,但目前尚无合理选择它们的理论依据.在遗传算法的实际应用中,往往需要多次试算后才能确定出这些参数合理的取值或取值范围.

2. 基本遗传算法原理

下面给出基本遗传算法的伪代码描述:

```
Begin
      初始化种群数目为M;初始化种群为P0;T为最大迭代次数;
      当前迭代次数为0;
While (t ≤ T) do
   For i = 1 to M   do
        计算种群P(t)的适应度值;
```

```
    End
    For i = 1 to M  do
        对种群 P(t)做选择操作;
    End
    For i = 1 to M/2  do
        计算种群 P(t)做交叉操作;
    End
    For i = 1 to M  do
        对种群 P(t)做变异操作,得到新的种群;
    End
    For i = 1 to M  do
        计算种群 P(t)的适应度值更新种群;
    End
    t = t+1;
  End
  End
```

关于 SGA 的收敛性有如下定理:

定理 10.1 若变异概率 $0 < p_m < 1$,交叉概率 $0 \leqslant p_c \leqslant 1$,则简单遗传算法不能收敛到全局最优解.

定理 10.1 从概率的意义说明简单遗传算法不能收敛到全局最优解. 但是只要对简单遗传算法做一点改动,记录前面各代遗传的最优解并存放在群体的第一位,这个染色体只起一个记录的功能而不参与遗传运算. 则改进的遗传算法收敛到全局最优解,于是有定理 10.2.

定理 10.2 如果改进简单遗传算法按交叉、变异、种群选取之后更新当前最优染色体的进化循环过程,则收敛于全局最优解.

定理 10.2 说明了当执行无穷多代时,选择前保留最好解的总能找到全局最优解,但实际上,算法总是在有穷代时终止,因此,一般来说,算法只能得到一定精度的结果.

3. 基本遗传算法的形式化定义

基本遗传算法可定义为一个元组:

$$SGA = (C, E, P_0, M, \Phi, \Gamma, \Psi, T)$$

式中 C—— 个体的编码方法;

E—— 个体适应度评价函数;

P_0—— 初始种群；
M—— 群体大小；
Φ—— 选择算子；
Γ—— 交叉算子；
Ψ—— 变异算子；
T—— 遗传运算终止条件.

10.2.3 基本遗传算法的实现

根据上面对基本遗传算法构成要素的分析和算法描述，可以很方便地用计算机语言来实现这个基本遗传算法. 现对具体实现过程中的问题作以下说明.

1. 编码和解码

用遗传算法求解问题时，不是对所求解问题的实际决策变量直接进行操作，而是对表示可行解的个体编码的操作，不断搜索出适应度较高的个体，并在群体中增加其数量，最终寻找到问题的最优解或近似最优解. 因此，必须建立问题的可行解的实际表示和遗传算法的染色体位串结构之间的联系. 在遗传算法中，把一个问题的可行解从其解空间转换到遗传算法所能处理的搜索空间的转换方法称之为**编码**. 反之，将个体从搜索空间的基因型变换到解空间的表现型的方法称之为**解码**.

编码是应用遗传算法需要解决的首要问题，也是一个关键步骤. 迄今为止，人们已经设计出了许多种不同的编码方法. 基本遗传算法使用的是二进制符号 0 和 1 所组成的二进制符号集{0,1}，也就是说，把问题空间的参数表示为基于字符集{0,1}构成的染色体位串. 每个个体的染色体中所包含的数字的个数 L 称为染色体的长度或称为符号串的长度. 一般染色体的长度 L 为一固定的数，如

$$X = 10011100100011010100$$

表示一个个体，该个体的染色体长度 $L = 20$.

二进制编码符号串的长度与问题所要求的求解精度有关. 假设某一参数的取值范围是$[a,b]$，我们用长度为 L 的二进制编码符号串来表示该参数，总共能产生 2^L 种不同的编码，若参数与编码的对应关系为

$$\begin{aligned}
00000000000\cdots00000000 &= 0 \quad \rightarrow a \\
00000000000\cdots00000001 &= 1 \quad \rightarrow a+\delta \\
&\vdots \\
11111111111\cdots11111111 &= 2^L-1 \rightarrow b
\end{aligned}$$

则二进制编码的编码精度 $\delta = \dfrac{b-a}{2^L-1}$.

假设某一个个体的编码是 $x_k = a_{k1}a_{k2}\cdots a_{kl}$，则对应的解码公式为

$$x_k = a + \frac{b-a}{2^L - 1}\left(\sum_{j=1}^{L} a_{kj} 2^{L-j}\right) \tag{10.1}$$

例如，对于 $x \in [0,1023]$，若用长度为 10 的二进制编码来表示该参数的话，则下述符号串：

$$x = 0010101111$$

就表示一个个体，它对应的参数值是 $x = 175$. 此时的编码精度为 1.

二进制编码方法相对于其他编码方法的优点，首先是编码、解码操作简单易行；其次是交叉遗传操作便于实现；再次便于对算法进行理论分析.

2. **个体适应度评价**

在遗传算法中，根据个体适应度的大小来确定该个体在选择操作中被选定的概率. 个体的适应度越大，该个体被遗传到下一代的概率也越大；反之，个体的适应度越小，该个体被遗传到下一代的概率也越小. 基本遗传算法使用比例选择操作方法来确定群体中各个个体是否有可能遗传到下一代群体中. 为了正确计算不同情况下各个个体的选择概率，要求所有个体的适应度必须为正数或为零，不能是负数. 这样，根据不同种类的问题，必须预先确定好由目标函数值到个体适应度之间的转换规则，特别是要预先确定好目标函数值为负数时的处理方法.

设所求解的问题为：$\max f(x), x \in D$.

对于求目标函数最小值的优化问题，理论上只需简单地对其增加一个负号就可将其转化为求目标函数最大值的问题，即 $\min f(x) = \max(-f(x))$. 当优化问题是求函数最大值，并且目标函数总取正值时，可以直接设定个体的适应度函数值 $F(x)$ 就等于相应的目标函数值 $f(x)$，即 $F(x) = f(x)$.

但实际目标优化问题中的目标函数有正有负，优化目标有求函数最大值的，也有求函数最小值的，显然上面两式保证不了所有情况下个体的适应度都是非负数这个要求，必须寻求出一种通用且有效的由目标函数值到适应度之间的转换关系，由它来保证个体适应度总取非负值.

为满足适应度取非负值的要求，基本遗传算法一般采用下面方法将目标函数值 $f(x)$ 变换为个体的适应度 $F(x)$.

对于求目标函数最大值的优化方法问题，变换方法为

$$F(x) = \begin{cases} f(x) + C_{\min}, & f(x) + C_{\min} > 0 \text{ 时} \\ 0, & f(x) + C_{\min} \leqslant 0 \text{ 时} \end{cases} \tag{10.2}$$

式中，$C_{\min}$ 为一个适当的相对比较小的数，它可以是预先指定的一个较小的数，或进化到当前代为止的最小目标函数值，又或当前代或最近几代群体中的最小目标函数值.

3. **比例选择算子**

选择算子是对达尔文进化论中“自然选择”学说的核心思想“适者生存，优胜劣

汰”的简单模拟.选择的目的是为了从当前群体中选出优良的个体,使它们有机会作为父代为下一代繁殖子孙,从而为进化创造较好的环境条件.选择操作是建立在群体个体的适应度评价基础上的,其对遗传搜索过程具有较大的影响,因此,选择操作在遗传算法中是非常重要的.

基于适应度比例的选择法又称轮盘赌选择法,采用和适应度成比例的概率方法来进行选择.首先计算种群中所有个体适应度值的总和,再计算每个个体的适应度所占的比例作为个体相应的选择概率,然后在每一轮中产生一个随机数,并将随机数作为选择指针来确定被选择的个体.

4.单点交叉算子

交叉操作是把两个父个体的部分结构加以替换重组而产生新的个体,其目的是为了能够在下一代中产生新的个体.交叉操作的方法很多,并且在遗传算法中起着关键作用,是产生新个体的主要方法,它决定着遗传算法的全局搜索能力.下面介绍最为常用的单点交叉:

单点交叉中,交叉点为个体变量数目中的任意一点.进行交叉时,该点后的两个个体的部分结构互换,从而生成两个个体.考虑如下两个变量的父个体:

父个体1:01110011010

父个体2:10101100101

交叉点位置为5,交叉后产生的子个体为:

子个体1:01110100101

子个体2:10101011010

5.基本位变异算子

变异是指将个体染色体编码中的某些基因座上的基因值用该基因座的其他基因来替换,从而形成新的个体.它虽然只是产生新个体的辅助方法,但它是不可缺少的一个运算步骤,它决定了遗传算法的局部搜索能力.**基本位变异算子是最简单、最基本的变异操作算子**.

对于基本遗传算法中用二进制编码符号串所表示的个体,若需要进行变异操作的某一基因座上的原有基因值为0,则变异操作将该基因值变为1,反之,若原有基因值为1,则变异操作将其变为0.

基本位变异因子的具体执行过程是:

① 对个体的每一个基因座,依变异概率 p_m 指定其为变异点.

② 对每一个指定的变异点,对其基因值做取反运算或用其他等位基因值来代替,从而产生出一个新的个体.

基本位变异运算的示例如下所示:

$$A:1010\quad 1\quad 01010 \rightarrow A':1010\quad 0\quad 01010$$

10.2.4 基本遗传算法的应用

由上述内容可知，基本遗传算法是一个迭代过程，它模仿生物在自然环境中的遗传和进化机理，反复将选择操作、交叉操作、变异操作作用于群体，最终可得到问题的最优解或近似最优解. 虽然算法的思想比较简单，但它却具有一定的实用价值，能够解决一些复杂系统的优化计算问题.

遗传算法提供了一种求解复杂系统优化问题的通用框架，它不依赖于问题的领域和种类. 对一个需要进行优化计算的实际应用问题，一般可按下述步骤来构造求解该问题的遗传算法.

第一步：建立优化模型，即确定出目标函数、决策变量及各种约束条件以及数学描述形式或量化方法.

第二步：确定表示可行解的染色体编码方法，也即确定出个体的基因型 X 及遗传算法的搜索空间.

第三步：确定编码方法，即确定出个体基因型 X 到个体表现型 X 的对应关系或转换方法.

第四步：确定个体适应度的量化评价方法，即确定出由目标函数值 $f(X)$ 到个体适应度 $F(X)$ 的转换规则.

第五步：设计遗传操作方法，即确定出选择运算、交叉运算、变异运算等具体操作方法.

第六步：确定遗传算法的有关运行参数，即确定出遗传算法的 M、T、p_c、p_m 等参数.

由上述构造步骤可以看出，可行解的编码方法、遗传操作的设计是构造遗传算法时需要考虑的两个主要问题，也是设计遗传算法时的两个关键步骤. 对不同的优化问题需要使用不同的编码方法和不同的遗传操作，它们与所求解的具体问题密切相关，因而对所求解问题的理解程度是遗传算法应用成功与否的关键.

【例 10.4】 求解优化问题：

$$\max f(x_1,x_2)=x_1^2+x_2^2, x_1\in\{0,1,\cdots,7\}, x_2\in\{0,1,\cdots,7\}.$$

解 主要运算过程如表 10.2 所列.

① 个体编码. 遗传算法的运算对象是表示个体的符号串，所以必须把变量 x_1，x_2 编码为一种符号串. 由于 x_1 和 x_2 取 $0\sim7$ 之间的整数，可分别用 3 位无符号二进制整数来表示，将它们连接在一起所组成的 6 位无符号二进制整数就形成了个体的基因型，表示一个可行解. 例如，基因型 $x=101110$ 所对应的表现型是 $\boldsymbol{x}=(5,6)$.

② 初始群体的产生. 遗传算法是对群体进行遗传操作，需要准备一些表示起始

搜索点的初始群体数据．本例中群体规模的大小 M 取为 4，即群体由 4 个个体组成，每个个体可通过随机方法产生．一个随机产生的初始群体如表 10.2 中第 2 列所示．

③ 适应度计算．本例中，目标函数总取非负值，并且是以求函数最大值为优化目标，故可直接利用目标函数值作为个体的适应度，即 $F(x)=f(x)$．为计算函数的目标值，需先对个体基因型 x 进行解码．表 10.2 中第 3、第 4 列所示为初始群体各个个体的解码结果，第 5 列所示为各个个体所对应的目标函数值，它也是个体的适应度，第 5 列中还给出了群体中适应度的最大值和平均值．

表 10.2　计算过程表

1 个体编号 i	2 初始群体 $P(0)$	3 x_1	4 x_2	5 $f_i(x_1,x_2)$		6 $f_i/\sum f_i$
1	011101	3	5	34	$\sum f_i=143$ $f_{\max}=50$ $\overline{f}=35.75$	0.24
2	101011	5	3	34		0.24
3	011100	3	4	25		0.17
4	111001	7	1	50		0.35

7 选择次数	8 选择结果	9 配对情况	10 交叉点位置	11 交叉结果	12 变异点	13 变异结果
1	011101	1－2 3－4	1－2:2 3－4:4	011001	5	011001
1	111001			111101		111111
0	101011			101001		101001
2	111001			111011		111011

14 子代群体 $P(1)$	15 x_1	16 x_2	17 $f_i(x_1,x_2)$	
011001	3	1	10	$\sum f_i=192$ $f_{\max}=98$ $\overline{f}=48$
111111	7	7	98	
101001	5	1	26	
111011	7	3	58	

④ 选择操作．其具体操作过程是先计算出群体中所有个体的适应度的总和 $\sum f_i$ 及每个个体的相对适应度的大小 $f_i/\sum f_i$，如表 10.2 中 5、6 列所示．表 10.2 中第 7、8 列表示随机产生的选择结果．

⑤ 交叉操作．本例中采用单点交叉的方法，并取交叉概率 $p_c=1.00$．表 10.2 中第 11 列所示为交叉运算的结果．

⑥ 变异操作．为了能显示变异操作，取变异概率 $p_m=0.25$，并采用基本位变异的方法进行变异运算．表 10.2 第 13 列所示为变异运算的结果．

对群体 $P(t)$ 进行一轮选择、交叉、变异操作之后得到新一轮群体 $P(t+1)$．如

表 10.2 第 14 列所示. 表中第 15、16、17 列分别表示出了新群体的解码值、适应度和适应度的最大值及平均值等. 从表 10.2 中可以看出群体经过一代进化以后，其适应度的最大值、平均值都得到了明显的改进. 事实上，这里已经找到了最佳个体“111111”，即变量都为 1.

需要说明的是，表中第 2、7、9、10、12 列的数据是随机产生的. 这里为了说明问题我们特意选择了一些较好数值以便能够得到较好的结果. 在实际运算过程中有可能需要一定的循环次数才能达到这个结果.

10.3　蚁群算法

20 世纪 90 年代意大利学者 M. Dorigo，V. Maniezzo，A. Colorni 等从生物进化的机制中受到启发，通过模拟自然界蚂蚁搜索路径的行为，提出来一种新型的模拟进化算法 —— 蚁群算法，它是群智能理论研究领域的一种主要算法. 用该方法求解 TSP 问题、分配问题、job－shop 调度问题，取得了较好的试验结果. 虽然研究时间不长，但是现在的研究显示出，蚁群算法在求解复杂优化问题(特别是离散优化问题) 方面有一定优势，这表明它是一种有发展前景的算法.

10.3.1　基本蚁群算法的原理

1. 蚁群行为描述

根据仿生学家的长期研究发现，蚂蚁虽没有视觉，但运动时会通过在路径上释放出一种特殊的分泌物 —— 信息素来寻找路径. 当它们碰到一个还没有走过的路口时，就随机地挑选一条路径前行，同时释放出与路径长度有关的信息素. 蚂蚁走的路径越长，释放的信息量就越小. 而当后来的蚂蚁再次碰到这个路口时，选择信息量较大的路径的概率相对较大，这样便形成了一个正反馈机制. 最优路径上的信息量越来越大，而其他路径上的信息量却会随着时间的流逝而逐渐消减，最终整个蚁群会找出最优路径. 同时，蚁群还能适应环境的变化，当蚁群的运动路径上突然出现障碍时，蚂蚁也能很快地修正并找到最优路径. 可见在整个寻径中，虽然单只蚂蚁的选择能力有限，但是通过信息素的作用使整个蚁群行为具有非常高的自组织性，蚂蚁之家交换着路径信息，最终通过集体催化行为找出最优路径.

在图 10.1 中，蚂蚁从 A 点出发，速度相同，食物在 D 点，可能随机选择路线 ABD 或 ACD. 假设初始时每条分配路线有一只蚂蚁，每个时间单位行走一步，图 10.1(a) 为经过 9 个时间单位时的情形：走 ABD 的蚂蚁到达终点，而走 ACD 的蚂蚁刚好走到 C 点，为一半路程. 图 10.1(b) 为从开始算起，经过 18 个时间单位时的情形：走 ABD 的

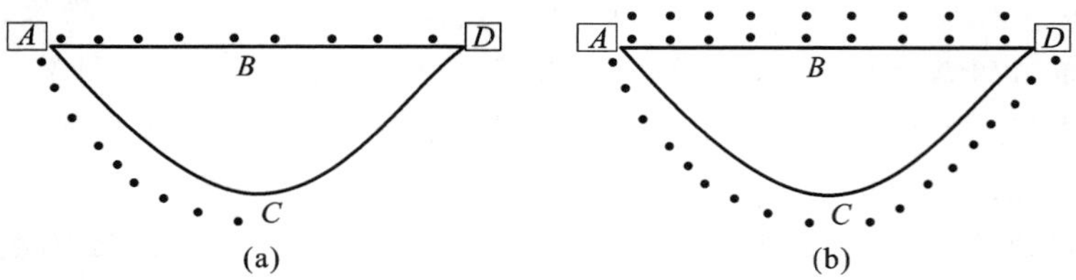

图 10.1　简化的蚂蚁寻食过程

蚂蚁到达终点后得到食物又返回了起点 A，而走 ACD 的蚂蚁刚好走到 D 点.

假设蚂蚁每经过一处所留下的信息素为一个单位，则经过 36 个时间单位后，所有开始一起出发的蚂蚁都经过不同路径从 D 点取得了食物，此时 ABD 的路线往返了 2 趟，每一处的信息素为 4 个单位，而 ACD 的路线往返了一趟，每一处的信息素为 2 个单位，其比值为 2∶1. 寻找食物的过程继续进行，则按信息素的指导，蚁群在 ABD 路线上增派一只蚂蚁(共 2 只)，而 ACD 路线上仍然为一只蚂蚁. 再经过 36 个时间单位后，两条线路上的信息素单位积累为 12 和 4，比值为 3∶1. 若按以上规则继续，蚁群在 ABD 路线上再增派一只蚂蚁(共 3 只)，而 ACD 路线上仍然为一只蚂蚁. 再经过 36 个时间单位后，两条线路上的信息素单位积累为 24 和 6，比值为 4∶1. 若继续进行，则按信息素的指导，最终所有的蚂蚁会放弃 ACD 路线，而都选择 ABD 路线. 这也就是前面所提到的正反馈效应.

2. 基本蚁群算法的机制原理

模拟蚂蚁群体觅食行为的蚁群算法是作为一种新的计算智能模式引入的，该算法基于如下基本假设：

① 蚂蚁之间通过信息素和环境进行通信，每只蚂蚁仅根据其周围的局部环境作出反应，也只对其周围的局部环境产生影响.

② 蚂蚁对环境的反应由其内部模式决定. 因为蚂蚁是基因生物，蚂蚁的行为实际上是其基因的适应性表现，即蚂蚁是反应型适应性主体.

③ 在个体水平上，每只蚂蚁仅根据环境作出独立选择；在群体水平上，单只蚂蚁的行为是随机的，但蚁群可通过自组织过程形成高度有序的群体行为.

由上述假设和分析可见，基本蚁群算法的寻优机制包含两个基本阶段：适应性阶段和协作阶段. 在适应阶段，各候选解根据积累的信息不断调整自身结构，路径上经过的蚂蚁越多，信息量就越大，则该路径越容易被选择；时间越长，信息量就越小；在协作阶段，候选解之间通过信息交流，以期望产生性能更好的解，类似于自动机的学习机制.

蚁群算法实际上是一类智能多主体系统，其自组织机制使得蚁群算法不需要对所求问题的每一个方面都有详尽的认识. 自组织本质上是蚁群算法机制在没有外界作用下使系统熵增加的过程，体现了其从无序到有序的动态演化过程.

10.3.2 基本蚁群算法的数学模型

1. TSP 描述

设 $C=\{c_1,c_2,\cdots,c_n\}$ 是 n 个城市的集合，$L=\{l_{ij}\mid c_i,c_j\in C\}$ 是集合 C 中元素（城市）两两连接的集合，$d_{ij}(i,j=1,2,\cdots,n)$ 是 l_{ij} 的 Euclidean 距离，即

$$d_{ij}=\sqrt{(x_i-x_j)^2+(y_i-y_j)^2} \tag{10.3}$$

$G=(C,L)$ 是一个有向图，TSP 的目的是从有向图 G 中寻出长度最短的 Hamilton 圈，即一条对 $C=\{c_1,c_2,\cdots,c_n\}$ 中 n 个元素（城市）访问且只访问一次的最短封闭曲线.

TSP 的简单形象描述是：给定 n 个城市，有一个旅行商从某一城市出发，访问各个城市一次且仅有一次回到原出发城市，要求找出一条最短的巡回路径.

TSP 可分为对称 TSP(symmetric traveling salesman problem) 和非对称 TSP(asymmetric traveling salesman problem) 两大类，若两城市往返距离相同，则为对称 TSP，否则为非对称 TSP.

对于 TSP 解的任意一个猜想，若要验证它是否为最优，则需要将其与其他所有的可行遍历进行比较，而这些比较有指数级个，故根本不可能在多项式时间内对任何猜想进行验证. 因此，从本质上说，TSP 是一类被证明了的 NP-C 计算复杂度的组合优化难题，如果这一问题得到解决，则同一类型中的多个问题都可以迎刃而解.

TSP 的已知数据包括一个有限完全图中各条边的权重，其目标是寻找一个具有最小总权重的 Hamilton 圈. 对于 n 个城市的规模，则存在 $\frac{(n-1)!}{2}$ 条不同的闭合路径. 求解该问题最完美的方法应该是全局搜索，但是当 n 较大时，用全局搜索法精确地求出其最优解几乎不可能. 而 TSP 具有广泛的代表意义和应用前景，许多现实问题均可抽象为 TSP 问题的求解.

2. 基本蚁群算法数学模型的建立

设 $b_i(t)$ 表示 t 时刻位于元素 i 的蚂蚁数目，$\tau_{ij}(t)$ 为 t 时刻路径 (i,j) 上的信息量，n 表示 TSP 规模，m 为蚁群中蚂蚁的总数目，$m=\sum_{i=1}^{n}b_i(t)$，$\Gamma=\{\tau_{ij}\mid c_i,c_j\in C\}$ 是 t 时刻集合 C 中元素两两连接 l_{ij} 上残留信息量的集合. 在初始时刻各条路径上信息量相等，并设 $\tau_{ij}(0)=\text{const}$，基本蚁群算法的寻优是通过有向图 $g=(C,L,\Gamma)$ 实现的.

蚂蚁 $k(k=1,2,\cdots,m)$ 在运动过程中，根据各条路径上的信息量决定其转移方向. 这里用禁忌表 $tabu_k(k=1,2,\cdots,m)$ 来记录蚂蚁 k 当前所走过的城市，集合随着 $tabu_k$ 的进化作动态调整. 在搜索过程中，蚂蚁根据各条路径上的信息量及路

径的启发信息来计算状态转移概率. 以 $P_{ij}^{k}(t)$表示在 t 时刻由元素 i 转移到元素 j 的状态转移概率,定义如下：

$$P_{ij}^{k}(t)=\begin{cases}\dfrac{[\tau_{ij}(t)]^{\alpha}\times[\eta_{ik}(t)]^{\beta}}{\sum\limits_{s\in allowed_k}[\tau_{is}(t)]^{\alpha}\times[\eta_{is}(t)]^{\beta}}, & j\in allowed_k\\ 0, & \text{否则}\end{cases} \tag{10.4}$$

式中,$allowed_k=\{C-tabu_k\}$表示蚂蚁 k 下一步允许选择的城市;α 为信息启发式因子,表示轨迹的相对重要性,反映了蚂蚁在运动过程中所积累的信息在蚂蚁运动时所起的作用,其值越大,则该蚂蚁越倾向于选择其他蚂蚁所经过的路径,蚂蚁之间协作性越强;β 为期望启发式因子,表示能见度的相对重要性,反映了蚂蚁在运动过程中的启发信息在蚂蚁选择路径中的受重视程度,其值越大,则该状态转移概率越接近于贪婪规则;$\eta_{ij}(t)$为启发函数,其表达式为

$$\eta_{ij}(t)=\frac{1}{d_{ij}} \tag{10.5}$$

式中,d_{ij} 表示两个相邻城市之间的距离. 对蚂蚁 k 而言,d_{ij} 越小,则 $\eta_{ij}(t)$越大,$P_{ij}^{k}(t)$也就越大. 显然,该启发函数表示蚂蚁从元素 i 转移到元素 j 的期望程度.

为了避免残留信息素过多而淹没启发信息,在每只蚂蚁走完一步或者完成对所有 n 个城市的遍历后,要对残留信息进行更新处理. 这种更新策略模仿了人类大脑记忆的特点,在新信息不断存入大脑的同时,存储在大脑中的旧的信息随着时间的推移逐渐淡化,甚至忘记. 由此,$t+n$ 时刻在路径(i,j)上的信息量可按如下规则进行调整：

$$\tau_{ij}(t+n)=(1-\rho)\tau_{ij}(t)+\Delta\tau_{ij}(t) \tag{10.6}$$

$$\tau_{ij}(t)=\sum_{k=1}^{n}\Delta\tau_{ij}^{k}(t) \tag{10.7}$$

式中,ρ 表示信息素挥发系数,$1-\rho$ 则表示信息残留因子,为了阻止信息的无限积累,ρ 的取值范围为$[0,1]$;$\Delta\tau_{ij}(t)$表示本次循环中路径(i,j)上的信息素增量,初始时刻 $\Delta\tau_{ij}(t)=0$;$\Delta\tau_{ij}^{k}(t)$表示第 k 只蚂蚁在本次循环中留在路径(i,j)上的信息量.

根据信息素更新策略的不同,Dorigo M. 提出了 3 中不同的基本蚁群算法模型,分别称为 Ant-Cycle 模型、Ant-Quantity 模型和 Ant-Density 模型,其差别在于 $\Delta\tau_{ij}^{k}(t)$的求法不同.

在 Ant-Cycle 模型中

$$\Delta\tau_{ij}^{k}(t)=\begin{cases}\dfrac{Q}{L_k}, \text{若第 } k \text{ 只蚂蚁在本次循环中经过路径}(i,j)\\ 0, \text{否则.}\end{cases} \tag{10.8}$$

式中,Q 表示信息素强度,它在一定程度上影响算法的收敛速度;L_k 表示第 k 只蚂蚁在本次循环中所走路径的总长度.

在 Ant-Quantity 模型中

$$\Delta\tau_{ij}^{k}(t)=\begin{cases}\dfrac{Q}{d_{ij}},\text{若第 } k \text{ 只蚂蚁在 } t \text{ 和 } t+1 \text{ 之间经过路径}(i,j)\\ 0,\text{否则}.\end{cases} \tag{10.9}$$

在 Ant-Density 模型中

$$\Delta\tau_{ij}^{k}(t)=\begin{cases}Q,\text{若第 } k \text{ 只蚂蚁在 } t \text{ 和 } t+1 \text{ 之间经过路径}(i,j)\\ 0,\text{否则}.\end{cases} \tag{10.10}$$

区别：式(10.9) 和式(10.10) 中利用的是局部信息，即蚂蚁完成一步后更新路径上的信息素；而式(10.8) 中利用的是整体信息，即蚂蚁完成一个循环后更新所有路径上的信息素，在求解 TSP 时性能较好，因此通常采用式(10.8) 作为蚁群算法的基本模型.

10.3.3 基本蚁群算法的具体实现

以 TSP 为例，基本蚁群算法的具体实现步骤如下：

第一步：参数初始化. 令时间 $t=0$，循环次数 $N_c=0$，设置最大循环次数 N_{cmax}，将 m 只蚂蚁置于 n 个元素(城市)上，令有向图上每条边(i,j)的初始化信息量 $\tau_{ij}(t)=\text{const}$，其中 const 表示常数，且初始时刻 $\Delta\tau_{ij}(t)=0$.

第二步：循环次数 $N_c\leftarrow N_c+1$.

第三步：蚂蚁的禁忌表索引号 $k=1$.

第四步：蚂蚁数目 $k\leftarrow k+1$.

第五步：蚂蚁个体根据状态转移概率公式(10.4) 计算的概率，选择元素 j 并前进，$j\in allowed_k=\{C-tabu_k\}$

第六步：修改禁忌表指针，即选择好之后将蚂蚁移动到新的元素，并把该元素移动到该蚂蚁个体的禁忌表中.

第七步：若集合 C 中元素未遍历完，即 $k<m$，则转到第四步，否则执行第八步.

第八步：根据公式(10.6) 和(10.7) 更新每条路径上的信息量.

第九步：如满足结束条件，即循环次数 $N_c\geqslant N_{cmax}$，则循环结束并输出程序计算结果，否则清空禁忌表并转到第二步.

【例 10.5】 四城市非对称 TSP 如图 10.2 所示，其中，没有箭头的连线为双向的，即往返距离相同. 距离矩阵为

$$\boldsymbol{D}=(d_{ij})=\begin{pmatrix}0 & 1 & 0.5 & 1\\ 1 & 0 & 1 & 1\\ 1.5 & 5 & 0 & 1\\ 1 & 1 & 1 & 0\end{pmatrix}$$

解 假设蚁群中有4只蚂蚁，所有蚂蚁都从 A 城市出发，挥发因子 $\rho_k = 0.5$，$k = 1,2,3$，观察计算过程.

首先有一个初始的记忆表，记录信息素痕迹. 图10.2中一共有12条有向弧.

$$\boldsymbol{\tau}(0) = (\tau_{ij}(0)) = \begin{pmatrix} 0 & \frac{1}{12} & \frac{1}{12} & \frac{1}{12} \\ \frac{1}{12} & 0 & \frac{1}{12} & \frac{1}{12} \\ \frac{1}{12} & \frac{1}{12} & 0 & \frac{1}{12} \\ \frac{1}{12} & \frac{1}{12} & \frac{1}{12} & 0 \end{pmatrix}$$

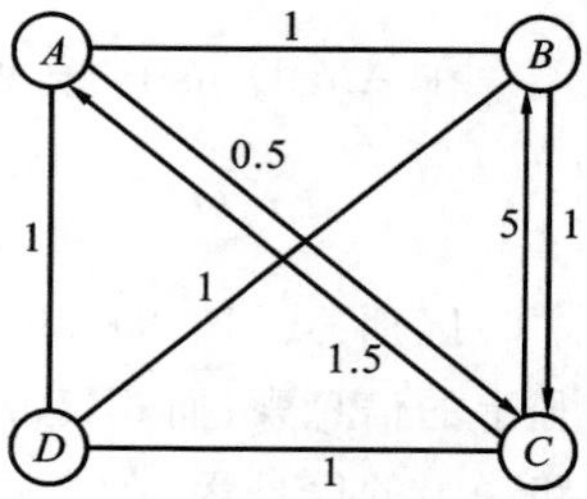

图10.2 四城市TSP

按式(10.4)计算，每一只蚂蚁到达下一个城市的可能性均等，执行完算法的第五步，假设蚁群的四只蚂蚁行走的路线分别为

第一只 $W_1 : A \to B \to C \to D \to A, f(W_1) = 4$

第二只 $W_2 : A \to C \to D \to B \to A, f(W_2) = 3.5$

第三只 $W_3 : A \to D \to C \to B \to A, f(W_3) = 8$

第四只 $W_4 : A \to B \to D \to C \to A, f(W_4) = 4.5$

当前最优解（实际为全局最优解）为 W_2，第八步的信息更新为

$$\boldsymbol{\tau}(1) = (\tau_{ij}(1)) = \begin{pmatrix} 0 & \frac{1}{24} & \frac{1}{6} & \frac{1}{24} \\ \frac{1}{6} & 0 & \frac{1}{24} & \frac{1}{24} \\ \frac{1}{24} & \frac{1}{24} & 0 & \frac{1}{6} \\ \frac{1}{24} & \frac{1}{6} & \frac{1}{24} & 0 \end{pmatrix}$$

结束一个循环. 如果再对蚂蚁循环一次，因为 W_2 为全局最优解，由第八步的信息素痕迹更新规则，无论4只蚂蚁行走的路线如何，第八步的信息更新为

$$\boldsymbol{\tau}(2) = (\tau_{ij}(2)) = \begin{pmatrix} 0 & \frac{1}{48} & \frac{5}{24} & \frac{1}{48} \\ \frac{5}{24} & 0 & \frac{1}{48} & \frac{1}{48} \\ \frac{1}{48} & \frac{1}{48} & 0 & \frac{5}{24} \\ \frac{1}{48} & \frac{5}{24} & \frac{1}{48} & 0 \end{pmatrix}$$

在这一步，信息素痕迹更新不依赖蚁群所行走的路线，主要原因是 W_2 已经是全局最优解，而基本蚁群算法只记录第一个最优解. 因此，一旦得到一个全局最优

解，信息素痕迹更新将不依赖蚁群后面的行为. 再循环一次，得到

$$\boldsymbol{\tau}(3)=(\tau_{ij}(3))=\begin{pmatrix}0 & \frac{1}{96} & \frac{11}{48} & \frac{1}{96}\\ \frac{11}{48} & 0 & \frac{1}{96} & \frac{1}{96}\\ \frac{1}{96} & \frac{1}{96} & 0 & \frac{11}{48}\\ \frac{1}{96} & \frac{11}{48} & \frac{1}{96} & 0\end{pmatrix}$$

10.4 粒子群算法

10.4.1 粒子群算法简介

1995 年，J. Kennedy 和 R. C. Eberhart 在 IEEE 神经网络国际会议的论文中首次提出了粒子群优化算法. 粒子群算法(Particle Swarm Optimization, PSO)是一种基于群智能方法的演化计算技术，它同遗传算法类似，是一种基于群体的优化工具. 系统初始化为一组随机解，通过迭代搜寻最优值，它没有遗传算法中的交叉和变异操作，仅仅是粒子在解空间追随最优的粒子进行搜索. 与其他进化算法比较，PSO 的优势在于简单、容易实现同时又有深刻的智能背景，既适合科学研究，又特别适合工程应用. 因此，PSO 一提出立刻引起了演化计算等领域的学者们的广泛关注，并在短短的十几年时间里涌现出大量的研究成果，形成了一个研究热点.

PSO 算法是受到人工生命研究结果的启发而提出的，其基本概念源于对鸟群捕食行为的研究. 假设一群鸟在随机搜寻食物，而在这个区域里只有一块食物，所有的鸟都不知道食物在哪里，但是它们知道当前的位置离食物还有多远. 那么找到食物的最优策略是什么呢?最简单有效的就是搜寻目前离食物最近的鸟的周围区域. PSO 从这种模型中得到启示并用于解决优化问题. PSO 中，每个优化问题的潜在解都是搜索空间中的一只鸟，称之为“粒子”. 所有的粒子都有一个由被优化的函数决定的适应值，每个粒子还有一个速度决定它们飞翔的方向和距离，然后粒子们就追随当前的最优粒子在解空间中搜索.

从算法的数学本质来说，PSO 算法的特点可以归纳为随机性和并行型. 从算法的设计思想来说，主要来源于两个方面，一个是人工生命，另一个是进化计算. 从优化的角度来说，PSO 算法是用来解决全局优化问题的一种计算工具.

PSO 算法是一种较好的全局优化算法，它主要是用来优化复杂的非线性函数，

稍加修改,也可以用来解决组合优化问题.其主要优点是算法简单,只需要初等的数学知识就可以理解,并且它不像遗传算法那样需要对每一个特定的问题设计一个特点的编码方案,另外,该算法不需要待优化函数可导、可微,因此很容易在计算机上实现.

与遗传算法类似,PSO 算法也是一种基于群体的进化计算方法,但 PSO 算法与遗传算法不同的是:① 每一个体(称为一个粒子)都被赋予了一个随机速度并在整个问题空间中流动;② 个体具有记忆功能;③ 个体的进化不是通过遗传算子,而是通过个体之间的合作与竞争来实现的.作为一种新的并行优化算法,PSO 可用于解决大量非线性、不可微及多峰值的复杂问题,且程序简单易于实现,需要调整的参数少.

10.4.2 基本 PSO 算法

与其他优化算法相似,粒子群优化算法同样基于群体(这里称作粒子群)与适应度,通过适应度将群体中的个体(这里称作粒子)移动到好的区域.每个粒子都有自己的位置和速度(决定飞行的方向和距离),还有一个由被优化函数决定的适应值.各个粒子记忆、追随当前的最优粒子,在解空间中搜索.每次迭代的过程不是完全随机的,如果找到较好解,将会以此为依据来寻找下一个解.算法首先初始化一群随机粒子,然后通过迭代找到最优解.在每一次迭代中,粒子通过跟踪两个极值来更新自己:一个是粒子本身所找到的最优解,即个体极值记为 X_{pbest};另一个是整个群体目前找到的最优解,即全局极值记为 X_{gbest}.

设 S 为 D 维欧式空间中的非空集合,粒子群中第 i 个粒子在 S 中的位置记为 $X_i = (x_{i1}, x_{i2}, \cdots, x_{iD})^{\mathrm{T}}$,粒子 i 的速度记为 $\mathbf{V}_i = (v_{i1}, v_{i2}, \cdots, v_{iD})^{\mathrm{T}}$,其他向量类似.粒子在找到上述两个极值后,就根据下面两个公式来更新自己的速度与位置:

$$v_{id}^{k+1} = v_{id}^{k} + c_1 rand_1^k (pbest_{id}^k - x_{id}^k) + c_2 rand_2^k (gbest_{id}^k - x_{id}^k) \tag{10.11}$$

$$x_{id}^{k+1} = x_{id}^{k} + v_{id}^{k+1} \tag{10.12}$$

式中,v_{id}^k 是粒子 i 在第 k 次迭代中第 d 维的速度;c_1, c_2 是两个正常数,称为加速因子,分别调节向全局最好粒子和个体最好粒子方向飞行的最大步长,通常令 $c_1 = c_2 = 2$;r_1 和 r_2 是 $0 \sim 1$ 之间的随机数.

为防止粒子远离搜索空间,通常使用一个常量 $\mathbf{V}_{\max}$ 来限制粒子的飞行速度,以改善搜索结果.

粒子在优化过程中的运动轨迹见图 10.3 所示.

PSO 算法程序的伪代码如下:

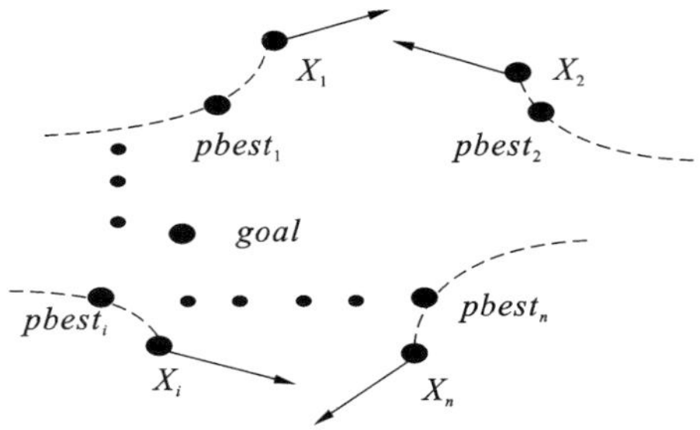

图 10.3　粒子群算法优化搜索示意图

```
For 每一个粒子
{初始化}
Do{
    For 每一个粒子{
        计算适应度值;
          If 硬度值大于历史最佳适应值
            重置为当前最佳的适应度值;}
    标记适应度值最大的粒子,并当作最佳的粒子;
    For 每一个粒子{
          根据公式(10.11) 计算进化速度;
          根据公式(10.12) 计算进化后的位置;}
}while 最优值没有满足或者未进入误差范围.
```

由上可知应用 PSO 解决优化问题的过程中有两个重要的步骤:问题解的编码和适应度函数. PSO 的一个优势就是采用实数编码,不需要像遗传算法一样采用二进制编码(或者采用针对实数的遗传操作). 例如对于问题 $f(\boldsymbol{x}) = x_1^2 + x_2^2 + x_3^2$ 求解,粒子可以直接编码为(x_1, x_2, x_3),而适应度函数就是 $f(\boldsymbol{x})$. 接着就可以利用前面的过程去寻优. 这个寻优过程是一个迭代过程,中止条件一般设置为达到最大循环数或者最小错误要求. PSO 中并没有许多需要调节的参数,下面列出了这些参数以及经验设置.

粒子数:一般取 20 ~ 40 个. 其实对于大部分的问题 10 个粒子已经足够可以取得好的结果,不过对于比较复杂的问题或者特定类别的问题,粒子数可以取到 100 或 200.

粒子的长度:由优化问题决定,就是问题解的长度.

粒子的范围:由优化问题决定,每一维可以设定不同的范围.

$\mathbf{V}_{\max}$:最大速度,决定粒子在一个循环中最大的移动距离,通常设定为粒子的范围宽度,例如上面的例子里,粒子(x_1, x_2, x_3) 中 x_1 属于$[-10, 10]$,那么 $\mathbf{V}_{\max}$ 的大小就是 20.

学习因子：c_1 和 c_2 通常等于 2. 不过在文献中也有其他取值情况. 但是一般 c_1 等于 c_2，并且范围在 0 ～ 4 之间.

中止条件：最大循环数以及最小错误要求. 由具体的问题确定.

基本 PSO 算法收敛快，特别是在算法的早期，但也存在着精度较低，易发散等缺点. 若加速系数、最大速度等参数太大，粒子群有可能错过最优解，算法不收敛；而在收敛的情况下，由于所有的粒子都向最优解的方向飞去，因此粒子趋向同一化(失去了多样性)，使得后期收敛速度明显变慢，同时算法收敛到一定精度时，无法继续优化，所以很多学者都致力于提高 PSO 算法的性能.

10.4.3 改进 PSO 算法

1. 基于惯性权重的改进

为了改善粒子的收敛速度，Shi 等提出了惯性权重的方法，惯性权重 ω 是与前一次速度有关的一个比例因子，用惯性权重来控制前面的速度对当前速度的影响，速度更新方程为：

$$v_{id}^{k+1} = \omega \times v_{id}^{k} + c_1 rand_1^k (pbest_{id}^k - x_{id}^k) + c_2 rand_2^k (gbest_{id}^k - x_{id}^k) \tag{10.13}$$

较大的 ω 可以加强 PSO 的全局搜索能力，而较小的 ω 有利于算法收敛. 有学者试验了将 ω 设置为从 0.9 到 0.4 线性下降，使得 PSO 开始时在较大的区域搜索，较快地定位最优解的大致位置，随着 ω 逐渐减小，粒子速度减慢，开始精细的局部搜索(这里 ω 类似于模拟退火中的温度参数). 该方法加快了收敛速度，提高了 PSO 算法的性能. Birge 使用了一种根据算法迭代次数使惯性权重线性递减的方法，算法在初期使用较大惯性权重，后期则使用较小的惯性权重，惯性权重的计算公式如下：

$$\begin{cases} \omega(i) = \dfrac{\omega_2 - \omega_1}{iter - 1} \times (i-1) + \omega_1, i \leqslant iter \\ \omega(i) = \omega_2, i > iter \end{cases} \tag{10.14}$$

其中，ω_1 和 ω_2 分别是惯性权重的初始值和最终值，这里 ω_1 通常取 0.9，ω_2 取 0.4；$\omega(t)$表示第 i 代的惯性权重，$iter$ 则表示惯性权重由初始值线性递减到最终值所需的迭代次数.

2. 基于收缩因子的改进

Clerc 建议采用收缩因子(χ) 来保证 PSO 算法收敛，其方程为

$$v_{id}^{k+1} = \chi[v_{id}^{k} + c_1 rand_1^k (pbest_{id}^k - x_{id}^k) + c_2 rand_2^k (gbest_{id}^k - x_{id}^k)] \tag{10.15}$$

其中收缩因子

$$\chi = \frac{2}{\left|2 - \varphi - \sqrt{\varphi^2 - 4\varphi}\right|}, \quad \varphi = c_1 + c_2, \varphi > 4$$

在使用 Clerc 的收缩因子方法时，通常取 φ 为 4.1，从而使收缩因子χ 等于

0.729. Clerc 在推导出收缩因子法时,不需要最大速度限制. 但是,后来研究发现设定最大速度限制可以提高算法的性能. 从数学上分析,惯性权重和限定因子这两个参数是等价的.

10.4.4 非线性方程(组)求根的粒子群算法

1. 问题转化

设非线性方程

$$f(x)=0 \tag{10.16}$$

的全部实根包含在(c,d)中,x^*为方程(10.16)的任一固定实根. 在$[a,b]$内只包含方程(10.16)的一个实根x^*,$[a,b]\subset(c,d)$. 则(10.16)可以等价转化为下面的优化问题:

$$\text{Min}\quad v(x)=(f(x))^2 \tag{10.17}$$

容易证明式(10.17)的极小点就是方程(10.16)的根.

设非线性方程组

$$\boldsymbol{F}(\boldsymbol{x})=[f_1(\boldsymbol{x}),f_2(\boldsymbol{x}),\cdots,f_n(\boldsymbol{x})]^{\mathrm{T}}=\boldsymbol{0} \tag{10.18}$$

其中$a_i\leqslant x_i\leqslant b_i,i=0,1,\cdots,n,a_i$和$b_i$为变量向量$\boldsymbol{x}$的分量上下限. 则式(10.18)可以转化为下面的优化问题:

$$\text{Min}\quad V(\boldsymbol{x})=\sum_{i=1}^{n}C_i(f_i(\boldsymbol{x}))^2,a_i\leqslant x_i\leqslant b_i,i=0,1,\cdots,n \tag{10.19}$$

同样式(10.19)的极小点就是方程组(10.18)的解.

2. 非线性方程求根的粒子群算法步骤

PSO算法中的适应值函数可以取为$v(\boldsymbol{x})(V(\boldsymbol{x}))$,运用PSO算法求解方程的基本计算步骤如下:

第一步:初始化. 输入方程各变量的维数和上、下限值;设置粒子群体的规模M、最大迭代次数 maxiter、惯性权重ω的上限和下限、加速因子c_1和c_2的取值、粒子更新的最大速度$\boldsymbol{V}_{\max}$等参数.

第二步:在方程各输入变量的范围内随机生成M个解,按式(10.17)计算适应度函数值,取最小值作为群体当前的最优解并记录相应的解为$\boldsymbol{X}_{\text{gbest}}$,设定每个粒子当前位置为其认知优化解$\boldsymbol{X}_{\text{pbest}}$,并设定当前迭代次数为1.

第三步:判断当前迭代次数是否达到最大迭代次数 maxiter,若不满足条件,将迭代次数加1;反之,则输出方程各变量的最优计算结果.

第四步:由式(10.11)计算各粒子的飞行速度,如果飞行速度小于给定的最大速度,按式(10.12)更新粒子的当前位置,否则设定$v_{id}^{k+1}=v_{id\max}$,然后再按式(10.12)更新粒子的当前位置.

第五步:检查群体中每个粒子各个控制分量的变化情况,如果存在越限行为,则这些分量被限制为约束的上限值或下限值.

第六步:比较每个粒子的适应度函数值和当前个体最优解 $\boldsymbol{X}_{\text{pbest}}$ 对应的适应值 $\boldsymbol{V}_{\text{pbest}}$,若对于某个粒子而言,其适应值小于 $\boldsymbol{V}_{\text{pbest}}$,则将当前点作为该粒子当前的个体最优解.选择所有粒子的个体最优解 $\boldsymbol{V}_{\text{pbest}}$ 中的最小值作为粒子群当前迭代过程的全局最优解 $\boldsymbol{V}_{\text{gbest}}$,并与上一次迭代的 $\boldsymbol{V}_{\text{gbest}}$ 比较,取适应度函数值小的点作为群体认知的最优解,并转到第三步.

【例 10.6】 用PSO算法求解下列方程的实根:

(1) $f(x) = x^3 - 2x - 5 = 0, x \in [-4,4]$,要求 $|f(x_n)| < 10^{-6}$;

(2) $f(x) = x^3 - 2x - 1 = 0, x \in [1,2]$,要求 $|f(x_n)| < 10^{-6}$;

(3) $f(x) = x^3 - 3x^2 - 6x + 8 = 0, x \in [0,2]$,要求 $|f(x_n)| < 10^{-6}$;

(4) $f(x) = xe^x - 1 = 0, x \in [0,4]$,要求 $|f(x_n)| < 10^{-6}$.

解 上面4个方程转化为优化问题后采用PSO算法计算,相关参数设置为:加速因子 $c_1 = c_2 = 1.8$,初始惯性权重为1.0,最终惯性权重为0.3,最大速度 $V_{\max} = 4.0$,群体规模为20,最大迭代次数为1000,算法运行50次取平均值.计算结果如表10.3所列.

表 10.3 PSO算法求解的计算结果

	最大迭代次数	平均迭代次数	搜到解的次数	成功率	x 的平均值	$f(x)$ 平均值
(1)	1000	121.480000	50	1	2.094554	0.000000
(2)	1000	67.580000	50	1	1.618030	0.000000
(3)	1000	106.640000	50	1	0.999999	0.000000
(4)	1000	82.280000	50	1	0.567156	0.000000

【例 10.7】 用PSO算法求解下列方程组的实根:

(1) $\begin{cases} f_1(\boldsymbol{x}) = (x_1 - 5x_2)^2 = 0 \\ f_2(\boldsymbol{x}) = (x_2 - 2x_3)^2 = 0, \text{其中} -1 \leqslant x_1, x_2, x_3 \leqslant 1; \\ f_3(\boldsymbol{x}) = (3x_1 + x_3)^2 = 0 \end{cases}$

(2) $\begin{cases} f_1(\boldsymbol{x}) = (x_1 - 5x_2)^2 + 40\sin^2(10x_3) = 0 \\ f_2(\boldsymbol{x}) = (x_2 - 2x_3)^2 + 40\sin^2(10x_1) = 0, \text{其中} -1 \leqslant x_1, x_2, x_3 \leqslant 1; \\ f_3(\boldsymbol{x}) = (3x_1 + x_3)^2 + 40\sin^2(10x_2) = 0 \end{cases}$

(3) $\begin{cases} f_1(\boldsymbol{x}) = x_1^2 - x_2 + 1 = 0 \\ f_2(\boldsymbol{x}) = x_1 - \cos(0.5\pi x_2) = 0 \end{cases}$,其中 $\boldsymbol{x} \in [-2,2]$,精确解为:$\boldsymbol{x}^* = (-1/\sqrt{2}, 1.5)$ 或 $(0,1)$;

(4) $\begin{cases} f_1(\boldsymbol{x}) = x_1^2 - x_2 - 1 = 0 \\ f_2(\boldsymbol{x}) = (x_1 - 2)^2 - (x_2 - 0.5)^2 - 1 = 0 \end{cases}$,其中 $\boldsymbol{x} \in [0,2]$,精确解为:$\boldsymbol{x}^* = (1.546342, 1.391174)$ 或 $(1.067412, 0.139460)$.

解　上面4个方程组转为优化问题后采用PSO算法计算，相关参数设置为：加速因子 $c_1 = c_2 = 1.8$，初始惯性权重为1.0，最终惯性权重为0.3，最大速度 $V_{max} = 4.0$，群体规模为20，最大迭代次数为1000，算法运行50次取平均值. 计算结果如表10.4所列.

表10.4　PSO算法解方程组的计算结果

	最大迭代次数	平均迭代次数	搜到解的次数	成功率	X_1 平均值	X_2 平均值	X_3 平均值
(1)	1000	208.300000	50	1	−0.000001	−0.000004	−0.000004
(2)	1000	262.037037	27	0.54	0.000001	−0.000012	−0.000001
(3)	1000	162.488372	43	0.86	−0.707724 0.000114	1.500668	搜到26次 搜到17次
(4)	1000	150.880000	50	1	1.546314 1.067307	0.999817 0.139012	搜到40次 搜到10次

将粒子群算法用于非线性方程的求解，很好地克服了传统方法的局限性，能够在较大的初始区间上搜索到问题的解，且完全无需考虑初始值的选取，并能很好地实现并行计算. 但由于进化算法本身求解问题的精度不高，为进一步提高解的精度，可将粒子群优化算法和传统的方程求解方法结合起来，例如，可以先使用粒子群优化算法进行大范围搜索，以确定解的大致分布，然后使用拟牛顿法等进行精细搜索，从而找到解的较高精度的近似值.

小　结　10

本章介绍了三种智能优化方法：遗传算法、蚁群算法和粒子群算法. 其中遗传算法属于进化算法，是通过模拟自然界中生物基因遗传、种群进化的过程和机制，而产生的一种群体导向随机搜索技术和方法. 其具有高度并行计算及自组织、自适应、自学习和复杂无关性等特征，因而有效克服了传统方法在解决复杂问题时的障碍和困难，广泛适用于不同领域. 蚁群算法和粒子群算法属于群智能算法，即是一种由无智能或简单智能的个体通过任何形式的聚集协同而表现出来的智能方法. 蚁群算法受到自然界中真实蚂蚁集体觅食过程中的行为的启发，利用真实蚁群通过个体间的信息传递，搜索从蚁穴到食物间的最短路径的集体寻优特征，来解决一些离散系统优化中的困难问题；粒子群算法是一种有效的全局寻优算法，通过群体中粒子间的合作和竞争，实现复杂空间中最优解的搜索，具有进化计算和群智能的特点. 粒子群算法保留了基于种群的全局搜索策略，但其采用速度-位移模型，操作简单，避免了复杂的遗传操作，具有记忆全局最优解和个体自身所经历的最优解功能，能够动态跟踪当前的搜索情况，提高搜索策略，目前广泛应用于函数优化、数据挖掘和神经网络训练等应用领域.

习 题 10

1. 用遗传算法求解 $f(x)=x^2(0\leqslant x\leqslant 31, x$ 为整数$)$ 的最大值.

2. 用遗传算法求解 $\max f(x)=1-x^2, x\in[0,1]$.

3. 用遗传算法求解非线性混合整数规划问题.

$$\begin{cases}\min f(x)=1.5x_1^2+0.5x_2^2+x_3^2-x_1x_2-2x_1+x_2x_3\\ s.t.\ -10.24\leqslant x_1\leqslant 10.23\\ -10.24\leqslant x_2\leqslant 10.23\\ -4\leqslant x_3\leqslant 3, \text{且 } x_3 \text{ 为整数}\end{cases}$$

4. 用蚁群算法求解下述矩阵对应的 TSP 的最优解.

$$\boldsymbol{D}=(d_{ij})=\begin{pmatrix}1&3&1&1&1\\0&2&0&0&0\\2&4&2&1&4\\1&0&1&0&2\\0&3&0&1&10\end{pmatrix}$$

5. 用粒子群算法在区间$[3,9]$内，求解方程 $f(x)=\tan x-0.5x=0$ 的根.

6. 用粒子群算法求解方程组：

$$\begin{cases}f_1(\boldsymbol{x})=x_1^3+e^{x_1}+2x_2+x_3+1=0\\ f_2(\boldsymbol{x})=-x_1+x_2+x_2^3+2e^{x_2}-3=0\\ f_3(\boldsymbol{x})=-2x_2+x_3+e^{x_3}+1=0\end{cases}$$

其中：$-2\leqslant x_1, x_2, x_3\leqslant 2$.

第 11 章　数值计算问题的 MATLAB 实现

MATLAB 是一个功能强大的科学计算平台，它具有强大的数值计算、符号计算和可视化功能，将数值分析、矩阵计算、科学数据可视化以及非线性动态系统的建模和仿真等诸多强大功能集成在一个易于使用的视窗环境中，为科学研究、工程设计以及必须进行有效数值计算的众多科学领域提供了一种全面的解决方案；它使用方便、输入简捷，运算高效、内容丰富，并且有大量的函数库可提供使用，不需要大量繁琐的编程过程. 这里，简要介绍 MATLAB，并提供大量可直接运行的范例程序来展示如何使用 MATLAB 解决数值计算问题.

11.1　MATLAB 基础

MATLAB(取名于 Matrix Laboratory) 是由美国 Mathworks 公司推出的一套高性能的数值计算和可视化软件. 它集矩阵计算、数值分析、信号处理和图形显示于一体，构成一个方便的、界面友好的用户环境，是目前最优秀的科学计算类软件之一. 本节简要介绍 MATLAB 7 的基本功能.

11.1.1　运算符

1. 算术运算

算术运算符包括：+（加）、−（减）、*（乘）、/（右除）、\（左除）、^（幂）.

MATLAB 中用 pi 表示圆周率，用 i 表示虚数单位.

【例 11.1】

```
≫(2*pi+5^2)/3        % 输入行,按 Enter 键确认
ans =                 % 显示输出结果,未赋予任何变量的运算结果存放在
                        临时变量 ans 中

  10.4277
```

【例 11.2】

```
≫ 3\(2*pi+5^2)
ans =
  10.4277
```

系统默认的结果保留 5 位有效数字. 输入命令 format long 将显示 15 位有效数字.

【例 11.3】

```
≫ format long
(2*pi+5^2)/3
ans =
  10.427 728 435 726 529
```

2. 关系运算

关系运算符包括：＜（小于）、＜＝（小于或等于）、＞（大于）、＞＝（大于或等于）、＝＝（等于）、～＝（不等于）.

上述运算符用于比较两个元素的大小，结果是 1 表明为真，结果是 0 表明为假.

3. 逻辑运算

逻辑运算符包括：&（与）、|（或）、～（非）.

上述运算符用于元素或 0-1 矩阵的逻辑运算.

11.1.2　函数命令

1. 内置函数

MATLAB 7 拥有丰富的函数库，本节只列出与本书有关的部分数值方法函数：

sin（正弦）、cos（余弦）、tan（正切）、cot（余切）、asin（反正弦）、acos（反余弦）、atan（反正切）、acot（反余切）、sinh（双曲正弦）、cosh（双曲余弦）、tanh（双曲正切）、coth（双曲余切）、abs（绝对值或复数模）、sqrt（开平方）、exp（以自然常数为底的指数）、log（以自然常数为底的自然对数）、log10（以 10 为底的常用对数）.

2. 赋值语句

通过等号可以将表达式赋值给变量.

【例 11.4】

```
≫ a = sin(pi/7)
a =
  0.4339
% 若表达式的结尾有分号，则该表达式的值不显示.
```

【例 11.5】

```
≫ a = exp(2.15);b = log(a)
b =
2.1500
```

3. 自定义函数

在MATLAB的编辑器中，通过构建M文件(以.m结尾的文件)可定义一个函数.完成函数定义后，就可像使用内置函数一样使用用户自定义的函数.

【例 11.6】 把函数 fun(x) = | x+ 1|-| x- 1| 写入M文件 fun.m 中.在编辑器中输入如下内容：

```
function  y = fun(x)
y = abs(x+1) -abs(x-1)
```

文件 fun.m 建立之后，函数 $fun(x) = |x+1|-|x-1|$ 就可以调用了.

```
>> fun(-1)^3
ans =
  - 8.0000
```

11.1.3 矩阵与数组运算

1. 矩阵的输入

MATLAB中所有的变量都被看做矩阵或数组.可直接输入矩阵.

【例 11.7】

```
>> I =[1 0 0;0 1 0;0 0 1]      % 矩阵中的元素用空格或逗号隔开,分号用来
                                 隔开矩阵的行
I =
    1  0  0
    0  1  0
    0  0  1
```

2. 矩阵运算

矩阵运算符包括：+(加)、-(减)、*(乘)、/(右除)、\(左除)、^(幂)、'(共轭转置).

若所有矩阵满足线性代数中的运算要求，则可以进行相应运算.

【例 11.8】

```
>> A = [3 5;1 2];B = [2 1;1 2];C = A+ B
C =
    5  6
    2  4
>> D = A *B
D =
   11  13
    4   5
```

```
>> X = B/A                  % 求矩阵方程 X * A = B 的解
X =
   3  -7
   0   1
>> Y = A\B                  % 求矩阵方程 A * Y = B 的解
Y =
  -1  -8
   1   5
>> E = A^2
E =
    14  25
     5   9
>> F = A'
F =
    3  1
    5  2
```

3. **数组运算**

MATLAB 软件包的一个最大的特征是 MATLAB 函数可对矩阵中的每个元素进行运算.矩阵的加、减和标量乘是面向元素的,但矩阵的乘、除和幂运算不是这样.通过符号“. *”、“. /”、“. ^”可实现面向元素的矩阵的乘、除和幂运算.

【例 11.9】

```
>> A = [3 5;1 2];G = A.^2          % 对 A 的每个元素进行平方运算
G =
    9  25
    1   4
```

11.1.4 绘图

MATLAB 可生成曲线和曲面的二维和三维图形.

1. **二维图形**

画函数曲线的命令格式为

plot(x,y,'s')

其中,x 是横坐标,y 是纵坐标,s 是可选参数(缺省为蓝色实线).

下面的例子画出了函数 $y = e^{-2x}\sin x^2$ 在区间[0,5]上的曲线.

【例 11.10】 (结果见图 11.1)

```
>> x=0:0.05:5;y=exp(-2*x).*sin(x.^2);     % 使用数组运算".*"、".^"
plot(x,y,'b'),xlabel('x');ylabel('y');
```

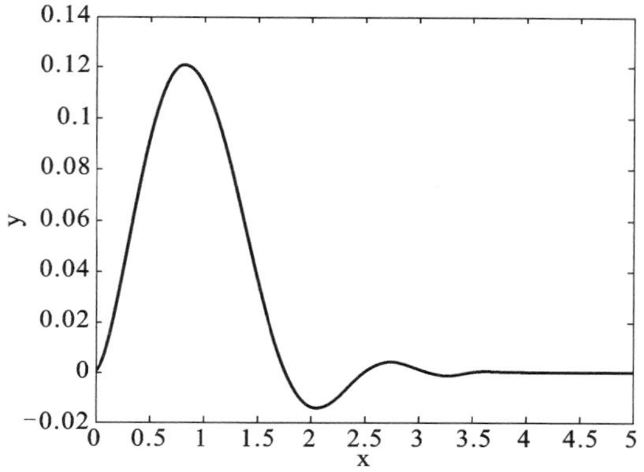

图 11.1 函数曲线图

在一张图上画多条曲线有两种方法,一种方法是直接用 plot 函数,命令格式为

```
plot(x1,y1,'s1',x2,y2,'s2',...)
```

另一种方法是用 hold 命令,hold on 表示在画下一幅图时,保留已有图像,hold off 表示释放 hold on.下面的例子在一张图上画出了函数 y= sin(2x) 和 $y=x^3-x-1$ 在区间[-2,2]上的复合图.

【例 11.11】 (结果见图 11.2)

```
>> x=-2:0.05:2;plot(x,sin(2*x));hold on
plot(x,x.^3-x-1);hold off
```

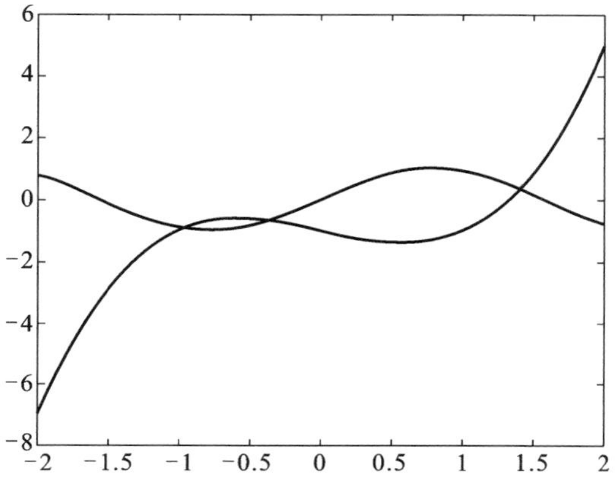

图 11.2 函数曲线复合图

2. **三维图形**

下面的例子画出了区间[0,2π]上的螺旋线段 c(t) = (2cost,2sint,3t).

【例 11.12】 (结果见图 11.3)

```
≫ t=0:0.1:2*pi;plot3(2*cos(t),2*sin(t),3*t)
```

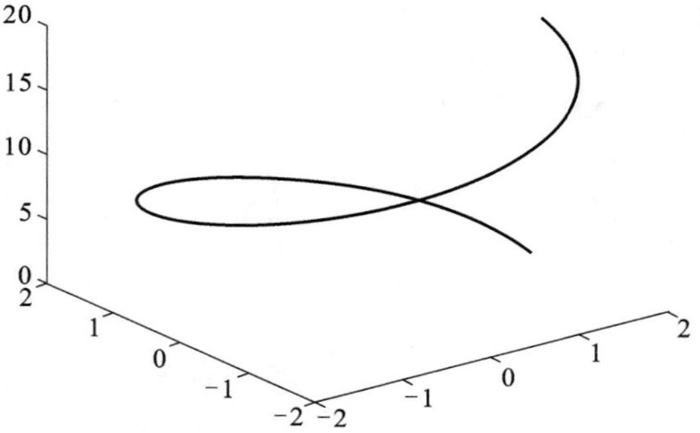

图 11.3 三维曲线图

用 mesh 函数可以画出三维网格曲面. 下例画出了 z = sinxcosy 在区域[−π,π]×[−π,π]上的网格曲面.

【例 11.13】 (结果见图 11.4)

```
≫ x=-pi:0.1:pi;y=-pi:0.1:pi;
[X,Y]=meshgrid(x,y);
Z=sin(X).*cos(Y);
mesh(X,Y,Z);xlabel('X');ylabel('Y');zlabel('Z');
```

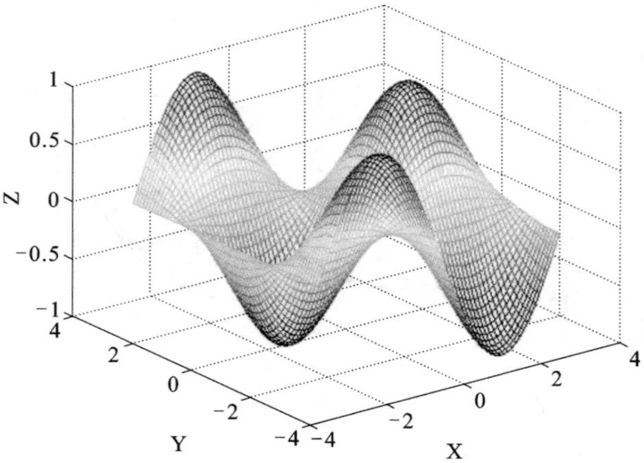

图 11.4 三维曲面图

11.1.5 程序设计基础

MATLAB中的for语句、while语句、if和break语句与其他编程语言的用法类似.

1. for **循环语句**

【例 11.14】 使用 for 循环求 $\sum_{i=1}^{6} i!$ 的值.

打开 M 文件编辑窗口,输入程序如下,并将函数命名为 forsum.

```
sum = 0;
for i = 1:6
  part = 1;
  for j = 1:i
  part = part * j;
  end
sum = sum+part;
end
sum
```

运行程序,即可得到如下结果.

```
>> sum =
      873
```

2. while **循环语句**

【例 11.15】 编写一个计算 1000 以内的 Fibonacci 数的程序.

```
>> f =[1  1];                    % 输入 f(1) =1,f(2) =1
  i =1;
while f(i) +f(i +1) <1000
    f(i +2) =f(i) +f(i +1);
    i =i +1;
    end
    f                        % 输出
```

运行程序,即可得到如下结果:

```
f =
  Columns 1 through 13
1   1   2   3   5   8   13   21   34   55   89   144   233
Columns 14 through 16
377  610  987
```

3. if 和 break 循环语句

【例 11.16】 分桃问题:一堆桃,每只猴子分 3 个余 2 个,每只猴子分 4 个余 3 个,求桃子的数量.

打开 M 文件编辑窗口,输入程序如下,并将函数命名为 peach.

```
i=1;
while i>0
  if rem(i,3)==2&&rem(i,4)==3;
break;
  end
  i=i+1;
n=i;
end
fprintf('The number of peaches is %d.\n',n);
```

在命令窗口中输入 peach,即可得到如下结果.

```
    >> peach
>The number of peaches is 11.
```

11.2　插值问题的 MATLAB 实现

11.2.1　MATLAB 自带的插值命令

命令 1　interp1

功能:一维数据插值.该命令对数据点之间计算内插值.它找出一元函数 f(x) 在中间点的数值.其中函数 f(x) 由所给数据决定.

格式:

`Yi=interp1(X,Y,Xi)`　　% 返回插值向量 Yi,每一元素对应于参量 Xi,同时由向量 X 与 Y 的内插值决定.参量 X 指定数据 Y 的点.若 Y 为一矩阵,则按 Y 的每列计算.Yi 是阶数为 length(Xi)*size(Y,2) 的输出矩阵.

`Yi=interp1(Y,Xi)`　　% 假定 X=1:N,其中 N 为向量 Y 的长度,或者为矩阵 Y 的行数.

Yi = interp1(X,Y,Xi,'method') % 用指定的算法计算插值：

nearest:最近邻点插值，直接完成计算；

linear:线性插值(缺省方式)，直接完成计算；

spline:三次样条函数插值.对于该方法，命令 interp1 调用函数 spline、ppval、mkpp、umkpp.这些命令生成一系列用于分段多项式操作的函数.命令 spline 用它们执行三次样条函数插值；

pchip:分段三次 Hermite 插值.对于该方法，命令 interp1 调用函数 pchip，用于对向量 x 与 y 执行分段三次内插值.该方法保留单调性与数据的外形；

cubic:与 pchip 操作相同；

对于超出 x 范围的 xi 的分量，使用方法 nearest、linear 的插值算法，相应地将返回 NaN.对其他的方法，interp1 将对超出的分量执行外插值算法.

Yi = interp1(X,Y,Xi,method,'extrap') % 对于超出 X 范围的 Xi 中的分量将执行特殊的外插值法 extrap.

Yi = interp1(X,Y,Xi,method,EXTRAPVAL) % 确定超出 X 范围的 Xi 中的分量的外插值 EXTRAPVAL，其值通常取 NaN 或 0.

【例 11.17】 函数为 $y = x\sin(x)$，使用分段线性插值(结果见图 11.5).

```
>> x = 0:10;y = x.*sin(x);
>> xx = 0:0.25:10;yy = interp1(x,y,xx);
>> plot(x,y,'kd',xx,yy)
```

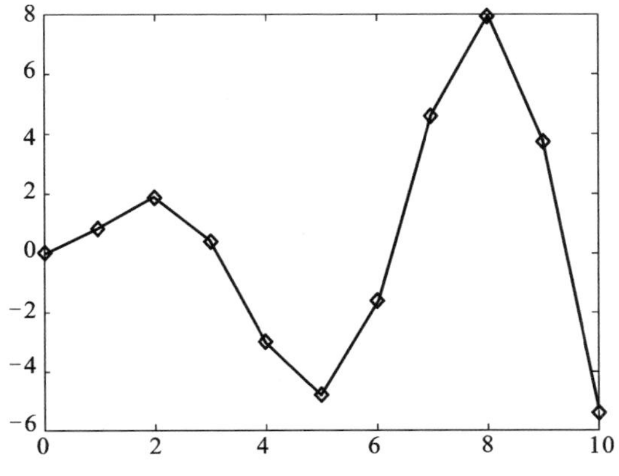

图 11.5 分段线性插值

命令 2 interp2

功能：二维数据内插值

格式：

Zi = interp2(X,Y,Z,Xi,Yi) % 返回矩阵 Zi，其元素包含对应于参量 Xi 与 Yi（可以是向量或同型矩阵）的元素，即 Zi(i,j) ← [Xi(i,j),Yi(i,j)]。用户可以输入行向量和列向量 Xi 与 Yi，此时，输出向量 Zi 与矩阵 meshgrid(Xi,Yi) 是同型的。同时取决于由输入矩阵 X、Y 与 Z 确定的二维函数 Z = f(X,Y)。参量 X 与 Y 必须是单调的，且相同的划分格式，就像由命令 meshgrid 生成的一样。若 Xi 与 Yi 中有在 X 与 Y 范围之外的点，则相应地返回 NaN(Not a Number)。

Zi = interp2(Z,Xi,Yi) % 缺省的，X = 1:n、Y = 1:m，其中[m,n] = size(Z)。再按第一种情形进行计算。

Zi = interp2(Z,n) % 作 n 次递归计算，在 Z 的每两个元素之间插入它们的二维插值，这样，Z 的阶数将不断增加。interp2(Z) 等价于 interp2(Z,1)。

Zi = interp2(X,Y,Z,Xi,Yi,'method') % 用指定的算法 method 计算二维插值：

linear：双线性插值算法（缺省算法）；

nearest：最临近插值；

spline：三次样条插值；

cubic：双三次插值。

利用二维数据的插值，可以很方便地解决第 2 章 2.1 节的低像素照片的插值问题。

【例 11.18】 对于 MATLAB 自建函数 peaks，作其二维插值图形（结果见图 11.6）。

```
>> [X,Y] = meshgrid(-3:0.25:3);
>> Z = peaks(X,Y);
>> [Xi,Yi] = meshgrid(- 3:0.125:3);
>> ZZ = interp2(X,Y,Z,Xi,Yi);
>> surfl(X,Y,Z);hold on;
>> surfl(Xi,Yi,ZZ+15)
>> axis([-3 3 -3 3 -5 20]);
   shading flat
```

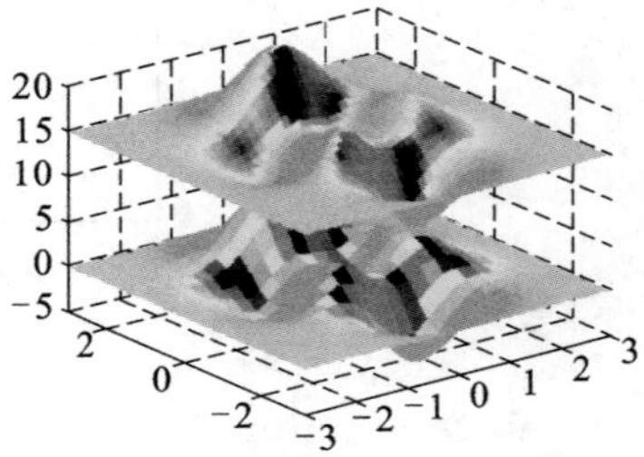

图 11.6 二维插值图

```
≫ hold off
```

二维插值图形如图 11.6 所示，其中，下面部分是插值数据点的曲面图形，上面部分则是插值后的曲面.

类似的，还有插值命令 interp3 和 interpn，其功能和使用格式读者可以使用 help interp3 或 help interpn 命令查看.

命令 3　spline

功能：三次样条数据插值.

格式：

yy = spline(x,y,xx)　　% 该命令用三次样条插值计算出由向量 x 与 y 确定的一元函数 y = f(x) 在点 xx 处的值.若参量 y 是一矩阵，则以 y 的一列和 x 配对，再分别计算由它们确定的函数在点 xx 处的值.yy 是一阶数为 length(xx)*size(y,2) 的矩阵.

pp = spline(x,y)　　% 返回由向量 x 与 y 确定的分段样条多项式的系数矩阵 pp，它可用于命令 ppval、unmkpp 的计算.

【**例** 11.19】　对离散地分布在 y = exp(x)sin(x) 函数曲线上的数据点进行三次样条插值计算(结果见图 11.7)：

```
≫ x =[0 2 4 5 8 12 12.8 17.2 19.9 20];y = exp(x).* sin(x);
≫ xx = 0:0.25:20;
≫ yy = spline(x,y,xx);
≫ plot(x,y,'o',xx,yy)
```

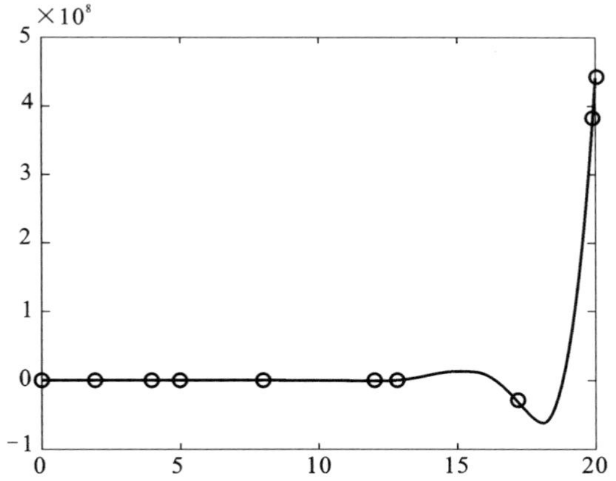

图 11.7　三次样条插值

11.2.2 拉格朗日插值与牛顿插值

1. 拉格朗日插值的源程序(lagrint.m)

```
function z=lagrint(x,y,x0)    %x是自变量,y是因变量,x0是求函数值的点.
n=length(x);
l=ones(1,n);
for i=1:n
    for j=1:n
      if j~=i
          l(i)=l(i)*(x0-x(j))/(x(i)-x(j));
      end
    end
end
z=y*l';
```

【例 11.20】 已知列表函数 y = f(x),其取值如表 11.1 所列.

表 11.1 列表函数 y = f(x)

x	1	2	3	4
y	0	−5	−6	3

试求拉格朗日插值多项式的值 L(1.5),L(2.5),L(3.5).

```
>> x=[1 2 3 4];y=[0 -5 -6 3];
>> lagrint(x,y,1.5)
    ans =
        - 2.6250
>> lagrint(x,y,2.5)
    ans =
        - 6.3750
>> lagrint(x,y,3.5)
    ans =
        - 3.1250
```

2. 牛顿插值的源程序(newtint.m)

```
function z=newtint(x,y,x0)    % x是自变量,y是因变量,x0是求函数值的点.
n=length(x);
```

```
A = zeros(n);                    % 均差表清零.
A(1,:) = y;                      % 均差表首行.
for i = 2:n                      % 以下是均差表的构造,注意是从第二
                                   行开始计算.
   for j = i:n
      A(i,j) = (A(i-1,j)-A(i-1,j-1))/(x(j)-x(j-i+1));
   end
end
b = zeros(1,n);                  %  b 记录系数(均差).
for i = 1:n
   b(i) = A(i,i);                %  b 取 A 的主对角线.
end
s = 1;
for i = 1:n
   c(i) = s;                     %  c 记录基函数.
   s = s * (x0-x(i));
end
c = c';
z = b * c;
```

【例 11.21】　已知函数 $y=f(x)$ 的数值表(表 11.2):

表 11.2　函数 $y=f(x)$ 的取值

x	0	1	2	3
y	1	2	17	64

试分别计算 $x=0.5$ 和 $x=2.5$ 时,$f(x)$ 的近似值.

```
>> x = [0 1 2 3];y = [1 2 17 64];
>> newtint(x,y,0.5)
   ans =
      0.8750
>> newtint(x,y,2.5)
   ans =
      35.3750
```

11.3　拟合与逼近的 MATLAB 实现

这里仅介绍最小二乘法拟合.

1. **MATLAB 自带的多项式拟合命令** polyfit

命令格式:p = polyfit(x,y,n),其中 x 和 y 为样本点向量,n 为所求多项式的阶数,p 为求出的多项式.

2. **自编拟合程序**(mypoly.m)

```
function  C = mypoly(X,Y,F)
A = F * F';B = F * Y';
C = A\B;
```

其中,输入变量:X,Y 分别是给定数据点的横坐标与纵坐标向量(1 × n);F 是函数值矩阵,可另建立以 M 文件方式的函数文件.

输出变量:C 是拟合函数的系数列表.

【例 11.22】　设有如下数据(表 11.3):

表 11.3　已知数据

x	0.24	0.65	0.95	1.24	1.73	2.01	2.23	2.52	2.77	2.99
y	0.23	−0.26	−1.10	−0.45	0.27	0.10	−0.29	0.24	0.56	1.00

要求用形如 $a\ln x + b\cos x + ce^x$ 的函数对上述数据做最小二乘拟合.

计算函数值矩阵 F 的 M 文件如下:

```
function F = polyfun(x)
F(1,:) = log(x);
F(2,:) = cos(x);
F(3,:) = exp(x);
```

调用 polyfun 和 mypoly 计算系数 a,b,c 的主程序为:

```
x = [0.24  0.65  0.95  1.24  1.73  2.01  2.23  2.52  2.77  2.99];
y = [0.23  -0.26  -1.10  -0.45  0.27  0.10  -0.29  0.24  0.56  1.00];
F = polyfun(x);
A = mypoly(x,y,F)
```

计算结果:

```
A =
-1.0410
-1.2613
0.0307
```

即所求的拟合函数为

$$f(x) = -1.0410\ln x - 1.2613\cos x + 0.0307e^x$$

下面描绘数据点与拟合函数曲线(结果见图 11.8):

```
z =-1.0410 *log(x) -1.2613 *cos(x) +0.0307 *exp(x);
plot(x,y,'r.','Markersize',22),hold on
plot(x,z,'LineWidth',2),hold off
axis([0.23,3,-1.2,1])
```

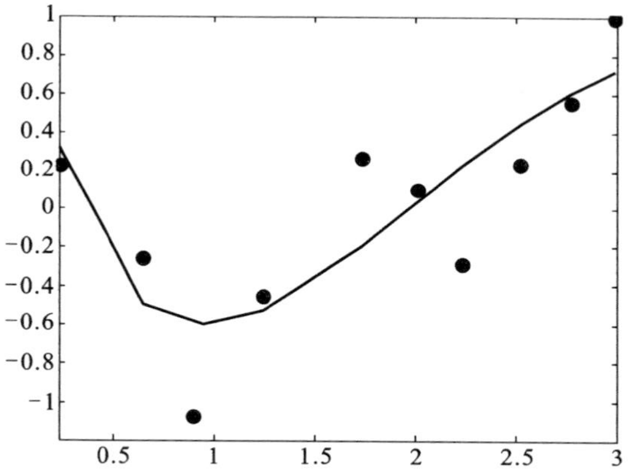

图 11.8 数据点与拟合函数曲线

以上程序也可用于求解直线拟合与多项式拟合问题.

11.4 数值积分的 MATLAB 实现

11.4.1 MATLAB 中的数值积分命令

1. 常用的命令

常用的命令为 quad(采用递推自适应 Simpson 法计算数值积分),命令调用格式如下:

```
s = quad(fun,a,b,tol,trace,p1,p2,…)
```

前三个输入参数是必需的,其中 fun 为被积函数,a、b 为积分上、下限.

tol 用于控制绝对误差,缺省时为默认精度为 10^{-6}.

trace 取非 0 值时,将随积分的进程逐点画出被积函数.

p1,p2,… 是向被积函数输送的参数.

【例 11.23】　计算 $I=\int_0^1 e^{-x^2}dx$ 的近似值，其精确值为 0.7468241328…

```
>> syms x;IS = int('exp(-x * x)','x',0,1)
>> vpa(IS)
```

(1) 符号解析法

```
IS =
1/2 * erf(1) * pi^(1/2)
ans =
    0.74682413281242702539946743613185
```

(2) 应用命令 quad 求解

```
>> fun = inline('exp(-x. *x)','x');
>> Isim = quad(fun,0,1)
Isim =
     0.7468
```

2. Romberg 积分算法

编制的简明 Romberg 积分算法程序(rombint. m)

```
function[s,n,t] = rombint(fun,a,b,tol)
format long
s = 10;
s0 = 0;
k = 2;
t(1,1) = (b-a) *(fun(a)+ fun(b))/2;
while(abs(s-s0) > tol)
  h = (b-a)/2^(k-1);
  w = 0;
  if(h ~ =0)
      for i = 1:(2^(k-1)-1)
        w = w+fun(a+i*h);
    end
    t(k,1) = h *(fun(a)/2+w+fun(b)/2);
    for l = 2:k
        for i = 1:(k-l+1)
            t(i,l) = (4^(l-1) *t(i+1,l-1)-t(i,l-1))/(4^(l-1)-1);
        end
    end
    s = t(1,k);
```

```
    s0 = t(1,k-1);
    k = k+1;
    n = k-1;
    else  s = s0;
       n = -k;
    end
end
```

说明:fun 表示被积函数,a、b 分别为积分上、下限,tol 为误差上限.

【例 11.24】 试用 Romberg 算法计算 $I=\int_0^1 e^{-x^2}dx$ 的近似值,精确到小数点后面 5 位.

```
>> fun = inline('exp(-x.*x)','x');
>> [s,n,t] = rombint(fun,0,1,1e-5)
s =
  0.74682401848228
n =
    4
t =

0.68393972058572  0.74718042890951  0.74683370984975  0.74682401848228

0.73137025182856  0.74685537979099  0.74682416990990                0

0.74298409780038  0.74682612052747                 0                0

0.74586561484570                 0                 0                0
```

注:进行 3 次对半分割(积分区间 8 等分,应用 9 个节点),得到近似值 0.74682(有 5 位有效数字),输出参数 t 的结果为第一列——复化梯形法的结果,第二列——复化 Simpson 法的结果,第三列——复化 Cotes 公式的结果,第四列——Romberg 公式的结果.

11.4.2 实际问题的求解

在第 4 章 4.1 中,提出了一个计算神舟十号的椭圆轨道周长的问题.

【例 11.25】 计算神舟十号发射初始的椭圆轨道的周长.

```
>> fun = inline('sqrt(1-(65/(6371+(330+200)/2)*cos(t))^2)','t');
>> s1 = rombg(fun,0,pi/2,1e-10);
>> s = 4*(6371+(200+330)/2)*s1
```

```
s =
    4.169421758772067e+004
```

神舟十号载人飞船在椭圆轨道飞行一圈的公里数约为 4.17×10^4 km.

11.5 线性方程组直接解法的 MATLAB 实现

11.5.1 MATLAB 中与方程组有关的命令

1. **向量与矩阵的范数**(norm)

命令格式:norm(V,P) 求向量 V 的 P- 范数,P = 1,2,…,inf

norm(A,P) 求矩阵 A 的 P- 范数,P = 1,2 或 inf

2 **矩阵的条件数**(cond)

命令格式:cond(A,P) 求矩阵 A 的 P- 条件数,P = 1,2 或 inf

3. LU **分解**(LU)

命令格式:[L,U,P] = lu(A)　　%LU = PA,其中 L 为主对角元为 1 的下三角阵,U 是上三角阵,P 是由 0 和 1 组成的行置换矩阵.

11.5.2 Gauss 消去法的程序清单

高斯顺序消去法:

```
function x = gauss(a,b,flag)
% 线性方程组求解的顺序高斯消去法,a 为系数矩阵,b 为常向量.
%flag 若为 0,则显示中间过程,否则不显示,x 为解.
[na,m] = size(a);n = length(b);
if na ~ =m,error('系数矩阵必须是方阵');return;end
if n ~ =m,error('系数矩阵 a 的列数必须等于 b 的行数');
return; end
if nargin < 3,flag = 0;end;
a =[a,b];
for k = 1:(n-1)
a((k+1):n,(k+1):(n+1)) = a((k+1):n,(k+1):(n+1)) -a((k+1):n,
k)/a(k,k)*a(k,(k+1):(n+1));
```

```
    a((k+ 1):n,k) = zeros(n-k,1);
    if flag==0,a,end
end
x=zeros(n,1);x(n)=a(n,n+1)/a(n,n);
    for k=n-1:-1:1
    x(k,:)=(a(k,n+1)-a(k,(k+1):n)*x((k+1):n))/a(k,k);
end
```

用上面的程序,来计算第 5 章 5.1 节引例中的线性方程组.

【例 11.26】 用高斯消去法求解线性方程组

$$\begin{cases}3x+2y+z=39\\2x+3y+z=34\\x+2y+3z=26\end{cases}$$

```
>> format;a=[3 2 1;2 3 1;1 2 3];b=[39;34;26];
x=gauss(a,b)
```

运行程序,得到结果:

```
a =
    3.0000    2.0000    1.0000    39.0000
    0         1.6667    0.3333    8.0000
    0         1.3333    2.6667    13.0000
a =
    3.0000    2.0000    1.0000    39.0000
    0         1.6667    0.3333    8.0000
    0         0         2.4000    6.6000
x =
    9.2500
    4.2500
    2.7500
```

11.6 线性方程组迭代解法的 MATLAB 实现

11.6.1 雅可比迭代法的程序清单(jacobi.m)

```
function [x,k]=jacobi(a,b)
% 求解线性方程组的 Jacobi 迭代法,a 为系数矩阵,b 为常向量.
```

```
% e 为精度要求(默认 1e-5),m 为迭代次数上限(默认 200).
n=length(b);m=200;e=le-6;x0=zeros(n,1);
k=0;x=x0;x0=x+2*e;d=diag(diag(a));l=-tril(a,-1);
u=-triu(a,1);
while norm(x0-x,inf)>e&k<m,k=k+1;x0=x;
    x=inv(d)*(l+u)*x+inv(d)*b;
    k,
    disp(x'),
end;
if k==m,error('失败或已达迭代次数上限');end
```

【例 11.27】　用雅可比迭代法求解线性方程组

$$\begin{cases} 4x+y+z=2 \\ x+4y+z=-4 \\ x+y+4z=-4 \end{cases}$$

```
>> format long;a=[4 1 1;1 4 1;1 1 4];b=[2;-4;-4];
[x,k]=jacobi(a,b)
x =
  1.000000317890226
  - 0.999999682107955
  - 0.999999682107955
k =
  20
```

11.6.2　高斯-赛德尔迭代法的程序清单(Gau_Sed.m)

```
function [x,k]=Gau_Sed(a,b,x0,e,m)
% 求解线性方程组的 Guass-Seidel 迭代法,a 为系数矩阵,b 为常向量.
% e 为精度要求(默认 le-5),m 为迭代次数上限(默认 200).
n=length(b);if nargin<5,m=200;end;
if nargin<4,e=le-5;end;if nargin<3,x0=zeros(n,1);end;
k=0;x=x0;x0=x+2*e;al=tril(a);ial=inv(al);
while norm(x0-x,inf)>e&k<m,k=k+1;x0=x;
x=-ial*(a-al)*x0+ial*b;
disp(x'),end
if k==m,error('失败或已达迭代次数上限');end
```

【例 11.28】 用高斯-赛德尔迭代法求解例 11.27 中的线性方程组.

```
>> format long;a=[4 1 1;1 4 1;1 1 4];b=[2;-4;-4];x0=[0;0;0];e=1e-5;m=200;
[x,k]=Gau_Sed(a,b,x0,e,m)
```

运行后,输出结果:

```
x =
   0.999998230756319
  - 0.999998984743797
  - 0.999999811503130
k =
     7
```

11.7 非线性方程求根问题的 MATLAB 实现

11.7.1 MATLAB 中的与方程实根有关的命令

1. solve **指令**

命令格式:`S = solve('eq1','eq2',…,'eqn','v1','v2',…,'vn')` 求方程组关于指定变量的解.

【例 11.29】 求方程组 $uy^2+vz+w=0, y+z+w=0$ 关于 y,z 的解.

```
>> [y,z]=solve('u*y^2+v*z+w=0','y+z+w= 0','y','z')
```

输出结果:

```
y =
(v+2*u*w+(v^2+4*u*w*v-4*u*w)^(1/2))/(2*u)-w
(v+2*u*w-(v^2+4*u*w*v-4*u*w)^(1/2))/(2*u)-w
z =
-(v+2*u*w+(v^2+4*u*w*v-4*u*w)^(1/2))/(2*u)
-(v+2*u*w-(v^2+4*u*w*v-4*u*w)^(1/2))/(2*u)
```

2. fzero **命令**

命令格式:`z = fzero(fun,x0)`

或`[z,f_z,exitflag,output] = fzero(fun,x0,options,p1,p2,…)`

可以用于求一元函数的零点.

11.7.2　二分法和牛顿切线法的源程序

1. 二分法的源程序(bisect. m)

```
function x = bisect(fname,a,b,e)
% 方程求根的二分法,fname 为需要求根的函数名,a、b 为区间端点,e 为精度要求
if nargin < 4,e = 1e-4;end;
fa = feval(fname,a);fb = feval(fname,b);
if fa * fb > 0,error('两端函数值为同号');end
k = 0;x = (a+b)/2;
while(b-a) > (2 *e)
    fx = feval(fname,x);
    if fa * fx < 0,b = x;fb = fx;else a = x;fa = fx;end
    k = k+1;x = (a+b)/2
end
```

【例 11.30】　用二分法求方程 $f(x) = x^3 + 10x - 20 = 0$ 在[1,2]内的一个实根,要求误差不超过$\frac{1}{2} \times 10^{-4}$.

```
>> format long;fname = inline('x *x *x+10 *x-20')
x = bisect(fname,1,2,0.5e-4)
```

运行结果如下:

```
x =
  1.594573974609375
```

2. 牛顿法的源程序(newteq. m)

```
function r = newteq(fun,x0,xtol,ftol,verbose)
if nargin < 3,xtol = 5 * eps;end
if nargin < 4,ftol = 5 * eps;end
if nargin < 5,verbose = 0;end
xeps=max(xtol,5 *eps);feps=max(ftol,5 *eps);   % Smallest tols are 5 *eps
if verbose
  fprintf('\nNewton iterations for %s.m\n',fun);
  fprintf('k f(x) dfdx x(k+1)\n');
end
x = x0;k = 0;maxit = 15;   %Initial guess,current and max iterations
```

```
  while k<=maxit
    k=k+1;
    [f,dfdx]=feval(fun,x);  %Returns f(x(k-1)) and f'(x(k-1))
    dx=f/dfdx;
    x=x-dx;
    if verbose,fprintf('%3d%12.3e%12.3e%18.14f\n',k,f,dfdx,x);
end
    if(abs(f)<feps)|(abs(dx)<xeps),r=x;return;end end
    warning(sprintf('root not found within tolerance after %d
iterations\n', k));
```

11.7.3 实际问题的求解

第 7 章 7.1 中,列举了行星运动方程 $x-t-\varepsilon\sin x=0, 0<\varepsilon<1$,现取 $\varepsilon=\frac{1}{2}$.

【例 11.31】 求行星运动方程 $x-t-\frac{1}{2}\sin x=0$ 当 $t=1$ 时的角度 x.

显然方程在(1,2)内有唯一实根,下面我们用牛顿切线法求出这个根的近似值.

将函数 f(x) 及其导函数存在一个函数文件中(newteqeg. m)

```
function [y,dydx]=newteqeg(x)
y=x-1-1/2*sin(x);
dydx=1-1/2*cos(x);
>> newteq('newteqeg',0)
ans=
  1.4987
```

11.8 常微分方程问题的 MATLAB 实现

11.8.1 常微分方程数值解法的源程序清单

1. Euler **方法**

```
function [t,y]=odeEuler(diffeq,tn,h,y0)
t=(0:h:tn)';          %Column vector of elements with spacing h
n=length(t);          %Number of elements in the t vector
```

```
y=y0*ones(n,1);   %Preallocate y for speed
%Begin Euler scheme; j=1 for initial condition
for j=2:n
    y(j)=y(j-1)+h*feval(diffeq,t(j-1),y(j-1));
end
```

2. 四阶 RK 方法的源程序(odeRK4.m)

```
function [t,y]=odeRK4(diffeq,tn,h,y0)
t=(0:h:tn)';         %Column vector of elements with spacing h
n=length(t);         %Number of elements in the t vector
y=y0*ones(n,1);      %Preallocate y for speed
h2=h/2;h3=h/3;h6=h/6; %Avoid repeated evaluation of constants
%Begin RK4 integration; j=1 for initial condition
for j=2:n
    k1=feval(diffeq,t(j-1),y(j-1));
    k2=feval(diffeq,t(j-1)+h2,y(j-1)+h2*k1);
    k3=feval(diffeq,t(j-1)+h2,y(j-1)+h2*k2);
    k4=feval(diffeq,t(j-1)+h,y(j-1)+h*k3);
    y(j)=y(j-1)+h6*(k1+k4)+h3*(k2+k3);
end
```

【例 11.32】 应用 4 阶 RK 方法求解初值问题

$$\begin{cases} y' = x - y^2, 0 \leqslant x \leqslant 1 \\ y|_{x=0} = 1 \end{cases} \quad (取步长\ h = 0.1)$$

方程右边函数文件(odefun.m)

```
function f=odefun(x,y)
f=x-y*y;
>>[t,y]=odeRK4('odefun',1,0.1,1)
```

运算结果:

```
t=
    0  0.1000  0.2000  0.3000  0.4000  0.5000  0.6000  0.7000
    0.8000  0.9000  1.0000
y=
    1.0000  0.9138  0.8512  0.8076  0.7798  0.7653  0.7621
    0.7686  0.7835  0.8055  0.8334
```

11.8.2 实际问题的求解

第 8 章 8.1 中提出的问题可以归结为求解一阶微分方程组.

【例 11.33】 求解 $\begin{cases} y'_1 = y_2 \\ y'_2 = 10 - \dfrac{3}{14}(y_1 + |y_1|) - \dfrac{1}{70}(y_2 + |y_2|y_2) \end{cases}$.

在初始条件 $y_1(0) = -30, y_2(0) = 0$ 下的特解.

方程右边函数文件(odeeg.m)

```
function dy = odeeg(t,y)
dy = zeros(2,1);
dy(1) = y(2);
dy(2) = 10-3/14*(y(1)+abs(y(1)))-y(2)/70*(1+abs(y(2)));
```

调用 MATLAB 自建函数 ode45 解此一阶微分方程组(结果见图 11.9).

```
>> [t y] = ode45('odeeg',[0 100],[-30 0]);
>> plot(t,y(:,1));grid
>> xlabel('时间 t');ylabel('蹦极者位置 x');
```

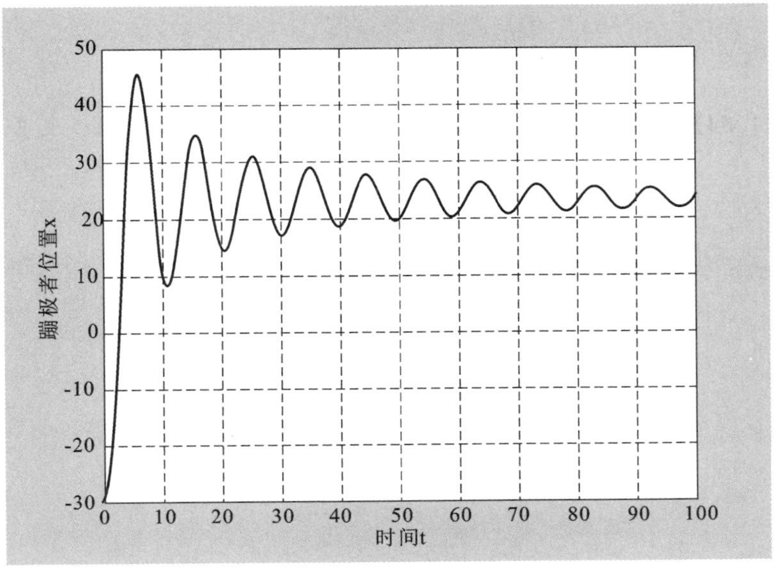

图 11.9 运动曲线图

11.9　矩阵特征值问题的 MATLAB 实现

11.9.1　矩阵特征值数值解法源程序

幂法求按模最大特征值的源程序(powerit. m):

```
function [m,u] = pow(a,e,it)
if nargin < 3,it = 200;end;if nargin < 2,e = 1e-5;end;
n = length(a);u = ones(n,1);k = 0;m1 = 0;
while k < = it v= a * u;m = max(abs(v));u = v/m;
if abs(m-m1) < e index = 1;break;end;
m1 = m;k = k+1;
end
```

11.9.2　实际问题的求解

第 9 章 9.1 中,求矩阵的特征值和特征向量的问题.

【例 11.34】　用幂法求矩阵 $B=\begin{pmatrix}0 & 1\\ 1/2 & 1/2\end{pmatrix}$ 的按模最大特征值及其对应的特征向量.

```
>> format long;a =[0 1;1/2 1/2];
>> [m,u] = pow(a,1e- 5,9)
  m =
    1
  u =
    1
    1
```

小　结　11

本章介绍了 MATLAB 的基础知识(包括:运算符、函数命令、函数库,利用运算符号和函数库可使程序相当简短);矩阵与数组的运算;二维和三维图形的描绘;

for 语句、while 语句、if 和 break 语句的使用等等.

针对数值计算的各种基本方法,介绍了相应方法的 MATLAB 实现.通过讲解 MATLAB 的基本命令的使用方法,通过用 MATLAB 解决各类问题的应用实例,展示了 MATLAB 强大的解决实际问题的能力.各节都配有常用的程序,并且所有程序都已调试通过.

习　题　11

1. 计算 $y = (2\pi + 9^3)/7$.

2. 计算 $y = \sin\frac{2\pi}{9}$.

3. 设 $A = \begin{pmatrix} 2 & 1 \\ 4 & 3 \end{pmatrix}$,试计算 A^2.

4. 画出函数 $y = e^x \sin 2x$ 在区间[0,3]上的曲线.

5. 计算 $\sum_{i=1}^{8} i!$ 的值.

6. 一种商品的需求量与其价格有一定的关系.现对一定时期内的商品价格(x)与需求量(y)进行观察,取得以下样本数据(表 11.4).

表 11.4　样本数据

价格 x(元)	2	3	4	5	6	7	8	9	10	11
需求量 y(公斤)	58	50	44	38	34	30	29	26	25	24

分别用拉格朗日插值、牛顿插值求出任意两个相邻价格中点处的需求量.

7. 对第 6 题的数据点分别作出直线、抛物线、三次多项式拟合.

8. 1601 年,德国天文学家开普勒发表了行星运行第三定律:$T = Cx^{3/2}$,其中,T 为行星绕太阳旋转一周的时间(单位:天),x 表示行星到太阳的平均距离(单位:百万公里),并测得水星、金星、地球、火星的数据(x,T)分别为(58,88)、(108,225)、(150,365)、(228,687).

(1) 用最小二乘法估计 C 的值;

(2) 分别作出上述数据点的直线、抛物线、三次多项式拟合;

(3) 用函数 $y = ae^x + bx + c$ 来对数据点进行曲线拟合.

9. 计算 $\Phi(1) = \int_{-\infty}^{1} \frac{1}{\sqrt{2\pi}} e^{-\frac{t^2}{2}} dt = \frac{1}{2} + \int_{0}^{1} \frac{1}{\sqrt{2\pi}} e^{-\frac{t^2}{2}} dt$ 的近似值.

10. 计算椭圆的周长 $s = \int_0^{2\pi} \sqrt{1 - \frac{1}{6^2}\cos^2\theta d\theta}$.

11. 用高斯消去法求解线性方程组

$$\begin{cases} x + 2y + 3z = 2 \\ 4x + 5y + 6z = 5 \\ 7x + 9y + 16z = 14 \end{cases}$$

12. 用雅可比迭代法和高斯-赛德尔迭代法求解线性方程组

$$\begin{pmatrix} 7 & 1 & 2 \\ 1 & 8 & 2 \\ 2 & 2 & 9 \end{pmatrix} \begin{pmatrix} x_1 \\ x_2 \\ x_3 \end{pmatrix} = \begin{pmatrix} 0 \\ 1 \\ 0 \end{pmatrix}$$

13. 用二分法和牛顿法求方程 $\sin x - \frac{x^2}{2} = 0$ 的实根，要求误差不超过 10^{-4}.

14. 用欧拉法求解初值问题 $\begin{cases} y' = x^2 - y, 0 \leqslant x \leqslant 1 \\ y\,|_{x=0} = 1 \end{cases}$ （取步长 $h = 0.1$）.

15. 用 4 阶龙格-库塔公式求解第 14 题.

16. 用幂法求矩阵 $A = \begin{pmatrix} 1 & 2 & 3 \\ 4 & 5 & 6 \\ 7 & 8 & 9 \end{pmatrix}$ 的按模最大特征值及其对应的特征向量.

参考答案

习题 1

1. $|a|$ 和 $|b|$ 很大时 a^2,b^2 不能表示；$|a|$ 和 $|b|$ 很小时机器令 $a^2=0,b^2=0$，结果除数为 0；

   避免法：先求 $c=\max\{|a|,|b|\}$，再算 $y=\frac{a}{c}\Big/\sqrt{\left(\frac{a}{c}\right)^2+\left(\frac{b}{c}\right)^2}$.

2. (1)15.87； (2)16.00； (3)9046×10^4；

   (4)9047×10^4； (5)9046×10^4； (6)1000； (7)1001.

3. $\ln2\approx0.693$.

4. 1.41，1.414，1.4142，1.41421；3，4，5，6；

   1.42，1.414，1.4142，1.41422；

   1.414 和 1.4142 是 $\sqrt{2}$ 的近似有效数.

5. (1)0.5，0.02%，4；(2)0.5×10^{-5}，0.9×10^{-3}，3；

   (3)5，0.3×10^{-3}，4；(4)0.5×10^{-3}，0.2×10^{-3}，4；

   (5)0.05，0.5×10^{-4}，5.

6. 分别具有 4 位、3 位和 3 位有效数字.

7. 绝对误差限 0.01，相对误差限为 1.

8. 0.9659×10^{-4}，至少 3 位(实际 5 位).

9. 0.005cm.

10. 绝对误差限为 27.50(m^3)，相对误差限为 1.1×10^{-3}.

11. 方法 1：直接相减 0.10000×10^{-5}；

    方法 2：恒等变形，近似计算：$\frac{1}{994}-\frac{1}{995}=\frac{1}{994\times995}\approx0.10111\times10^{-5}$

    而精确值是 $0.10110916\cdots\times10^{-5}$，可见方法 1 不如方法 2 好. 主要原因是：方法 1 将两个相近的数直接相减，造成了有效数字的损失.

12. $x_1=28+\sqrt{783}\approx55.982$，$x_2=\frac{1}{x_1}\approx0.017863$.

13.
$$\int_N^{N+1}\frac{dt}{1+t^2}=\arctan(\tan(\arctan(N+1)-\arctan N))$$
$$=\arctan\frac{(N+1)-N}{1+(N+1)N}=\arctan\frac{1}{1+(N+1)N}$$

14. (1)B，避免相近数相减；(2)C，避免小除数和相近数相减；

    (3)A，避免相近数相减；(4)C，避免小除数和相近数相减，且节省对数运算.

15. (1)A， (2)B.

16. (1)$y=x-5$，$(((y+9)y+7)y+6)y+4$；

(2)$S_0 = T_0 = 1$，对 $i = 1 \sim n$ 令 $T_i = xT_{i-1}/i, S_i = S_{i-1} + T_i$；

(3)$S = \left(1 + \frac{1}{2} - \frac{1}{100} - \frac{1}{101}\right)/2$

(4)$\boldsymbol{A}(\boldsymbol{B\alpha})$

习题 2

1. $L_2(2.1) = 5.17$.

2. (1) 线性插值 -0.656683；(2) 抛物插值 -0.653417，准确值 -0.653926.

3. $\pm 0.9, 0, 2, 1.04666\cdots$

4. (1)$x^2(x-2)^2$，　(2)$x(1-x)^3$，　(3)$x^2(1-x)/2$.

5 (1)$f[2^0,2^1] = 26, f[2^0,2^1,\cdots,2^5] = 1, f[2^0,2^1,\cdots,2^6] = 0$

(2)$f[0,1] = 0, f[1,2,\cdots,6] = 1, f[0,1,\cdots,6] = 0$

6. (1)$N_3(x) = x^3 + x^2 - x + 2, N_4(x) = \frac{5}{12}x^4 - \frac{7}{3}x^3 + \frac{97}{12}x^2 - \frac{31}{6}x + 2$.

(2)$N_3(x) = x^3 + 9x^2 + 9x + 5, N_4(x) = -\frac{11}{12}x^4 - \frac{5}{6}x^3 + \frac{119}{12}x^2 + \frac{65}{6}x + 5$.

7. (1) 差商表如下：

i	x_i	$f(x_i)$	$f[x_{i-1}, x_i]$	$\cdots$			
0	0	-7					
1	1	-4	3				
2	2	5	9	3			
3	3	26	21	6	1		
4	4	65	39	9	1	0	
5	5	128	63	12	1	0	0

(2)$N_3(x) = x^3 + 2x - 7$

(3)$x = 2.7782135634$

8. (1)$H_3(0.27) = 0.0728362$

(2)$H_3(0.36) = 0.129255$

9. $H_2(x) = 0.4 - 0.3x + 0.2x^2, f(2.2) \approx 0.708$

10. $H_3(x) = (x+1)(x-1)^2, f(0.5) \approx H_3(0.5) = 0.375$

11. $P_4(x) = x^2(x^2 - 3x + 1.5)$

12. $f(1.075) \approx 2.16, f(1.175) \approx 2.245$

13. 15.83, 0.002.

14. (1)2.374626, 0.217463；(2)1.195788, 0.002467；(3)1.194730.

15. $S(x) = \begin{cases} S_0(x) = -104.850 + 292.125x - 268.125x^2 + 81.25x^3, x \in [1.1, 1.2] \\ S_1(x) = 143.55 - 328.875x + 249.375x^2 - 62.5x^3, x \in [1.2, 1.4] \\ S_2(x) = -148.0 + 295.875x - 196.875x^2 + 43.75x^3, x \in [1.4, 1.5] \end{cases}$

16. (1) $M_0 = -2.0286, M_1 = -1.4627, M_2 = -1.0334, M_3 = -0.8058, M_4 = -0.6546$；

(2)$M_1 = -1.4686, M_2 = -1.0311, M_3 = -0.8082$.

17. (1)$(M_0, M_1, M_2, M_3, M_4)^T = \left(\frac{27}{14}, \frac{15}{7}, \frac{15}{2}, \frac{27}{7}, \frac{435}{14}\right)^T$;

(2)$(M_0, M_1, M_2, M_3, M_4)^T = \left(0, \frac{39}{14}, \frac{48}{7}, \frac{81}{14}, 24\right)^T$.

习题 3

1. $y = 0.1 - 0.2x$
2. $y = 0.2 + 0.5x - 0.1x^2$
3. $y = 0.9726045 + 0.0500351x^2$,平方误差 0.130207526
4. $y = 1.41841 - 0.204962x^3$
5. $y = 0.529 - \frac{0.212}{x}$
6. $y = 2.973 + 0.531\ln x$
7. 二次最佳平方逼近多项式为 $P(x) = 0.647919 + 0.528123x - 0.031248(3x^2 - 1)$

   其平方误差为 $0.062495 \times 0.037497 \approx 0.00129$

习题 4

1. (1)$A_1 = A_2 = \frac{4}{3}, A_2 = -\frac{2}{3}$;

   (2)$A_0 = A_2 = h/3, A_1 = 4h/3$;

   (3)$\int_a^b f(x)\mathrm{d}x \approx \frac{b-a}{6}[4f(a) + 2f(b) + (b-a)f'(a)]$;

   (4)$A_0 = A_1 = h/2, B_0 = -B_1 = h^2/12$.

2. $\int_0^{3h} f(x)\mathrm{d}x \approx \frac{3h}{8}[f(0) + 3f(h) + 3f(2h) + f(3h)]$
3. $\int_{-1}^{1} f(x)\mathrm{d}x \approx \frac{1}{15}[7f(-1) + 16f(0) + 7f(1) + f'(-1) - f'(1)]$
4. 69 等分.
5. (1)1.369459,1.370763;(2)0.270769,0.272197;

   (3)0.822866,0.822469;(4)0.694122,0.693155.
6. 0.5735959,0.5773783
7. 0.221
8. (1)0.619017;(2)0.709275
9. (1)$S(f) = 0.236564$;(2)$S(f) = 0.820378$;(3)$S(f) = 0.0410119$;(4)$S(f) = 0.0378622$
10. (1)1.369459,0.001304;(2)0.270769,0.001437;

    (3)0.822866,−0.000397;(4)0.694122,−0.000967.
11. (1)1.370761,(2)0.272197,(3)0.822467,(4)0.693148.
12. $T_1(h) = \frac{4T(\frac{h}{2}) - T(h)}{4-1}, T_2(h) = \frac{4^2 T_1(\frac{h}{2}) - T_1(h)}{4^2-1}, T_3(h) = \frac{4^3 T_2(\frac{h}{2}) - T_2(h)}{4^3-1}$
13. (1)1.370762,(2)0.272203,(3)0.822467,(4)0.693146.
14. (1)$A_0 = 2/3, x_0 = 0; A_1 = A_2 = 1/3, x_2 = -x_1 = -\sqrt{3/5}$;

(2)$A_0 = 2/3, x_0 = 0.6; x_{1,2} = \frac{5}{9} \mp \frac{\sqrt{280}}{63}, A_{1,2} = \frac{1}{3} \mp \frac{\sqrt{280}}{300}$.

15. $a_1 = \frac{5}{9}, a_2 = \frac{8}{9}, a_3 = \frac{5}{9}$. 代数精度 5.

16. $\int_{-1}^{1} f(x)\mathrm{d}x = \frac{2}{3}\left[f\left(-\frac{\sqrt{2}}{2}\right) + f(0) + f\left(\frac{\sqrt{2}}{2}\right)\right]$

17. $-0.8; 0.3; -0.25$

18. 12.01;12.0001

习题 5

1. $\boldsymbol{x} = (-227.08, 476.92, -177.69)^{\mathrm{T}}$

2. $\boldsymbol{x} = (1.335, 0, -5.003)^{\mathrm{T}}; x = (0.2252, 0.2790, 0.3295)^{\mathrm{T}}$

3. $\boldsymbol{x} = (1.930, -0.68695, 0.88888)^{\mathrm{T}}$

4. $\boldsymbol{A} = \begin{pmatrix} 1 & 2 & 3 \\ 2 & 7 & 7 \\ -1 & 4 & 5 \end{pmatrix} = \begin{pmatrix} 1 & 0 & 0 \\ 2 & 1 & 0 \\ -1 & 2 & 1 \end{pmatrix} \begin{pmatrix} 2 & 2 & 3 \\ 0 & 3 & 1 \\ 0 & 0 & 6 \end{pmatrix}$

5. $\boldsymbol{x} = (\frac{1}{2}, 1, \frac{1}{2})^{\mathrm{T}}$

6. $\boldsymbol{A}$ 不能分解；$\boldsymbol{B} = \begin{pmatrix} 1 & 0 & 0 \\ 2 & 1 & 0 \\ 2 & l_{32} & 1 \end{pmatrix} \begin{pmatrix} 1 & 1 & 1 \\ 0 & 0 & -1 \\ 0 & l_{32} & -2 \end{pmatrix}$，$l_{32}$ 为一任意常数，分解不唯一；

$\boldsymbol{C} = \begin{pmatrix} 1 & 0 & 0 \\ 2 & 1 & 0 \\ 6 & 3 & 1 \end{pmatrix} \begin{pmatrix} 1 & 2 & 6 \\ 0 & 1 & 3 \\ 0 & 0 & 1 \end{pmatrix}$

7. $\boldsymbol{A} = \begin{pmatrix} 2 & & & \\ 4 & 3 & & \\ 2 & -3 & 4 & \\ 6 & 6 & 4 & 5 \end{pmatrix} \begin{pmatrix} 1 & 0 & \frac{1}{2} & \frac{3}{2} \\ & 1 & -\frac{1}{3} & \frac{1}{3} \\ & & 1 & \frac{1}{2} \\ & & & 1 \end{pmatrix}, \boldsymbol{x} = \begin{pmatrix} -1 \\ 5 \\ 0 \\ 2 \end{pmatrix}, \boldsymbol{y} = \begin{pmatrix} 1 \\ 1 \\ 1 \\ -1 \end{pmatrix}$

8. $\boldsymbol{A} = \begin{pmatrix} 1 & & & \\ 2 & 1 & & \\ 3 & 2 & 1 & \\ 4 & 3 & 1 & 1 \end{pmatrix} \begin{pmatrix} 1 & & & \\ & -1 & & \\ & & -1 & \\ & & & 1 \end{pmatrix} \begin{pmatrix} 1 & 2 & 3 & 4 \\ & 1 & 2 & 3 \\ & & 1 & 1 \\ & & & 1 \end{pmatrix}, \boldsymbol{x} = \begin{pmatrix} 1 \\ 2 \\ 3 \\ 4 \end{pmatrix}$

9. $\boldsymbol{x} = (-\frac{9}{4}, 4, 2)^{\mathrm{T}}$

10. $\boldsymbol{A} = \begin{pmatrix} 1 & 0 & 0 \\ 2 & 1 & 0 \\ 1 & -2 & 1 \end{pmatrix} \begin{pmatrix} 1 & 0 & 0 \\ 0 & 1 & 0 \\ 0 & 0 & -4 \end{pmatrix} \begin{pmatrix} 1 & 2 & 1 \\ 0 & 1 & -2 \\ 0 & 0 & 1 \end{pmatrix}, x_1 = 2, x_2 = 0, x_3 = 2.$

11. $\boldsymbol{x} = (\frac{5}{6}, \frac{2}{3}, \frac{1}{2}, \frac{1}{3}, \frac{1}{6})^{\mathrm{T}}$

12. $\|\boldsymbol{A}\|_\infty = 1.1$，$\|\boldsymbol{A}\|_1 = 0.8$，$\|\boldsymbol{A}\|_F = \sqrt{0.71} = 0.84$，$\|A\|_2 = \sqrt{0.68534} = 0.82785$

13. $\boldsymbol{x} = (4,3)^{\mathrm{T}}$，$(\boldsymbol{x}+\delta\boldsymbol{x}) = (8,6)^{\mathrm{T}}$，$\dfrac{\|\delta\boldsymbol{x}\|}{\|\boldsymbol{x}\|} \leqslant 10274$.

习题 6

1. $\boldsymbol{x}^* = (1,1,-1)^{\mathrm{T}}$

2. 计算可得 $\rho(J) = \dfrac{\sqrt{30}}{2}$，$\rho(G) = \dfrac{15}{2}$，所以雅可比和 G-S 法均发散.

3. 发散；加工成对角占优的同解方程组.

4. 雅可比法与高斯-赛德尔法均收敛. 雅可比迭代到 18 次有 $\|\boldsymbol{x}^{(17)} - \boldsymbol{x}^{(18)}\| \leqslant 0.4145\times10^{-4}$
   高斯-赛德尔迭代法 $\|\boldsymbol{x}^{(7)} - \boldsymbol{x}^{(8)}\|_\infty \leqslant 0.9156\times10^{-4}$

5. (1)$\boldsymbol{x}^{(8)} = (0.8599,1.1798,1.2197)^{\mathrm{T}}$，$\|\boldsymbol{x}^{(8)} - \boldsymbol{x}^{(7)}\|_\infty = 0.0006 < 10^{-3}$，所以 $\boldsymbol{x}^* = \boldsymbol{x}^{(8)}$；
   (2)$\boldsymbol{x}^{(5)} = (0.8599,1.1799,1.2199)^{\mathrm{T}}$，$\|\boldsymbol{x}^{(5)} - \boldsymbol{x}^{(4)}\|_\infty = 0.00074 < 10^{-3}$，所以 $\boldsymbol{x}^* = \boldsymbol{x}^{(5)}$.

6. 方程组的雅可比法收敛，高斯-赛德尔法不收敛.

7. 雅可比法收敛的充要条件是 $|\alpha\beta| < \dfrac{100}{3}$，高斯-赛德尔法收敛得充要条件是 $|\alpha\beta| < \dfrac{100}{3}$.

8. SOR 迭代法迭代 7 次后分别为
   $\omega = 1$，$\boldsymbol{x}^{(7)} = (3.0134110,3.9888241,-5.0027940)^{\mathrm{T}}$
   $\omega = 1.25$，$\boldsymbol{x}^{(7)} = (3.0000498,4.0002586,-5.0003486)^{\mathrm{T}}$
   若要精确到小数后 7 位，对 $\omega = 1$（即高斯-赛德尔法）需迭代 34 次，而对 $\omega = 1.25$ 的 SOR 法，只需迭代 14 次. 它表明松弛因子 ω 选择的好坏，对收敛速度影响很大.

9.

松弛因子	迭代次数	达到精度要求的近似解
1.03	5	$\boldsymbol{x}^{(5)} = (0.5000044\quad 1.0000016\quad -0.4999997)^{\mathrm{T}}$
1	6	$\boldsymbol{x}^{(6)} = (0.5000038\quad 1.0000019\quad -0.4999995)^{\mathrm{T}}$
1.1	6	$\boldsymbol{x}^{(6)} = (0.5000036\quad 0.9999985\quad -0.5000000)^{\mathrm{T}}$

10. (1)$\omega_{\mathrm{opt}} \approx 1.24$，$R(L_\omega) \approx 1.3862944$. (2)$R(J) \approx 0.2350018$，$R(G) \approx 0.4700036$.
   (3) 雅可比迭代 69 次，高斯-赛德尔迭代 35 次，SOR 迭代 12 次.

11.

k	0	1	2	3
$\boldsymbol{x}^{(k)\mathrm{T}}$	(0,0,0)	(6,0,0)	(6/7,48/7,0)	(3,4,−5)
$\boldsymbol{r}^{(k)\mathrm{T}}$	(24,30,−24)	(0,12,−24)	(0,0,−120/7)	(0,0,0)

由于 $\boldsymbol{r}^{(3)} = (0,0,0)^{\mathrm{T}}$，$\boldsymbol{x}^{(2)} = (3,4,-5)^{\mathrm{T}}$ 就是方程组的解.

习题 7

1. 1.4140625.

2. 证明略.

3. (1) 和(2) 都收敛，(3) 发散，用(1) 计算得到近似值 1.4656.

4. (1) 有两个根，$x_1^* \in [-3,-2.5]$，$x_2^* \in [1,2]$. (2)$x_1^* \approx -2.948$，$x_2^* \approx 1.505$.

5. 1.8793852415718167681082185546495.

6. 方程只有 1 个实根，采用(1) 的格式或者牛顿迭代法得 $x^* \approx 2.299$.

7.用牛顿迭代法$\begin{cases} x_{k+1} = x_k - \dfrac{x_k^5 - 2008}{5x_k^4} \\ x_0 = 4 \end{cases}$,得 $x_4 \approx 4.577$.

8.略.

9.(1)$x_{k+1} = \dfrac{1}{n}\left((n-1)x_k + \dfrac{A}{x_k^{n-1}}\right), \lim\limits_{k\to\infty} \dfrac{\varepsilon_{k+1}}{\varepsilon_k^2} = \dfrac{n-1}{2\sqrt[n]{A}}$

(2)$x_{k+1} = \dfrac{1}{n}\left((n+1)x_k - \dfrac{x_k^{n+1}}{A}\right), \lim\limits_{k\to\infty} \dfrac{\varepsilon_{k+1}}{\varepsilon_k^2} = -\dfrac{n-1}{2\sqrt[n]{A}}$

10.证明略.

11.1.879385.

12.略.

13.略.

14.$x_1 \approx -0.82137, x_2 \approx 1.910678$.

15.用 $z_0 = 1 + \mathrm{i}$ 迭代收敛,且 $x^* \approx -1.003\mathrm{e}^{-11}, y^* = 1.000\mathrm{e}^{+00}$;用 $z_0 = \dfrac{1}{\sqrt{3}}$ 迭代发散.

习题 8

1.(1)$y(x) = 1 - \mathrm{e}^{-x}$

x	精确解	欧拉公式	向后欧拉公式	梯形公式
0.1	0.09516	0.10000	0.09091	0.095238
0.2	0.18127	0.19000	0.17355	0.18141
0.3	0.25918	0.27100	0.24869	0.25937
0.4	0.32968	0.34390	0.31699	0.32990
0.5	0.39347	0.40951	0.37908	0.39372
0.6	0.45119	0.46856	0.43553	0.45146
0.7	0.50341	0.52170	0.48684	0.50370
0.8	0.55067	0.56953	0.53349	0.55097
0.9	0.59343	0.61258	0.57590	0.59374
1	0.63212	0.65132	0.61446	0.63243

(2)$y(x) = \dfrac{2}{2 - x^2}$

x	精确解	欧拉公式	向后欧拉公式	梯形公式
0.1	1.00503	1.00000	1.01021	1.00505
0.2	1.02041	1.01000	1.03148	1.02052
0.3	1.04712	1.03040	1.06554	1.04739
0.4	1.08696	1.06225	1.11530	1.08749

续表

x	精确解	欧拉公式	向后欧拉公式	梯形公式
0.5	1.14286	1.10739	1.18558	1.14386
0.6	1.21951	1.16870	1.28459	1.22132
0.7	1.32450	1.25066	1.42717	1.32777
0.8	1.47059	1.36015	1.64317	1.47670
0.9	1.68067	1.50815	2.00496	1.69289
1	2.00000	1.71285	2.77505	2.02736

2. $y(0.5)\approx y_1=0.5, y(1.0)\approx y_2=0.8894,$

$y(1.5)\approx y_3=1.07334, y(2.0)\approx y_4=1.12604.$

3. 提示：由梯形公式，解出 y_{n+1}，导出递推关系，求得近似解 $y_n=\left(\dfrac{2-h}{2+h}\right)^n$，取极限 $h\to 0$ 可得梯形公式是收敛的，且收敛于问题的真解.

4.

x_n	0.1	0.2	0.3	0.4	0.5
y_n	0.00550	0.02193	0.05015	0.09094	0.14500
$y(x_n)$	0.00516	0.02127	0.04918	0.08968	0.14347

5、6. (1) $y(x)=1-e^{-x}$

x	精确解	改进欧拉公式	四阶经典龙格-库塔公式
0.1	0.095162582	0.09500	0.0951625
0.2	0.181269247	0.18098	0.1812691
0.3	0.259181779	0.25878	0.2591816
0.4	0.329679954	0.32920	0.3296797
0.5	0.393469340	0.39292	0.3934691
0.6	0.451188364	0.45060	0.4511881
0.7	0.503414696	0.50279	0.5034144
0.8	0.550671036	0.55002	0.5506707
0.9	0.593430340	0.59277	0.5934300
1	0.632120559	0.63146	0.6321202

(2) $y(x)=\dfrac{2}{2-x^2}$

x	精确解	改进欧拉公式	四阶经典龙格-库塔公式
0.1	1.00503	1.09591	1.0050251
0.2	1.02041	1.18410	1.0204082
0.3	1.04712	1.26620	1.0471205
0.4	1.08696	1.34336	1.0869567
0.5	1.14286	1.41640	1.1428575
0.6	1.21951	1.48596	1.2195128
0.7	1.32450	1.55251	1.3245044
0.8	1.47059	1.61647	1.4705897
0.9	1.68067	1.67817	1.6806729
1	2.00000	1.73787	1.9999912

7. $|(\bar{h}+1)^2+1|<2$.

8. (1) $y_{i+1}=\frac{1}{3}(4y_i-y_{i-1})+\frac{2}{3}hf_{i+1}, R[y]=-\frac{2}{9}h^3y'''(\xi_i)$;

(2) $y_{i+1}=y_i+\frac{h}{2}(3f_i-f_{i+1}), R[y]=\frac{5}{12}h^3y'''(\xi_i)$;

(3) $y_{i+1}=y_{i-3}+\frac{4}{3}h(2f_i-f_{i-1}+2f_{i-2}), R[y]=\frac{14}{45}h^5y^{(5)}(\xi_i)$.

9. (1) 用改进的欧拉法计算出 $y_2=0.32842$，再运用三阶显式阿达姆斯格式计算可得：$y(0.6)\approx y_3=0.450792$；$y(0.8)\approx y_4=0.550484$；$y(1.0)\approx y_5=0.632308$

(2) $y(0.4)\approx y_2=0.329415$；$y(0.6)\approx y_3=0.450932$；$y(0.8)\approx y_4=0.550429$；$y(1.0)\approx y_5=0.631896$.

10.

n	t_n	x_n	y_n
1	0.1	0.979073	0.198254
2	0.2	0.984164	0.39293
3	0.3	0.999005	0.585653
4	0.4	1.02383	0.776467
5	0.5	1.05887	0.965471
6	0.6	1.10448	1.15288
7	0.7	1.16111	1.33895
8	0.8	1.22932	1.52408
9	0.9	1.30978	1.70882
10	1.0	1.40328	1.89383

11. $y_1 = 0.4944, y_2 = 0.9579, y_3 = 1.3615$.

习题 9

1. $\lambda_1 \approx 2.5365323, \tilde{\boldsymbol{x}}_1 = (0.74822116, 0.64966116, 1)^T$.

2. 特征值 $\lambda = 110$，特征向量为$(1, 0.5, 1)^T$.

3. $\lambda_1 \approx 2.5365914$.

4. 主特征值为 6.000000000，主特征向量为$(-0.269230769, 1, 0.038461538)^T$.

5. $t(1, -0.73206, 0.26796)^T, t \neq 0$.

6. $\lambda_1 \approx 3.372077, \lambda_2 \approx 1.998721, \lambda_3 \approx -2.370788$

对应的特征向量是 $\boldsymbol{u}_1 = (0.278833, 0.339584, 0.898295)^T$

$\boldsymbol{u}_2 = (0.807851, 0.422283, -0.410601)^T$

$\boldsymbol{u}_3 = (-0.519258, 0.840178, -0.156434)^T$

7. 特征值为 0.58578, 2.0000, 3.41421；

对应的特征向量分别为 $(0.50000, 0.70710, 0.50000)^T$

$(0.70710, 0.00000, -0.70710)^T$

$(0.50000, -0.70710, 0.50000)^T$

习题 10

1. $x = 31$.

2. $x = 0$.

3. $x_1 = 2, x_2 = 4, x_3 = -2$，最优值 $f(x) = -2$.

4. 最优路径为 $\tau = (1, 4, 5, 3, 2)$，最短距离为 57.

5. PSO 算法参数设置为：加速因子 $c_1 = c_2 = 2.1$，初始惯性权重为 0.9，最终惯性权重为 0.3，最大速度 $V_{\max} = 4.0$，群体规模为 20，最大迭代次数为 2000，则结果如下：

探索区间	迭代次数	解的个数	解的精度	探索到的解
[3,9]	711	2	10^{-9}	$x_1 = 4.2747822715$ $x_2 = 7.5965460198$

6. PSO 算法参数设置为：加速因子 $c_1 = c_2 = 1.8$，初始惯性权重为 0.9，最终惯性权重为 0.4，最大速度 $V_{\max} = 4.0$，群体规模为 30，最大迭代次数为 2000，则结果如下：

搜到解次数	成功率	x_1 平均值	x_2 平均值	x_3 平均值
50	100%	−0.7677605624	0.0753306764	−1.1621511859

习题 11

1. 105.04045504388280.

2. 0.642787609686539.

3. $A^2 = \begin{pmatrix} 4 & 1 \\ 16 & 9 \end{pmatrix}$

5. 46233.

6. 48.8450；48.0723；40.3998；36.1056；31.7455；29.2229；28.1714；23.7757；30.6539；

7. y = − 3.6485 + 59.5152x；y = 0.4356 − 9.3114x + 74.3258x^2；

$y=-0.0235+0.8939x-11.9462x^2+78.5424x^3$.

8.(1)0.1994;(2)$y=3.5516-141.7742x$;$y=0.0066+1.6477x-29.5823x^2$;

$y=0.0061x+1.7014x^2-31.4871x^3$;(3)$a=0$,$b=3.0024$,$c=-90.2483$

9.0.84134474606854294858523254563204.

10.6.23932214851473113335846441769 85.

11.(1,−1,1).

12.(−0.0113,0.1332,−0.0271).

13.0,1.404357910156250.

14.1.0000,0.9000,0.8110,0.7339,0.6695,0.6186,0.5817,0.5595,0.5526,0.5613,0.5862.

15.1.0000,0.9052,0.8213,0.7492,0.6897,0.6435,0.6112,0.5934,0.5907,0.6034,0.6321.

16.16.116844568753923;(0.283349448027455,0.641674724013728,1.000000000000000)

参考文献

[1] 李庆扬，王能超，易大义. 数值分析[M]. 第五版. 北京：清华大学出版社，2008.

[2] 张晓丹. 应用计算方法教程[M]. 北京：机械工业出版社，2008.

[3] 邓建中，刘之行. 计算方法[M]. 第二版. 西安：西安交通大学出版社，2001.

[4] 徐宗本. 计算智能(第一册)——模拟进化计算[M]. 北京：高等教育出版社，2004.

[5] 甄西丰. 实用数值计算方法[M]. 北京：清华大学出版社，2006.

[6] 李林，金先级. 数值计算方法[M]. 北京：高等教育出版社，2006.

[7] 于寅. 高等工程数学[M]. 武汉：华中科技大学出版社，2001.

[8] 车刚明. 数值分析典型题解析及自测试题[M]. 西安：西北工业大学出版社，2002.

[9] 张韵华. 数值计算方法解题指导[M]. 北京：科学出版社，2003.

[10] 高培旺. 计算方法典型例题与解法[M]. 长沙：国防科技大学出版社，2003.

[11] 王正东. 数学软件与数学实验[M]. 北京：科学出版社，2004.

[12] 张德丰. MATLAB 数值分析与应用[M]. 北京：国防工业出版社，2007.

[13] 全惠云. 数值分析与应用程序[M]. 武汉：武汉大学出版社，2007.

[14] 郑成德. 数值计算方法[M]. 北京：清华大学出版社，2010.